RECHERCHES

ANATOMIQUES ET ZOOLOGIQUES

FAITES PENDANT

UN VOYAGE SUR LES COTES DE LA SICILE

ET SUR DIVERS POINTS DU LITTORAL DE LA FRANCE.

Paris — Imprimerie de L. MARTINET, rue Mignon, 2.

RECHERCHES

ANATOMIQUES ET ZOOLOGIQUES

FAITES PENDANT

UN VOYAGE SUR LES COTES DE LA SICILE

ET SUR DIVERS POINTS DU LITTORAL DE LA FRANCE;

PAR MM.

H. MILNE EDWARDS,

Membre de l'Institut (Académie des Sciences); Officier de la Légion-d'Honneur; Conseiller de l'Université; Doyen de la Faculté des Sciences; Professeur au Muséum d'Histoire naturelle; Membre de la Société nationale d'agriculture; de la Société royale de Londres; des Académies de Berlin, de Stockholm, de Saint-Pétersbourg, de Vienne, de Kœnigsberg, de Philadelphie et de Boston; de la Soc. imp. des Naturalistes de Moscou; de l'Institut de Naples; de l'Association britannique; des Soc. Linnéenne et Entomologique de Londres; de l'Institut historique du Brésil; de la Soc. Ethnologique de New-York; de la Soc. d'Histoire naturelle de l'île Maurice; des Soc. médicales de Suède, d'Edinburgh et de Bruges, Pharmaceutique de l'Allemagne septentrionale; Philomatique, Entomologique et Ethnologique de Paris; des Acad. de Lyon, Lille, etc.;

A. DE QUATREFAGES,

Docteur ès-sciences naturelles et mathématiques; Docteur en médecine; Chevalier de la Légion-d'Honneur; Ex-Professeur de Zoologie à la Faculté de Toulouse; Membre des Sociétés Philomatique, Ethnologique et Biologique de Paris, des Académies des Sciences de Toulouse, de Strasbourg, etc.;

ET

ÉMILE BLANCHARD,

Aide-Naturaliste au Muséum d'Histoire naturelle; Membre de la Société Philomatique, de la Société Entomologique de France, de l'Académie de Philadelphie, etc.

TROISIÈME PARTIE.

PARIS.

VICTOR MASSON, LIBRAIRE,

PLACE DE L'ÉCOLE-DE-MÉDECINE, 17.

1861

RECHERCHES

SUR L'ORGANISATION DES VERS

Par M. ÉMILE BLANCHARD (1).

CHAPITRE I.

Considérations générales.

Ces recherches, que j'ai commencées sur les côtes de la Méditerranée pendant le voyage que j'y fis avec M. Milne Edwards, ne s'étendent pas à tous les animaux dont ce naturaliste forme son second sous-embranchement des Annelés. Il faut en excepter ici la classe des Annélides tout entière. Les Vers qui font le sujet de ce travail sont ceux dont M. de Blainville forme sa classe des Entomozoaires apodes, en en retranchant toutefois les Hirudinées, ou la plus grande partie de son ordre des Myzocéphalés. Il s'agit donc seulement, à peu d'exceptions près, des animaux rangés par Cuvier dans sa classe des Intestinaux, moins les Lernées, dont la place est parmi les Crustacés.

Le nombre de ces Vers est immense ; mais, comme j'espère le prouver, on peut les rattacher tous à quelques types principaux parfaitement caractérisés.

(1) Mes observations ont porté sur un assez grand nombre d'espèces de chacune des divisions du sous-embranchement des Vers. M. Valenciennes, avec une obligeance dont je ne saurais trop le remercier, a mis à ma disposition une grande quantité d'animaux qu'il avait obtenus pour y faire rechercher leurs Vers intestinaux, et j'ai pu ainsi étudier certains types que je n'aurais pu me procurer sans lui. Il a bien voulu encore me communiquer de la magnifique collection helminthologique du Muséum d'histoire naturelle, entièrement formée par ses soins, une série d'espèces qui auront été souvent des termes de comparaison fort importants pour mon travail.

Mes recherches m'ont nécessité l'examen des viscères de bien des animaux, dans le but d'y rencontrer leurs Vers parasites. Pour un grand nombre de ces autopsies, j'ai été considérablement aidé par M. le docteur Young, attaché au laboratoire d'entomologie du Muséum d'histoire naturelle, et son utile secours m'a permis ainsi de consacrer plus de temps au sujet même de mes observations.

Ces êtres ont depuis bien longtemps attiré au plus haut degré l'attention des naturalistes et des médecins. Ils ont été l'objet de travaux considérables, de mémoires, de notices sans nombre, les uns contenant seulement la description et la figure des différentes espèces qui habitent le corps de l'Homme et des Animaux ; les autres plutôt destinés à faire connaître leur structure intérieure.

Malgré de si nombreuses observations, tous les zoologistes, dans ces derniers temps, ont senti le besoin de recherches nouvelles entreprises dans une direction particulière ; car, jusqu'ici, on n'a pu apprécier nettement, ni les rapports, ni les différences qui existent entre les représentants des ordres composant cette grande division des Annelés.

Il est réel que la connaissance des espèces est généralement assez avancée. Presque toujours il est facile de déterminer le Ver qu'on a trouvé dans le corps d'un animal indigène. Néanmoins, si l'on examine certains ouvrages d'Helminthologie, on trouve rangés dans les mêmes groupes des êtres qui diffèrent considérablement entre eux ; comme on rencontre aussi les types les plus voisins placés non seulement dans des familles séparées, mais même dans des ordres ou des classes particulières.

Les caractères pris en général d'une manière arbitraire ; les affinités naturelles appréciées le plus ordinairement d'après l'aspect extérieur, ont dû de toute nécessité conduire à de semblables résultats.

C'est avec toute justesse qu'un des zoologistes les plus distingués de l'Allemagne pouvait dire, il y a peu de mois encore :

« La classe des Helminthes est extrêmement difficile à caractériser, car elle renferme des animaux d'organisation différente. » A cause de cela, on a déjà voulu supprimer entièrement cette » classe, et l'on a essayé de répartir isolément les ordres mêmes » dans les autres classes d'animaux inférieurs. »

Puis le même auteur ajoute :

« Mais aussi il y a à cela divers inconvénients ; car, si, en » effet, l'on ne peut trouver pour les Vers aucun caractère commun dans l'organisation, on doit remarquer que les Helminthes

» se rapprochent tous par leur genre de vie. Les Helminthes sont » des Vers parasites qui, pendant toute leur vie, ou pendant une » certaine période de leur vie, habitent et cherchent leur nourri- » ture dans le corps d'autres animaux vivants (1). »

Ces paroles, en effet, résumaient assez bien l'état actuel de la science relativement à ces animaux. Mais, précisément, l'on ne tardera pas à voir que les zoologistes, qui ont attaché trop d'importance aux circonstances biologiques, qui s'en sont laissé imposer par le genre de vie commun à tant de Vers, ont été conduits aux groupements les moins naturels.

D'une part, la considération de l'*habitat* particulier à ces animaux, et, d'autre part, leurs formes considérées d'une manière superficielle, ont sans cesse entraîné vers de faux rapprochements.

Les recherches anatomiques de divers observateurs n'ont jeté que peu de lumière sur ces questions si intéressantes au point de vue de la zoologie, comme de l'anatomie comparée et de la physiologie. Il est peut-être assez facile d'en apercevoir la cause. Les anatomistes étudiant ordinairement l'organisation de peu d'espèces à la fois, limitant le plus souvent leurs investigations à un seul type, ont dû nécessairement négliger les comparaisons.

Ce n'est pas sans doute qu'ils n'aient introduit dans la science nombre de faits complétement exacts; seulement, à défaut de comparaison suffisante, ces faits ont été fréquemment mal interprétés, et même certains d'entre eux ne l'ont pas été du tout. Des détails d'organisation, qui, plus tard, devaient fournir les indices les plus utiles, n'étant pas observés avec tout le soin nécessaire, n'étant ni décrits, ni représentés assez complétement, ont laissé dans le vague et dans le doute, même relativement à ce qui était parfaitement réel.

En passant rapidement en revue les travaux les plus importants sur les Vers, on saisira sans peine la nature des progrès qu'a faits cette partie de la zoologie ; on sentira mieux encore peut-être le besoin d'observations, pouvant montrer en quelle mesure se ressemblent ou diffèrent ces animaux, et de quelle manière

(1) Siebold, *Lehrbuch der Vergleichenden Anatomie*. Erste Abtheilung. Erstes Heft. p. 111 (1845).

peuvent se modifier les caractères de chacun des groupes du sous-embranchement des Vers (1).

Il est remarquable de trouver dans les anciens auteurs certains rapprochements heureux, certaines affinités justement appréciées, et qui depuis ont été de plus en plus méconnues. C'est un fait attestant au suprême degré qu'il faut avoir profondément étudié son sujet avant d'établir ou de modifier des classifications.

Il ne me paraît pas utile de rappeler ici les premiers essais sur l'Helminthologie de Redi, de Linné, de Bloch, de Pallas, de Müller.

Gœze est véritablement le premier zoologiste, ayant donné sur les Vers intestinaux un ensemble d'observations considérables.

Son *Essai d'une histoire naturelle des Vers* (2), publié en 1782, a certainement servi de base pour les travaux ultérieurs. Cet auteur adopte dix genres, ce sont : 1° les Ascarides, comprenant aussi les Oxyures; 2° les Trichocéphales; 3° les Gordius, avec lesquels il comprend les Filaires; 4° les Cucullans; 5° les Strongles; 6° les Pseudo-Échinorhynques; 7° les Échinorhynques; 8° les Planaires (c'est-à-dire *Fasciola hepatica* Lin., *Holostomum alatum* et *Amphistoma subclavatum*); 9° les Fascioles (*Caryophylleus*, etc.); et 10° les Tænias qu'il sépare en deux divisions, correspondant, l'une, aux Cestoïdes et l'autre aux Cystiques des helminthologistes modernes.

Enfin, il réunit dans une onzième division, sous le nom de *Chaos*, tous les types qu'il ne sait où placer.

Gœze a étudié un nombre considérable d'Helminthes, et il les

(1) Je ne signale ici que les travaux qui ont pu étendre notablement d'une manière un peu générale le cercle des connaissances zoologiques et anatomiques ou des idées sur les rapports naturels de ces animaux. Dans le chapitre consacré à chacun des types particuliers, je donne autant que possible l'énumération de tous les ouvrages et de tous les mémoires publiés sur ces Vers. Les indications qu'on y trouvera rendront, je crois, plus faciles les recherches biographiques des zoologistes qui par la suite s'occuperont des animaux formant le sujet de ce travail.

(2) *Versuch einer Naturgeschichte der Eingeweidewürmer thierischer Kœrper*, von Johann August Ephraïm Gœze (mit 44 Kupfertafeln), 1782. Blakenburg.

a étudiés beaucoup plus exactement et plus profondément qu'on ne l'avait fait avant lui.

Sous le titre de *Supplément à l'histoire naturelle des Vers intestinaux* de Gœze, Zeder a publié, en 1800 (1), un travail important où les espèces sont mieux décrites que dans l'ouvrage précédent, et où pour la première fois tous les Intestinaux sont répartis dans cinq divisions principales; ce sont : 1° les Ascarides (*Rundwürmer*), désignés plus tard par Rudolphi sous le nom de Nématoïdes ; 2° les Échinorhynques (*Hakenwürmer*), Acantocéphales de Rud.; 3° les Vers à ventouses (*Saügwürmer*), Trématodes de Rud.; 4° les Tænias (*Bandwürmer*), Cestoïdes de Rud.: et 5° les Vers vésiculaires (*Blasenwürmer*), Cystiques de Rud. C'est dans cet ouvrage qu'on trouve la première véritable classification des Vers intestinaux, leur séparation en cinq groupes principaux étant fondée sur plusieurs caractères bien observés.

Cet arrangement a été adopté jusqu'à nos jours par la plupart des helminthologistes. Ainsi, ce travail qui avait été préparé par les recherches de Gœze, dont Zeder a su si bien tracer le tableau, a exercé, comme on le voit, une influence considérable sur cette partie de la zoologie.

Rudolphi est en quelque sorte regardé comme le fondateur de la science helminthologique.

On avait fait avant lui sans doute un grand nombre d'observations importantes; mais ce savant, qui consacra la plus grande partie de sa vie à l'étude des Vers intestinaux, en a décrit une quantité d'espèces vraiment prodigieuse. Pour la zoologie proprement dite, comme on l'entendait autrefois, son œuvre a rendu à la science un service immense : car, avec le secours seul de l'*Entozoorum historia* ou de l'*Entozoorum synopsis*, il est généralement assez facile de reconnaître les espèces, et d'en saisir les caractères les plus apparents.

Mais sous le rapport anatomique, Rudolphi n'a pas fait faire de progrès bien sensibles. Dans son *Histoire des Entozoaires ou*

(1) *Erster Nachtrag zür Naturgeschichte der Eingeweidewürmer*, von Johann August Ephraïm Gœze, mit zusætzen und anmerkungen herausg. von. Dr Johann Georg. Heinrich Zeder (mit 6 Kupfertafeln) Leipzig. 1800.

Vers intestinaux, publiée en 1808, il commence par l'énumération de tous les écrits des naturalistes et des médecins relatifs aux Helminthes ; puis il indique ce qui a été publié sur chaque genre et sur chaque espèce. Il traite assez longuement de l'organisation des Entozoaires, en rappelant avec soin les observations de ses prédécesseurs ; mais il ajoute peu de faits nouveaux. Il se refuse à admettre chez les Vers l'existence d'un système nerveux, reconnue déjà, cependant, par plusieurs anatomistes. Rudolphi adopte pour les Intestinaux la division en cinq ordres, telle qu'elle a été proposée par Zeder ; ce sont les Nématoïdes, les Acanthocéphales, les Trématodes, les Cestoïdes et les Cystiques. Il admet vingt-quatre genres, sans compter quelques types rangés parmi les *Incertæ sedis.*

Une dizaine d'années plus tard, le célèbre helminthologiste fit paraître un Synopsis des Entozoaires (1), dans lequel on trouve la description succincte non seulement des espèces déjà décrites dans ses premiers ouvrages, mais encore de toutes celles qu'il avait découvertes en Italie, comme aussi de celles mentionnées par divers observateurs, ce qui forme un total de plus de onze cents. Rudolphi, ayant consacré un si grand nombre d'années à observer les Intestinaux, avait voulu laisser sur ce sujet les travaux les plus importants. Et certes, la publication de son *Entozoorum historia naturalis* et de son *Entozoorum synopsis* fait véritablement époque en helminthologie par la quantité de descriptions, et par le nombre de recherches synonymiques qui y ont été accumulées.

Après les travaux de Rudolphi, on a déjà pu regarder les Helminthes comme bien connus et bien étudiés sous le rapport spécifique. A cette époque, on s'occupait beaucoup des Vers intestinaux ; mais on en séparait complétement les autres Vers qui s'en rapprochent le plus, par ce fait seul qu'ils n'habitent point le corps des animaux. On ne supposait plus, comme Linné, Müller, etc., le croyaient si judicieusement, qu'ils pussent appartenir à la même division du règne animal.

(1) *Entozoorum synopsis cui accedunt mantissa duplex et indices locupletissimi*, auctore C.-A. Rudolphi. Berolini, 1819

On ne doit pas omettre de citer parmi les travaux qui ont le plus contribué à faire connaître les Vers intestinaux, l'*Icones* des Helminthes de Bremser (1) : c'est le plus bel atlas qui existe sur ces animaux. Les dix-huit planches qu'il contient représentent cent douze espèces de grandeur naturelle et souvent grossies, vues dans diverses positions, et accompagnées de détails caractéristiques. Ces figures, en général très exactes et d'une belle exécution, ont été souvent d'une utilité incontestable pour bien faire reconnaître certaines espèces décrites par Rudolphi.

Pendant une période d'un quart de siècle, on ne voit plus paraître aucun travail général sur l'Helminthologie ; mais récemment M. Dujardin a publié une *Histoire naturelle des Helminthes* (2). Ce zoologiste adopte les cinq ordres établis par Zeder, et déjà admis par Rudolphi, en leur adjoignant celui des Acanthothèques, dont l'établissement est dû à M. Diesing, et en réunissant aux Nématoïdes l'ordre des Gordiacés, proposé par M. Siebold. M. Dujardin a décrit les Vers intestinaux avec une précision plus rigoureuse qu'on ne l'avait fait avant lui ; il a donné les mesures des plis de la peau, et la dimension des œufs dans la plupart des espèces. Il s'est surtout attaché à décrire dans chacune d'elles la forme et le nombre des crochets et des spicules, et en cela il a beaucoup contribué à rendre les déterminations plus certaines. Par ce genre d'observations, il a été conduit aussi, dans quelques circonstances, à séparer des espèces qu'on avait confondues. Il s'est servi souvent encore de la forme du canal intestinal et des organes de la génération pour caractériser un grand nombre de types ; il a apporté, relativement aux caractères des genres, le même soin dans la description que pour les caractères spécifiques. La plupart des divisions génériques qu'il a établies sont très naturelles. Ajoutons qu'un grand nombre d'espèces jusque là inédites sont décrites dans cet ouvrage, et l'on

(1) *Icones Helminthum systemæ Rudolphii, entozoologicum illustrantes, curavit.* J.-G. Bremser. Viennæ, 1824.

(2) *Histoire des Helminthes ou Vers intestinaux*, par M. Félix Dujardin. Paris 1845. (Suites à *Buffon*. — Roret.)

comprendra que le travail de M. Dujardin (1), est l'un des plus indispensables à consulter pour connaître et déterminer les nombreuses espèces de Vers intestinaux.

Tels sont les ouvrages qui ont véritablement marqué un progrès, relativement à la connaissance spécifique des Vers. A côté de ces travaux, il devient nécessaire de mentionner les observations les plus importantes sur l'organisation de ces êtres ; observations qui ont porté les connaissances des zoologistes au point où nous les avons trouvées.

Je ne m'arrêterai pas au Mémoire de Otto sur le système nerveux des Helminthes (2), dont les observations si inexactes n'ont pu servir qu'à embarrasser certains zoologistes.

Bojanus est réellement le premier qui ait donné des notions exactes sur l'anatomie de quelques Vers intestinaux ; il a décrit et représenté fidèlement l'organisation de l'*Amphistoma subtriquetrum* Rud. (3). Non seulement il a fait connaître nettement le canal intestinal et les organes de la génération dans ce type, mais encore le système nerveux, comme consistant en un ganglion placé de chaque côté de l'œsophage, et en deux cordons très séparés l'un de l'autre.

Il a décrit et figuré aussi le canal intestinal et les organes de la génération dans le *Distoma hepaticum* et dans le *D. lanceolatum*, qu'il regardait comme le jeune du précédent. Chez le *D. hepaticum* (4), il a reconnu l'existence d'un appareil vasculaire, qui consiste en un vaisseau médian, s'anastomosant avec un réseau régnant sur toute la partie supérieure du corps.

On doit encore à Bojanus quelques observations plus imparfaites sur les Ascaris et l'*Echinorhynchus gigas*.

(1) On y trouve la description ou la mention de plus de 850 espèces.

(2) *Ueber den Nervensystem der Eingeweidewürmer*, von prof. A. Otto zu Breslau. In *Der Gesellschaft Naturforschender freunde zu Berlin. Magazin für die neusten entdeckungen in der gesammten Naturkunde*. 7ter Jahrgang. S. 223, taf. v, vi. — 1816.

(3) *Enthelminthica*, von Dr L. Bojanus. In *Isis*, von Oken. Jahrgang. 1821. Erster Band. S. 162, taf. 2, u. 3.

(4) Id. S. 305, taf. 4.

En 1825, Mehlis a publié une monographie anatomique des *Distoma hepaticum* et *lanceolatum* (1), dans laquelle il établit que ce dernier n'est pas le jeune âge du précédent, comme on le croyait généralement avant lui, mais bien une espèce très distincte. Cet observateur a décrit et représenté le canal digestif de ces Vers avec plus de détails que ne l'avait fait Bojanus. En outre, il a assez bien vu le système nerveux dans le *D. hepaticum*.

Les recherches de Mehlis ont été faites avec soin, et méritaient toute l'attention des zoologistes. Mais cet anatomiste n'ayant pas comparé ces Distomes avec d'autres types de l'embranchement des Annelés, la zoologie a peu profité de ses observations.

Après lui, Laurer a publié une anatomie assez complète de l'*Amphistoma conicum* (2). Il a bien décrit et représenté non seulement les organes de la génération et l'appareil alimentaire de ce Ver, mais encore son système nerveux. Il a même soin de faire remarquer qu'après ses observations, ajoutées à celles de Bojanus et de Mehlis, on se refusera sans doute d'autant moins à admettre l'existence d'un système nerveux chez ces animaux. Cette prévision cependant, comme on sait, n'a pas été tout à fait justifiée.

Les observations les plus précises sur l'appareil vasculaire de certains Vers sont dues à M. Nordmann (3). Ce savant a fait connaître par l'examen microscopique un appareil vasculaire chez quelques très petits Trématodes, dont il a formé des genres particuliers, désignés par lui sous les noms de *Diplostomum* et de *Diplozoon*. On lui doit encore la connaissance de quelques autres types du même ordre.

M. Miram a donné une anatomie du *Linguatula* ou *Pentastoma*

(1) *Observationes anatomicæ de Distomate hepatico et lanceolato ad Entozoorum humani corporis illustrandum*, scripsit D Eduardus Mehlis. Gœttingen. 1825.

(2) *Disquisitiones anatomicæ de Amphistomo conico.* (Dissertatio inauguralis. — 1830.)

(3) *Micrographische Beitræge zür Naturgeschichte der wirbellosen Thiere* von Alexander von Nordmann. Berlin. 1832.

tœnioides Rud. (1). Cet observateur a montré plusieurs des différences qui éloignent ce type des Nématoïdes et des Trématodes avec lesquels il a été successivement confondu. Il a décrit avec soin le canal digestif, les organes de la génération, et la partie inférieure du système nerveux chez cet animal. On doit aussi à M. Owen (2) des détails importants sur l'organisation du même Ver.

A la même époque, M. Diesing a publié une intéressante monographie du genre *Pentastoma* (3), dont il propose de former une classe particulière sous le nom d'*Acanthotheca*. Il en décrit onze espèces, et présente des observations sur l'anatomie des *Pentastoma proboscideum* et *tœnioides;* mais, comme les autres auteurs qui se sont occupés de l'organisation des Linguatules ou Pentastomes, il n'a vu qu'une portion du système nerveux.

M. Diesing a fait aussi diverses observations sur plusieurs Trématodes, notamment une monographie des genres *Amphistoma* et *Diplodiscus* (4). Parmi les considérations anatomiques qu'il présente dans ce Mémoire, on trouve entre autres choses une dissertation sur le système vasculaire de plusieurs Trématodes, et particulièrement des *Amphistoma;* mais il reste toujours infiniment de vague sur la nature de ces vaisseaux, et sur leurs rapports avec les autres parties de l'organisme. Tout ceci ayant été examiné seulement par transparence, il est fort difficile d'en avoir une idée bien nette.

Les observations que j'aurai encore l'occasion de citer le plus souvent sont celles de MM. Baër (5), Nitzsch, Siebold (6) et Creplin.

On doit à M. Eschricht le travail le plus important sur un type

(1) *Nova Acta Curios. nat. Bonn*, t. XVII 2e partie, p. 623, pl. 46 (1835); et *Ann. des Sc. nat.*, 2e série, t. VI, p. 135. — 1836.

(2) *Transact. of the Zoological Society*, t. I, p. 325, pl. 41 (1834).

(3) *Versuch einer Monographie der Gattung* Pentastoma, von D. C.-M. Diesing, in *Annalen der Wiener Museum der Naturgeschichte* Erter Band. S. 1.— 1836.

(4) *Monographie der Gattungen* Amphistoma *und* Diplodiscus, von D. C.-M. Diesing, in *Annalen der Wiener Museum*, Bd. 1, S. 236, taf. 22, 23 u. 24.

(5) *Nov. Act. Cur. nat. Bonn*, t. XIII, etc.

(6) *Wiegmann's Archiv. für Naturgeschichte* (1835), etc.

de Cestoïde, le genre *Bothriocephalus* (1); il a étudié avec le plus grand soin l'organisation de ce type; il a donné une description très détaillée et très bien faite de chaque organe; mais il n'a pas réussi à trouver le système nerveux.

Après les travaux de Baer (2), de Dugès (3), de Focke (4), de Schulze (5), etc., M. de Quatrefages a fait connaître l'organisation d'un assez grand nombre de Planaires (6), d'une manière plus approfondie qu'on ne l'avait fait avant lui. Il a étudié comparativement dans ce groupe l'appareil digestif et les organes de la génération; et, de plus, il a décrit et représenté la plus grande partie du système nerveux chez plusieurs espèces.

J'ai signalé les recherches les plus importantes relatives à l'organisation des Vers; celles qui m'ont semblé de nature à avoir pu exercer une influence notable en zoologie. Cependant on s'aperçoit facilement que tous ces travaux portant sur quelques espèces étudiées isolément, où le système nerveux et le système vasculaire ne sont observés ni assez complétement, ni d'une manière suffisamment comparative, les analogies, comme les différences essentielles entre tous ces animaux, demeurent impossibles à apprécier.

Parmi les publications les plus utiles sur l'organisation des Vers, je ne dois pas omettre de citer encore le *Manuel d'Anatomie comparée* de M. Siebold (7), où tous les faits connus sur ces Annelés sont parfaitement exposés. Ce résumé montre clairement l'état des connaissances des zoologistes acquises sur ce groupe d'animaux jusqu'à l'année 1845.

Maintenant, il n'est pas inutile de comparer les diverses clas-

(1) *Anatomisch-physiologische untersuchungen über die* Bothryocephalen, von D. F. Eschricht. (Der Akad. der Naturforscher ubergeben den 4 sept. 1840.)

(2) *Nov. Act. cur. Nat. Bonn*, t. XIII, S. 691 (1826).

(3) *Ann. Sc. nat.*, 1re série, t. XV, p. 139, pl. 4 et 5 (1828), et t. XXI, p. 87.

(4) *Ueber* Planaria Ehrenbergii *in den Annal des Wiener museum der Naturgeschichte*. Bd. 1, Abth. 2, p. 193 (1836).

(5) *De* Planariarum *vivendi rat. et struct. penit. nonn. Dissert.* 1836.

(6) *Ann. des Sc. nat.*, 3e série, t. IV, p. 129 (1845).

(7) *Lehrbuch der Vergleichenden Anatomie*, von V. Siebold und Stannius — Wirbellosen Thiere von V. Siebold, 1 Abth., 1 Heft. Berlin, 1845.

sifications proposées sur les Vers. Comme je l'ai déjà dit, les helminthologistes spéciaux, depuis l'époque à laquelle Zeder a présenté sa classification, ont considéré les Vers parasites, entozoaires ou intestinaux, comme formant un groupe naturel tout à fait séparé des autres Annelés. Néanmoins, d'autres zoologistes n'ont pas admis cette séparation complète.

Cuvier, on le sait, n'adopta jamais les divisions établies par les helminthologistes. Il séparait les Vers en deux ordres seulement, les Cavitaires et les Parenchymateux ; le premier comprenant les Nématoïdes, groupe très naturel, avec lesquels il plaçait les Linguatules, si différentes des premiers par leur organisation, et les Lernées qui ont été reconnues par tous les zoologistes, surtout depuis les belles observations de M. Nordmann, comme appartenant à la classe des Crustacés. Dans le second ordre (les Parenchymateux), Cuvier rangeait les Acanthocéphales, les Planaires, les Trématodes, les Cestoïdes et les Cystiques (1).

M. de Blainville (2) admet une classe des *Entomozoaires apodes*, à laquelle il adjoint une sous-classe des *Parentomozoaires* ou *Subannélidaires*. La première comprend quatre ordres ; ce sont : 1° les OCONCÉPHALÉS renfermant les genres Linguatule et Prionoderme ; 2° les OXYCÉPHALÉS correspondant à l'ordre des Nématoïdes des auteurs ; 3° les PROBOSCÉPHALÉS, comprenant à la fois les Échinorhynques, les Caryophyllées et les Sipunculides ; et 4° les MYZOCÉPHALÉS, auxquels se rattachent les Bdellaires, c'est-à-dire la famille des Sangsues et les Polycotylaires, ou les genres Cyclocotyle, Hexacotyle et Hexathiridie (genres de l'ordre des Trématodes).

Le même zoologiste divise sa sous-classe des Parentomozoaires en trois ordres : 1° les APOROCÉPHALÉS, dont il forme deux familles : l'une (Térétulariés) comprenant les Borlasies, Bonellies, Prostomes, etc.; l'autre (Planariés), les genres Planaire, Dérostome, etc.; 2° les POROCÉPHALÉS, correspondant à la plus grande partie des Trématodes ; 3° les BOTROCÉPHALÉS, comprenant les Cestoïdes et les Cystiques des helminthologistes. Dans

(1) *Règne animal*, 1re édit., t. IV, p. 26 (1817); 2e édit., t. III, p. 245 (1830).
(2) *Dict. des Sc. nat.*, t. LVII, p. 530 et suiv. (Article VERS.) — 1828.

cette classification, il existe véritablement plusieurs rapprochements heureux, ainsi que l'étude de l'organisation nous l'a montré ; mais il n'en est pas ainsi pour tout l'ensemble. S'il était juste de réunir les Cestoïdes et les Cystiques dans un même groupe, et de laisser les Planariés dans le voisinage des Trématodes, la structure organique nous montre qu'il n'était pas aussi naturel d'intercaler les Hirudinées entre les Nématoïdes, et les Planaires et les Trématodes; de former avec certains genres, appartenant bien évidemment à ce dernier type, une famille particulière dans le même ordre que les Hirudinées, et d'établir un ordre (*Porocéphalés* de Bl.) avec la plupart des Trématodes, en le plaçant dans la même sous-classe que les Tænias et les Bothriocéphales (ordre des *Bothrocéphalés* Blainv.). Mais à l'époque à laquelle parut cette classification, il est certain que les éléments nécessaires manquaient pour être à même d'apprécier la valeur des différences existant entre ces divers types.

Il y a environ une quinzaine d'années, M. Ehrenberg a établi parmi les Vers une nouvelle classe, à laquelle il a appliqué la dénomination de *Turbellaria* (1). Le zoologiste de Berlin a placé dans cette division tous les Vers qui, ne vivant jamais parasites d'autres animaux, ne lui paraissaient pas toutefois pouvoir être rattachés aux Annélides. Il est facile de s'apercevoir que M. Ehrenberg s'est laissé guider dans l'établissement de sa nouvelle classe par le fait des circonstances biologiques; car les caractères qu'il assigne aux Turbellariés sont tellement vagues, qu'aucun d'eux ne permettrait de distinguer un animal de cette classe de tout autre Ver (2). Si ce naturaliste a attaché une certaine

(1) *Symbolæ physicæ* (Phytozoa Turbellaria).

(2) « Animalia evertebrata, apoda, rarius caudata, repentia, natandi aut parum aut non perita, nuda aut setosa, sæpe setis retractilibus vibrantia; systemate nerveo, ubi observatio non deficit, aperte nodoso, insectorum nervis æmulo; ocellorum vestigiis creberrimis, pigmento sæpius nigricante: tubo intestinali distincto, aut simplici cum apertura duplici, aut ramoso cum apertura simplici; mandibulis nullis; excordia vasis discretis, humorum pellucidorum motu distincto sine vasorum undulatione, rarius vase dorsali et abdominali mobilibus, flavicantibus: branchiis nullis, seu respirationis organis specialibus nunquam

importance à l'existence de cils vibratiles chez plusieurs des représentants de ce groupe, il a reconnu lui-même que ce caractère était loin d'être général.

En outre, cette classe est composée d'éléments hétérogènes, comme l'ont reconnu tous les zoologistes. Aussi, M. Siebold, tout en l'adoptant, l'a-t-il réduite aux deux groupes des Rhabdocèles et des Planaires. Les *Nemertina*, que certains zoologistes considèrent encore comme devant former un groupe dans le voisinage de celui des Planariées, me paraissent, au contraire, s'en éloigner considérablement; et M. Siebold a même cru devoir plutôt les rattacher aux Annélides, ce qui, du reste, ne saurait être admis; mais cet exemple montre combien jusqu'à présent les caractères de tous ces animaux ont été peu étudiés et mal définis. Les Gordius et les Naïs, que M. Ehrenberg range aussi dans sa classe des *Turbellaria*, ont été reconnus par tous les zoologistes, je crois, sans exception, comme appartenant les premiers aux Helminthes, et les derniers aux Annélides (1).

Ne ressort-il pas clairement de tout ce qui précède qu'une immense lacune reste à combler relativement au groupe des Vers?

» instructa; distincte androgyna aut sexu discreta; ovipara et sponte dividua, » mucum copiose excernentia. »

Tels sont les caractères assignés par M. Ehrenberg à la classe des *Turbellaria* (*Symb. phys.*).

(1) M. Ehrenberg établit deux ordres dans cette classe. Le premier, DENDROCŒLA, comprend une seule famille (PLANARIEA) renfermant les genres *Typhloplana*, *Planoceros*, *Monoscelis* Erh., *Planaria* Linn., *Triscelis*, *Tetrascelis*, *Polyscelis* et *Stylochus* Ehr. Le second ordre, RHABDOCŒLA, divisé en trois sections. La première, AMPHISTEREA, subdivisée en deux familles : l'une, VORTICINA, renfermant les genres *Turbella* et *Vortex* Ehr.: l'autre, LEPTOPLANEA, les genres *Leptoplana* et *Eurylepta* Ehr. La seconde section, MONOSTEREA, divisée en quatre familles : la première, GORDIEA, comprenant le seul genre *Gordius;* la seconde, MICRUREA, les genres *Disorius*, *Micrura* et *Polystemma* Ehr.; la troisième, CHELOPODINA, le seul genre *Derostoma;* la quatrième, NAIDINA, les genres *Chætogaster* Baër, *Ælosoma*, *Pristina* Ehr., *Stylaria* et *Naïs*. La troisième section, AMPHIPORINA, divisée en deux familles : la première, GYRATRICINA, renfermant les genres *Orthostoma*, *Gyratrix*, *Tetrastemma* Ehr., *Prostomma* Dug., *Hemicycla*, *Ommatoplea* et *Amphiporus* Ehr.; la seconde famille, NEMERTINA, comprenant les genres *Nemertes* Cuv. et *Notogymnus* (*Symb. phys.*, Phytozoa turbellaria). Cette classifica-

Les espèces, avons-nous vu, sont assez bien connues, au moins les indigènes, et les caractères qui les distinguent les unes des autres sont énoncés avec assez de précision. Mais l'organisation fondamentale, les rapports existant entre les types des divisions principales, les rapports qu'ils présentent avec les autres classes de l'embranchement des Annelés, ne sont réellement appréciés nulle part.

Rechercher avec le plus grand soin les analogies, les affinités et les différences que présentent entre eux tous les Vers; rechercher les caractères de leur organisation, qui les rapprochent ou les éloignent des autres Annelés; examiner avec détails toutes les modifications et les dégradations de chacun des appareils organiques chez tous les types essentiels du groupe des Vers; étudier surtout d'une manière comparative les systèmes organiques les plus importants, en général, dans l'économie animale, le système nerveux et le système vasculaire; comparer tous les éléments fournis par de nombreuses observations; tel était, à mon sens, le point capital; tel était, ce me semble, le moyen d'arriver à reconnaître les groupes naturels, leurs affinités, leurs analogies, les tendances de leur organisation : c'est le but que je me suis efforcé d'atteindre.

Quand certains organes, quand certains appareils tout entiers viennent à se dégrader, à ne plus exister qu'à l'état rudimentaire, on était porté autrefois à ne plus y attacher d'importance. Dans les ouvrages de zoologie et d'anatomie comparée, les plus recommandables sous une infinité de rapports, on peut lire, par exemple : « Chez ces animaux, le système nerveux est nul ou » rudimentaire; ils n'offrent aucune trace de *vraie* circulation, » et beaucoup d'autres caractères aussi peu précis. Mais, depuis une époque peu éloignée de nous encore, les sciences zoologiques ont fait un grand pas.

tion a été reproduite, avec les caractères des divers groupes, par M. Nordmann, in Lamarck, *Hist. des Animaux sans vertèbres*, 2e édition, revue et augmentée par MM. Deshayes et Milne Edwards, t. III, p. 609 (1840).

Plus récemment, M. Ehrenberg a formé pour les Naidines une classe particulière, qu'il désigne sous le nom de *Somatotoma*. — *Abhandl. der Kœnig. Akad. der Wissenschaft. zu Berlin aus dem Jahre* 1835. S. 260 (1837).

Il faut se convaincre aujourd'hui que ces rudiments, que ces vestiges d'un appareil ou d'un organe, sont souvent les choses les plus propres à mettre sur la voie des affinités zoologiques, à montrer comment se dégradent, soit certaines portions de l'organisme, soit l'organisme tout entier. Les appréciations de cette nature constituent bien évidemment un des points les plus élevés et les plus philosophiques de la science. Aujourd'hui on ne peut plus être admis dans les recherches à négliger les détails: car, je ne crains pas de le dire, dans les sciences naturelles, ce sont bien souvent les petits sentiers qui conduisent le mieux aux grands chemins; ce sont les détails qui conduisent souvent le mieux à bien connaître les parties fondamentales.

Pénétré de cette manière de comprendre la zoologie, j'ai voulu étudier chez les Vers le système nerveux; mais j'ai cherché en même temps à en suivre tous les filets, et à en constater les plus petits ganglions, en comparant constamment les observations faites sur un type avec ce qui existe dans tous les autres types.

Les helminthologistes avaient signalé des vaisseaux chez les Vers en les observant au travers des téguments. La difficulté pour les apercevoir tous, pour distinguer leurs ramifications et leurs anastomoses, était extrême. Il y avait toujours place au doute, et dans l'esprit de l'observateur, et plus encore dans l'esprit de ceux qui voyaient le résultat de ses recherches. En un mot, il était et il devait être presque toujours impossible d'avoir une idée nette sur l'ensemble du système vasculaire dans un type quelconque.

N'ayant que fort peu de confiance dans ce moyen d'investigation, je devais naturellement en chercher un autre. Alors j'ai tenté d'injecter directement avec un liquide coloré les vaisseaux de ces petits animaux. Après quelques efforts seulement pour certains d'entre eux, après une multitude de tentatives pour d'autres, je suis parvenu à mettre en évidence, chez la plupart des types, la nature du système vasculaire, de manière à ce que la disposition des vaisseaux et le cours du liquide sanguin pussent se montrer clairement aux yeux de tout le monde.

Dès ce moment, je crois avoir pu reconnaître facilement les

groupes naturels, apprécier avec netteté les modifications importantes de l'organisation des Vers, et saisir les degrés de parenté, jusqu'ici si obscurs, comme l'ont constaté encore dans ces derniers temps plusieurs zoologistes.

Dans tous les types soumis à mes investigations, j'ai examiné également le canal intestinal et les organes de la génération. Ces points étaient déjà assez bien connus; mais ils n'ont pas fourni tout ce qu'ils sont appelés à donner relativement à ces animaux. Comme je l'ai fait observer déjà à l'égard des Insectes et des Mollusques, ces appareils organiques se modifient facilement entre des types même très voisins sous une infinité d'autres rapports. A l'égard des Vers, les mêmes tendances se font remarquer.

Au reste, le canal alimentaire et les organes de la génération ont été déjà décrits chez un grand nombre de types. Nous savons que la disposition des organes reproducteurs fournit en général des caractères très propres à distinguer une petite famille d'une autre, ou plus ordinairement un genre d'un genre voisin; mais peu d'indications bien précises à l'égard des grandes divisions, si ce n'est toutefois le fait de la séparation ou de la réunion des sexes sur chaque individu. Au contraire, le système nerveux et l'appareil circulatoire dans chacune des divisions principales du groupe des Vers offrent une disposition très particulière et généralement très constante chez tous les représentants de chacune d'entre elles.

Par conséquent, examinant dans chaque groupe la disposition du système nerveux, puis la disposition vasculaire, puis la forme du canal alimentaire et la nature des organes de la génération, puis comparant l'ensemble de l'organisation dans tous les types, on arrive à suivre pas à pas les changements d'un appareil organique quand les autres ne se sont pas encore modifiés, et ainsi successivement, jusqu'à ce que toutes les coïncidences, toutes les analogies, toutes les affinités, toutes les différences puissent être en quelque sorte mesurées par des comparaisons rigoureuses.

Les recherches entreprises simultanément sur les principaux types d'une grande division du règne animal doivent amener nécessairement à saisir, dans une limite assez large, la valeur des modifications et la nature des dégradations organiques. Loin de là, les observations limitées à l'étude d'une espèce ou même de plusieurs espèces d'un même genre ne produisent de résultats importants qu'autant que les faits observés jettent du jour sur des questions un peu générales. Ce qui n'est pas le cas ordinaire, vu la difficulté d'interpréter clairement les faits, quand l'organisation des types voisins n'est pas suffisamment connue.

Dans mes recherches actuelles, j'ai donc dû m'efforcer d'étendre le plus possible mes observations ; mais, malgré le nombre considérable de Vers que j'ai étudiés, je dois m'attendre encore à laisser en arrière certains faits importants. Dans la recherche des Vers intestinaux, le hasard seul vous fait rencontrer certaines espèces. Dès lors il ne serait pas entièrement impossible qu'on découvrît par la suite des intermédiaires entre des groupes dont les limites me paraissent aujourd'hui nettement circonscrites.

Quoi qu'il en soit à cet égard, ceci ne pourrait rien changer au fond des choses.

Pour tous les zoologistes, les Batraciens et la classe des Poissons sont représentés par des types profondément caractérisés, et cependant les Lépisostées et les Lépidosirens établissent un lien des plus intimes entre ces deux grandes divisions du règne animal.

Donc, quand j'aurai démontré, prouvé j'espère, qu'il existe des différences extrêmement considérables entre le groupe représenté par les Tænias et le groupe représenté par les Douves, les Planaires, etc., ou entre ce dernier et celui représenté par les Ascarides et les Filaires, les grandes différences, les caractères importants, en un mot les groupes naturels n'en existeront pas moins, quand bien même on viendrait à signaler des intermédiaires inconnus aujourd'hui.

Décrire d'une manière générale les divers appareils organiques de tous les Vers, même en en exceptant les Annélides, serait une tâche bien difficile, vu les différences profondes existant entre les divers types.

Comparer l'organisation des uns avec celle des autres, sans

l'avoir fait connaître d'abord d'une manière absolue dans chaque division primaire, serait laisser probablement une certaine obscurité dans la description anatomique.

Je décrirai donc séparément ce qui est particulier aux groupes principaux avant de m'attacher à faire ressortir les ressemblances et les différences.

Les Vers, après en avoir détaché tous les Annélides, me paraissent appartenir à trois types principaux, auxquels on devra sans doute en ajouter un quatrième et peut-être un cinquième. Un premier est représenté par un grand nombre des animaux constituant, pour M. Ehrenberg, la classe des Turbellariés, auquel j'adjoindrai un ordre tout entier (celui des Trématodes), laissé dans la classe des Helminthes par ce savant et la plupart des autres zoologistes. Ce type principal doit évidemment être considéré comme une classe particulière. D'abord j'avais voulu lui conserver la dénomination de *Turbellaria*, employée par M. Ehrenberg; mais comme plusieurs familles, placées dans ce groupe par le zoologiste de Berlin, en sont exclues, comme un grand nombre d'autres y sont rattachées, on donnerait une idée complétement fausse des limites que je crois devoir assigner à cette classe, en conservant une dénomination proposée pour une grande division dont la plupart des représentants ne sont pas les mêmes. J'abandonnerai donc le nom de *Turbellariés*, et j'appliquerai à cette classe, ainsi modifiée quant à l'ensemble des types qui la composent, le nom de classe des ANÉVORMES (*Anevormi*), dénomination justifiée par un caractère très important, l'absence d'un véritable collier nerveux.

Un second type principal, une seconde classe, par conséquent, sera représentée par des animaux confondus avec d'autres sous la dénomination d'Helminthes; ce sont les Tænias, les Bothriocéphales, les Cysticerques, etc., rattachés dans les ouvrages d'helminthologie à deux ordres, les Cestoïdes et les Cystiques. La première de ces dénominations me paraît pouvoir être adoptée pour désigner la classe entière.

Notre troisième type, notre troisième classe, représentée par les Filaires, les Strongles, les Ascarides, etc., conservera le nom d'Helminthes, pris jusqu'à présent dans une acception beaucoup plus étendue.

Le quatrième type serait celui des Némertines.

Un cinquième nous est offert par les Linguatules ou Pentastomes. Celui-ci, si différent de tous les autres Vers, comme je le montrerai, ne m'est pas encore assez complétement connu pour que je puisse en saisir toutes les affinités naturelles.

Nous allons maintenant développer les motifs qui nous font admettre ces divisions ainsi posées avec les limites que nous leur assignons.

CHAPITRE II.

CLASSE DES ANÉVORMES (*ANEVORMI* BLANCH.).

Turbellaria (ex parte) Ehrenberg. — Intestinaux parenchymateux (ex parte) Cuvier.

Tous les animaux que nous rangeons dans cette classe présentent des caractères généraux organiques qui jusqu'ici avaient presque totalement échappé. Récemment encore, quand je fis connaître le système nerveux chez les Malacobdelles (1), je remarquai combien l'existence de cette double *chaîne ganglionnaire* s'étendant le long des parties latérales du corps, et prenant naissance dans deux centres nerveux cérébroïdes extrêmement écartés l'un de l'autre, constituait une disposition remarquable, dont on n'avait signalé de complétement analogue nulle part.

Déjà je prévoyais que d'autres faits venant s'ajouter à cette première observation ne tarderaient pas à jeter du jour sur les affinités naturelles des Malacobdelles. La disposition du système nerveux devait bientôt amener non seulement à ce résultat, mais à un résultat beaucoup plus général.

En étudiant, depuis, l'organisation d'une Planaire de très grande taille, rapportée du Chili par M. Gay, j'observai dans ce type, non pas un système nerveux semblable à celui des Malacobdelles, mais ayant néanmoins les plus grands rapports avec

(1) *Comptes-rendus de l'Acad. des Sc.*, t. XI, p. 432, mai 1845; et *Ann. des Sc. nat.*, 3e série, t. IV, décembre 1845.

ce dernier. Chez cette Planariée, les deux centres cérébroïdes sont infiniment plus rapprochés, mais ils donnent également naissance à deux longs cordons très espacés, et offrant sur leur trajet une série de petits ganglions. Ce fait bien constaté, l'affinité entre les deux types que je viens de signaler me sembla dès ce moment mise hors de doute.

On avait observé déjà le système nerveux chez des Planaires. M. Ehrenberg (1), M. Schulze (2), M. de Quatrefages (3) particulièrement, l'ont étudié dans diverses espèces ; mais ces zoologistes, n'ayant eu à leur disposition que de petits individus, n'ont pu le représenter tout à fait complet. Ils n'ont point signalé l'existence des petits centres médullaires sur le trajet des deux cordons qui s'étendent presque jusqu'à l'extrémité du corps.

Si j'insiste ainsi sur des faits de détails, ce n'est peut-être pas sans raison ; car c'est en comparant rigoureusement chacun des détails du système nerveux de la Planaire et du Malacobdelle que j'ai saisi de nombreux points d'analogie.

Comme on l'a vu, des observations dues à quelques anatomistes ont mis en évidence, il y a déjà assez longtemps, des faits de nature à faire comprendre qu'il existait, chez plusieurs types des Vers intestinaux, des particularités d'organisation fort remarquables. Mais deux ou trois observations, dont l'exactitude a été mise en doute dans les ouvrages les plus récents ; quelques faits isolés, dont on n'avait pas compris la valeur réelle, ne devaient amener aucun résultat zoologique. C'est précisément ce qui a eu lieu à l'égard d'un petit nombre d'observations relatives à deux ou trois représentants de l'ordre des Trématodes. Ainsi que je l'ai rappelé précédemment, Bojanus, puis Mehlis et Laurer, et ensuite Diesing, ont représenté le système nerveux des *Amphistoma subtriquetrum*, *conicum* et *giganteum*, et du *Distoma hepaticum*, comme consistant en une paire de ganglions situés l'un

(1) *Abandl. der Kœnig. Akad. der Wissenschaft. zu Berlin aus dem Jahre* 1835, S. 243 (1837).

(2) *De Planariarum viv. ratione et struct.*, p. 39 (1836).

(3) *Ann. des Sc. nat.*, 3e série, t. IV (1845).

à droite, l'autre à gauche de l'œsophage, dans lesquels prend naissance un cordon nerveux s'étendant de chaque côté du corps.

Au début de mes recherches, ne tenant d'abord nullement compte des observations des zoologistes que je viens de citer, j'étudiai ces types de Vers intestinaux appartenant à l'ordre des Trématodes, sans aucune opinion formée, relativement à leur organisation et à leurs affinités naturelles.

L'examen du système nerveux, d'abord, chez le principal représentant de ce groupe, la Douve du foie (*Fasciola hepatica* Lin.), et ensuite dans beaucoup d'autres représentants du même ordre, me montra une analogie frappante avec les faits déjà observés chez les Malacobdelles et les Planaires; seulement, je trouvai en général la double chaîne ganglionnaire dans un état d'imperfection beaucoup plus grand.

Il y a donc une disposition générale du système nerveux, propre à la fois aux Malacobdelles, aux Planariées, et à tout l'ordre des Trématodes, rangé jusqu'ici par la plupart des zoologistes entre les Helminthes nématoïdes et les Cestoïdes.

Ayant constaté les mêmes faits sur un assez grand nombre de types dans cette classe d'animaux, je suis arrivé à reconnaître pour la première fois qu'il y avait dans cette disposition du système nerveux un caractère d'une haute importance, propre à tout un groupe fort considérable du sous-embranchement des Vers.

Ce fait mis en lumière, on arrive alors à entrevoir rapidement des rapports qui avaient dû de toute nécessité échapper avant cette observation générale.

On trouve, par exemple, dans la classification de M. de Blainville (1) une classe désignée sous le nom de Malacopodes, et établie sur un seul type fort singulier, quant à ses formes extérieures, à ses habitudes, et même relativement à son organisation, comme nous l'ont appris les observations de M. Milne Edwards (2). On

(1) *Dict. des Sc. nat.* Supplément (art. Animal).

(2) *Ann. des Sc. nat.*, 2e série, t. XVII, p. 126 (1842).

se rappellera que ce dernier constata chez ce type une disposition du système nerveux, qui se rapproche extrêmement de celle que j'ai signalée chez les Anévormes. Récemment encore, on ne pouvait rien préjuger d'après ce caractère ; mais aujourd'hui M. Milne Edwards n'hésite plus à le considérer comme ayant de grandes affinités avec les Planariées et les Trématodes, et représentant en quelque sorte dans ce groupe le type des Annélides errants, comme les Malacobdelles seraient, dans le même groupe, le représentant du type des Hirudinées.

On voit combien l'étude profonde de l'organisation des animaux amène à saisir degré par degré toutes ces modifications de certains types pour se lier à d'autres groupes. Cette manière si philosophique de comprendre la zoologie n'est ici théorique en aucune façon ; c'est la simple expression de faits, faciles à apprécier pour tous ceux qui suivent attentivement ces questions.

Passant maintenant à l'examen de l'appareil circulatoire, nous le voyons consister en un ou plusieurs vaisseaux principaux, offrant de nombreuses ramifications s'anastomosant sur une infinité de points ; en sorte qu'il existe là un véritable réseau vasculaire : c'est cette disposition qui existe chez les Trématodes. Plusieurs zoologistes avaient signalé plus ou moins exactement quelques faits de cette nature. Bojanus a donné à cet égard une notice relative à la Douve du foie. Dugès a représenté aussi les vaisseaux d'une Planariée ; mais ce savant paraît avoir confondu le système nerveux avec les vaisseaux. M. Nordmann a, sous ce rapport, donné des détails plus précis à l'égard des *Diplozoon* et des *Diplostomum*. Néanmoins, bien des doutes et des inexactitudes restaient relativement au système vasculaire.

Au moyen de mes injections, je me suis assuré qu'il existait chez ces animaux un appareil de vaisseaux à parois propres, se ramifiant dans toute l'étendue du corps. On ne distingue ici ni veines, ni artères proprement dites ; les deux fonctions paraissent appartenir aux mêmes vaisseaux.

Chez la Douve, par exemple, j'ai vu le vaisseau médian, que nous considérons comme un vestige de cœur, se contracter à l'une de ses extrémités ; ce qui chassait le liquide sanguin dans les vaisseaux latéraux, et déterminait sa rentrée par des troncs vasculaires, s'abouchant à l'autre extrémité du canal médian; les mouvements de systole et de diastole ne s'opérant pas à la fois dans toute la longueur du vaisseau médian, mais seulement sur une partie de son trajet.

Considéré d'une manière générale, ce système de réseau vasculaire paraît se rencontrer chez tous les Trématodes et les Planariées, tout en présentant certaines différences dans le nombre et la direction des vaisseaux.

On comprend sans peine qu'il était complétement indispensable de recourir à l'injection pour s'assurer que ces vaisseaux ont des parois propres, et ne sont nullement de simples lacunes creusées dans le parenchyme même; pour constater qu'ils n'ont aucune communication directe avec le canal intestinal, comme certains observateurs ont pu le croire, et enfin pour reconnaître leurs rapports avec les autres parties de l'organisme.

Plusieurs des anatomistes, qui ont supposé que les vaisseaux des Trématodes s'abouchaient directement avec les ramifications de l'appareil digestif, ont cru voir un orifice terminal par où le vaisseau principal s'ouvrirait au dehors. Or, en injectant l'intestin et les vaisseaux avec des couleurs différentes, on voit de la manière la plus certaine qu'il n'y a aucune communication *directe* entre ces deux appareils; car les deux liquides ne se mêlent jamais sur aucun point, si l'on ne détermine des ruptures par suite d'une pression excessive. En injectant tout l'ensemble du système vasculaire d'un Trématode quelconque, on ne voit jamais le liquide s'échapper par l'extrémité des troncs principaux, si ce n'est sous l'influence d'une pression trop forte, et alors c'est par l'extrémité de tous les vaisseaux que le liquide peut venir à sortir. Lorsqu'ils sont bien remplis, il paraît presque sûr qu'il n'y a pas d'ouverture terminale. Le prétendu *foramen caudale*, comme l'ont appelé divers helminthologistes, est tout à fait problématique; dès lors le système excrétoire ou de vaisseaux absorbants, comme on l'a considéré tour à tour, serait simplement un appareil circulatoire. Certains observateurs ont cru que, chez les Trématodes, ce système particulier existait en même temps qu'un appareil sanguin (1) ; mais partout on trouve des suppositions à la place de faits bien constatés. Il y a eu à cet égard la confusion la plus étrange.

Le canal alimentaire offre entre les divers représentants de cette classe des différences considérables. Les uns ont un tube digestif droit ouvert à ses deux extrémités ; les autres, au contraire, et ce sont les plus nombreux, n'ont pas d'orifice anal. Les Planariées et les Trématodes sont dans ce cas. Alors, dans la plupart de ces Vers, le canal intestinal se divise en plusieurs branches, et souvent même il présente un grand nombre de ramifications.

Les organes de la génération chez ces animaux offrent aussi des particularités importantes; on trouve les deux sexes réunis sur chaque individu. Les ovaires sont généralement étendus dans une grande partie du corps; mais ils n'ont jamais qu'un seul oviducte. Les organes mâles sont aussi plus ou moins diffus, suivant les types; mais toujours ils forment un ensemble, dont toutes les parties sont dépendantes les unes des autres. Chez tous ces Vers, on ne trouve point d'organes particuliers pour la respiration ; cette fonction paraît s'effectuer seulement par la peau.

Nos Anévormes ont donc des caractères communs tirés de la disposition de leur système nerveux, qui les sépare très nettement de tous les Annélides, où il existe une seule chaîne ganglionnaire médiane, comme dans les Insectes, les Crustacés et les Arachnides.

Ajoutons que la tendance générale du système vasculaire leur est particulière, en admettant toutefois que cet appareil pourrait se modifier davantage, et ne plus présenter tout à fait le même degré de constance.

L'appareil digestif établit encore d'une manière irrécusable les affinités entre les Planariées et les Trématodes, sans offrir toutefois de caractères propres à tous les Anévormes.

Les organes de la génération ont une constance assez grande; ils permettent de distinguer les Anévormes des autres Vers. Les

(1) Voy. Siebold, *Lehrbuch der Vergleichenden Anatomie*. Erste Abth. Erstes Heft. S. 135 u. 138 (1845).

Hirudinées et les Scoléides (*Lombricinées*) sont les seuls qui s'en rapprocheraient bien notablement sous ce rapport.

Considéré d'une manière générale, l'ensemble des caractères organiques n'est pas identique certainement chez tous nos Anévormes, et plusieurs de leurs caractères peuvent se rencontrer chez d'autres Annelés. N'en est-il pas ainsi presque pour chacune des classes du règne animal? Nous croyons donc que celle des Anévormes est extrêmement naturelle. La disposition du système nerveux la sépare nettement des Annélides, des Hirudinées et des Scoléides, comme des Cestoïdes et des Helminthes.

Les caractères fournis par l'appareil vasculaire et le canal digestif sont communs aux deux ordres les plus considérables de ce groupe, l'ordre des Planariées et celui des Trématodes; les autres ordres se rattachent à ceux-ci par l'ensemble de leur organisation sous des rapports plus ou moins nombreux.

Remarquons encore, tout en attachant à ce fait une importance fort secondaire, que généralement les Anévormes sont dépourvus d'annulations; leur corps ne présente même pas de rides transversales, comme chez beaucoup d'Hirudinées et d'Helminthes. Jusqu'à présent, à ma connaissance, les Péripates, dont les caractères paraissent assez importants pour les faire placer en dehors de la classe des Anévormes, feraient seuls exception à cette tendance générale.

Le rapprochement le plus intime sur lequel j'insiste, celui entre les Trématodes et les Planariées, n'est pas une idée neuve, penseront tous ceux qui s'attachent bien plus aux mots qu'aux choses. En effet, les anciens zoologistes les rapprochaient non seulement dans la même classe, non seulement dans le même ordre ou dans la même famille, mais dans le même genre. Linné désignait par la dénomination de *Fasciola* les Planaires et les Douves (*Distoma*, type de l'ordre des Trématodes). Othon Müller adoptait en cela la manière de voir de Linné. Gœze les réunissait également. M. de Blainville, dans l'article Vers du *Dictionnaire des Sciences naturelles*, place les Planaires et les Trématodes dans deux ordres distincts; mais il les range dans une même grande division du sous-embranchement des Vers.

Cuvier dans son *Règne animal* signale aussi la parenté entre ces deux groupes.

Cependant par quelles considérations avaient été guidés ces célèbres zoologistes? Évidemment ce fut par suite de cette habitude qu'acquièrent seuls les zoologistes qui ont vécu pendant longtemps au milieu de grandes collections : habitude qui fait saisir des rapports, d'après l'aspect, l'apparence seule des Animaux.

Cela suffit-il à la science? Non certes; et ce serait bien mal la comprendre que de se contenter de faits saisis pour ainsi dire par intuition, et nullement établis par des observations directes.

D'ailleurs, ce qui alors a paru être la réalité aux yeux des uns, ne l'est point pour les autres. La preuve n'existe-t-elle pas positivement ici à l'égard des Planaires et des Trématodes? A côté des naturalistes qui les ont crus voisins, n'avons-nous pas Rudolphi et tous les helminthologistes spéciaux qui rejettent bien loin de leur groupe des Vers intestinaux tous ceux qui ne vivent pas dans le corps des autres animaux? N'avons-nous pas M. Ehrenberg proposant de former une classe particulière pour les Vers qui, n'étant pas entozoaires, ne lui paraissent pas avec raison, pour la plupart au moins, devoir être rangés avec les Annélides?

Ces vues, ne les voyons-nous pas adoptées dans les ouvrages les plus récents de plusieurs zoologistes : M. Dujardin, en France; M. Siebold, en Allemagne?

Aussi, en adoptant l'opinion de Linné, d'Othon Müller, de Cuvier, de M. de Blainville et d'autres encore, ce n'est pas mon opinion personnelle que je viens ajouter à celle de ces illustres naturalistes; c'est d'après les faits observés sur chaque partie de l'organisme que je soutiens ce rapprochement, en montrant combien le système nerveux d'une Planaire ressemble à celui d'une Douve; combien le système vasculaire, l'appareil digestif, les organes de la génération des Trématodes et des Planaires ont de ressemblance.

Ces points étant minutieusement comparés, qui pourrait se refuser à l'évidence? Qui douterait alors que le genre de vie, que les circonstances biologiques on fort peu d'importance, et ne coïncident nullement avec des modifications profondes dans l'organisme? C'est ce que déjà je me suis attaché à montrer à l'égard des Insectes ; mais là encore il ne s'agissait guère que de différence dans le choix de la nourriture. Ici, il y a plus: car l'animal vivant dans les mares, dans les étangs, dans la mer, est très voisin de l'animal vivant dans le foie, dans l'intestin, ou dans un autre viscère d'un Mammifère, d'un Oiseau ou d'un Poisson. Mais il est vrai d'ajouter, d'après les observations de M. Siebold et surtout de M. Steenstrup, que la même espèce est souvent aquatique pendant une période de sa vie, et parasite pendant une autre période.

Il existe certainement plusieurs caractères pour séparer les Planariées ou Dendrocèles de M. Ehrenberg des Trématodes ; mais ils reposent sur des détails, tels que la position de l'orifice buccal et des orifices de la génération, la disposition des ramifications du canal intestinal, etc. Je les considère comme formant deux groupes distincts. Ce sont les principaux représentants de notre classe des Anévormes ; ce sont surtout les plus nombreux. Les autres types ayant peu de représentants se groupent autour de ceux-ci, s'en rapprochent d'une manière plus ou moins intime.

Bien que les Planariées et les Trématodes paraissent appartenir à deux types bien particuliers ; bien que la nature des téguments et la position de l'orifice buccal et des centres nerveux cérébroïdes semblent être ici des guides sûrs pour déterminer au premier abord le groupe auquel doit appartenir un représentant de l'un ou l'autre de ces types ; on éprouve néanmoins une certaine difficulté à préciser d'une manière générale les caractères propres, soit aux Planariées, soit aux Trématodes. Dans ces deux groupes, cependant si naturels, on saisit de l'un à l'autre des tendances très appréciables. Ainsi, chez la plupart des Trématodes, les ganglions cérébroïdes sont situés de chaque côté du bulbe œsophagéen ; mais dans les Tristomes, ils sont au-devant de la bouche, et celle-ci n'est point terminale. Ceci nous conduit tout à fait à la disposition regardée comme si caractéristique, chez les Planaires. Dans ces dernières, un des caractères principaux est d'avoir la bouche située très loin de l'extrémité antérieure du corps ; mais il y a pourtant des espèces où la bouche tend très notablement à se rapprocher du bord antérieur. Le genre Prosthiostomum de M. de Quatrefages en fournit un exemple.

Les Planaires se font remarquer par le peu de solidité de leurs téguments, qui diffluent avec une facilité très grande. Dans les Trématodes, au contraire, ils sont en général très résistants et fort peu susceptibles de diffluer ; c'est le cas pour les Douves, pour les Amphistomes, les Tristomes, etc. Néanmoins, plusieurs d'entre eux ont des téguments beaucoup moins solides, et, sous ce rapport, ils se rapprochent davantage des Planariées ; tels sont les Polystomes et les Octobothriums.

Les ventouses, ou organes d'adhérence, n'existent jamais dans les Planariées ou Dendrocèles, et semblent caractériser parfaitement les Trématodes ; mais chez quelques uns de ces derniers, ils disparaissent presque totalement. Dans les Monostomes, le seul organe d'adhérence est le pourtour de la bouche. Ainsi donc, tout en regardant comme utile de conserver la distinction en deux ordres établie pour les Planaires et les Trématodes, il est impossible de ne pas reconnaître entre divers représentants de ces deux groupes une sorte d'échange de caractères.

Dans l'ordre des Trématodes, on observe, chez les Amphistomes, une tendance un peu opposée à celle qui nous est offerte par les Tristomes. Dans ceux-là, qui se fixent par leur ventouse postérieure à la manière des Sangsues, les ganglions cérébroïdes sont sensiblement plus volumineux que dans les autres représentants du même ordre, et placés en arrière du bulbe œsophagéen. Cette disposition indique bien évidemment un acheminement vers le type des Hirudinées.

Le manque d'observations suffisantes nous oblige à garder la plus grande réserve à l'égard de l'ordre des Rhabdocèles de M. Ehrenberg, ou des genres Prostomes, Dérostomes, etc., placés par tous les zoologistes près des Planaires ou Dendrocèles. La difficulté de se procurer assez abondamment ces animaux dans notre pays ne m'a pas permis d'en faire une étude complète, comme je l'aurais désiré. Plusieurs de ces Vers ne sont sans doute, comme le fait observer M. Siebold, que des larves d'autres animaux. Quant à ceux considérés comme étant à l'état adulte, la disposition de leur canal intestinal paraît montrer dans ce type un passage, un lien plus intime entre les Planaires et les Malacobdelles.

CHAPITRE III.

CLASSE DES CESTOIDES (*CESTOIDEA*).

Cestoïdes et *Cystiques* Rudolphi, etc. Intestinaux parenchymateux (ex parte) Cuvier. *Bothrocéphalés* de Blainville.

Les animaux appartenant à cette classe affectent généralement une forme si particulière, si insolite, que la plupart des zoologistes ont peu saisi leurs rapports naturels. Ils n'ont pas constaté beaucoup plus la valeur des caractères qui les séparent des autres Vers. Quelques auteurs, au nombre desquels il faut citer Lamarck, ont pensé qu'un Tænia pouvait être l'assemblage d'un grand nombre d'individus, chaque anneau du corps offrant des organes de génération indépendants les uns des autres. Cette opinion n'est cependant pas fondée ; car ces Cestoïdes sont pourvus d'une tête dans laquelle se trouve logée la partie centrale du système nerveux, et ordinairement des organes de succion. Les anneaux du corps sont seulement comparables à ce qui existe chez les Annélides.

Les Cestoïdes ont un système nerveux très distinct quand on sait convenablement l'isoler ; et c'est bien à tort qu'on les a crus si généralement dépourvus de l'appareil de la sensibilité. Le système nerveux dans les Tænias, dans les Bothriocéphales, dans les Cysticerques, et je cite à dessein les exemples sur lesquels ont particulièrement porté mes investigations, consiste en une sorte de commissure transversale placée au centre de la tête, ayant aux deux extrémités un petit renflement ganglionnaire. Ces deux centres médullaires donnent naissance de chaque côté à un filet nerveux descendant dans toute la longueur du corps, et fournissent antérieurement un nerf s'anastomosant ici avec un petit centre nerveux, situé à la base de chacune des ventouses céphaliques. Cette disposition mérite d'être remarquée ; il suffit presque de voir la tête d'un Tænia pour la comprendre aussitôt. De quelque côté qu'on retourne l'animal, on ne distingue guère ce qui pourrait être la face supérieure ou inférieure de la tête. La disposition du système nerveux est en rapport avec cette conformation générale. Il n'y a plus rien ici de précisément comparable à des ganglions sus-œsophagéens et à des ganglions sous-œsophagéens. Pendant une période de la vie des Cestoïdes, quand ces Vers n'ont pas d'organes génitaux, il serait impossible de déterminer ce qui est le côté dorsal et ce qui est le côté ventral. Il y a plus, dans les espèces où les organes de génération ont leurs orifices exactement sur les parties latérales du corps, cette distinction semble ne pouvoir jamais être établie. Ceci me paraît un point capital au point de vue zoologique ; car les Tænias, les Bothriocéphales, les Cysticerques, tous les Cestoïdes enfin appartiennent évidemment, par l'ensemble de leur organisation et par le mode de leur développement, au groupe des Vers. Ils appartiennent incontestablement à l'embranchement des animaux annelés. Cependant, chez eux, le type est notablement dégradé, et il nous montre une tendance sinon bien marquée, du moins très sensible vers un autre, celui des Radiaires. Cette tendance est nettement indiquée par le système nerveux, consistant en quatre centres nerveux divergents, et se rattachant à un point central.

Jusqu'ici, le système nerveux du Tænia et des autres Cestoïdes, si important à connaître pour la zoologie, avait totalement échappé. On trouve seulement à cet égard une observation incomplète due à M. Müller (1). Cet anatomiste a vu la bandelette centrale et les filets nerveux qui en partent pour se diriger vers les ventouses ; mais il n'a point distingué les ganglions existant à la base de ces organes.

Une observation de cette nature ne pouvait, par conséquent, rien indiquer relativement à la constitution des Cestoïdes. Aujourd'hui, après avoir examiné cette disposition dans plusieurs espèces de Tænias, dans le genre Tricuspidaire ou Triænophorus, dans plusieurs Cysticerques, et particulièrement dans les *C. fasciolaris* et *pisiformis*, j'ai toute certitude à l'égard de la

(1) Müller's *Archiv.* 1836, p. 106.

disposition générale du système nerveux chez les divers représentants de cette classe. Le caractère que nous fournit cet appareil est de la plus haute importance, car il nous montre combien les Cestoïdes diffèrent des autres annelés, et combien ils sont distingués nettement des groupes auxquels on les réunissait sous la dénomination d'Helminthes.

Depuis longtemps les anatomistes ont reconnu l'existence de deux longs canaux latéraux s'étendant d'une extrémité du corps à l'autre, et offrant un canal de communication transversal dans chacun des anneaux du corps. C'est une disposition qu'il est bien facile de mettre en évidence en injectant ces canaux avec un liquide coloré, comme je l'ai fait plusieurs fois.

Cette sorte de système gastro-vasculaire a été considérée tantôt comme un système vasculaire, tantôt comme un appareil alimentaire dégradé. En effet, le Tænia est dépourvu d'orifice buccal ; il présente seulement quatre ventouses ou trompes, qui ne sont pas perforées, mais qui néanmoins paraissent propres à absorber les fluides destinés à nourrir l'animal. Exactement en arrière de ces ventouses, on trouve une petite cavité à laquelle viennent aboutir les deux canaux latéraux.

En poussant fortement une injection par l'une des ventouses, on réussit à remplir ces canaux, et en même temps on voit une partie du liquide coloré ressortir par les autres ventouses quand la pression devient un peu forte. Ceci me semble donc tout à fait de nature à montrer que l'absorption des matières nutritives peut s'opérer au moyen de ces organes.

Cette disposition, nous la verrons au reste s'effacer, d'abord en partie, puis en totalité dans certains genres.

Les Tænias constituent la forme essentiellement typique dans la classe des Cestoïdes ; mais cette forme peut venir à s'altérer jusqu'à un certain point. C'est ainsi que, chez les Tricuspidaires, on retrouve les deux canaux latéraux des Tænias ; seulement ils n'ont plus, comme chez eux, de canaux transversaux les unissant l'un à l'autre. C'est encore au moyen de l'injection que je me suis assuré de ce fait.

Dans les Ligules, on le sait, il n'existe plus aucune trace de cet appareil gastrique. Cependant, par l'ensemble de leur organisation, ces Vers appartiennent encore bien évidemment au même type. Le système nerveux, les organes de la génération multipliés dans toute la longueur du corps, demeurent des caractères communs à tout le groupe.

Pendant longtemps, partageant l'erreur commune, je pensais qu'il n'existait point de système vasculaire proprement dit chez les Cestoïdes. Les canaux gastriques, communiquant de l'un à l'autre dans chaque zoonite, étaient regardés très généralement comme destinés à remplir les fonctions des deux appareils. Mais récemment, dans les Tænias du Chien et de la Fouine, j'ai constaté, indépendamment de ces canaux gastriques ou intestinaux, l'existence d'un système vasculaire très complexe, consistant en vaisseaux longitudinaux pourvus de ramifications et d'anastomoses nombreuses. Il y a donc, sous ce rapport, une analogie très grande avec ce qui existe chez les Anévormes. Ainsi ces animaux remarquables, considérés par les zoologistes les plus éminents comme des Vers *parenchymateux* complétement dégradés, sont au contraire des êtres dont l'organisation est loin d'être très simple.

Sous le rapport des organes de la génération, les Cestoïdes diffèrent non seulement des Helminthes nématoïdes, mais aussi des Anévormes, des Hirudinées et des Scoléides; ils n'ont guère plus d'analogie avec les Annélides proprement dits.

Dans les Tænias et dans les Bothriocéphales où le corps est nettement divisé en une longue série d'anneaux, il existe dans chacun d'eux, soit en même temps, soit alternativement, un ovaire et un appareil mâle complétement distincts et complétement séparés de ceux de l'anneau précédent et de l'anneau suivant.

Dans les Cestoïdes dont le corps n'est pas divisé, comme chez les précédents, les organes de la génération se multiplient néanmoins de la même manière dans toute la longueur du corps.

Quant à l'annulation, il est aussi bien digne de remarque de voir ce caractère, si prononcé dans les principaux représentants de la classe, disparaître chez des espèces qui, fondamentalement, s'éloignent peu des autres. Ceci suffit pour nous montrer à quel point il perd de son importance chez ces Annelés inférieurs.

Les helminthologistes ont pour la plupart considéré les animaux de cette classe comme appartenant à deux ordres fort distincts : les *Cestoïdes*, représentés par tous ceux dont le corps est en forme de ruban ; et les *Cystiques*, représentés par ceux dont le corps se termine par un renflement plus ou moins considérable ayant l'apparence d'une vessie. Cette distinction, d'abord faite par Zeder, a été adoptée par Rudolphi, et ensuite par la plupart des zoologistes. Quelques uns cependant l'ont repoussée ; de ce nombre se trouve M. de Blainville, etc. Il me paraît tout à fait hors de doute que cette séparation doive disparaître ; l'organisation est positivement la même, et l'on trouve tous les intermédiaires entre la forme la plus vésiculeuse de certains Cystiques et celles des Tænioïdes ; le Cysticerque du Rat (*Cysticercus fasciolaris*) en fournit l'un des meilleurs exemples.

Récemment, MM. Miescher et Dujardin ont émis, sans s'y arrêter davantage, l'opinion que les Cystiques pourraient n'être autre chose que des Tænioïdes développés d'une manière anormale ; en effet, les Cystiques sont constamment dépourvus d'organes de reproduction, et on ne les rencontre jamais dans le canal intestinal des animaux, comme les Tænias ; mais seulement dans des kystes se développant à la surface des membranes séreuses ou à la surface du foie et des poumons ; ce qui tendrait à faire penser que des œufs de Tænias, ayant été introduits dans l'économie animale en dehors du tube digestif, ont pu éclore, et donner naissance à de jeunes individus, dont le développement demeure incomplet, et dont la forme du corps s'altère, parce qu'ils vivent dans une condition en quelque sorte accidentelle.

Des expériences faites directement sur des animaux pourront seules amener à résoudre la question ; car, si les Cysticerques sont bien réellement de véritables Tænias, c'est non seulement leur corps dont la forme s'atrophie, c'est aussi leur tête qui acquiert une grosseur beaucoup plus considérable. Cette modification amène beaucoup de doute, quand on cherche à identifier spécifiquement le Cystique et le Cestoïde vivant dans le même animal.

Une considération vient, au reste, fortement à l'appui de l'idée émise par MM. Miescher et Dujardin : c'est l'absence constante d'organes reproducteurs chez tous les Cystiques. Or, nous savons que les Vers sont de tous les animaux les mieux partagés sous le rapport du développement de ces organes. Dans la plupart d'entre eux, les ovaires occupent la plus grande partie du corps, et les œufs se comptent par milliers et centaines de milliers.

Ce fait seul indique que les produits des Vers sont exposés à bien des chances de destruction, et qu'ils arrivent pour ainsi dire par hasard à être introduits dans le lieu où ils peuvent se développer. Mais, l'examen des Vers intestinaux, on le comprend facilement, d'après ce nombre incalculable d'œufs, doit laisser dans l'étonnement en pensant que ces animaux ont surtout servi d'exemples pour répandre les idées de génération spontanée.

Signalons encore un fait vraiment digne d'attention, relativement à l'identité assez probable des Tænias et des Cysticerques. Les Tricuspidaires, ou Triænophores de Rudolphi, se rencontrent le plus ordinairement dans le canal intestinal de plusieurs Poissons d'eau douce, et alors ils présentent des organes de génération parfaitement développés.

J'ai trouvé de ces Triænophores, spécifiquement identiques avec les précédents, dans des kystes, sur le foie de plusieurs Perches. Tous les individus retirés de ces kystes étaient complétement dépourvus d'organes reproducteurs, comme les Cysticerques.

Selon toute probabilité, cette circonstance était due à la même cause : mais la forme du corps n'ayant pas subi pour cela d'altération sensible, il ne pouvait y avoir le même doute à l'égard de la détermination de l'espèce.

Ce fait, qui n'avait point encore été signalé, donne une valeur réelle à l'opinion très probable que les Vers existants dans des kystes ne sont que des individus incomplétement développés des mêmes espèces vivant dans le canal intestinal des Animaux vertébrés. Mais, aujourd'hui, c'est à l'expérience qu'il faut recourir pour lever toutes les incertitudes ; car, en zoologie, on ne peut s'arrêter qu'aux faits parfaitement constatés ; aussi ai-je déjà commencé plusieurs tentatives sur ce sujet.

Remarquons encore cependant que les Cysticerques deviennent surtout abondants, et en quelque sorte ordinaires chez certains animaux, dont le genre de vie particulier est pour ainsi dire dénaturé. Tous les Lapins domestiques nous présentent dans les replis du mésentère et du péritoine des kystes contenant des Cysticerques ; tandis que, chez le Lapin sauvage, la présence de ces Vers paraît fort rare. N'en faut-il pas conclure que la condition dans laquelle vivent les Lapins domestiques est favorable à l'introduction des œufs d'où naissent les Cysticerques ?

CHAPITRE IV.

CLASSE DES HELMINTHES (*HELMINTHA*).

Intestinaux cavitaires (ex parte) Cuvier. — *Oxycéphalés* Blainville.

Nous conservons cette dénomination pour un groupe du sous-embranchement des Vers très nettement délimité. La dénomination d'Helminthes se trouve par conséquent prise ici dans une acception infiniment plus restreinte que dans tous les ouvrages publiés sur cette matière, où on l'étendait à la fois à la plupart des animaux compris dans la classe des Cestoïdes et dans la classe des Anévormes. Les Helminthes, comme nous les considérons ici, comprennent essentiellement l'ordre des Nématoïdes de Zeder et de Rudolphi, auquel nous adjoignons l'ordre des Acanthocéphales des mêmes auteurs, et, de plus, celui des Gordiacés de M. Siebold.

Le type principal est celui qui nous est fourni par les Nématoïdes, dont les espèces sont si nombreuses. Le type des Acanthocéphales, qui compte fort peu de représentants, en diffère à beaucoup d'égards; mais il nous paraît toutefois ne pas devoir être fort éloigné du précédent.

Considérons donc d'abord l'organisation des Helminthes dans les Nématoïdes. Ceux-ci peuvent être divisés en un assez grand nombre de genres, et rattachés d'une manière fort naturelle à plusieurs familles ou tribus. Néanmoins, l'organisation fondamentale varie extrêmement peu entre tous les représentants de cet ordre.

Jusqu'à présent, l'organisation de ces Vers était à peine connue, dans ce qu'elle nous offre de plus important. Les organes de la génération et le canal digestif ont été, il est vrai, vus exactement, et assez bien décrits dans la plupart des genres; mais on avait à peine une vague notion de leur système nerveux, si vague qu'elle ne permettait aucune comparaison avec ce qui existe chez les autres Vers. A l'égard du système vasculaire, on avait des idées non seulement fort incomplètes, mais tout à fait erronées.

Comme les Cestoïdes, dont ils diffèrent si essentiellement, les Nématoïdes sont des animaux annelés, chez lesquels il n'y a plus réellement ni face supérieure, ni face inférieure. Ceux-ci ne sont jamais aplatis comme les premiers : ce sont des animaux cylindriques. L'orifice des organes de la génération indique peu de chose relativement à la détermination des parties dorsale ou ventrale : car on peut admettre que l'oviducte s'ouvre un peu plus ou un peu moins sur le côté.

Il est facile de montrer combien cette détermination est vague : car, dans les descriptions anatomiques des Ascaris, des Strongles, certains observateurs signalent chez ces Vers deux vaisseaux latéraux ; d'autres, un vaisseau dorsal et un vaisseau ventral. Certains, comme Cuvier, M. Serres, etc., signalent deux nerfs latéraux; d'autres, comme Otto, Cloquet, etc., admettent chez les Ascarides un nerf dorsal et un nerf ventral. Ceci conduit à reconnaître aisément une erreur dans laquelle est tombé Otto en décrivant chez le Strongle géant une chaîne nerveuse, ventrale et médiane, analogue au système nerveux des Annélides. Cet anatomiste ayant ouvert le Strongle dans la position où les nerfs principaux se trouvent être l'un ventral et l'autre dorsal, ce dernier s'est trouvé coupé quand l'animal a été ouvert, et le second a été considéré alors comme le seul représentant du système nerveux.

Cette divergence d'opinions dans la manière de désigner les parties latérales, dorsale ou abdominale, des Nématoïdes, prouve clairement que rien n'est plus vague.

En effet, la bouche de ces animaux, située à l'extrémité antérieure du corps, est tout à fait médiane; les deux nerfs principaux et les deux tubes vasculaires forment comme quatre bandes également espacées.

D'après ces faits, il me paraît évident que les Helminthes nous offrent, comme les Cestoïdes, une légère tendance vers le type des Radiaires. Cependant, entre le système nerveux de ces deux types, il existe de grandes différences; celui des Nématoïdes peut être beaucoup plus facilement ramené à la disposition du système nerveux des autres Annelés; chez les Ascarides, les Strongles, les Sclérostomes, les Filaires, les Trichocéphales, chez tous les représentants enfin de l'ordre des Nématoïdes, j'ai trouvé constamment une disposition tout à fait semblable dans l'appareil de la sensibilité.

On a dit depuis longtemps qu'il existait deux gros nerfs partant d'un collier placé autour de l'œsophage. Pour le zoologiste qui a suivi les modifications du système nerveux dans les divers groupes des animaux invertébrés, rien n'est assurément plus vague. Chez les Annélides, comme chez tous les articulés, il existe un collier autour de l'œsophage, et ce collier est formé par les connectifs unissant les ganglions cérébroïdes aux ganglions sous-œsophagéens. Il n'en est pas de même dans les Nématoïdes. Ici, le corps placé dans la position où les deux nerfs principaux se trouvent être latéraux, on observe de chaque côté de l'œsophage deux très petites masses médullaires placées exactement sur le même plan, et unies à celles du côté opposé par une double commissure extrêmement grêle, l'une passant alors au-dessus de l'œsophage et l'autre au-dessous.

Comparant cette disposition avec celle des autres Annelés, il faut admettre que, les centres nerveux sous-intestinaux se trouvant rejetés sur les côtés, de même que les centres nerveux cérébroïdes, ils viennent à se rapprocher sur les parties latérales de l'œsophage, ou même à se confondre entièrement. En effet, dans les Ascarides et dans les Filaires, ces ganglions m'ont toujours paru très distinctement au nombre de deux de chaque côté; mais chez les Sclérostomes entre autres, leur fusion est à peu près complète. Ces masses médullaires donnent naissance aux deux longs cordons nerveux s'étendant jusqu'à l'extrémité postérieure du corps, et à quelques autres filets infiniment plus grêles qui se rendent aux muscles, et d'autres à l'œsophage et aux tubes vasculaires.

Ces grands cordons nerveux des Nématoïdes ont été regardés par quelques zoologistes comme étant plutôt des bandelettes tendineuses ou fibreuses. On ne connaissait pas les centres où ils ont leur origine, et comme sur leur long trajet ils ne présentent point de renflements ganglionnaires, et ne fournissent que des branches fort rares, extrêmement petites et difficiles à constater, leur nature n'a pas paru suffisamment démontrée.

L'examen des fibres nerveuses qui les composent, et surtout l'existence des centres médullaires, ne permet de laisser aucun doute aujourd'hui. Il ne faut nullement être surpris de ne pas trouver chez ces animaux inférieurs des nerfs très ramifiés, comme dans les types plus élevés du règne animal. Dans les Vertébrés, les anastomes entre les nerfs sont extrêmement nombreuses. Dans les Invertébrés dont l'organisation est la plus parfaite, comme les Insectes, les Mollusques gastéropodes, etc., les anastomes deviennent rares, mais la plupart des nerfs sont très ramifiés. Quand on descend aux Mollusques moins parfaits, comme les Acéphales, ou aux Annelés inférieurs, la plupart des nerfs présentent beaucoup moins de ramifications, et dans les Helminthes, où l'appareil de la sensibilité est si dégradé, les ramifications des nerfs non seulement deviennent très rares, mais encore celles qui existent sont fort grêles.

Le système nerveux des Nématoïdes est réellement rudimentaire, car les centres médullaires sont d'une extrême petitesse, et il faut une infinité de précautions pour les isoler. Cependant les deux nerfs principaux ont encore un volume assez considérable.

C'est un fait et une tendance bien marquée, que la dégradation des centres nerveux comparativement à la grosseur de leurs nerfs. Il n'y a pas dans les animaux très inférieurs, chez les Helminthes entre autres, une diminution correspondante dans le volume des ganglions et des nerfs. Toujours, d'après la dimension de ces derniers, on est d'abord porté à croire que les centres médullaires sont plus considérables qu'ils ne le sont en effet. Les foyers d'innervation se dégradent infiniment plus ici que les conducteurs de la sensibilité.

Sous le rapport du système vasculaire, les Nématoïdes présentent aussi une disposition qui leur est propre et qui leur est commune à tous.

Depuis longtemps on a constaté l'existence de deux canaux extrêmement larges chez les Ascarides. M. Cloquet a décrit et représenté en outre, à la partie antérieure du corps, un vaisseau établissant une communication entre ces deux canaux.

Le volume de ces prétendus vaisseaux et l'absence de ramifications apparentes devaient surprendre très naturellement : aussi me parut-il indispensable de bien reconnaître ici la nature de l'appareil vasculaire. L'injecter était ce qu'il y avait de plus propre à faire mettre la réalité en évidence. Ce moyen, en outre, m'avait réussi ailleurs. J'en fis l'essai sur un grand nombre d'individus de l'Ascaride du Cheval. Des tentatives cent fois répétées échouèrent d'abord complétement. En poussant une injection dans ces larges canaux, le liquide coloré transsudait de toutes parts. Cependant, à force d'essais, j'arrivai à un meilleur résultat. Comme le tube vasculaire s'aperçoit au travers des téguments, je mis à profit cette circonstance favorable ; soulevant la peau avec beaucoup de précaution, et passant un siphon bien exactement au-dessous, je parvins à empêcher le liquide coloré de tomber dans le grand canal, et à remplir dans une certaine longueur un vaisseau très grêle régnant au fond de ce canal. L'Ascaride ayant été ouvert, le vaisseau injecté s'apercevait facilement. J'avais déjà remarqué, d'un côté du vaisseau transversal qui établit une communication entre les canaux latéraux, un élargissement très sensible, une sorte de petite poche. Je poussai encore une injection par ce point ; un vaisseau très distinct du premier, et régnant à la face interne du gros canal, fut aussitôt rempli du liquide coloré, et il devint ainsi très facile de suivre son trajet.

Cette même épreuve, souvent répétée, donna toujours le même résultat. Ces vaisseaux ont des parois assez résistantes pour permettre de les isoler complétement. Ce que les anatomistes en général ont pris pour deux simples vaisseaux sont des tubes en grande partie formés de tissu cellulaire, renfermant dans leur intérieur deux véritables vaisseaux parfaitement distincts l'un de l'autre. La poche ou la petite ampoule existant à la partie antérieure du corps me paraît devoir être considérée comme étant véritablement un vestige de cœur ; quand on injecte par ce point, ce sont donc les artères qu'on remplit aussitôt, si toutefois il n'y a pas quelque danger à distinguer les vaisseaux des Annelés en artères et en veines, cette distinction ne pouvant être établie dans la plupart des cas. Néanmoins, si nous ne la repoussons pas complétement à l'égard des Nématoïdes, on sera conduit à regarder le vaisseau régnant dans la partie profonde du tube, c'est-à-dire exactement au-dessous des téguments, comme faisant l'office de veine.

Cette disposition si remarquable et si singulière nous paraît jusqu'à présent appartenir exclusivement à ces Helminthes. A certains égards, il y a quelques rapports dans le trajet des vaisseaux avec ce qui existe chez les Annélides ; mais, dans ces derniers, il n'y a rien de comparable à ces tubes qui les renferment dans leur intérieur.

L'appareil circulatoire caractérise parfaitement les Nématoïdes: car, ce que j'ai rendu si facile à voir chez les Ascarides au moyen d'injections, je l'ai vu et étudié avec le plus grand soin dans les types les plus différents de cet ordre d'Helminthes. J'ai examiné les vaisseaux chez les Trichocéphales, les Filaires, les Sclérostomes, les Oxyures, etc.; partout j'ai pu constater une disposition exactement analogue.

A l'égard du canal intestinal de ces Vers, j'ai fort peu de chose à dire ; il a été vu et décrit par divers auteurs dans un nombre considérable d'espèces. Chez tous les Nématoïdes, il occupe avec les organes de la génération toute la cavité générale du corps. L'orifice buccal est situé toujours à la partie antérieure, et il existe un orifice anal soit tout à fait à l'extrémité postérieure, soit un peu avant cette extrémité. Le canal alimentaire consiste simplement en un œsophage musculeux, plus ou moins renflé d'avant en arrière, et suivi d'un long intestin d'égale grosseur dans toute son étendue. Il n'existe jamais rien d'analogue à un foie ou à des vaisseaux biliaires, comme ceux des Insectes.

Les modifications du canal intestinal des Nématoïdes sont donc très légères; elles ne consistent guère que dans son volume et dans la forme et les proportions de l'œsophage et de l'intestin.

Comme on l'observe généralement dans les divers groupes du règne animal, les organes de la génération présentent des différences un peu plus considérables entre des types voisins. Toujours les sexes sont séparés dans tous les animaux que nous rangeons dans cette classe des Helminthes; c'est encore un caractère général qui les sépare des Anévormes et des Cestoïdes.

Les Gordiacés se lient bien évidemment aux Nématoïdes par l'ensemble de leur organisation, tout en présentant des différences considérables. La forme générale du corps, la séparation des sexes, les organes de la génération occupant, avec le canal intestinal droit et filiforme, toute la cavité du corps, la texture solide des téguments, offrant aussi un véritable épiderme tout à fait susceptible d'être isolé, nous indiquent des rapports incontestables entre ces deux types. J'ajouterai que les nerfs principaux m'ont offert une disposition qui les rapprocherait encore des Nématoïdes; mais je n'ai pu me procurer un assez grand nombre de Gordiacés pour être entièrement sûr de la disposition qu'affectent leurs centres nerveux; et cette lacune me laisse encore dans le doute relativement au degré bien précis de parenté existant entre ces Helminthes et les Nématoïdes. Toujours est-il que ces deux groupes sont évidemment très voisins l'un de l'autre. Il n'est peut-être pas sans intérêt de faire remarquer qu'il se trouve ici quelque chose d'assez analogue à ce que nous observons entre les Planariées et les Trématodes, des différences médiocres dans l'organisation coïncidant avec des différences biologiques de la même nature.

Les Acanthocéphales se rapprochent surtout des Nématoïdes par leurs organes générateurs et par la présence des deux tubes vasculaires; mais ces animaux, privés d'un véritable canal intestinal, semblent s'être atrophiés sous certains rapports, et il y a là des faits dont l'explication ne pourra être donnée que par l'étude de leur développement.

CHAPITRE IV.

Des rapports et des différences existant entre les ANÉVORMES, les CESTOÏDES et les HELMINTHES.

L'organisation des Vers étant appréciée comme je viens de le faire, les classes que je crois devoir admettre me paraissent extrêmement naturelles. Dans chacune d'elles, nous avons le type principal, dont les représentants, fort nombreux, offrent une réunion de caractères organiques qui seront maintenant faciles à reconnaître. Près de ces formes principales, nous plaçons, il est vrai, certains types que nous pouvons regarder comme secondaires, eu égard à leur petit nombre de représentants. Ceux-ci s'éloignent des premiers sous quelques rapports ; mais néanmoins ils s'y rattachent toujours bien évidemment par l'ensemble de leur organisation.

Les Anévormes, les Cestoïdes et les Helminthes sont nettement caractérisés par le système nerveux.

Chez les Anévormes, l'appareil de la sensibilité consiste en deux masses médullaires cérébroïdes plus ou moins rapprochées ou écartées l'une de l'autre, et en une double chaîne ganglionnaire latérale ne se rapprochant jamais sous l'œsophage, de manière à former un collier analogue à celui des Annélides ou des Articulés.

Chez les Cestoïdes, le système nerveux consiste en deux ganglions unis par une bandelette médiane située au centre de la tête. Ces deux renflements ganglionnaires donnent naissance à deux filets nerveux descendant dans toute la longueur du corps, et à des nerfs se dirigeant vers les ventouses, à la base desquelles il existe un ganglion. Cette disposition s'altère chez les Ligules, où la tête manquant de ventouses, les centres nerveux propres à ces organes dans les autres Cestoïdes sont ici en grande partie atrophiés.

Chez les Helminthes restreints comme je l'ai indiqué, le système nerveux consiste en deux ganglions placés de chaque côté de l'œsophage, et unis l'un et l'autre à ceux du côté opposé par une étroite commissure. Ces centres nerveux représentent, les uns les ganglions cérébroïdes, les autres les ganglions sous-intestinaux des autres Annelés. Ils donnent naissance isolément à un long cordon nerveux latéral.

Dans les Nématoïdes, cette disposition est parfaitement constante. Dans les Acanthocéphales, elle est moins évidente et semble en présenter la dégradation.

Chez les Anévormes, la disposition de l'appareil vasculaire a presque le même degré de constance que le système nerveux. D'après les observations faites sur un grand nombre de types de ce groupe, il consiste en un ou plusieurs vaisseaux principaux présentant des ramifications nombreuses, s'anastomosant entre elles de manière à constituer dans la plupart des cas une sorte de réseau vasculaire.

Chez les Cestoïdes, le système vasculaire proprement dit consiste également en plusieurs vaisseaux longitudinaux offrant des ramifications latérales et des anastomoses très nombreuses.

Chez les Helminthes, l'appareil circulatoire consiste en un vestige de cœur communiquant avec deux vaisseaux artériels qui s'abouchent avec des vaisseaux veineux suivant le même trajet : l'artère et la veine, de chaque côté ou en dessus et en dessous, selon la position dans laquelle on considère l'animal, renfermées dans un tube commun. Cette disposition existant toujours dans l'ordre des Nématoïdes, mais se dégradant dans les Acanthocéphales, où l'on retrouve seulement les deux tubes, qui ne contiennent plus aucun vaisseau particulier.

Ajoutons aussi que des détails nous manquent encore pour apprécier rigoureusement en quelle mesure le type des Gordiacés s'éloigne de celui des Nématoïdes.

Chez les Anévormes, l'appareil alimentaire ne fournit pas de caractère propre à la classe entière ; mais néanmoins la plupart des représentants du groupe ont un tube digestif plus ou moins ramifié et dépourvu d'un orifice anal. Dans quelques types se rattachant aux premiers par plusieurs caractères importants, et notamment par la disposition du système nerveux ; le canal intestinal est simple et pourvu d'un anus.

Chez les Cestoïdes, il n'y a pas de tube digestif proprement dit, mais en général il existe une sorte d'appareil gastrique ou intestinal qui consiste en un double canal ayant dans chaque anneau de l'animal une communication transversale. Dans les Cestoïdes inférieurs, cet appareil se dégradant, les canaux transversaux viennent à manquer, dans les uns, quand les canaux longitudinaux persistent encore ; dans les autres, c'est tout l'ensemble qui s'oblitère.

Chez les Helminthes Nématoïdes, le canal intestinal, s'étendant d'une extrémité du corps à l'autre, consiste en un œsophage musculeux, suivi d'un long intestin presque droit. Il existe une ouverture anale. Dans les Acanthocéphales, le canal intestinal disparaît.

Chez les Anévormes, les organes de la génération des deux sexes existent sur chaque individu. Aucune espèce n'est venue encore infirmer la généralité de ce caractère. Les ovaires occupent une grande partie de l'étendue du corps, mais il n'y a jamais qu'un seul oviducte. L'appareil mâle est ordinairement plus circonscrit. Dans la forme et dans la disposition de chaque organe, on observe des différences assez notables, suivant les groupes et même suivant les genres.

Chez les Cestoïdes, les organes de la génération des deux sexes existent, non seulement dans chaque individu, mais dans chaque anneau du même individu. Chaque zoonite est pourvu d'un ovaire particulier, d'un oviducte et d'un appareil mâle, ou bien les anneaux présentent alternativement les organes mâles et les organes femelles. Dans les types dont le corps n'est pas annelé, il y a également une série d'ovaires indépendants les uns des autres et une semblable série d'organes mâles.

Chez les Helminthes, les sexes sont constamment séparés. Il existe un ou plusieurs ovaires se réunissant en un oviducte commun, et dans les mâles des testicules, un ou plusieurs réservoirs spermatiques communiquant directement avec la verge, qui débouche ordinairement à l'extrémité du corps, près de l'orifice anal.

Chez les Anévormes, le corps est plus ou moins allongé ; mais en général il est assez court et oblong, ne présentant aucune trace d'annulation. Un seul type, le *Péripate*, qui se lie aux Anévormes par plusieurs caractères organiques, en diffère sous ce rapport, et cette différence, ainsi que la présence d'appendices, doit le faire placer en dehors de la classe.

Chez les Cestoïdes, le corps ressemble à un long ruban, ordinairement divisé en un très grand nombre d'anneaux se séparant les uns des autres avec une extrême facilité. Dans plusieurs, cette division en anneaux vient à s'effacer.

Chez les Helminthes, le corps est allongé et cylindrique, ayant un tégument offrant le plus souvent des plis transversaux, et présentant en général un premier anneau assez nettement circonscrit.

Aux différences que nous venons d'exposer comparativement entre les Anévormes, les Cestoïdes et les Helminthes, on pourrait en ajouter plusieurs autres tirées de la texture des téguments et de l'histologie en général ; mais il serait trop difficile d'arriver à un degré de précision assez grand pour les énumérer ici. D'ailleurs il faut bien remarquer que les caractères histologiques paraissent, dans plusieurs cas au moins, présenter des différences considérables ne coïncidant pas entièrement avec l'ensemble de l'organisation.

Enfin, d'après cet exposé, qui n'est autre chose que l'expression des faits appréciés à l'aide d'un grand nombre d'observations, n'en ressort-il pas manifestement qu'un Anévorme, un Cestoïde et un Helminthe constituent des types essentiellement distincts qu'on ne saurait confondre.

Quand un ou plusieurs des caractères du type viennent à manquer ou à s'effacer dans certaines espèces, n'est-il pas évident aussi que, par l'ensemble de leur organisation, on peut encore les rattacher avec toute certitude à l'une des trois classes que nous avons admises?

Ces trois groupes sont séparés par des caractères organiques d'une importance très considérable ; et, dans les types chez lesquels ces caractères s'effacent, aucuns de leurs représentants connus jusqu'ici n'établissent pour cela de lien bien manifeste entre la classe des Anévormes et celle des Cestoïdes ou celle des Helminthes. C'est ainsi qu'une Ligule chez laquelle on ne retrouve pas tous les caractères des Cestoïdes, comme dans les Tænias, ne ressemble pas plus à un Trématode ou à une Planariée que le Tænia lui-même. Néanmoins il est certain que les types des deux premières classes sont plus voisins l'un de l'autre que de ceux de la troisième.

CHAPITRE V.

Du groupe des NEMERTINES (*NEMERTINA* Ehrenb.)

Je me suis peu occupé de ces Vers. M. de Quatrefages ayant entrepris sur ces animaux une série d'observations, qui est devenue le sujet d'un fort beau travail, récemment publié dans les *Annales des Sciences naturelles* (1), je renverrai donc à ce Mémoire pour l'ensemble des faits relatifs à l'organisation des Némertines.

J'aurai seulement à ajouter quelques détails à l'égard du système vasculaire de ces animaux. M. de Quatrefages a décrit et figuré cet appareil comme consistant simplement en trois vaisseaux longitudinaux sans aucune ramification latérale.

Étant parvenu à injecter des Némertes, j'ai reconnu la présence d'un plus grand nombre de vaisseaux longitudinaux, offrant des ramifications transversales nombreuses, qui établissent des communications entre les troncs principaux.

Mais si je mentionne ici ce groupe d'Annelés, c'est surtout pour discuter ses rapports naturels avec les autres divisions du sous-embranchement des Vers. L'historique des opinions des naturalistes à ce sujet se trouve dans le Mémoire de M. de Quatrefages. Je ne m'y arrêterai donc pas, me bornant ici à signaler ce qui me paraît évident, d'après tous les termes de comparaison qui m'ont été fournis par mes études sur les Vers.

(1) *Ann. des Sc. nat.*, t. VI, p. 173 (1846).

M. de Quatrefages place les Némertines dans la classe des Turbellariés d'Ehrenberg ; ce sont pour lui les *Turbellariés dioïques*, par opposition au groupe des Planariées, qu'il nomme *Turbellariés monoïques*. Je sais qu'ordinairement on hésite longtemps avant de se décider à former une division d'un rang élevé, tel qu'une classe. On ne doit s'y décider en effet, à mon avis, qu'après avoir comparé et surtout pesé la valeur des caractères du groupe, dont on croit devoir augmenter l'importance.

Dans l'état actuel de la science, nous jugeons de ce qui doit être fait en certaines circonstances par ce qui est établi et généralement admis par les zoologistes dans les autres divisions du règne animal.

Tant que l'organisation des Vers est demeurée ignorée dans ce qu'elle a de plus essentiel, on a fort naturellement considéré ces types divers comme formant un seul groupe, c'est-à-dire une seule classe.

Quelques uns s'étonneront peut-être au premier abord de voir les Vers *parenchymateux* et *cavitaires* de Cuvier divisés aujourd'hui en cinq classes. Cependant ce nombre pourra s'accroître encore par la suite, quand on connaîtra une plus grande quantité de ces animaux et certains faits relatifs à leur développementr Au reste, ceux qui examineront les caractères essentiels et les différences fondamentales existant entre les représentants de ces cinq formes principales, n'hésiteront pas, je pense, à reconnaître leur importance. Ils verront bientôt que les caractères organiques, séparant les divisions les unes des autres, n'ont pas moins de valeur que ceux des autres classes d'animaux invertébrés, soit parmi les Mollusques, soit parmi les Annelés.

Après avoir exposé les principales différences existant entre les Anévormes, les Cestoïdes et les Helminthes, je me trouve conduit à faire ressortir d'une manière comparative ceux des Némertines ou Némertiens.

Pour cela, il devient nécessaire de comparer isolément chacun de leurs appareils organiques avec ceux des types précédemment caractérisés.

Leur système nerveux ressemble-t-il à celui des autres Vers?

Chez les Némertes, il se présente comme deux masses médullaires, situées de chaque côté de l'œsophage, et plus ou moins réunies ou confondues ensemble : la supérieure, unie à celle du côté opposé par une commissure, passant au-dessus du canal digestif ; l'inférieure, unie également à celle du côté opposé par une plus large commissure, passant au-dessous du canal intestinal. Les centres nerveux inférieurs fournissent deux cordons nerveux, descendant sur les parties tout à fait latérales du corps, l'un à droite, l'autre à gauche.

Les centres médullaires supérieurs sont bien évidemment les ganglions cérébroïdes : les centres nerveux qui leur sont accolés sont aussi certainement l'analogue des ganglions sous-intestinaux des autres Annelés. Cette disposition ressemble-t-elle à celle du système nerveux des Anévormes en général ou des Planariés en particulier? c'est, comme on le voit, complétement différent. Comparons-nous cette disposition avec celle existant chez les Nématoïdes, nous trouvons fondamentalement une ressemblance beaucoup plus réelle ; cependant la différence est encore très considérable : ce sont bien, en effet, chez les uns et les autres un ganglion cérébroïde et un ganglion sous-intestinal rejetés de chaque côté, et rapprochés ou même réunis, et deux cordons latéraux. Mais, dans les Nématoïdes, ce sont des centres nerveux tout à fait rudimentaires ; tandis que, chez les Némertiens, ce sont des masses médullaires extrêmement développées, comparativement à celles de la plupart des Vers.

De plus, chez les Némertiens, la partie inférieure du système nerveux est toujours plus considérable que la partie supérieure : chez les Nématoïdes, au contraire, on ne saurait reconnaître à cet égard aucune prédominance bien manifeste.

Le système circulatoire nous montrera-t-il une analogie beaucoup plus étroite entre les Némertiens et les Anévormes que le système nerveux ? Chez les premiers, ce sont des vaisseaux longitudinaux avec des ramifications transversales assez régulières. D'après tout ce que nous savons de l'appareil vasculaire des Planaires et des Trématodes, c'est généralement un réseau vasculaire avec un ou plusieurs troncs principaux. Chez les Nématoïdes, ce sont bien des vaisseaux longitudinaux ; mais leur disposition est très différente de celle des Némertiens, chez lesquels il n'y a rien d'analogue à ces tubes vasculaires des Nématoïdes.

Trouverons-nous des rapports plus intimes entre ces groupes, et surtout entre les Némertiens et les Planaires, dans la configuration du canal intestinal et des organes de la génération ?

Chez les premiers, d'après les observations récentes de M. de Quatrefages, le tube digestif, décrit d'une manière générale, est renfermé dans une cavité spéciale, et consiste en un œsophage, en une trompe, et en un intestin sinueux extrêmement grêle, occupant rarement toute la longueur du corps. Chez les Planaires, c'est un intestin plus ou moins ramifié.

A l'égard des organes de la génération, les dénominations proposées par M. de Quatrefages, celle de *Turbellariés monoïques* pour désigner les Planaires et les Trématodes, et celle de *Turbellariés dioïques* pour désigner les Némertiens, indiquent nettement la différence la plus importante. Sous le rapport de la séparation des sexes, les Némertiens se rapprocheraient davantage des Nématoïdes ; mais la configuration des organes est tout à fait différente, comme on peut s'en assurer en regardant à la fois la description spéciale de ces organes dans ce travail et dans celui de M. de Quatrefages, comme en jetant un coup d'œil sur nos planches.

Nous aurions encore d'autres différences à signaler dans la nature des téguments, dans la forme du corps, etc. ; mais plusieurs de celles-ci sont réellement trop secondaires pour mériter un examen comparatif aussi rigoureux.

Ainsi, ayant montré combien les Némertiens diffèrent des Planariés par l'ensemble de leur organisation ; ayant montré combien ces différences sont profondes et caractéristiques ; ayant montré encore quelques rapports éloignés entre les Némertiens et les Nématoïdes, tout en signalant des différences organiques très importantes, on arrive nécessairement à cette conclusion, que les Némertiens doivent constituer un groupe essentiellement distinct de ceux auxquels nous les avons comparés, et que ces Vers ont des affinités au moins aussi manifestes, et même plus manifestes, avec les Nématoïdes qu'avec les Anévormes en général ou même simplement avec les Aporocéphales en particulier.

Réunit-on les Némertiens aux Anévormes, il devient impossible de trouver un seul caractère général à tous ces animaux. En même temps, les caractères si prononcés des Helminthes (Nématoïdes, etc.) ne peuvent plus être énoncés clairement d'une manière comparative.

Aujourd'hui quelques uns de ces groupes de Vers semblent encore avoir peu de représentants, particulièrement s'il est question des espèces qui habitent la mer. Si l'on ne songe qu'à ceux décrits ou représentés, il doit en paraître ainsi ; alors on s'étonnera parfois de voir des ordres et même des classes établis pour un nombre d'espèces assez limité. Mais pense-t-on au petit nombre de recherches entreprises pour recueillir ces êtres, en apparence si peu dignes de l'observation des naturalistes ; énumère-t-on la quantité d'espèces trouvées sur deux ou trois points bien resserrés où l'on a voulu recueillir ces animaux : alors on sera frappé du nombre immense qui doit vivre au fond des mers.

Songe-t-on à l'importance des caractères organiques de chacun de ces types, dont les représentants sont certainement si multipliés, l'on sera de plus en plus convaincu que nous n'accordons pas aux divisions principales du sous-embranchement des Vers une valeur exagérée.

CHAPITRE VI.

Du groupe des ACANTHOTHÈQUES (*ACANTHOTHECA* Diesing).

Outre les types que nous avons signalés parmi les Vers, il en existe encore qu'on ne saurait leur rattacher ; ce sont les Linguatules ou Pentastomes, dont on connaît seulement un fort petit nombre d'espèces très rares pour la plupart.

Ces Linguatules ont été étudiées par plusieurs anatomistes très habiles, et surtout par MM. Miram, Owen et Diesing. J'ai pu moi-même constater chez ces animaux des faits qui ont échappé à ces naturalistes.

Cependant les Linguatules sont loin d'être bien connues dans leur organisation. N'ayant pu examiner ces Vers à l'état de vie, je n'ai aucune opinion formée à l'égard de leur appareil circulatoire. Relativement au système nerveux, nous pouvons, selon moi, saisir combien cet appareil diffère de ce qui existe chez les autres Vers et combien il est plus développé. Mais néanmoins certains détails seraient peut-être encore nécessaires pour faire apprécier plus sûrement tout ce que la disposition du système nerveux offre ici de particulier.

M. Diesing a formé, je crois avec raison, pour les Linguatules, un groupe distinct sous le nom d'*Acanthotheca*. Je pense devoir regarder ces Vers comme un type particulier, sans toutefois me prononcer définitivement sur l'ensemble de ses affinités naturelles.

Les crochets situés à la partie ventrale des Linguatules semblent représenter les appendices des Lernéens, et ceci paraît indiquer un rapport très réel entre ces Vers et la classe des Crustacés. Cependant la disposition de leur système nerveux, aussi bien que la configuration des organes de la génération, les en éloignent considérablement. Il est vrai de dire qu'ils ne présentent pas de rapports plus manifestes avec aucun autre groupe de la classe des Vers. Leur système nerveux, consistant en un ganglion cérébroïde uni à un centre nerveux sous-intestinal, très volumineux, et offrant lui-même un autre collier œsophagéen sans ganglion supérieur, les éloigne tout à fait des Helminthes nématoïdes, parmi lesquels les ont placés plusieurs zoologistes, guidés en cela par la forme extérieure. Les caractères tirés de l'appareil de la sensibilité ne les rapprochent pas davantage des Trématodes. Quant aux organes de la génération, la séparation des sexes me paraît être la seule ressemblance existant entre les Linguatules et les Nématoïdes.

Il est extrêmement probable que ces Acanthothèques doivent constituer, parmi les animaux annelés, une classe particulière, indiquant sans doute un lien entre les Crustacés et les Vers. Toujours est-il que le système nerveux nous montre les Linguatules comme infiniment supérieures aux Anévormes, et surtout aux Helminthes et aux Cestoïdes.

Mais, avant de reconnaître d'une manière certaine toutes les affinités et toutes les particularités organiques de ces animaux, il sera indispensable de les étudier à l'état de vie pour s'assurer de la nature de leur appareil circulatoire, et pour être certain de n'avoir laissé échapper aucun détail important relatif à leur système nerveux.

CHAPITRE VII.

Du développement des Vers.

Ainsi que M. Milne Edwards l'a exposé en plusieurs circonstances, outre le haut intérêt physiologique qui s'attache à l'observation des diverses phases du développement des animaux, il y a un intérêt zoologique d'une grande importance.

On le sait : des affinités, des analogies évidentes pendant les premières périodes de la vie des êtres viennent souvent à se masquer de plus en plus par les progrès de l'âge. D'après toutes les observations recueillies jusqu'à ce jour, des différences notables dans le mode de développement de plusieurs types indiquent des plans d'organisation particuliers. L'étude des premiers états des types principaux du groupe des Vers devra donc fournir nécessairement des données extrêmement précieuses.

A l'égard des classes qui nous occupent ici, la science possède encore bien peu de faits.

Mes observations particulières ne m'ont pas encore suffisamment éclairé sur ce sujet, pour que je croie devoir même les indiquer ici. Je rappelle succinctement les principaux faits connus sur le développement des Vers, dans le but seul de montrer que les représentants de chacune des grandes divisions que nous avons admises présentent des particularités dans leur mode de développement. Ceci me paraît confirmer la valeur des caractères que nous avons constatés par l'étude de l'organisation des animaux adultes.

Parmi les Anévormes, les Trématodes sont presque les seuls sur lesquels on ait observé certains faits relatifs aux diverses phases de leur vie ; c'est chez eux essentiellement qu'on a suivi de véritables métamorphoses. Mais ce sont des observations incomplètes, qui laissent dans le doute relativement à plusieurs points importants.

Tous les Trématodes qui ont été décrits comme privés d'organes de génération, les *Cercaria*, les *Diplostomum* Nordm., les *Bucephalus* de Baër, etc., paraissent n'être que les premiers états de certains Distomes et Monostomes.

D'après les recherches pleines d'intérêt entreprises par Baër (1), Wagner (2), Siebold (3) et Steenstrup (4), on sait aujourd'hui que des enveloppes vivantes, ayant la forme de Trématodes, se trouvent sur le foie et sur les reins des Mollusques d'eau douce, c'est-à-dire les Planorbes, les Limnées, les Paludines. Ces enveloppes, désignées par les helminthologistes sous la dénomination de *Sporocystes*, ont l'apparence de véritables Trématodes, et paraissent pourvus d'un canal intestinal. Mais elles tendent à se déformer de plus en plus et à prendre l'apparence de véritables sacs. Dans l'intérieur des Sporocystes, on trouve à une certaine époque des germes agglomérés, et plus tard une quantité de ces petits Trématodes, connus sous le nom de Cercaires. Ces jeunes Vers, dont la forme du corps approche beaucoup de celle d'un Distome terminé par une petite queue, abandonnent leur enveloppe commune. Ils nagent alors librement dans l'eau, autour des Mollusques, dont ils sont parasites à plusieurs époques de leur vie. Les Cercaires, devenues ainsi indépendantes les unes des autres, subissent encore plusieurs changements de forme ou des métamorphoses, pendant lesquels elles acquièrent des organes génitaux qui sont entièrement développés quand les Cercaires sont parvenues à l'état de Distomes. Mais tous ces faits sont loin d'être connus avec le degré de précision nécessaire; et il existe encore plus d'un point obscur relativement à cette série de changements ou de métamorphoses que subissent ces Trématodes (5).

(1) *Nova Acta Acad. Cur. Nat.*, t. XIII, p. 11 (1826).

(2) *Isis* von Oken (1832), p. 394, pl. 4, et (1834) p. 131, pl. 1, fig. 4.

(3) *Burdach's Physiologie*. Bd. II.

(4) *Ueber den generationwechsel* (1842).

(5) Voyez à ce sujet Baër, etc. —Siebold, *Burdach's Physiologie*. Bd. II (trad. franc., t. III, p. 35), et surtout Steenstrup, *Ueber den generationwechsel* (1842).

En outre, on ignore comment se développe le Sporocyste, ce que devient l'œuf pondu par le Distome, etc.

Ajoutons que les observations faites jusqu'ici ont porté sur les plus petites espèces. Quant à la Douve du foie, la plus grande de nos espèces de Trématodes, l'une des plus communes, le type en quelque sorte de l'ordre tout entier, on ne sait absolument rien de son développement. Il en est de même à l'égard des Amphistomes. On rencontre la Douve et souvent de ses œufs en nombre immense dans les canaux hépatiques des Ruminants. Ce Ver se trouve toujours à l'état adulte ; jamais je n'ai pu découvrir de jeunes individus dans les canaux où il habite en si grand nombre. Il y a donc tout lieu de croire que les jeunes individus se développent dans d'autres conditions biologiques.

On connaît d'une manière générale le mode de développement des Cestoïdes. Si l'on examine des œufs de Tænias très avancés, on distingue à l'intérieur la tête du jeune Tænia armée de ses crochets. Quand le petit animal a brisé l'enveloppe de son œuf, sa tête paraît déjà très développée, tandis que son corps, très court, ne présente que deux ou trois annulations. Le Ver avançant en âge, de nouveaux anneaux se forment immédiatement en arrière de la tête, en repoussant toujours les zoonites les plus anciens. Ce mode d'accroissement explique aisément pourquoi les Cestoïdes en général ont la partie antérieure si grêle, quand la partie postérieure est de plus en plus large : c'est une simple différence d'âge. Comme on le voit, le Tænia au sortir de l'œuf ressemble considérablement à la forme permanente de certains Cysticerques, des Échinocoques, etc. Sur les embryons des Cestoïdes, que j'ai été à même d'observer, je n'ai pu apercevoir aucune trace de cils vibratiles.

Plusieurs faits de la même nature sont connus relativement à l'embryologie des Helminthes nématoïdes. Quelques zoologistes ont observé ces Vers dans l'œuf et au sortir de l'œuf. M. Hanover (1) a examiné les évolutions de l'embryon de ses premières phases chez l'*Ascaris nigrovenosa*. J'ai eu moi-même l'occasion de voir fréquemment les jeunes de cette espèce, ainsi que des embryons très

(1) *Forhandlingar vid de Skandinaviske Naturforskarne tredje mote*. Stockholm, 1842

avancés de l'Ascaride du Cheval. Le jeune animal en sortant de l'œuf ressemble complétement à l'adulte : il ne passe par aucune des métamorphoses comparables à celles des Trématodes ; il ne subit aucun changement analogue à celui des Cestoïdes.

Relativement au développement des Échinorhynques, nous ne savons rien; jusqu'ici mes efforts pour découvrir quelque chose sur ce sujet si intéressant sont demeurés sans résultat. Malgré les divers rapports qui me paraissent exister dans l'organisation des Nématoïdes et des Échinorhynques, je suis persuadé que le mode d'accroissement de ces derniers est fort différent.

Les Échinorhynques, dont je n'ai jamais réussi à rencontrer de très jeunes individus, me paraissent être des animaux dégradés ou atrophiés par les progrès de l'âge, c'est-à-dire dont le développement est récurrent. Tout me porte à croire que ces Vers existent, et vivent sous une autre forme, probablement dans d'autres circonstances biologiques pendant une période de leur existence. On comprend dès lors tout l'intérêt qui paraît devoir s'attacher à la recherche de ce fait, mais la difficulté est extrême pour parvenir en quelque sorte à élever ces animaux.

Suivant une observation de M. Steenstrup (1), les embryons d'Échinorhynques auraient une forme particulière ; mais ce que ce savant nous a signalé à cet égard est trop incomplet pour être susceptible d'une interprétation.

Toujours résulte-t-il du petit nombre de faits acquis à la science que les Trématodes, les Cestoïdes et les Helminthes nématoïdes, se développent d'une manière extrêmement différente, et que ces différences dans le développement coïncident parfaitement avec les différences d'organisation que nous avons signalées.

L'embryologie de ces Vers ne nous fournit guère d'autres données zoologiques bien positives ; le développement des Planariées ou Aporocéphales, des Némertines, des Acanthothèques, nous est encore inconnu en réalité, malgré quelques observations intéressantes de M. Siebold sur les Planaires d'eau douce. Comme on le voit, il y a là un bien vaste champ pour l'observation. J'ai commencé des recherches sur ce sujet si intéressant.

(1) *Ueber generationwechsel*, S. 111 (1842).

et j'espère arriver à quelques résultats. Si je réussis à découvrir assez de faits encore ignorés, ces observations formeront une seconde partie à ce travail sur les Vers.

Alors on admettra, je pense, avec moi qu'il était bien nécessaire de connaître d'abord à fond l'organisation des adultes, de manière à éviter les erreurs de détermination des organes en voie de formation : erreurs dans lesquelles peuvent tomber facilement ceux qui se livrent à l'étude de l'embryologie sans connaître suffisamment l'organisation des types, dont ils suivent le développement.

Parmi les Vers intestinaux ou parasites, les Trématodes surtout semblent devoir fournir à l'observation bien des faits importants en physiologie.

Dans ces dernières années, une opinion singulière a surgi relativement à ces animaux, qui à une époque de leur vie se fractionnent ou se divisent pour constituer autant d'individus indépendants. Cette idée appartient, je crois, surtout à M. Steenstrup. Ce naturaliste considère le fractionnement ou la division des germes comme un mode de reproduction particulier, équivalent au mode de reproduction par *œufs*.

Je pense, au contraire, qu'il existe là une différence immense.

Si un œuf de Distome donne naissance à un Sporocyste, le Sporocyste d'où sortent les Cercaires ne produit pas les Cercaires, comme le Distome produit des œufs. Chez le premier, je ne saurais voir autre chose qu'un embryon, ou un germe dont les éléments multiples se séparent pour constituer autant d'animaux distincts.

Il semble en être de même des Méduses, dont les œufs donnent naissance à des Polypes qui, parvenus à une certaine période (*Strobila* de Sars), se séparent en plusieurs, offrant chacun une vie indépendante.

Évidemment ici la Méduse est l'animal adulte ; le *Strobila* n'en est que la larve.

Il en est peut-être ainsi à l'égard des Sporocystes contenant les Cercaires avec les Distomes ; aussi M. Steenstrup n'hésite-t-il pas à les placer dans la catégorie des animaux à *générations alternes*. Néanmoins, comme relativement à plusieurs phases du développement de ces Vers on en est réduit à des hypothèses, on peut supposer aussi que la réunion des Cercaires sous une enveloppe commune est le résultat de l'agglomération d'une certaine quantité d'œufs de Trématodes. D'un autre côté, l'inclusion d'un animal dans l'embryon du *Monostoma mutabile*, signalée par M. Siebold (1), est également un fait inexpliqué.

CHAPITRE VIII.

De la valeur des modifications d'organisation dans les types constituant le sous-embranchement des Vers.

Après avoir mis en regard les différences les plus essentielles entre les types qui font le sujet de ce travail, il n'est pas inutile de les comparer aux autres divisions du sous-embranchement des Vers. On saisira, je crois, plus complétement la valeur et l'importance des modifications d'organisation qui existent entre tous ces êtres.

Il est inutile, je pense, de rappeler ici les caractères généraux de la classe des Annélides proprement dite; il faut, comme on sait, en retrancher les Hirudinées et les Lombrics ou Scoléides, ainsi que M. Milne Edwards propose de les désigner.

Ces deux derniers groupes se distinguent d'une manière générale des véritables Annélides par leurs organes reproducteurs, qui, au lieu d'être diffus comme chez les premiers, forment un ensemble unique. Les Hirudinées et les Scoléides, au sortir de l'œuf, ressemblent entièrement aux adultes, tandis que les jeunes Annélides couvertes de cils vibratiles, et n'offrant pas d'abord d'annulations, atteignent la forme adulte par le développement successif de zoonites s'ajoutant à la suite les uns des autres (2).

Mais les Annélides, comme les Hirudinées et les Scoléides, ont un système nerveux consistant en une chaîne ganglionnaire sous-intestinale et médiane, unie à un double ganglion cérébroïde sus-œsophagéen par deux connectifs constituant un collier autour de

(1) *Helminthologische Beitræge* v. Dr C. T. v. Siebold, *Wiegmann's Archiv. fur Naturgeschichte*. Bd. 1. S. 75 Taf. 1 (1835).

(2) Voyez Milne Edwards, *Embryologie des Annélides* (Ann. des Sc. nat., 3e série, t. III p. 145) (1845).

l'œsophage. Aux Vers qui présentent cette disposition organique nous pouvons ajouter les Sipunculides, placés par la plupart des zoologistes dans la classe des Échinodermes, près des Holothuries.

On a décrit souvent ces animaux comme ayant un cordon nerveux sans renflement ganglionnaire (1). J'ai reconnu récemment chez ces Siponcles l'existence d'un centre nerveux cérébroïde, très volumineux en comparaison de celui des autres Annelés.

La place que doivent occuper les Sipunculides, par rapport aux autres groupes, ne peut donc demeurer plus longtemps douteuse. Ce sont bien évidemment des Vers, dont on devra former probablement une classe particulière. La nature du système vasculaire, la forme du canal intestinal et des organes de la génération, les séparent très nettement de tous les autres Annelés. Les Échiures, dont je juge ici simplement d'après les observations faites par M. de Quatrefages (2), ont un système nerveux très semblable à celui des Lombricinées ou Scoléides, dont ils paraissent se rapprocher par l'ensemble de leur organisation plus que de tout autre type.

Ainsi, tous ces Vers ont un système nerveux médian.

Sous le rapport de cet appareil, les *Bonelia* nous sont encore malheureusement inconnues.

Après les types que nous avons cités, tous les autres Vers nous présentent un système nerveux plus ou moins rejeté sur les parties latérales du corps. Le nom de Pleuronèvres, par lequel M. Milne Edwards propose de les distinguer, indique parfaitement cette disposition anatomique ; mais il faut bien se garder de croire que ces Vers pleuronèvres constituent un ensemble homogène comparable à l'ensemble des Vers à système nerveux médian. On s'éloignerait alors bien évidemment de la réalité.

Les Anévormes sont infiniment plus voisins des Hirudinées que des Cestoïdes ou des Helminthes. Ce n'est pas seulement l'appareil vasculaire, les organes de la génération, etc., qui nous

(1) Voyez Siebold, *Lehrbuch von vergleichenden Anatomie*. 1 S. 86 (1845).

(2) *Règne animal* de Cuvier, nouvelle édition (Zoophytes), pl. 23 ; et *Ann. des Sc. nat.* 3e série, t. VII, p. 307 (1847).

montrent cette affinité, c'est même le système nerveux ; car entre la disposition de cet appareil, chez une Sangsue, un Malacobdelle ou une Douve, la seule différence importante consiste dans l'écartement des portions qui concourent, chez la plupart des Annelés, à former la chaîne ganglionnaire. On concevrait donc que ces deux parties, ordinairement réunies chez les Sangsues, venant à se séparer, nous donnent la disposition caractéristique des Anévormes, ou au moins un passage vers cette disposition.

Compare-t-on les Cestoïdes aux autres classes du sous-embranchement des Vers ? On voit que leurs caractères organiques les séparent profondément de tous les autres groupes. Leur système nerveux semble pouvoir être ramené plus difficilement par la théorie à l'uniformité de plan fondamental qu'on reconnaît partout ailleurs. L'ensemble de leur organisation les isole manifestement ; cependant, ils ont des nerfs rejetés sur les parties latérales du corps.

Les Helminthes nématoïdes, conformées sur un plan moins particulier que les précédents, ont aussi leurs cordons nerveux sur les côtés ; mais, néanmoins, la disposition des ganglions et leur état extrêmement rudimentaire font des Helminthes un type beaucoup plus éloigné du type des Anévormes, que celui-ci ne l'est à tous égards du type des Hirudinées.

A mon avis, on ne saurait préjuger des affinités d'un groupe du sous-embranchement des Vers, uniquement d'après le fait de l'écartement des deux portions fondamentales de la chaîne ganglionnaire ou des cordons nerveux qui les représentent.

Dans le tableau placé à la fin de ce travail, j'ai cherché à montrer les rapports de tous ces Annelés entre eux; mais j'ai évité d'y faire figurer les Rotateurs, placés aujourd'hui avec raison près des Vers par la plupart des zoologistes : car je n'ai aucune opinion formée relativement aux degrés d'affinité qu'ils présentent avec les autres groupes d'Annelés. Dans l'état actuel de la science, les appareils organiques les plus importants, tels que le système nerveux et l'appareil circulatoire, étant trop peu connus chez ces animaux, il me paraît impossible de rien préciser d'une manière absolue à l'égard de leurs rapports naturels.

CHAPITRE VIII.

MALACOPODES (*MALACOPODA* De Blainville).

Caractères. — Corps *annélidiforme*, divisé en anneaux. Tête très distincte, pourvue d'antennes annelées très développées, s'amincissant vers leur extrémité. Yeux situés à la base des antennes. Bouche munie de mâchoires. Pattes membraneuses en nombre variable, garnies de soies courtes et raides.

Système nerveux consistant principalement en deux ganglions cérébroïdes complétement accolés l'un à l'autre, et en une double chaîne passant exactement au-dessus des pattes. Canal intestinal droit, aboutissant à un anus terminal.

Jusqu'à présent, on ne peut rattacher à cette division qu'une seule tribu ou famille, celle des **PÉRIPATIENS** (Peripatii Aud. et Edw.). Elle ne comprend qu'un seul genre : celui de ***Péripate***

Genre Péripate (***Peripatus*** Guild.).

Le genre *Péripate* fut établi, en **1825** ou **1826**, par M. Lansdown Guilding (1) sur une seule espèce découverte dans les vieilles forêts de Saint-Vincent aux Antilles. Ce naturaliste fut frappé de la singularité de l'animal, auquel il appliqua la dénomination de *Peripatus iuliformis ;* mais il n'aperçut en aucune manière ses affinités naturelles.

Il le considéra comme appartenant à l'embranchement des Mollusques, et en forma une classe sous le nom de *Polypoda.*

Peu d'années plus tard, MM. Audouin et Milne Edwards (2) eurent l'occasion d'examiner un Péripate rapporté de Cayenne par M. Lacordaire. Ils donnèrent les caractères de ce type avec beaucoup plus de soin que ne l'avait fait M. Guilding. Ces zoolo-

(1) *The Zoological Journal*, vol. II, p. 444, tab. XIV (1826), art. XLVII. Mollusca Caribbaena, by the Rev. L. Guilding. — *Isis*, Bd. XXI, taf. 11.

(2) Audouin et Milne Edwards, *Classification des Annélides, et description de celles qui habitent les côtes de France* (*Ann. des Sc. nat.*, 1re série, t. XXX p. 411, pl. 22 (1833).

gistes le reconnurent pour un *Annelé*, et ils en formèrent une famille particulière dans l'ordre des *Annélides errantes*.

M. Gervais (1) signala ensuite le Péripate comme se rapprochant des Myriapodes, et établissant un lien entre cette classe d'Articulés et les Annélides. Il publia, en outre, d'après M. de Blainville, la description d'une nouvelle espèce de ce genre trouvée au cap de Bonne-Espérance (*P. brevis* de Blainv.).

Dans son Tableau de la classification du règne animal, M. de Blainville (2) indique ce Ver comme le type d'une classe particulière d'Annelés. Cette classe est celle des *Malacopoda*, dénomination que nous avons cru devoir conserver.

Plus récemment, M. Milne Edwards (3) a examiné pour la première fois l'organisation intérieure de ce singulier animal sur un individu en assez mauvais état de conservation. Ce zoologiste a reconnu la disposition si remarquable du système nerveux, la configuration générale du canal intestinal et des organes de la génération. De plus, il a cru apercevoir des branches dérivant du vaisseau dorsal, et en même temps il s'est assuré de l'absence de tout système trachéen. Ce qui était devenu essentiel à constater, vu l'affinité qu'on pouvait supposer exister entre le Péripate et les Myriapodes. Ces observations conduisirent M. Milne Edwards à regarder ce type comme un Ver se rapprochant surtout des Annélides errantes; tout en remarquant que la disposition du système nerveux paraît être un intermédiaire entre celle qui existe chez les Némertes et les Chloés.

Toutes mes observations sur le système nerveux des Malacobdelles, des Trématodes, etc., ont achevé de mettre en évidence les rapports naturels des Péripates.

Plus que jamais il est devenu évident que leur ressemblance avec les Myriapodes existe seulement dans leur forme et leur aspect général. J'ai pu examiner moi-même ces singuliers Vers sur des individus recueillis au Chili par M. Gay; malheureusement,

(1) *Études pour servir à l'histoire des Myriapodes*, par M. Gervais (*Ann. des Sc. nat.*, 2e série, t. VII, p. 38 (1837).

(2) *Supplément au Dictionnaire des Sciences naturelles*, t. I, p. 237 (1840).

(3) *Note sur le* Péripate Iuliforme (*Ann. des Sc. nat.*, 2e sér., t. XVIII (1842

le mauvais état de conservation de ces animaux ne m'a pas permis de faire une étude suffisamment détaillée de leur organisation. M. Gay, frappé de l'étrangeté des formes des Péripates, crut d'abord se trouver en possession d'un type nouveau, et le désigna provisoirement dans ses manuscrits, et dans une lettre adressée de San-Carlos à M. de Blainville, sous le nom de *Venilia Blainvillei* (1). Quant au nom générique proposé par le savant voyageur, il va sans dire qu'il doit être supprimé. Son espèce est bien un véritable Péripate ; mais quant au nom spécifique, je crois devoir le conserver : le Péripate du Chili me paraît tout à fait distinct de celui des Antilles qui a été décrit par Guilding.

Ainsi les Péripates avoisinent les Vers de la classe des Anévormes : ce sont des animaux terrestres, vivant dans les endroits couverts et humides à la manière des Myriapodes et surtout des Iules, avec lesquels ils ont une certaine ressemblance extérieure. Ils paraissent rares partout, et sont disséminés dans des régions du globe extrêmement éloignées les unes des autres ; c'est ainsi qu'on en a observé aux Antilles, à la Guiane, au Chili, au cap de Bonne-Espérance. Les caractères qui distinguent entre elles les espèces de ces divers pays n'ont guère été signalés, personne n'ayant jamais pu les comparer. Cependant le nombre des pattes étant variable de l'une à l'autre, nous pouvons les distinguer au moins par cette différence. C'est d'après le nombre de ces appendices que je crois devoir regarder l'espèce décrite par MM. Audouin et Milne Edwards comme distincte de celle de Guilding. On ne saurait supposer une erreur dans l'une ou l'autre des figures que ces naturalistes ont données du Péripate soumis à leur examen. On connaîtrait donc quatre espèces de ce genre ; ce seraient :

1 PERIPATUS JULIFORMIS Guild.	33 paires de pattes. — De Saint-Vincent (Antilles). — Je suppose qu'une Péripate, trouvée à Cuba par M. Mac Leay, appartient à cette espèce.

(1) Gervais, *Etudes pour servir à l'histoire naturelle des Myriapodes* (*Ann. des Sc. nat.*, 2e série, t. VII, p. 38, 1837).

2. P. Edwardsii (*Peripatus iuliformis* Aud. et Edw.)	30 paires de pattes. — De Cayenne.
3. P. Blainvillei	19 paires de pattes — Du Chili
4. P. brevis De Blainv. et Gerv.	14 paires de pattes. — Du cap de Bonne-Espérance.

Je vais donner la description des parties internes et externes que j'ai pu voir suffisamment chez le *Peripatus Blainvillei*, la seule espèce de ce genre dont j'aie étudié l'organisation.

Péripate de Blainville (*Peripatus Blainvillei*) (1).

Parties extérieures. — Le corps est long de 30 à 32 millimètres, et large de 5 à 6, légèrement atténué aux deux extrémités, mais surtout vers la partie postérieure. Sa couleur est noire, un peu variée irrégulièrement de taches roussâtres. La tête est presque carrée, avec les antennes amincies vers le bout, présentant des annulations très serrées. L'orifice buccal est ovalaire. Les pattes sont au nombre de dix-neuf paires, ciliées de poils raides comme de petites pointes, et terminées par des crochets.

J'ai vu trois individus de cette espèce; mais ils sont dans un si mauvais état de conservation, que je ne puis décrire exactement les mâchoires.

Parties internes. — Relativement à l'organisation intérieure, on comprend d'après cela que bien des choses n'étaient plus observables; aussi n'ai-je vu que le système nerveux et le tube digestif, et encore bien incomplétement. Mon observation sur l'anatomie du Péripate n'ajoute rien à ce qui a été publié par M. Milne Edwards : c'est seulement une confirmation.

Le système nerveux (2) du *Péripate de Blainville* m'a offert, comme celui de l'espèce étudiée par M. Milne Edwards, deux ganglions cérébroïdes placés exactement au-dessus de l'œsophage, et complétement unis l'un à l'autre. Ils fournissent en avant deux gros nerfs qui pénètrent dans les antennes, deux plus grêles qui

(1) Pl. 1, fig. 1, etc.
(2) Pl. 1, fig. 1, *d*.

se rendent aux yeux, et plusieurs autres dont je n'ai pu suivre suffisamment le trajet. En arrière, ils fournissent l'un et l'autre un cordon, passant exactement au-dessus de la base des pattes. Près de chacun de ces appendices, on distingue un très léger renflement ganglionnaire : il en naît un filet nerveux qui pénètre dans la patte, et plusieurs autres se distribuant dans les muscles.

Le canal intestinal est droit, présentant un œsophage assez grêle ; il se renfle ensuite un peu en formant d'espace en espace de légères boursouflures. Sur son trajet on aperçoit ainsi distinctement de petites papilles.

Je suis obligé de renoncer à donner une idée générale des organes de la génération, les Péripates recueillis par M. Gay m'ayant été remis dans un trop mauvais état. Le système nerveux et le canal intestinal ne peuvent même être décrits ici que fort incomplétement.

CHAPITRE IX.

CLASSE DES ANÉVORMES (*ANEVORMI*).

Caractères. — Corps généralement peu allongé, et dépourvu d'annulations. Système nerveux, consistant TOUJOURS en un ou deux ganglions cérébroïdes plus ou moins séparés l'un de l'autre, et en une double chaîne ganglionnaire ne se rapprochant pas sous l'œsophage pour former un collier, mais demeurant rejetée de chaque côté du corps. Appareil vasculaire, consistant en un ou plusieurs vaisseaux principaux pourvus de ramifications plus ou moins nombreuses. Canal intestinal, ordinairement ramifié, et dépourvu d'orifice anal, mais quelquefois simple, et pourvu d'un orifice anal. Organes de la génération des deux sexes réunis sur chaque individu.

A cette classe je rattache les ordres suivants : BDELLOMORPHES : APOROCÉPHALÉS ou DENDROCÈLES ; TRÉMATODES.

L'ordre des RHABDOCÈLES paraît devoir établir un passage entre les Bdellomorphes et les Aporocéphalés ; mais n'ayant pu réunir sur ce groupe assez de faits positifs, je dois me borner ici à l'indication de ce type en signalant un des points de vue auxquels il serait intéressant d'étudier les espèces qui le composent. Elles ont peut-être aussi des rapports très réels avec les Némertines.

ORDRE DES BDELLOMORPHES (*BDELLOMORPHÆ* Blanch.).

Caractères. — Corps oblong, aplati, sans annulations et sans appendices. Point de tête ni d'yeux distincts. Bouche située à l'extrémité antérieure. Système nerveux, consistant en deux chaînes latérales, ayant leur origine dans deux centres médullaires cérébroïdes très écartés. Canal intestinal, aboutissant à un anus situé à l'extrémité postérieure du corps. Un vaisseau dorsal.

Nous ne pouvons rattacher à cet ordre qu'une seule famille, celle des Malacobdellides (*Malacobdellidæ*), reposant elle-même sur un seul genre, celui de *Malacobdella* (1).

Genre Malacobdelle (*Malacobdella* De Blainv.).

(*Xenistum* Blanch. Olim).

Caractères. — Corps oblong, aplati, pourvu d'une large ventouse postérieure. Orifice buccal garni de nombreuses petites papilles disposées en séries longitudinales irrégulières.

Ganglions cérébroïdes extrêmement écartés, rejetés ainsi sur les parties latérales du corps, et unis l'un à l'autre par une étroite commissure. Chaînes ganglionnaires présentant des renflements médullaires extrêmement petits, dont le dernier toutefois un peu plus volumineux que les autres. Un vaisseau dorsal se terminant au-dessus de la commissure cérébroïde, et suivant dans son tra-

(1) On serait porté à croire que le genre *Epibdella* De Blainv. (*Dict. des Sc. nat.*, art. Sangsue), établi sur l'*Hirudo hippoglossi* (Müller, *Zool. Dan.*, II, tab. 54, fig. 1-4, copiée dans l'*Encycl. méth.*, pl. 51, fig. 11;—Gmel. in Lin., p. 3098, n° 14; —Baster, *Opusc. subsc.*, II, p. 138, tab. 8, fig. 11;—Oth. Fabricius, *Faun. groenland.*, p. 302, tab. 1, fig. 8), appartient à l'ordre des Bdellomorphes. L'aspect extérieur de cet animal semble le rapprocher assez des Malacobdelles pour faire supposer qu'il doive peut-être former une seconde famille dans le même ordre; mais l'observation des parties internes est tout à fait nécessaire pour décider la question.

jet les sinuosités de l'intestin. Canal intestinal un peu sinueux, n'offrant ni *cæcums* ni ramifications (1).

On a fait connaître deux espèces de ce genre ; ce sont les :

1° Malacobdella grossa (*Hirudo grossa* Müller), trouvée dans la *Venus exoleta* ;

2° Malacobdella Valenciennei Blanch., trouvée dans la *Mya truncata* (2).

M. Gay en a découvert au Chili une troisième espèce dans une *Auricula* ; elle ressemble beaucoup par sa forme à la *M. Valenciennei* ; mais elle n'a que 8 à 10 millimètres de longueur. Je n'ai pas étudié cette espèce, que M. Gay n'a pu retrouver dans ses bocaux ; mais il a eu l'obligeance de m'en montrer un dessin. On a appliqué à cet Anévorme le nom de *M. auriculæ*. C'est à tort que M. Moquin-Tandon l'a indiqué comme se rapportant au genre *Branchiobdella* (3).

ORDRE DES APOROCÉPHALES (*APOROCEPHALÆ* De Blainv.).

Dendrocæli Ehrenb.

Caractères. — Corps extrêmement aplati, ne présentant point de portion céphalique délimitée. Bouche située constamment à une assez grande distance du bord antérieur du corps. Canal intestinal consistant en une trompe ou œsophage, suivi d'un estomac et d'un intestin ramifié. Point d'anus. Système nerveux consistant en deux ganglions cérébroïdes accolés ou peu écartés l'un de l'autre, situés au-dessus et un peu en avant de l'orifice buccal. Généralement des yeux en nombre variable.

Cet ordre ne comprend jusqu'à présent qu'une seule famille, celle des Planariées (*Planarieæ* Ehr.). Il est à peu près certain qu'on arrivera par la suite à répartir les genres qui la composent dans plusieurs familles ; mais aujourd'hui les espèces assez bien connues sont encore en trop petit nombre pour qu'on puisse ranger les divers genres de Planariées dans des groupes différents.

(1) Voyez pour l'organisation des Malacobdelles, mon Mémoire sur ce type (*Annales des Sciences naturelles*, 3e série, t. IV, p. 364, pl. 18 (1845).

(2) Pl. 2.

(3) *Monographie de la famille des Hirudinées*, 2e édition, p. 301 (1846).

J'ai réuni peu d'observations sur les Aporocéphales ou Planaires en général. Ces Vers ayant été déjà l'objet de recherches faites avec un grand soin, et notamment dans ces derniers temps de la part de M. de Quatrefages (1), je ne me suis guère occupé de ce groupe que pour avoir des termes de comparaison bien précis avec les autres types du sous-embranchement des Vers.

Sous ce rapport, j'ai eu besoin d'examiner quelques particularités relatives à leur système nerveux, et surtout d'étudier leur système vasculaire. On le sait, l'existence de l'appareil nerveux avait été nié, chez les Planaires, par Baer (2) et par Dugès (3). M. Mertens (4) l'avait décrit et représenté dans une espèce de ce groupe, mais en le considérant comme un appareil circulatoire, appelant du nom de cœur les ganglions cérébroïdes. M. Ehrenberg peu de temps après rectifia cette erreur, et indiqua en partie le système nerveux chez les Planaires (*Planaria lactea*) (5). M. Schulze signala une disposition analogue dans une espèce du même groupe (*P. torva*) (6).

Mais jusque là il n'y avait réellement dans la science que de vagues indications. C'est à M. de Quatrefages qu'appartient le mérite d'avoir étudié les Planaires d'une manière plus approfondie, et d'avoir en réalité fait connaître leur système nerveux. Il nous l'a montré dans plusieurs espèces et dans plusieurs genres de ce groupe comme consistant en deux ganglions cérébroïdes plus ou moins unis l'un à l'autre, et placés toujours un peu au devant de la bouche ; il a précisé le trajet de la plupart des nerfs auxquels ils donnent naissance, et en partie celui des deux cordons latéraux.

(1) *Ann. des Sc. nat.*, 3e série, t. IV, p. 129 (1845).

(2) *Nova Acta Acad. Leop. Car.*, t. XIII, p. 691 (1826).

(3) *Ann. des Sc. nat.*, 1re série, t. XV, p. 146 (1828).

(4) *Ueber den Bau Verschiedener in der see lebender Planarien* (*Mém. de l'Académie impériale de Saint-Pétersb.*, 6e série, t. II, p. 11, tab. 1, fig. 6, et tab. 2, fig. 1 (1833).

(5) *Abhandlung. der Akad. der Wissenschaft. zu Berlin aus dem Jahre* 1835, p. 243.

(6) *De Planariarum vivendi ratione et structura*, p. 39. Berolini, 1836

Sur une Planariée rapportée du Chili par M. Gay, et dont la taille est infiniment supérieure à celle des autres espèces observées jusqu'à présent, j'ai pu constater l'existence de centres nerveux sur le trajet des chaînes latérales. J'ai été conduit ainsi à saisir mieux certaines affinités naturelles.

Dans une autre espèce que j'ai étudiée à Gênes sur des individus vivants, j'ai suivi plus facilement encore le trajet des nerfs, et entre autres ceux des yeux : observation qui tend à montrer d'une manière tout à fait évidente que ces points noirs, regardés par certains naturalistes comme des organes de vision, et par d'autres comme de simples taches dans la coloration du pigment, sont véritablement des yeux.

Ces deux faits me paraissent augmenter notablement nos connaissances relatives au système nerveux des Planaires.

A l'égard du système vasculaire de ces animaux, il ne peut plus dès à présent rester le moindre doute. Se plaçant au point de vue des rapports et des modifications d'organisation chez tous les types du sous-embranchement des Vers, on conçoit combien je devais attacher d'importance à la connaissance exacte de l'appareil circulatoire. Pendant longtemps, tous mes efforts pour le constater chez les Planaires avaient été infructueux. Dugès, ainsi que je l'ai déjà rappelé, a figuré dans une Planaire un réseau vasculaire très analogue à celui qui existe chez les Trématodes (1). Le savant zoologiste de Montpellier paraît avoir regardé précisément comme le centre de cet appareil les ganglions cérébroïdes. Cet observateur, examinant au travers des tissus, a-t il confondu ensemble le système nerveux et le système vasculaire, en considérant le tout comme un appareil de circulation ? C'est là ce qui paraît le plus probable, ce qui est même presque certain. Dugès aurait été induit en erreur ainsi que M. Mertens (2), par des mouvements de contraction et de dilatation, par des pulsations en quelque sorte, se manifestant au point même où est si-

(1) *Annales des Sciences naturelles*, 1re série, t. XV, p. 160, pl. 5, fig. 1 et 2

(2) *Ueber den Bau Verschiedener an der see lebender Planarien* (*Mémoires de l'Académie impériale des Sciences de Pétersbourg*, 6e série, t. II, p. 1. — 1833 — *Isis* (1836), p. 307.

tué le cerveau. Néanmoins, il est positif que ces observateurs ne sont pas tombés dans une erreur aussi grossière qu'on pourrait le supposer.

Comme je m'en suis assuré de la manière la plus certaine au moyen d'injections faites sur une espèce de Planaire (***P. velutina***) du golfe de Gênes, les vaisseaux principaux aboutissent à une petite lacune entourant le cerveau. Ainsi s'explique si clairement l'erreur des observateurs qui ont pris le cerveau pour le cœur, et refusé un système nerveux aux Planaires. Il en est exactement de même à l'égard de l'opinion de ceux qui, ayant vu le système nerveux et signalé l'erreur des premiers, ont mis en doute l'existence d'un appareil circulatoire chez ces Annelés.

Genre Polyclade (*Polycladus* Blanch.).

Caractères. — Corps oblong, assez large, et presque également atténué à ses deux extrémités. Orifice buccal, situé environ vers le tiers antérieur du corps. Orifice des organes générateurs mâles, situé beaucoup plus en avant. Canal intestinal débutant par une trompe musculeuse, formant à la partie antérieure une sorte de double lèvre. Cette trompe, suivie d'un estomac ou d'un intestin, terminé en pointe à l'extrémité postérieure du corps. Ce canal émettant dès sa base deux longues branches qui remontent jusqu'au bord antérieur en fournissant de nombreuses ramifications latérales. L'intestin fournissant également sur tout son trajet des branches nombreuses, qui ne présentent point d'anastomoses entre elles.

Système nerveux consistant en deux ganglions cérébroïdes accolés l'un à l'autre, et placés beaucoup en avant de l'orifice buccal, et en une double chaîne présentant sur son trajet de très petits ganglions, dont le dernier plus gros que les autres.

Ce genre, dont nous ne connaissons qu'une seule espèce, se rapproche évidemment du genre ***Prosthiostomum*** de M. de Quatrefages par la forme général du corps et par le canal intestinal : mais il s'en distingue surtout par la position de la bouche et par celle de l'orifice des organes générateurs mâles.

Polyclade de Gay (*Polycladus Gayi* Blanch.) (1).

P. oblongus, supra niger, aurantiaco-marginatus, linea media alba; infra omnino aurantiacus.

Le corps de ce Ver est long de 85 à 90 millimètres, et large d'environ 30 millimètres. Il est oblong, s'atténuant à peine plus manifestement à la partie postérieure qu'à la partie antérieure. Sa couleur en dessus est d'un noir verdâtre avec une étroite ligne blanche médiane, et une large bordure d'un jaune orangé, elle-même circonscrite par une étroite ligne noire. En dessous, tout le corps est de la même nuance que la bordure du dessus, et l'on distingue seulement en noir l'épaisseur du bord externe.

J'ai examiné deux individus de cette espèce rapportés dans l'alcool, et recueillis aux environs de Valdivia, au Chili, par M. Gay. Cette Planariée se trouve ordinairement à terre dans les endroits humides.

L'anatomie de cette espèce n'a pu être faite complétement sur des individus conservés depuis assez longtemps dans la liqueur : je n'ai pu voir que peu de choses relativement aux organes de la génération ; mais j'ai étudié avec le plus grand soin et l'appareil digestif et le système nerveux.

Le système nerveux du Polycladus Gayi a pu être mis en évidence en prenant toutes les précautions nécessaires pour l'isoler convenablement.

Les deux ganglions cérébroïdes sont placés au-dessus de la vésicule séminale ; ils sont arrondis, et intimement unis l'un à l'autre ; en avant, ils fournissent plusieurs nerfs, dont deux ou trois principaux qui se distribuent à la partie antérieure du corps. Chez cette Planaire que je n'ai pas observée vivante, et dont les téguments sont très colorés, je n'ai pu distinguer les yeux : par conséquent, je ne puis rien dire des nerfs qui se rendent à ces organes. De chacun des centres nerveux cérébroïdes, il naît une chaîne qui s'écarte d'abord très sensiblement, et qui ensuite

(1) Pl. 1, fig. 2.

descend jusqu'à l'extrémité du corps, à une médiocre distance du tube digestif. Sur le trajet de ces deux cordons latéraux, on distingue plusieurs renflements ganglionnaires extrêmement petits, mais néanmoins très distincts. Ils ont une forme arrondie ou plutôt globuleuse (1).

J'ai distingué quatorze de ces petits centres médullaires très inégalement espacés, mais représentés sur ma figure aussi exactement que possible aux points où ils sont situés. Chacun d'eux émet de très petits filets nerveux se ramifiant encore dans les muscles. Outre cette série de petits ganglions, il en existe un au bout de la chaîne, un peu avant l'extrémité du corps. Celui-ci est trois ou quatre fois plus volumineux que les autres. On remarque trois nerfs principaux auxquels il donne naissance, et qui se ramifient dans la partie postérieure du corps.

Si nous comparons le système nerveux du *Polycladus Gayi* avec celui des Malacobdelles et celui des Trématodes, nous y trouverons de bien grands rapports, et cependant certaines différences notables. Chez les Planaires, les ganglions cérébroïdes sont toujours rapprochés, tandis qu'ils sont écartés dans les Trématodes et surtout dans les Malacobdelles. Chez le *Polycladus*, les chaînes ganglionnaires ressemblent davantage à celles des Malacobdelles : on les trouve également terminées par un ganglion plus gros que les autres. Ceci nous indique bien évidemment un rapport très étroit entre ces divers types.

Le canal intestinal du *Polycladus Gayi* débute par un œsophage ou une trompe musculeuse longue, et presque cylindrique ; on distingue très nettement les bandelettes musculaires, qui sont assez larges et très régulières (2). En avant, cette trompe est étranglée, et forme comme deux lèvres rapprochées l'une de l'autre, et constituant en partie l'orifice buccal. La bouche est située vers le tiers environ de la longueur de l'animal ; quand on ouvre cette Planariée par la partie dorsale, son œsophage musculeux est recouvert en partie d'une sorte de membrane feutrée, affectant la forme d'un capuchon pointu. En arrière s'insère le tube intestinal

(1) Pl. 1, fig. 2, *b*.

(2) Pl. 1, fig. 2, *c*, et 2, *d*.

qui est conique, et finit en pointe très grêle à l'extrémité postérieure du corps. A son origine, il offre de chaque côté une longue branche remontant jusqu'à l'extrémité antérieure de l'animal, et présentant sur son trajet dix-huit ou dix-neuf branches se divisant en deux ou trois rameaux, subdivisés encore eux-mêmes vers le bout (1).

Toutes ces branches, très rapprochées les unes des autres et assez volumineuses, se terminent presque au bord marginal. Sur tout le trajet du tube intestinal, il en existe de semblables de chaque côté; mais, vers le bout, elles deviennent infiniment plus petites, et n'atteignent pas le bord marginal. La figure qui accompagne ce travail représente bien exactement cette disposition. J'ai suivi une à une les branches du canal intestinal et leurs ramifications, parce que je crois qu'il est indispensable plus que partout ailleurs encore, quand il s'agit d'animaux difficiles à rencontrer, que ceux qui viennent à s'en occuper aient des termes de comparaison, dans lesquels ils puissent avoir une pleine confiance.

Cette disposition du tube digestif du *Polycladus* ressemble extrêmement à celle qui a été décrite et représentée par M. de Quatrefages dans les *Prosthiostomum;* mais dans le type que nous faisons connaître, les branches sont infiniment plus nombreuses, et leurs ramifications plus parallèles.

J'ai bien peu de chose à dire des organes de la génération, car, pour ces organes, on ne peut presque jamais se servir des animaux conservés dans l'esprit de vin. J'ai constaté simplement que les organes mâles sont situés en avant de la bouche; on distingue deux testicules, qui se présentent comme deux filaments ondulés aboutissant à une vésicule séminale oblongue. Mais ici, dans le volume des organes testiculaires, il faut tenir compte de l'état de contraction auquel les a réduits l'action de l'alcool. On retrouve dans cette espèce, comme M. de Quatrefages l'a vu dans plusieurs autres, des œufs en grand nombre épars entre les branches intestinales.

(1) Pl. 1, fig. 1.

Genre Polycelis (*Polycelis* Ehrenb.).

Polycèle tigré (*Polycelis tigrinus* Blanch.) (1).

Corpore lato postice attenuato, punctis seu maculis minutis fuscis adsperso; oculis numerosis.

Le corps de cette espèce est très déprimé, large, par rapport à sa longueur, mais notablement rétréci vers la partie postérieure; ses dimensions varient entre 30 et 40 millimètres de long sur 15 à 20 de large. Il est d'une teinte uniforme, blanchâtre, avec quelques nuances grisâtres; mais en dessus il est tout parsemé de points, ou plutôt de très petites taches brunâtres extrêmement rapprochées les unes des autres, particulièrement sur la partie moyenne de l'animal. Exactement au-dessus des ganglions cérébroïdes, on distingue une petite tache noirâtre, bilobée, ayant entièrement la forme de ces centres médullaires. Les yeux, qui se présentent sous la forme de petits points noirs, sont situés de chaque côté de cette petite tache (2). La bouche est située vers le quart antérieur du corps (3); l'orifice des organes mâles (4) vers le milieu, et celui des organes femelles (5) notablement en arrière.

Cette espèce paraît être assez commune dans le port de Gênes. Je n'en ai étudié que le système nerveux d'une manière détaillée.

Du système nerveux. — Les ganglions cérébroïdes sont situés vers le cinquième antérieur de la longueur du corps, un peu en

(1) Pl. 3, fig. 1.
(2) Pl. 3, fig. 1ᵃ
(3) Pl. 3, fig. 1ᵇ—a.
(4) Pl. 3, fig. 1ᵇ—
(5) Pl. 3, fig. 1ᵇ—c.

avant de la bouche (1) ; ce sont deux petites masses sphériques intimement unies l'une à l'autre. De chacune d'elles, il naît antérieurement trois nerfs ; le premier fournit, presque dès sa base, une branche interne, se subdivisant près du bord marginal ; puis il se partage encore en deux branches d'égale épaisseur. Les nerfs de la seconde paire se dirigent plus obliquement, et se divisent aussi en deux branches, subdivisées elles-mêmes en plusieurs rameaux très grêles. Les nerfs de la troisième paire se dirigent tout à fait latéralement, et se séparent en trois branches. Tous ces filets nerveux se distribuent aux fibres musculaires et à l'enveloppe tégumentaire. Sur les parties latérales, les centres médullaires cérébroïdes fournissent des nerfs assez gros en nombre égal à celui des yeux, et se rendant directement à ces organes. Ceci a été constaté, de même que le trajet de tous les autres nerfs, en les isolant complétement ; dès lors, il ne peut rester le moindre doute (2). Cette observation me paraît achever de démontrer que les points noirs qui se voient chez les Planariées sont bien de véritables yeux. J'ai observé dans le *Polycelis tigrinus*, comme M. de Quatrefages l'a fait dans diverses autres espèces, un petit corps vitreux, véritablement un cristallin, engagé dans cette espèce de pigment noir ou brunâtre. En arrière, les ganglions cérébroïdes donnent naissance aux deux longs cordons qui descendent jusqu'à l'extrémité du corps. Ces deux chaînes, d'une épaisseur assez considérable par rapport à la dimension de l'animal et au volume du cerveau, émettent, dès leur origine, un nerf assez gros, et plusieurs autres presque aussi volumineux le long de leur trajet : leurs renflements ganglionnaires sont difficiles à distinguer.

J'ai représenté le système nerveux de cette espèce avec la plus grande exactitude, m'efforçant de suivre le trajet de tous les filets ; persuadé que, lorsqu'on aura réuni plus d'observations sur les Planaires, l'appareil de la sensibilité pourra offrir des indications précieuses pour reconnaître les groupes naturels.

(1) Pl. 3, fig. 1c.

(2) Je conserve au Muséum d'Histoire naturelle une petite préparation sur laquelle on distingue encore très clairement les nerfs optiques

Genre Proceros (*Proceros* de Quatref.).

Proceros velouté (*Proceros velutinus* Blanch.) (1).

Omnino nigro-violaceus, velutinus, immaculatus, plaga sola minuta antica, oculis instructa.

Cette espèce est d'une assez grande taille; ses dimensions, d'après les individus que j'ai examinés, m'ont paru varier entre 30 et 50 millimètres sur une largeur de 15 à 25 environ, suivant d'ailleurs l'état de contraction ou de dilatation de l'animal. Ses téguments sont d'une mollesse extrême, et les faux tentacules, formés par un repli, semblent moins fortement prononcés que dans certaines espèces rangées par M. de Quatrefages dans son genre *Proceros*. Tout le corps est en dessus d'un beau noir violacé-velouté, sans autre tache qu'un petit espace blanc antérieur, sur lequel sont situés les yeux; ceux-ci (2), au nombre d'une quarantaine, sont disposés assez irrégulièrement. En dessous, le corps est d'un noir violacé comme en dessus; seulement, sa teinte est plus affaiblie et plus mate. La bouche (3) est située à peu près vers le tiers antérieur de la longueur du corps. L'orifice des organes mâles (4) se fait remarquer un peu en avant. L'orifice des organes femelles (5) se trouve notablement en arrière de la bouche.

Cette espèce se rencontre dans le port de Gênes.

C'est exclusivement pour l'observation du système vasculaire que je fais connaître cette espèce; car, quand j'ai voulu étudier les autres organes, de manière à pouvoir mieux saisir les rapports de cette espèce avec les autres Planariées, mes individus étaient déjà morts.

Du système nerveux. — Les ganglions cérébroïdes (6), situés

(1) Pl. 3, fig. 2.
(2) Pl. 3, fig. 2ª.
(3) Pl. 3, fig. 2ᵇ—a.
(4) Pl. 3, fig. 2ᵇ—b.
(5) Pl. 3, fig. 2ᵇ—c.
(6) Pl. 3, fig. 2ᶜ—a.

notablement en avant de la bouche et des organes mâles, forment une masse bilobée, d'où l'on voit naître deux paires de nerfs principaux, et en avant les nerfs optiques qui sont d'une brièveté extrême. Les deux chaînes latérales passent sous les organes génitaux et de chaque côté du tube intestinal au-dessous des branches qui en dérivent.

Appareil digestif (1). — L'estomac se trouve placé exactement au-dessus de la bouche ; il est suivi d'un intestin droit s'étendant jusqu'à l'extrémité du corps, où il arrive en se rétrécissant graduellement. De chaque côté de l'estomac et du tube intestinal, il en naît une vingtaine de *diverticulum* qui atteignent presque les bords latéraux du corps. Toutes ces branches, assez épaisses, sont digitées vers leur extrémité d'une manière en général assez irrégulière.

Appareil circulatoire. — Chez cette espèce, j'ai pu voir avec la plus parfaite netteté tout le réseau vasculaire. Sur un individu que je conserve encore actuellement, on distingue dans une grande partie du corps les plus fines ramifications, dans lesquelles l'injection a pu pénétrer. C'est après avoir fait mourir des Planaires, en empoisonnant l'eau de mer au moyen d'un liquide salin hydrargyré, que j'ai réussi à pouvoir disséquer et à injecter de ces animaux sans que leurs tissus vinssent à diffluer, et sans que la contraction fût très sensible.

Comme je l'ai dit déjà dans les généralités, les noyaux cérébroïdes sont logés dans une petite lacune, à laquelle viennent aboutir les principaux troncs vasculaires ; ce qui explique les mouvements de contraction vus sur ce point par divers observateurs, et notamment par Dugès, par Mertens, etc. Si nous considérons cette lacune comme centre, nous en voyons partir antérieurement de chaque côté un tronc principal, qui se divise et se subdivise bientôt dans la portion antérieure du corps ; et en arrière, les deux vaisseaux les plus considérables qui s'étendent jusqu'à l'extrémité postérieure du corps, en présentant sur leur trajet des branches nombreuses elles-mêmes extrêmement rami-

(1) Pl. 3, fig. 2.

tiées, et offrant entre elles une foule d'anastomoses, de manière à constituer un véritable réseau d'une délicatesse extrême, comme nous l'avons représenté avec la plus grande exactitude, d'après notre individu le mieux injecté (1).

OBSERVATIONS.

Ainsi que j'ai déjà eu soin de le faire remarquer, les Aporocéphales ou Planariées ne figurent dans ce travail que pour les faits relatifs au système nerveux et au système vasculaire, ces points m'ayant paru indispensables à éclaircir pour apprécier rigoureusement les rapports d'organisation existant entre ce type et les autres groupes de Vers, particulièrement les Trématodes et les Bdellomorphes.

Je n'ai point eu l'intention de donner un travail d'ensemble sur les Planaires. Après le Mémoire qui venait d'être publié par M. de Quatrefages, après la Monographie zoologique publiée assez récemment par M. Œrsted (2), il faudrait étudier profondément un très grand nombre d'espèces, et, autant que possible, les espèces déjà décrites et réparties dans divers genres, pour arriver à établir parmi ces animaux les caractères propres à chacune des divisions établies par les auteurs, souvent d'après des caractères extérieurs, dont on n'a pu, en général, suffisamment contrôler la valeur par l'étude des parties internes ; or, c'est ce que je ne me suis point trouvé en position de faire.

Dans la Monographie de M. Œrsted, on trouve mentionnées assez exactement les espèces de Planaires décrites jusqu'à lui. Depuis, M. de Quatrefages en a fait connaître quelques autres ; et M. Darwin (3) a donné la description succincte de quinze espèces exotiques provenant surtout du Brésil, du Chili et de la Tasmanie.

(1) Pl. 6, fig. 1.

(2) *Entwurf einer systematischer Entheilung und Speciellen Beschreibung der Plattwürmer*. Copenhagen, 1844.

(3) *Brief Descriptions of several terrestrial Planariæ and of some remarkable marine species with an account of their habits.* (The *Annals and Magaz. of nat. history*, vol XIV, p. 241, pl. v, fig. 1-4 [1844].)

ORDRE DES TRÉMATODES (*TREMATODA* Rudolphi)

Caractères. — Corps aplati, plus ou moins large, mais toujours assez court, sans annulations, pourvu de ventouses ou organes d'adhérence. Bouche située à l'extrémité antérieure. Système nerveux consistant en deux chaînes latérales, prenant leur origine dans deux centres médullaires petits, et notablement écartés l'un de l'autre. Les renflements ganglionnaires des chaînes latérales toujours extrêmement petits, surtout vers la partie postérieure. Canal intestinal débutant par un bulbe musculeux et un œsophage court, suivi d'un intestin bifurqué ou ramifié, terminé en *cœcum*, et ne présentant jamais d'anus. Système vasculaire consistant en un ou plusieurs vaisseaux principaux, fournissant de nombreuses branches qui s'anastomosent ordinairement entre elles. Organes de la génération des deux sexes réunis sur chaque individu; les orifices plus ou moins rapprochés, toujours distincts. Testicules multiples. Pénis faisant ordinairement saillie au dehors. Ovaires en forme de grappes et de canaux décrivant de nombreuses circonvolutions. Oviducte tubuleux.

L'ordre des Trématodes est certainement l'un des plus remarquables parmi les Vers. On en a décrit de deux cents à deux cent cinquante espèces appartenant à des types différents, mais toutes néanmoins conformées d'après un plan général assez uniforme. Malgré quelques diversités d'organisation, ce groupe est en effet extrêmement naturel et parfaitement distinct. Les Trématodes sont en réalité de fort jolis animaux qui varient notablement d'un type à l'autre par le nombre des ramifications de l'appareil digestif, par le trajet, les anastomoses, la multiplicité des vaisseaux, comme par la disposition qu'affectent les organes génitaux; mais le système nerveux offre un degré de constance bien remarquable. Entre toutes les espèces soumises à mes investigations, je n'ai observé, sous ce dernier rapport, que les plus légères différences.

Les téguments de ces Vers sont assez résistants: ce qui permet de les étudier plus facilement quand on y apporte le soin convenable. C'est ce qui permet d'injecter le système vasculaire de très petites espèces, comme quelques Distomes, comme l'Holostome du Renard, par exemple, dont la taille est de 3 à 4 millimètres.

J'ai étudié un certain nombre d'espèces de l'ordre des Trématodes ; sur plusieurs de très petite dimension, je n'ai pas réussi à injecter entièrement les vaisseaux. Je ne m'arrêterai qu'à celles qui de ma part ont été plus particulièrement l'objet d'études approfondies; je ne parlerai point, au contraire, de celles sur lesquelles j'aurais trop peu de chose à ajouter à ce qui est déjà connu.

M. Dujardin a établi dans cet ordre trois divisions qui me paraissent assez naturelles; ce sont les DISTOMIENS, TRISTOMIENS et OCTOBOTHRIENS. On peut les reconnaître aisément d'après la disposition ou la nature de leurs ventouses.

Ventouses inermes ; ces organes n'accompagnant jamais la bouche. Intestin divisé en deux branches simples ou ramifiées	DISTOMIENS
Ventouses inermes : deux de ces organes situés de chaque côté de la bouche. Intestin ramifié, dont les deux branches principales réunies en forme d'anse.	TRISTOMIENS
Ventouses situées à la partie postérieure du corps et munies de crochets	OCTOBOTHRIENS.

Tribu des DISTOMIENS (*DISTOMII* Dujard.).

Caractères. Bouche terminale. Une ou deux ventouses inermes. Les ganglions cérébroïdes situés de chaque côté de l'œsophage ou du bulbe œsophagéen.

Cette tribu me paraît susceptible d'être divisée en plusieurs familles : l'une comprenant les Distomes, et tous ceux établis aux dépens de ce grand genre des anciens helminthologistes, et de plus les Monostomes. La famille des *Distomides* serait distinguée par le corps aplati, et l'absence de ventouse postérieure ; une seconde, comprenant les Amphistomes, la famille des *Amphistomides*, serait distinguée par l'épaisseur du corps, et la présence d'une grande ventouse postérieure; une troisième alors comprendrait les *Holostomes*, dont la partie antérieure du corps est élargie, ou plutôt bordée par des expansions membraneuses : ce serait la famille des *Holostomides*.

Je n'ose qu'indiquer ces groupes : des caractères organiques paraissent devoir les appuyer : mais, mes observations n'ayant pu porter que sur un nombre d'espèces assez limité comparativement à ce qui existe, je ne voudrais pas généraliser des caractères qui n'appartiennent peut-être pas à tous les représentants de ces familles.

Famille des DISTOMIDES (*DISTOMIDÆ*)

Genre Fasciole (*Fasciola* Linné).

Planaria Gœze. — *Distoma* Retzius, Rudolphi, Bremser, Mehlis, Dujardin.
Sous-genre *Cladocœlium* Dujard.

Caractères. — Corps oblong, étranglé antérieurement. Deux ventouses, l'une contenant la bouche, et l'autre située un peu en arrière. Intestin divisé en deux branches très rameuses. Orifice des organes génitaux en avant de la seconde ventouse. Ovaires occupant les parties latérales et l'extrémité du corps. Utérus situé vers la partie antérieure. Organes testiculaires divisés en branches nombreuses se terminant en *cœcum*.

Système vasculaire consistant en un canal médian, donnant naissance à des branches nombreuses très ramifiées et très anastomosées.

On ne connait qu'une seule espèce de cette division ; c'est l'une des plus grandes, et peut-être la plus commune parmi les Trématodes : aussi est-elle considérée comme étant en quelque sorte le type de l'ordre tout entier. C'est une de celles qui ont été le mieux décrites : cependant son système vasculaire n'a jamais été ni décrit ni représenté dans son ensemble. Les organes de la génération ont même été figurés très imparfaitement.

Il m'a paru juste de rendre à ce type le nom générique de *Fasciola* appliqué par Linné, principalement en vue de cette espèce, et néanmoins abandonné par les helminthologistes qui lui ont substitué la dénomination de *Distoma*.

Fasciole du foie [Douve du foie] (*Fasciola hepatica*) (1).

Linné, *Systema naturæ*, edit. xii, t. I, part. ii, p. 1077, n° 4 (1767).
Egelschnecke, Scheffer, *Abhandlungen von Insecten* Bd. 1, taf. 1 (1764).
Planaria latiuscula Gœze, *Versuch einer Naturgeschichte der Eingeweidewürmer thierischer Kœrper*, p. 169 (1782).
Distoma hepaticum Zeder, *Nachtrag zur naturg. der Eingeweidewürmer*, p. 165 (1800).
Rudolphi, *Entoz. hist.*, t. II, p. 352 (1809).
Fasciola hepatica Brera, *Memorie sopra i principali vermi del corpore umano*, p. 92 (1811).
Fasciola hepatica Ramdohr, *Anatomische Bemerkungen über den egel in der Schaafleber* (in *Der Gesellschaft Naturforsch. freunde zu Berlin Magazin*. 6 Jahrang. p. 128, tab. iii, fig. 5, 6 (1814).—(Observations inexactes.)
Otto, *Ueber das nervensystem der Eingeweideweürmer* (in *Der Ges. Naturf. fr. Magaz*. 7 Jahrang. S. 228, tab. vi, fig. 7, 8, 9. 10 (1816). —(Observations inexactes.)
Distoma hepaticum Olfers, *Comm. de vegetativis et animatis corporibus in corpore animali reperiundis*, t. I, p. 44 (1816).
Gæde, *Diss. hist. observat. quasdam de insect. vermiumque structurâ. De Distomatis hepatici structurâ*, p. 8-13 (1817).
Rudolphi, *Entoz. synops.*, p. 92, 363, 576, 583, 588 (1819).
Bremser, *Ueber lebende Würmer in lebenden Menschen*, p. 229-233 (1819)
Bojanus in *Isis* von Oken 1821, I, p. 170, 173, tab. 2, fig. 20-23. p. 305-307, tab. 4, fig. a,b,c (1821).
Mehlis, *Observationes anatomicæ de Distomate hepatico et lanceolato* (1825)
Layer, *Dissert. hist. Entoz. corp. hum.*, p. 47 (1833).
Gurlt. *Lehrb. d. path. anat. der Haussäugethiere*, pl. 8, fig. 29-33 (1831).
Dujardin, *Hist. nat. des Helminthes* (Suites à Buffon), p. 389 (1845).

Description. — Cette espèce atteint jusqu'à 30 à 35 millimètres de longueur. Son corps est mince, aplati, rétréci ou étranglé antérieurement, et légèrement atténué vers la partie postérieure, d'une forme ovale ou oblongue. Les bords latéraux sont presque droits, et l'extrémité arrondie présente, ordinairement, une très petite échancrure. La partie antérieure du corps, ou la partie étranglée, est un peu conique et en forme de cou. La ventouse antérieure, dans laquelle est située la bouche, est petite et arrondie ; la ventouse postérieure, beaucoup plus grande, est très saillante, avec une ou-

(1) Pl. 4, fig. 1, 1 a

verture triangulaire. Le pénis, très prolongé au dehors, et toujours courbé sur lui-même, fait saillie en avant de la ventouse. L'orifice des organes femelles, très peu sensible extérieurement, s'aperçoit à droite de la verge. Les branches de l'intestin sont très ramifiées. Tout l'animal est d'une couleur gris-brunâtre, et les branches intestinales se dessinent sous les téguments en brun-verdâtre quand elles sont gorgées de nourriture.

La Douve du foie est l'une des plus grandes espèces de l'ordre des Trématodes, et c'est en même temps l'une des plus communes. Elle présente en quelque sorte l'exagération des caractères du groupe par le nombre des branches de l'intestin, et par la multiplicité des ramifications et des anastomoses vasculaires: c'est donc avec beaucoup de raison qu'on peut la considérer comme un des types principaux parmi les Trématodes.

La Douve vit dans les canaux hépatiques de tous les Ruminants: elle a été également trouvée chez le Cochon, le Lièvre, et même plusieurs fois chez l'Homme. On la trouve en très grande abondance dans le foie des Moutons; la plupart de ces animaux en sont littéralement infestés. Il s'agit, le plus ordinairement, d'acheter un foie de Mouton, dont on a respecté les canaux biliaires pour se procurer la Douve en grande quantité. Il m'est arrivé fort rarement, sur bon nombre de foies visités, de rencontrer les canaux hépatiques ne contenant aucun de ces Vers. Dans quelques cas, du reste assez rares, ces Trématodes se logent dans le parenchyme du foie, et il en résulte une véritable altération de cet organe. On distingue à sa surface des parties profondément attaquées, dont l'aspect est celui de poches vésiculeuses.

La Douve n'est pas rare, non plus dans le foie de Bœuf ou de Vache. Je l'ai rencontrée également dans le Cheval. Tous les individus qu'on obtient de ces divers Mammifères sont complétement semblables. Cette espèce de Trématode, contrairement à ce qui a été observé pour la plupart des autres Vers, paraît vivre indifféremment chez plusieurs Mammifères appartenant à des groupes essentiellement différents.

Enveloppe tégumentaire et muscles. — Les téguments des

Douves ont une consistance très ferme, et résistent parfaitement à l'action de l'ammoniaque. La peau, vue à un grossissement de 80 à 100 diamètres, se montre comme légèrement ridée, et couverte de tubercules assez rapprochés les uns des autres et inégalement espacés (1). Vers la partie antérieure du corps, ces tubercules sont en général très arrondis; dans la partie médiane, ils sont, au contraire, plus allongés et plus irréguliers; à la partie postérieure, ils deviennent de moins en moins sensibles, et finissent même par s'effacer très notablement. Malgré tous mes efforts pour isoler ou pour distinguer, sous le microscope, les couches qui entrent dans la composition des téguments de la Douve, je n'ai pu en apercevoir que trois : l'une superficielle, ayant l'apparence d'une membrane extrêmement mince : c'est une sorte d'épiderme: l'autre plus épaisse, résistante, et formée de cellules allongées, qui peuvent, jusqu'à un certain point, donner passage au liquide dans lequel l'animal est plongé. Mehlis s'était déjà assuré de cette absorption en plongeant des Fascioles dans un liquide coloré. Au-dessous on distingue une couche composée de fibres entre-croisées, extrêmement minces, et généralement assez mal délimitées.

Les muscles de la Douve, comme ceux de la plupart des Trématodes, sont très difficiles à isoler; cependant on suit assez bien les fibres longitudinales qui, fixées aux téguments, règnent à la face dorsale et à la face ventrale du corps. Dans la portion antérieure, celle où se trouve logé le bulbe œsophagéen, les fibres musculaires sont beaucoup plus serrées que partout ailleurs, et un grand nombre d'entre elles servent à maintenir et à mouvoir ce bulbe. Au-dessus de l'orifice buccal, on distingue encore plusieurs fibres circulaires qui constituent la petite ventouse antérieure.

La seconde ventouse est solidement fixée dans les téguments par des fibres circulaires; elle est elle-même composée de fibres très serrées, et formant, comme le dit avec raison Mehlis, une sorte de tissu inextricable.

(1) Pl. 5, fig. 3.

Système nerveux. — L'appareil de la sensibilité est très distinct, et même assez facile à mettre en évidence chez la Douve du foie. Les deux ganglions cérébroïdes sont situés exactement de chaque côté du bulbe œsophagéen (1). Ils ont une forme un peu ovalaire, et c'est surtout en avant qu'ils tendent à se rapprocher l'un de l'autre. La commissure qui les unit est assez épaisse, et peut être aisément isolée du bulbe œsophagéen sur lequel elle repose directement.

Les ganglions cérébroïdes fournissent du côté externe quatre nerfs, qui se ramifient et se distribuent aux muscles de la partie antérieure du corps et à l'enveloppe tégumentaire. Du côté interne, ces centres médullaires cérébroïdes donnent un filet nerveux que j'ai suivi sur le bulbe œsophagéen. En arrière, chacun d'eux donne naissance à la chaîne, qui descend jusqu'à l'extrémité postérieure du corps, en s'amincissant toutefois de plus en plus, de manière à se terminer comme un filet très grêle. Cette double chaîne, qui plonge, dès son origine, vers la partie ventrale de l'animal en passant sous toutes les branches de l'intestin, offre sur son trajet quelques renflements ganglionnaires ; mais leur ténuité est extrême. Toutefois, sur une préparation convenablement faite, on peut distinguer assez nettement les deux ou trois premiers (2) ; ils fournissent aux muscles plusieurs filets nerveux très grêles, mais cependant tout à fait susceptibles d'être isolés. Plus loin, la double chaîne ne présente plus de ganglions sensibles ; néanmoins elle donne encore quelques filets d'une extrême ténuité. Depuis son origine jusqu'à son extrémité, elle s'étend presque en ligne droite, décrivant simplement de légères sinuosités ou plutôt une sorte d'ondulation.

Si nous comparons le système nerveux de la Douve avec celui des Malacobdelles et des Planaires, une grande ressemblance et certaines différences se montrent dès le premier abord. Par l'écartement des centres médullaires cérébroïdes, le système nerveux des Fascioles se rapproche surtout de celui des Malacobdelles : toutefois

(1) Pl. 4, fig. 1^{d}—c.
(2) Pl. 4, fig. 1^{d}—d.

l'écartement est moins prononcé que chez ces derniers ; et, sous ce rapport, c'est bien une disposition intermédiaire entre celle des Bdellomorphes et des Planariées. Mais relativement aux chaînes ganglionnaires, la dégradation devient plus notable dans nos Trématodes que dans les autres types. Ces deux cordons présentent ici peu de ganglions sur leur trajet, et s'atténuent vers l'extrémité postérieure ; ce qui est le contraire dans les Malacobdelles.

Mehlis est le premier observateur qui ait vu réellement le système nerveux de la Fasciole. Avant lui, Otto avait parlé de cet appareil dans la Douve, mais en se méprenant complétement sur sa nature. Le naturaliste de Breslau n'en avait aperçu aucune trace ; il avait pris pour des ganglions et des nerfs certaines portions des organes génitaux. Mehlis rectifia cette erreur, décrivit et représenta assez exactement les parties principales du système nerveux de la Douve. Plusieurs détails lui ont échappé : car ce savant l'étudia principalement en laissant des Fascioles plongées dans l'eau pendant plusieurs jours. Les tissus acquièrent alors une certaine transparence, qui permet de distinguer la double chaîne. Mehlis, au reste, n'avait pas compris la nature de la différence qui existe dans le système nerveux des Trématodes et celui des autres Annelés. Aussi il s'étonne de n'avoir pu trouver un cordon sous-œsophagéen, constituant avec la partie supérieure un collier nerveux (1).

La plupart des helminthologistes qui, depuis cette époque, ont parlé du système nerveux des Trématodes en général, ou de celui des Douves en particulier, l'ont fait d'après Mehlis (2). Quelques uns ont révoqué en doute l'exactitude de son observation (3).

(1) « Alterum simile filum transversum, quod tubum cibarium infra ambiat et annulum compleat, quanquam sæpius sollicite in id inquisivi, non reperi ; potest tamen, ut pars præ cæteris extricatu longè difficillima me præterierit. » Mehlis, *Observ. anat. de* Distomate hepatico *et* lanceolato, p. 23.

(2) Voy. Schmalz, *De nervis entozoorum.* — Siebold, *Lehrbuch der Vergleichend. Anat*, p. 126 (1845).

(3) Otto et après lui Mehlis, et plusieurs autres auteurs, ont représenté le système nerveux de ce Distome à peu près comme celui des Amphistomes, c'est-à-dire formé d'une bande transverse sur le bulbe œsophagéen (*et peut-être un anneau tout autour*), envoyant de part et d'autre plusieurs filets nerveux et deux

Je crois qu'aujourd'hui il ne restera plus d'incertitude à cet égard dans l'esprit d'aucun zoologiste, et qu'on ne sera plus porté à considérer les chaînes ganglionnaires comme des brides fibreuses.

Appareil digestif. — L'appareil digestif des Douves (1), le plus souvent gorgé de bile au moment où ces Vers sont retirés des canaux biliaires, est extrêmement facile à suivre et à distinguer dans toutes ses parties ; aussi les auteurs qui l'ont décrit ou représenté ne sont-ils pas tombés dans des erreurs analogues à celles qui ont été commises relativement à l'appareil alimentaire d'autres espèces de Trématodes. Chez les Fascioles, la bouche est bien exactement terminale. Le bulbe œsophagéen, dont la longueur équivaut au quinzième environ de la longueur totale du corps, est un peu rétréci postérieurement. Il est d'une texture cartilagineuse, et recouvert de fibres musculaires longitudinales : seulement, à la partie antérieure, on reconnaît la présence de fibres transverses. L'intestin qui suit immédiatement le bulbe œsophagéen se bifurque aussitôt en deux branches peu écartées l'une de l'autre, et parallèles jusqu'à l'extrémité du corps. Ces deux branches intestinales passent sous les ovaires, et décrivent dans toute leur longueur de légères ondulations ; elles offrent sur les parties latérales un grand nombre de ramifications. En avant de l'utérus, c'est-à-dire dans la partie rétrécie du corps, elles émettent cinq ou six rameaux qui se divisent très peu, si ce n'est toutefois celui qui prend naissance exactement en avant de l'utérus, ou même sous ses premiers replis.

Au-delà, toutes les branches qui se succèdent jusqu'à l'extrémité du corps, et l'on en compte généralement dix à douze principales, se divisent et se subdivisent considérablement. La plupart offrent deux ou trois rameaux, qui se ramifient toujours en plusieurs autres. Tous sont terminés en *cæcum*, et s'avancent exactement jusqu'au bord latéral du corps. Outre ces rameaux

longs cordons dirigés parallèlement en arrière. J'ai cherché et *j'ai cu, je crois*, ce que ces auteurs ont décrit ainsi ; mais, plus encore que chez les Amphistomes, il m'a semblé que ce sont des *brides fibreuses* destinées à maintenir et à mouvoir le bulbe œsophagien. — Dujardin, *Hist. des Helminthes*, p. 390 (1845).

(1) Pl. 4, fig. 1.

principaux, les deux grandes branches intestinales émettent entre eux des tiges courtes, simples ou bifurquées ; elles en présentent non seulement du côté externe, mais même du côté interne. Jamais ces ramifications n'offrent d'anastomoses entre elles ; bien que leur aspect soit le même dans tous les individus, elles n'ont jamais une similitude complète. En comparant les deux côtés du corps, on les trouve même toujours dissemblables. Je me suis attaché sur mon dessin à copier scrupuleusement cette disposition d'après un individu chez lequel l'intestin était le plus également ramifié. Ces rameaux paraissent augmenter en nombre par les progrès de l'âge. Dans les Douves qui ont atteint une très grande taille, ils m'ont toujours paru plus serrés que dans les individus d'une plus petite dimension.

Toutes ces branches et tous ces rameaux intestinaux ont des parois diaphanes, mais très résistantes. On peut ainsi les disséquer, et les isoler complétement. Pendant la vie des Douves, on observe ces canaux remplis de bile ; mais dans leur intérieur, cette substance a subi une élaboration, et se trouve complétement dénaturée par suite de la digestion ; elle se présente alors sous forme de petits grains d'une couleur noirâtre, par conséquent beaucoup plus foncée que la bile contenue dans la vésicule. Sur les points où l'on rencontre les Douves, on remarque ordinairement des dépôts de cette bile digérée et rejetée par les Vers ; c'est ce qui avait déjà été signalé par Mehlis dans sa *Monographie des Distomes du foie.* Au travers des téguments, dont la transparence est assez grande, il devient facile de suivre les ramifications intestinales ainsi gorgées de matière foncée ; cependant, comme dans certains cas la matière nutritive ne les remplit pas dans toute leur étendue, on les suit plus facilement encore en les injectant avec un liquide coloré en rouge ou en bleu.

Appareil vasculaire. — Cet appareil consiste en un vaisseau principal et médian, et en une quantité très considérable de vaisseaux secondaires très ramifiés et très anastomosés ; ce qui donne à l'animal, quand tous ses vaisseaux sont injectés, l'apparence d'une feuille très veinée (1).

(1) Pl. 4, fig. 1ᵇ.

Le vaisseau médian règne bien exactement entre les deux branches de l'intestin depuis la hauteur de la ventouse ventrale jusqu'à l'extrémité postérieure du corps. Ce vaisseau est d'une largeur qui équivaut au tiers environ de celle de l'une des branches de l'intestin ; mais il se rétrécit un peu d'avant en arrière. De chaque côté, il émet huit à dix branches principales, qui se ramifient et se subramifient presque indéfiniment. Tous ces rameaux s'anastomosent entre eux, et forment ainsi un véritable réseau, dont les mailles les plus fines s'étendent sur les bords latéraux du corps. Il n'y a rien de tout à fait régulier dans la direction de ces vaisseaux ; souvent même l'origine des branches principales dans le gros vaisseau n'est pas symétrique à droite et à gauche ; cependant tous les individus présentent la même disposition générale. Le dessin que nous avons donné représente bien fidèlement cette disposition, d'après un des individus les plus favorables pour l'examen de l'appareil vasculaire. Tous les vaisseaux que nous venons de mentionner règnent à la partie supérieure du corps, par conséquent au-dessus du canal intestinal et des organes de la génération. Ceux qui existent du côté de la face ventrale sont infiniment plus grêles et plus rares que les autres ; cependant on remarque en avant deux branches principales qui naissent de l'origine du vaisseau médian, et plongent immédiatement vers la partie profonde de chaque côté des organes génitaux. Ces branches se subdivisent dans la portion antérieure du corps, et de très petites ramifications viennent se distribuer sur les ovaires (1).

Mehlis a décrit assez bien le système vasculaire de la Douve : mais il n'a point compris sa véritable nature. Cet observateur a été porté à le considérer, comme dépendant de l'appareil digestif, comme ayant des communications *directes* avec les *diverticulum* de l'intestin (2). Quand on laisse de ces Trématodes pendant plusieurs jours dans l'eau, ils acquièrent une transparence plus

(1) Pl. 4, fig. 1c.

(2) « Extremos tam dorsales, quam ventrales ramulos, in marginibus corporis visui subductos, ibi cum postremis intestini apicibus conveuire probabile est. » — Mehlis, *loc. cit.*, p. 17.

grande, et leurs vaisseaux sont alors assez apparents; c'est surtout en usant de ce procédé que Mehlis les a constatés.

Le même anatomiste s'était d'autant plus persuadé de l'existence de communications *directes* entre l'appareil digestif et ce système de vaisseaux, qu'en remplissant, par la bouche, les ramifications de l'intestin soit avec du mercure, soit avec un liquide coloré, il avait pénétré dans des vaisseaux (1); c'était donc, selon lui, un véritable système de chylifères. Mehlis signale, en outre, le vaisseau médian comme s'ouvrant au dehors par l'extrémité postérieure du corps. En pressant, dit-il, on peut faire sortir le liquide contenu dans le vaisseau par la petite ouverture terminale. Mes observations m'ont conduit à des résultats un peu différents; elles ont porté sur bien des centaines d'individus. En injectant le canal intestinal, on ne tombe jamais dans les vaisseaux que si, par suite d'une pression trop forte, on a rompu les parois des branches de l'intestin et des vaisseaux. Quand cet accident se produit, on retrouve toujours aisément par la dissection les traces de ces ruptures.

En poussant avec précaution une injection soit dans le canal intestinal, soit dans le système vasculaire, j'ai réussi mainte et mainte fois à injecter les dernières ramifications de l'un de ces appareils, rien néanmoins ne passant dans l'autre Pour mieux comprendre les rapports des vaisseaux avec l'intestin, j'ai souvent injecté les premiers avec un liquide bleu, et ce dernier avec un liquide rouge. J'ai vu alors aussi distinctement que possible les vaisseaux les plus déliés se ramifier sur les branches de l'intestin sans jamais s'aboucher, aucun atome du liquide bleu ne venant se mêler au liquide rouge. J'ai rendu témoin de ce fait un assez grand nombre de zoologistes. Dans tous les Trématodes que j'ai pu injecter, il ne pouvait pas y avoir plus d'incertitude à cet égard; dès lors, la question me paraît complétement résolue. Quant à l'ouverture terminale du vaisseau médian, décrite

(1) « Mercurio quoque et levioribus præsertim liquoribus coloratis, acetabulo terminali injectis, non intestinum solum, sed prosperissimo successu vasa etiam hæc repleta fuisse, cum Rudolphi et Bojanus tum ego non semel vidimus. » — *Loc. cit.*, p. 18.

même comme un anus par certains helminthologistes, je n'ai pu en reconnaître l'existence d'une manière positive.

Il est très réel que, si l'on prend des Fascioles depuis longtemps ramollies par l'eau, et qu'on les presse, une substance liquide s'échappera par cette extrémité ; mais, selon toute apparence, c'est une déchirure qu'on a produite à l'endroit où le tégument est le moins résistant, par suite de la présence du vaisseau qui vient se terminer sur ce point.

En injectant l'appareil circulatoire, le liquide s'arrête exactement à l'extrémité du vaisseau, et alors on voit que le tégument ne présente pas la moindre solution de continuité. Si l'on pousse l'injection avec force, elle ressortira, en effet, par cette extrémité, comme peut-être aussi par les extrémités des autres vaisseaux, comme encore par l'extrémité des branches de l'intestin, si l'injection a été poussée par la bouche ; mais alors on produit des ruptures, et c'est dans ce cas seulement que j'ai observé une ouverture terminale. Ainsi, chez la Douve ou Fasciole, de même que chez les autres Trématodes, il existe, comme chez les Annélides, un système de vaisseaux parfaitement clos. Comment se fait le mouvement circulatoire dans son intérieur? En plaçant des Douves bien vivantes sous le microscope, j'ai pu distinguer des contractions et des dilatations du vaisseau médian et des vaisseaux secondaires qui expulsaient et ramenaient alternativement le liquide sanguin vers le centre de la circulation ; souvent sur un point on voit le mouvement s'arréter, puis reprendre ensuite avec une grande rapidité. M. Dujardin a cru apercevoir des cils vibratiles favorisant la marche du sang ; je les ai cherchés sous des grossissements considérables, mais dans cette espèce je n'ai pas réussi à constater leur présence avec une entière certitude.

Quant au liquide sanguin, je l'ai toujours trouvé à peu près incolore, et charriant des corpuscules assez rares et irréguliers ; ce qui ne permet guère de suivre le mouvement circulatoire dans tous ses détails, sans autre secours que celui de l'observation par transparence.

Organes de la génération. — Ces parties ont été décrites avec soin et d'une manière assez exacte dans la Monographie de

Mehlis ; aussi je n'en présenterai ici qu'une description succincte. L'appareil mâle (1) occupe toute la partie centrale et inférieure du corps. Les testicules se présentent sous la forme de longs cordons blancs, occupant la partie droite et la partie gauche de l'animal. On suit, sur la ligne médiane, le tube principal, partant d'une petite vésicule arrondie (2). De chaque côté ce tube fournit six ou sept branches qui se divisent bientôt en plusieurs autres. Tous ces canaux sont plus ou moins contournés sur eux-mêmes et terminés en *cæcum*. Il naît aussi directement de la vésicule un ou deux rameaux qui ont la même direction que les autres branches. Ces organes mâles sont très difficiles à bien isoler par la dissection, tant le tissu cellulaire se trouve exactement interposé entre ces branches délicates. C'est pourquoi sans doute les helminthologistes n'avaient jamais représenté fidèlement ces parties. Bien que la division des canaux varie un peu suivant les individus, je me suis attaché à les copier scrupuleusement sur ma figure, d'après un individu convenablement préparé. Les conduits déférents, extrêmement grêles, passent entre les ovaires, se rapprochent ensuite, et viennent aboutir au canal éjaculateur, à la base du pénis, un peu en avant de la ventouse ventrale. Ce canal, un peu contourné sur lui-même, est logé dans une espèce de petite gaîne retenue par des fibres musculaires; et qu'on peut considérer comme le réceptacle du pénis (3). Celui-ci fait saillie au dehors; cet organe, toujours contourné chez la Douve, n'a pas moins de 3 millimètres de long (4). Les Spermatozoïdes tirés des testicules ou du conduit éjaculateur se présentent comme un petit point terminé par une queue de médiocre longueur ; ils ont beaucoup de ressemblance avec ceux qui ont été décrits chez les Planaires par M. de Quatrefages.

L'appareil femelle (5) couvre une très grande étendue. Au-dessous du tube digestif, les parties latérales et la partie postérieure

(1) Pl. 5, fig. 1.
(2) Pl. 5, fig. 1—*c*.
(3) Pl. 5, fig. 1—*b*.
(4) Pl. 5, fig. 1—*a*.
(5) Pl. 5, fig. 2. et Pl. 4, fig. 1'.

du corps sont occupées par les ovaires. Il existe deux longues tiges, légèrement sinueuses, limitant les organes mâles. Ces tiges du côté externe fournissent des rameaux, auxquels les œufs sont attachés; ce sont des grappes fort serrées, de manière que les ovaires offrent dans toute leur étendue un aspect très uniforme (1). Vers le tiers antérieur du corps, les deux grandes tiges ont un conduit transverse venant aboutir à une petite capsule arrondie, blanchâtre, située exactement sur la ligne médiane du corps (2). En avant de cette capsule s'insère la portion désignée par Mehlis sous le nom d'*utérus;* c'est un tube d'abord grêle, ensuite assez large, plusieurs fois contourné sur lui-même, et qui occupe toute l'épaisseur comprise entre la partie dorsale et la partie ventrale de l'animal; il se termine en avant par un oviducte ou conduit assez grêle, débouchant en arrière du pénis contre le réceptacle de cet organe, et un peu à sa droite (3), l'animal étant considéré par sa face ventrale. Il est en général très difficile à voir à l'extérieur : aussi les helminthologistes ont cru souvent que les organes des deux sexes n'avaient qu'un orifice commun. Les œufs, dispersés sur les parties latérales et postérieure du corps, ne sont pas renfermés sous une enveloppe propre; tous sont à un degré de développement très peu avancé. Au contraire, tous ceux qui sont contenus dans l'utérus sont très avancés, et semblent devoir être pondus prochainement; ceux de la portion antérieure sont surtout plus colorés, et parvenus à peu près à maturité. L'utérus est formé par une membrane diaphane d'une minceur extrême : aussi, quand on dissèque des Douves, elle se rompt presque toujours, et alors les œufs s'échappent de toutes parts. L'oviducte est constitué par une membrane encore assez mince, mais cependant beaucoup plus résistante. La petite vésicule médiane a des parois très solides, et lorsqu'on l'ouvre, elle paraît remplie d'une matière blanche; elle sécrète la coque des œufs. Nous la retrouverons chez tous les Trématodes. Je la nommerai la *vésicule oviductale*. Tous les œufs qui l'ont franchie sont à un degré

(1) Pl. 5, fig. 2—*d*.
(2) Pl. 5, fig. 2—*e*.
(3) Pl. 5, fig. 2—*f*.

de développement très avancé ; tous les autres, au contraire, le sont fort peu. Mehlis en concluait qu'en arrivant à ce point les œufs recevaient une imprégnation qui déterminait un progrès rapide dans leur développement. Il n'est pas douteux en effet que cette vésicule ne soit le siége d'une sécrétion particulière, mais c'est bien évidemment de celle qui forme l'enveloppe des œufs. Il est certain, du reste, qu'il n'existe à l'intérieur aucune communication entre les organes mâles et les organes femelles. Comme je n'ai pu saisir l'accouplement des Douves et suivre la fécondation chez ces Vers, je craindrais de hasarder une supposition ; mais il ne serait pas surprenant que le pénis, toujours assez long et recourbé, pût pénétrer et verser la liqueur séminale dans l'oviducte. Dans ce cas, le rapprochement de deux individus ne serait pas nécessaire.

Genre Distome (*Distoma* Zeder, Rud.).

Dicrocœlium Dujardin.

Caractères. — Corps allongé, fort déprimé. Œsophage très long. Intestin se divisant en arrière de l'œsophage en deux branches ne présentant aucune ramification. Deux ventouses, l'une antérieure, l'autre ventrale et très saillante. Orifices génitaux contigus. Pénis très saillant, situé un peu en avant de la ventouse. Testicules consistant en deux masses volumineuses. Ovaires situés sur les parties latérales du corps, en forme de grappes. Utérus extrêmement long contourné sur lui-même, occupant la plus grande partie du corps.

Nous considérons comme type de ce genre le *Distoma lanceolatum*, aussi commun que la Fasciole dans les canaux biliaires des Ruminants. Ayant restitué à cette dernière son premier nom générique, il nous a semblé convenable de conserver aussi le nom générique de *Distoma* pour la seconde espèce la plus connue de cette famille des Distomides. Il est très probable que plusieurs des sous-genres établis par M. Dujardin aux dépens de l'ancien genre Distoma de Rudolphi, devront être adoptés comme genres ; mais aujourd'hui certaines espèces n'étant pas suffisamment connues dans leur organisation, on éprouve souvent un embarras très réel au sujet du type auquel on doit les rattacher.

DISTOME LANCÉOLÉ (*Distoma lanceolatum*).

Egelschnecke Schœffer, *D. Egelschn. in der Lebern der Schaafe*. p. 20-45, fig. 9, 13, 16. Regensb. (1753).

Planaria latiuscula Gœze, *Naturgeschichte der Eingeweidewurmer*. p. 171 (1782).

Fasciola hepatica Bloch, *Abhandl. von der Erzeugung der Eingeweidewürmer*, p. 1, tab. 10. fig. 3 et 4 (1788).

Distoma hepaticum Zeder, *Nachtrag.*, p. 167 (1800).

Fasciola hepatica Jœrdens, *Entomol. und Helminth. der Mensch. Kœrpers*, t. II p. 64, tab. 7, fig. 14.

Fasciola lanceolata Rudolphi, *Wiedemann's Archiv für die Zool. und Anatomie*, t. III, p. 24 (1802).

Distoma hepaticum Rudolphi, *Entozoorum hist. nat.*, t. I, p. 326, et t. II. p. 352 (1809).— *Entozoor. synops.* p. 72 (1819).

Œlfers, *Comm. de Veget. et Anim.* (1816).

Bojanus, *Isis*, p. 173-176, pl. 3, fig. 24, 27 (1821).

Bremser, *Ueber leb. Würmer in leb. Mensch.*, p. 229, tab. IV. fig. 11. 14 (1819).

Distoma lanceolatum Mehlis, *Observ. de* Distomate hepat. *et* lanceolato (1825).

Gurlt, *Lehrb. der pathol. Anat. d. Hauss.*, pl. 8, fig. 34, 35 (1831).

Creplin, *Encyclop. von Ersch. und Gruber*, t. XXXII. p. 228 (1839).

Dujardin, *Hist. des Helminthes*, p. 391 (1845).

Description.—Le corps de ce Trématode est long de 6 à 10 millimètres environ, très plan, atténué vers les deux bouts, mais surtout à la partie antérieure du corps, sans être rétréci en forme de cou. Le tégument est blanchâtre, assez transparent. La ventouse buccale assez large, beaucoup plus large proportionnellement au volume de l'animal que celle de la Fasciole. La ventouse ventrale est de la même largeur ou à peine plus large que la ventouse buccale. Le bulbe œsophagéen est globuleux et l'œsophage assez long. Les ovaires forment deux petites grappes placées sur les parties latérales du corps. L'*utérus* est très long, très sinueux, occupant toute la partie centrale et postérieure du corps, et se dessinant sous les téguments en fauve, en brun ou en noir, selon le degré de développement des œufs. Il descend ainsi jusqu'à l'extrémité postérieure du corps, puis il remonte en décrivant des sinuosités de la même nature. Le pénis est long, très saillant et peu contourné.

Cette espèce habite en quantité prodigieuse dans les canaux biliaires des Moutons. On la trouve presque constamment avec la *Fasciola hepatica*. Aussi la plupart des helminthologistes la considéraient-ils autrefois comme le jeune âge de cette dernière. Mais depuis le travail de Mehlis, il a été reconnu que le *Distoma lanceolatum* était un animal adulte.

Ce Trématode a été observé non seulement chez les Moutons, mais encore chez la plupart des Ruminants, le Bœuf, le Cerf, le Daim, ainsi que dans le Chat, le Lièvre et le Lapin. On l'a vu également dans l'Homme, mais fort rarement.

Système nerveux. — L'appareil de la sensibilité, chez le *Distoma lanceolatum*, est tout à fait semblable à celui de la Fasciole; seulement les deux ganglions cérébroïdes sont un peu plus écartés l'un de l'autre (1).

Appareil digestif. — Le bulbe œsophagéen est court et exactement en forme de cupule (2). Il est suivi d'un œsophage, de quatre à cinq fois plus long, se bifurquant en deux branches intestinales un peu au-dessus de l'insertion du pénis. L'œsophage est d'une ténuité extrême; mais les deux branches de l'intestin qui descendent le long des parties latérales du corps sont sensiblement plus larges, et leurs parois deviennent surtout plus épaisses vers leur extrémité. Ces deux branches, terminées en *cœcum*, s'arrêtent un peu au-delà des trois quarts de la longueur du corps. Elles ne présentent aucune trace de ramifications, ce dont je me suis assuré en les injectant plusieurs fois.

Appareil circulatoire. — J'ai vu peu de chose de cet appareil chez le *Distoma lanceolatum*, les injections étant d'une très grande difficulté chez un animal aussi mince : cependant j'ai réussi à en suivre quelques parties. J'ai reconnu dans ce type la présence d'un vaisseau principal de chaque côté, régnant fort près des branches intestinales, et très semblable dans sa disposition à celle qui existe

(1) Pl. 8, fig. 1*a*.
(2) Pl. 8, fig. 1—*a*.

chez le *Monostoma verrucosum*, envoyant de même à la partie dorsale des branches excessivement ramifiées ; en sorte que les vaisseaux supérieurs forment un réseau des plus serrés. C'est à la partie antérieure du corps que j'ai pu rendre distincts de ces vaisseaux, dans une petite étendue ; mais d'après ce que j'ai aperçu ensuite par transparence, il me paraît évident qu'ils doivent régner ainsi au-dessus de tous les viscères.

Organes de la génération. — L'appareil mâle est très différent de celui de la Fasciole. Les testicules se montrent sous la forme de corps presque sphériques (1), situés sur la ligne médiane et vers le tiers antérieur de la longueur du corps (2). Ces organes, au nombre de deux, placés à la suite l'un de l'autre, sont presque égaux en volume ; le dernier cependant l'emporte un peu à cet égard. La forme de celui-ci est un peu moins sphérique que celle du premier, et généralement assez irrégulière. Les testicules communiquent avec le canal éjaculateur au moyen de deux conduits déférents indépendants l'un de l'autre. Le pénis est légèrement contourné et ressemble à celui de la Douve.

L'appareil femelle affecte aussi, dans cette espèce, une disposition très particulière. Les ovaires, rejetés sur les parties latérales du corps, en dehors des branches de l'intestin, se présentent comme deux grappes allongées, mais n'occupant pas une longueur supérieure au tiers de celle de l'animal tout entier (3). Ces ovaires sont pourvus, comme ceux de la Fasciole, d'un conduit qui les met en rapport avec une petite capsule placée en arrière des testicules, dont elle se distingue aisément par sa nuance plus diaphane ; cependant elle a été considérée souvent par les helminthologistes comme un troisième testicule. Cette vésicule oviductale est en communication directe avec l'*utérus*, qui consiste en un long tube sinueux et très contourné sur lui-même dans toute la largeur comprise entre les deux ovaires. Il s'étend ainsi jusqu'à l'extrémité postérieure du corps, puis il remonte en décrivant de nouvelles sinuosités au-dessous des premières ; atteignant la partie

(1) Pl. 8, fig. 1^b—*a,a*.
(2) Pl. 8, fig. 1—*d,d*.
(3) Pl. 8, fig. 1—*e*.

antérieure du corps, il passe sous les testicules et plus ordinairement entre eux, et enfin il se termine en un oviducte dont l'ouverture se fait remarquer un tant soit peu en arrière de la bifurcation de l'intestin. Il débouche contre la base du pénis, exactement comme dans la Douve. Au commencement de l'utérus, les œufs ont une coloration d'un blanc jaunâtre ; ils deviennent ensuite bruns, et dans la portion terminale ils sont presque noirs.

Genre Brachylème (*Brachylæmus* Dujardin).

Caractères. — Corps allongé généralement assez renflé. Deux ventouses, l'une contenant la bouche, l'autre, ventrale, située plus ou moins en arrière. Intestin divisé en deux branches sans ramifications. Organes testiculaires au nombre de deux, généralement très gros, de forme arrondie ou ovoïde. Ovaires formant des grappes ou des bouquets, disposés peu régulièrement vers les parties latérales et dorsales du corps. Utérus très développé, plusieurs fois replié dans toute la longueur du corps.

Selon toute probabilité, un assez grand nombre d'espèces devra être rattaché à ce genre ; mais pour arriver à les classer avec toute certitude, il faudra auparavant les étudier dans leur ensemble, comme je l'ai fait pour celles que je regarde comme types du genre *Brachylæmus ;* ce sont les *Distoma cylindraceum* et *variegatum* Rud., des Grenouilles verte et rousse. Je me suis attaché à étudier ces deux espèces avec tout le soin possible, de manière à offrir des termes de comparaison bien précis pour les recherches ultérieures. Je dois faire observer que ces deux Distomiens des Grenouilles ont entre eux les plus grands rapports d'organisation. M. Dujardin les a placés dans deux sous-genres distincts, d'après quelques considérations tirées de la longueur de l'œsophage et de la position des ventouses; mais ces caractères ont évidemment fort peu d'importance, comme l'indique la grande ressemblance qu'on trouve dans la forme et la disposition de la plupart des autres organes.

Brachylème cylindracé (*Brachylæmus cylindraceus*).

Distoma cylindraceum Zeder, *Nachtrag*, p. 188, pl. 4, fig. 4-6 (1800)

Fasciola cylindracea Rudolphi in *Wiedem. Archiv. für Anat. et Zool.*, Bd. III S. 83 (1802). *Entozoor. hist.*, t. II, I, p. 393 (1809). — Ejusd. *Entozoor. synops.*, p. 106, n° 66 (1819). — Dujardin, *Hist. des Helminthes*, p. 395 (1845).

Description. — Le corps de ce Distome est long de 6 à 12 millimètres, et d'une épaisseur très grande, ce qui le rend presque cylindrique ; sa partie antérieure est ordinairement un peu redressée. Le tégument est blanc ; mais sous cette enveloppe transparente on distingue les œufs, dont la coloration est brune ou noirâtre. La ventouse buccale est orbiculaire ; la ventouse ventrale plus petite. L'œsophage est assez large, de médiocre longueur, se divisant en deux branches intestinales. Les ovaires sont latéraux et dorsaux. L'utérus, contourné et replié sur lui-même, occupe la partie médiane et la partie la plus considérable du corps.

Ce Distome se trouve communément dans les poumons de la Grenouille rousse (*Rana temporaria*). Il y a, à l'égard des Vers qui se trouvent dans les Grenouilles, un fait assez remarquable. Les Grenouilles verte et rousse, si voisines l'une de l'autre, ne nourrissent pas les mêmes espèces de Trématodes, mais des espèces qui semblent se remplacer. Ainsi, dans les poumons de la Grenouille rousse, on trouve seulement le *Distoma cylindraceum;* dans la verte seulement, le *D. variegatum;* dans la vessie de la rousse, le *Polystoma integerrimum;* dans celle de la verte, le *Distoma cygnoides.* Le *Distoma endolobum* Dujard. de la Grenouille verte paraît différer aussi de celui qui se rencontre dans la Grenouille rousse. Le *Distoma naja* Rud., qui habite les poumons de la Couleuvre à collier, semble représenter chez ce type d'Ophidiens les *D. cylindraceum* et *variegatum* des Grenouilles.

Système nerveux. — Cet appareil est ici très semblable à celui des espèces précédentes. Les deux ganglions cérébroïdes sont situés bien exactement en arrière du bulbe œsophagéen, de chaque côté de l'œsophage (1).

Appareil digestif. — Le bulbe œsophagéen est cupuliforme, plus large que long (2). L'œsophage qui lui succède n'est guère plus

(1) Pl. 8, fig. 2—*b*.
(2) Pl. 8, fig. 2—*a* et fig. 2ª—*a*.

long ; il se divise, en avant des orifices génitaux, en deux branches intestinales assez grosses, qui descendent sur les parties latérales du corps, et se terminent en *cœcum* vers les quatre cinquièmes de la longueur de l'animal. Ces deux branches, assez fortement ondulées, ont des parois épaisses, surtout vers leur extrémité où elles s'élargissent un peu ; elles ne présentent aucune trace de ramifications, comme je m'en suis assuré en les injectant avec un liquide coloré.

Appareil circulatoire. — Chez cette espèce, les vaisseaux paraissent moins considérables que dans un très grand nombre de Trématodes. Il existe un vaisseau médian qui règne au-dessus de l'utérus et des organes testiculaires ; il émet obliquement quelques rameaux qui viennent s'anastomoser avec deux longs vaisseaux latéraux situés l'un à droite, l'autre à gauche du corps. Ces deux vaisseaux fournissent plusieurs branches à la partie inférieure de l'animal, et ils s'étendent de chaque côté jusqu'au bulbe œsophagéen. Dans cette portion antérieure du corps, ils se dilatent davantage, et présentent quelques très petites branches. Les rameaux grêles sont sans doute très nombreux ; mais je n'ai pas réussi à les rendre suffisamment nets par l'injection pour les représenter.

Organes de la génération. — L'appareil mâle occupe la partie moyenne du corps. On distingue aisément deux gros testicules de forme presque arrondie, placés l'un après l'autre ; le premier est situé vers le milieu, le second un peu plus en arrière. Ces deux organes ont un volume considérable, et s'aperçoivent au travers des téguments par leur couleur blanche qui se détache sur la nuance noirâtre des œufs. Les testicules sont précédés de conduits déférents aboutissant au canal éjaculateur, à la base du pénis ; celui-ci est long, cylindrique, terminé au dehors en un petit tube pointu très légèrement courbé (1).

L'appareil femelle est très considérable (2). Les ovaires consistent en grappes, en grande partie rejetées sur les parties latérales du corps. Seulement ici, elles sont divisées en plusieurs

(1) Pl. 8, fig. 2a—b.
(2) Pl. 8, fig. 2.

bouquets, dont quelques uns s'étendent même à la partie supérieure du corps, notamment en avant des testicules. Là, les deux grappes de l'ovaire communiquent avec la vésicule oviductale placée exactement au-dessus de la ventouse ventrale ; cette capsule, que M. Dujardin a supposé être une vésicule séminale, est suivie d'un utérus qui descend, en décrivant quelques sinuosités, jusqu'à l'extrémité du corps où il se replie sur lui-même, et vient s'ouvrir un peu en avant de la ventouse. Il est extrêmement large, mais près de l'orifice il est rétréci en un tube étroit ou oviducte débouchant contre le pénis, un peu à la gauche de cet organe.

BRACHYLÈME VARIÉ (*Brachylæmus variegatus*).

Distoma variegatum Rudolphi, *Entozoor. synops.*, p. 99 et 378, n° 33 (1819). — Creplin, *Encyclop. von Ersch. und Grüber*, t. XXXII, p. 282 (1839). — Dujardin, *Hist. des Helminthes*, p. 416 (1845).

Description. — Le corps de ce Trématode, d'un blanc tirant sur le gris de perle, est généralement long de 8 à 12 millimètres : il est allongé, oblong, avec le tiers antérieur, au moins, rétréci en forme de long cou. L'extrémité postérieure est très légèrement atténuée et arrondie. Les ventouses sont orbiculaires ; la ventrale plus petite que la buccale. Le bulbe œsophagéen ovale suivi d'un œsophage se bifurquant en deux branches qui descendent jusqu'à l'extrémité du corps. Les testicules très gros et très visibles au travers des téguments. Le pénis très saillant. Les ovaires d'un beau blanc, formant une vingtaine de touffes à la partie supérieure du corps. L'utérus consistant en un long tube six fois replié, et dilaté antérieurement en un oviducte débouchant en arrière du pénis.

Cette espèce, rendue si élégante par la couleur des organes de la génération, se trouve assez communément dans les poumons de la Grenouille verte (*Rana esculenta*).

Système nerveux. — Cet appareil est tout à fait semblable à celui des espèces précédentes, et notamment à celui du *D. cylindraceum* (1).

(1) Pl. 9, fig. 1.

Appareil digestif. — Le bulbe œsophagéen est ovale (1), d'un quart environ plus large que long. L'œsophage, assez grêle, est à peu près de la même longueur. En avant des orifices génitaux, il s'élargit très sensiblement, et se bifurque en deux branches intestinales. Ces deux branches, légèrement ondulées, descendent presque jusqu'à l'extrémité du corps. D'abord parallèles, et rapprochées l'une de l'autre dans la portion rétrécie de l'animal, elles s'écartent très notablement dans la portion élargie pour se rapprocher ensuite davantage vers la partie postérieure. Leurs parois sont épaisses; mais elles le deviennent surtout près de leur extrémité. Les branches intestinales ne présentent aucune trace de ramifications.

Appareil circulatoire. — J'ai peu de chose à en dire ; jusqu'ici, je n'ai pu réussir à l'injecter dans son ensemble ; j'ai constaté seulement la présence d'un vaisseau principal et médian entre les branches de l'intestin ; j'en ai vu naître plusieurs rameaux, mais il m'a été impossible de les suivre plus loin avec toute la netteté désirable.

Organes de la génération. — L'appareil mâle occupe une assez grande portion de la cavité générale du corps. Il existe deux testicules placés à la suite l'un de l'autre, d'un volume très considérable (2). Tous deux, d'une forme à peu près ovoïde, sont d'égale dimension; le postérieur l'emporte peut-être, toutefois, un peu sur le précédent ; ils sont précédés de conduits déférents très longs et très grêles, aboutissant à un canal éjaculateur fort long, assez étroit, et suivi du pénis; celui-ci, fort rapproché de la partie antérieure du corps, est long, très saillant au dehors, et un peu contourné sur lui-même (3).

L'appareil femelle est aussi très développé ; les ovaires forment une vingtaine de bouquets épars dans toute l'étendue du corps, se rattachant à deux branches qui sont unies vers la partie moyenne de l'animal par un canal transversal, en communication avec une grande capsule bilobée, situéc en avant du testicule an-

(1) Pl. 9, fig. 1.
(2) Pl. 9, fig. 1 et fig. 1^b—$a.a$
(3) Pl. 9, fig. 1^b—d.

térieur. Cette capsule, regardée par M. Dujardin comme un troisième testicule, est la vésicule oviductale (1); elle est suivie de l'utérus; celui-ci (2), l'animal étant observé par la face ventrale, descend presque jusqu'à l'extrémité du corps; puis il remonte du côté droit jusqu'à la base de la partie élargie de l'animal; il redescend ensuite le long du bord marginal, contourne l'extrémité du corps pour remonter le long du bord opposé, pour redescendre de nouveau, et remonter entre les deux branches de l'intestin jusqu'à l'oviducte, situé en arrière de la bifurcation de l'intestin.

Les ovaires sont d'un beau blanc. La coloration de l'utérus due à la présence des œufs varie suivant leur degré de maturité; aussi ce long cordon, d'abord d'un jaune pâle, devient ensuite fauve, puis d'un brun assez foncé.

Brachylème du Hérisson (*Brachylæmus erinacei* Blanch.) (3).

Description. — Le corps de cette espèce est oblong, assez épais, un peu plus aminci à sa partie postérieure qu'à sa partie antérieure; sa longueur est de 5 à 6 millimètres environ, et sa largeur de 1 millimètre à 1 millimètre un quart. La ventouse buccale est assez large, avec le bulbe œsophagéen presque aussi large que long. L'œsophage est extrêmement court, et l'intestin, divisé en deux branches simples, s'étend presque jusqu'à l'extrémité du corps. La ventouse ventrale est très grosse, très saillante, située environ vers le tiers antérieur du corps. Les ovaires forment deux grappes principales rejetées sur les parties latérales.

Je n'ai rencontré qu'une seule fois cette espèce dans l'intestin d'un Hérisson commun; cinq ou six individus se trouvaient fixés à la muqueuse. Depuis, j'ai cherché ce Distomien dans un grand nombre de Hérissons sans pouvoir en retrouver un seul. Mes observations sur cette espèce sont donc incomplètes. Je n'ai pu étudier les organes de la génération comme j'aurais désiré le faire, comme cela eût été nécessaire, pour établir nettement sa place

(1) Pl. 9, fig. 1^a — *a* et fig. 1^b — *e*.
(2) Pl. 9, fig. 1 et fig. 1^d — *c*.
(3) Pl. 6, fig. 2.

par rapport aux autres espèces qui viennent d'être décrites : car c'est encore avec un certain doute que je la place dans le genre *Brachylœmus*.

Par cela seul, j'aurais renoncé à faire figurer le Distomien du Hérisson dans ce travail, si la parfaite netteté avec laquelle s'est injecté le système vasculaire dans la plupart des individus qu'il m'a été donné d'observer, ne m'avait engagé à faire connaître au moins les particularités se rattachant à cet appareil vasculaire.

Plusieurs helminthologistes, Braun (1), Rudolphi (2), MM. Creplin (3) et Dujardin (4), ont trouvé chez le Hérisson un Distome, *Planaria pusilla* Braun, *Distoma pusillum* Rud., un animal d'une extrême petitesse n'ayant guère plus d'un demi-millimètre. Peut-être est-ce le jeune de notre *Brachylœmus erinacei* ; mais, à cet égard, on le conçoit, je ne puis faire qu'une supposition ; car je n'ai pas pu même comparer à mon espèce des individus de la nature de ceux décrits par les helminthologistes que je viens de citer.

Appareil digestif (5). — Le bulbe œsophagéen est court et arrondi postérieurement. L'œsophage n'a pas en longueur plus du tiers du bulbe. Les deux branches intestinales qui lui succèdent forment d'abord un demi-cercle en s'écartant l'une de l'autre : puis elles descendent le long des parties latérales du corps en décrivant de légères sinuosités. Ces branches intestinales, assez volumineuses, s'élargissent un peu vers le bout ; elles se terminent très près de l'extrémité du corps.

Appareil vasculaire (6). — Chez cette espèce, il règne dans la moitié postérieure du corps un vaisseau médian, sensiblement rétréci d'avant en arrière. Antérieurement, ce vaisseau principal se divise en deux branches encore très volumineuses, qui, fort écartées l'une de l'autre, passent très près de la portion interne

(1) *Schrift der Berl. naturf.*, t. X, s. 62, taf 3, fig. 6 et 7.
(2) *Entoz. Hist.*, t. II, I, p. 384, et *Syn.*, p. 104, n° 56.
(3) *Nov. Obs. de Entoz.*, p. 55.
(4) *Hist. des Helminthes*, p. 438.
(5) Pl. 6, fig. 2.
(6) Pl. 6, fig. 2.

de chacune des branches intestinales. Sur tout le trajet du vaisseau médian et des deux vaisseaux antérieurs qui en dérivent, il naît une foule de branches divisées et subdivisées en rameaux extrêmement déliés s'étendant jusque sur les bords latéraux, et régnant surtout au-dessus de l'intestin. Des branches semblables. mais en moins grand nombre, pénètrent aussi plus profondément. et se font remarquer à la partie inférieure du corps.

Si nous comparons le système vasculaire du *Brachylæmus erinacei* avec celui de la *Fasciola hepatica*, nous appercevons un grand rapport, et en même temps certaines différences dans la disposition générale. La principale de ces différences consiste dans la bifurcation du vaisseau médian chez le *B. erinacei*, ce qui n'a pas lieu dans la Douve. En outre, dans chaque espèce, les branches et les rameaux secondaires ont leur aspect particulier.

Genre Apoblème (*Apoblema* Dujard.).
(*Distoma autor*).

Caractères. — Corps allongé. Bulbe œsophagéen oblong. Intestin bifurqué en deux branches exactement en arrière de ce bulbe, c'est-à-dire sans œsophage analogue à celui des Fascioles et des Distomes. Partie postérieure du corps en forme de queue épaisse rétractile, et s'invaginant plus ou moins dans la portion du corps qui la précède. Testicules globuleux. Utérus occupant la portion médiane du corps.

Apoblème appendiculé (*Apoblema appendiculatum*)

Distoma appendiculatum Rudolphi, *Entozoor. hist.*, t. II, I, p. 400, pl. 5, fig. 1, 2 (1810). — Ejusd. *Entoz. synops.*, p. 110 et 104 (1819). — Mayer, *Beitræge*, p. 17, t. III, fig. 12 (1841). — Dujardin, *Hist. des Helminthes*, p. 420 (1845).

Description. — Ce petit Trématode est presque cylindrique, long de 5 à 6 millimètres environ, d'un blanc assez transparent, mais offrant une teinte d'une nuance rosée par suite de la coloration des œufs. La partie antérieure du corps est brusquement atténuée en forme de cône ; la partie postérieure rétractile, moitié moins large que le reste de l'animal, forme environ le quart de sa longueur totale. La ventouse buccale est petite ; la ventouse ventrale est deux fois plus grande et située vers le cinquième antérieur du corps.

Cette espèce est très commune dans l'intestin de divers Poissons : les *Clupea harengus*, *Scomber scombrus*, etc.

Je ne mentionne ici ce Trématode que pour l'observation que j'ai faite de son système nerveux. Relativement au système musculaire, il présente cette particularité que la portion du corps, dans laquelle s'invagine la partie terminale, présente des fibres circulaires très distinctes, dont le nombre m'a paru être d'une quinzaine.

J'ai suivi dans cette espèce le système nerveux jusqu'à l'extrémité du corps ; les deux ganglions cérébroïdes (1), qui reposent complétement ici sur le bulbe œsophagéen, sont plus rapprochés l'un de l'autre que ceux de la plupart des Distomes; ils émettent plusieurs filets très distincts. Les deux chaînes s'étendent jusqu'à l'extrémité du corps, où elles se terminent par un très petit renflement ganglionnaire. Près de leur origine, elles présentent aussi deux ou trois petits ganglions très apparents.

Le bulbe œsophagéen est oblong (2). Les deux branches intestinales, confluentes à sa base, s'écartent aussitôt l'une de l'autre, et descendent dans l'appendice caudal où elles se terminent en *cœcum*, un peu au-delà de la moitié de sa longueur. Ces deux branches sont légèrement flexueuses.

Je n'ai pu suivre le système vasculaire de cette espèce avec la certitude nécessaire pour en donner une description.

Genre Monostome (*Monostoma* Rudolphi).

Corps aplati, plus ou moins élargi. Une seule ventouse antérieure contenant la bouche ; point de ventouse ventrale. Un bulbe œsophagéen musculeux, suivi d'un œsophage et d'un intestin divisé en deux branches. Orifices génitaux contigus, placés exactement au-dessous de la bifurcation de l'intestin. Testicules de forme un peu irrégulière, situés de chaque côté,

(1) Pl. 12, fig. 3.
(2) Pl. 12, fig. 13a.

vers la partie postérieure. Ovaires formant deux grappes latérales. Utérus très replié sur lui-même dans le sens de la largeur.

La disposition des organes génitaux permettrait seule de distinguer les Monostomes des genres précédents; mais le caractère extérieur, qui se fait remarquer tout d'abord, se trouve dans l'absence d'une ventouse ventrale. Du reste, par l'ensemble de l'organisation, tous ces types sont fort rapprochés.

Dans le genre *Monostoma*, nous avons surtout étudié l'espèce la plus commune, celle qui se trouve fréquemment dans l'intestin de plusieurs espèces du genre *Anas*.

MONOSTOME DU CANARD (*Monostoma verrucosum*).

Fasciola verrucosa Frœlich, *Naturforcher*, t. XXIV, p. 112, tab. 4, 5-7 (1789).

Fasciola anseris Gmelin Linn., *Syst. nat.*, p. 3055, n° 14 (1789).

Festucaria pedata Schranck. *Sammlung naturhist. und Physik Aufsæze*, p. 335 (1796).

Monostoma verrucosum Zeder, *Nachtrag*, p. 155 (1800).

Rudolphi. *Entozoorum Hist.*, t. II, p. 331, n° 7 (1809).

Ejusd. *Synopsis*, p. 92 et 344 (1819).

Creplin, *Allgemeine Encyclopedie* von Ersch und Grüber, t. XXXII, p. 285 (1839).

Dujardin, *Histoire des Helminthes*, p. 355, pl. 8, fig. 13 (1845).

Notocotylus triserialis Diesing, *Annal. der Wiener Museum*, t. II, p. 234, taf 15, fig. 22-25 (1840).

Description. — Cette espèce est d'un blanc rosé ou rougeâtre, longue ordinairement de 5 à 6 millimètres ; sa largeur équivalant presque à la moitié de sa longueur quand l'animal est vivant. Le corps, néanmoins, est toujours notablement aminci en avant, arrondi en arrière, et fortement déprimé dans toute son étendue, ayant sa face ventrale hérissée de petites papilles, disposées sur trois rangées La bouche circulaire, très évasée. Le bulbe œsophagéen court. L'œsophage, à peu près de la même longueur, est suivi d'un intestin à deux branches, écartées graduellement l'une de l'autre, puis rapprochées assez brusquement vers le bout. Les testicules sont situés de chaque côté de la portion rentrante de l'intestin. Les ovaires forment deux grappes latérales peu étendues. La vésicule oviductale est petite. L'utérus, replié sur lui-même, occupe la portion centrale du corps, et de là se dirige presque en droite ligne jusqu'à son orifice en arrière de la bifurcation de l'intestin.

Comme on peut en juger, ma description et mes figures du *Monostoma verrucosum* sont assez différentes de celles qui ont été données par d'autres helminthologistes. Cette espèce a été décrite et représentée comme infiniment plus allongée par rapport à sa largeur. Cependant, il n'y a pas sous ce rapport une véritable inexactitude ; seulement, on a représenté l'animal après la mort, et je l'ai représenté d'après des individus vivants ; alors, tous ont la forme reproduite dans mes figures faites sous le microscope, et au moyen de la chambre claire. Sur les nombreux exemplaires que j'ai observés, je n'ai pu apercevoir, à cet égard, aucune différence sensible ; mais à peine sont-ils morts et immergés dans un liquide, qu'on les voit s'allonger, et prendre la forme qui leur est donnée dans plusieurs des figures publiées dans les ouvrages d'helminthologie. Il en est de même des tubes intestinaux ; ils deviennent linéaires par suite de l'allongement général du corps. Sans vouloir blâmer la précision qu'on a cru apporter en donnant ordinairement pour chaque espèce les mesures des diverses parties, il est bon de faire remarquer que ces dimensions deviennent bien facilement inexactes chez des animaux dont les tissus sont si contractiles : or ce qui est si évident ici pour le Monostome l'est plus ou moins pour la plupart des Trématodes.

Système nerveux. — Les ganglions cérébroïdes sont situés exactement en arrière du bulbe œsophagéen, comme chez les *Brachylæmus cylindraceus* et *variegatus*. Ils émettent aussi en dehors quatre nerfs principaux. Les deux chaînes latérales présentent peu de trace de renflements ganglionnaires sur leur trajet.

Appareil digestif (1). — Le bulbe œsophagéen est très évasé (2) ; sa largeur excède sa longueur. L'œsophage est moins long que le bulbe. Les deux branches intestinales (3) qui lui succèdent s'écartent d'abord graduellement l'une de l'autre ; puis, parvenues

(1) Pl. 9, fig. 3. et Pl. 13, fig. 2.

(2) Pl. 13, fig. 2—*a*.

(3) Pl. 13, fig. 2—*b*.

vers la partie postérieure du corps, elles se recourbent en dedans, et se terminent par une portion presque droite. Ces deux branches, sensiblement plus larges à leur extrémité qu'à leur origine, sont cependant grêles dans toute leur étendue par rapport à la largeur du corps. Pendant la vie de l'animal, on les distingue aisément au travers des téguments, les matières alimentaires qui les remplissent leur donnant une coloration brune ou rougeâtre. Mais chez presque tous les Trématodes, il est si facile de pousser une injection colorée par la bouche, qu'on peut encore par ce moyen suivre plus sûrement le trajet des branches intestinales.

Appareil vasculaire (1). — Chez le Monostome du Canard, il existe deux vaisseaux principaux qui longent les branches de l'intestin, et viennent se recourber, puis se joindre en arrière. Au-dessus des replis de l'utérus, c'est-à-dire dans la portion centrale et un peu postérieure du corps, il existe une quinzaine de vaisseaux transverses, communiquant avec les troncs principaux ; ces vaisseaux fournissant sur leur trajet un certain nombre de branches. En outre, les troncs principaux émettent intérieurement dans leur portion antérieure, et extérieurement dans toute leur étendue, des rameaux vasculaires extrêmement ramifiés, et formant un réseau d'une extrême finesse.

Toutes ces branches et tous ces rameaux sont même plus serrés dans le Monostome que chez beaucoup d'autres Trématodes. Quand l'animal est vivant, on distingue sous le microscope les vaisseaux principaux. Profitant de cette première observation, j'ai pu, à plusieurs reprises, les ouvrir avec la pointe d'une aiguille, et faire pénétrer une injection dans les branches les plus déliées. Malgré la petite dimension de cette espèce, cette opération m'a réussi d'une manière assez complète sur plusieurs individus.

Organes de la génération (2). — L'appareil mâle occupe surtout la partie postérieure du corps. Les testicules (3), au nombre de deux, situés de chaque côté de la portion rentrante des

(1) Pl. 9, fig. 3.
(2) Pl. 13, fig. 2.
(3) Pl. 13, fig. 2 c.

branches intestinales, sont volumineux. Leur forme est irrégulière ; principalement en dehors, ils offrent des échancrures plus ou moins prononcées. Ils ont chacun un conduit déférent grêle, s'unissant au canal éjaculateur (1), qui, d'abord renflé, se rétrécit ensuite, et vient se terminer avec le pénis, faisant saillie exactement au-dessous de la bifurcation de l'intestin.

Les organes femelles occupent un espace beaucoup plus considérable. Les ovaires (2) forment de chaque côté, en dehors des branches intestinales, une grappe assez irrégulière, n'occupant pas plus du tiers de la longueur du corps. Les deux conduits ovariens se recourbant sous l'intestin viennent aboutir à la vésicule oviductale qui est très petite, mais en communication directe avec une vésicule plus considérable située entre les deux testicules. L'utérus qui suit la vésicule oviductale est d'abord assez grêle ; puis il s'élargit bientôt d'une manière très sensible, et forme, dans l'espace compris entre les branches intestinales, des replis nombreux sur lui-même. Je me suis attaché à les représenter avec une scrupuleuse exactitude. L'utérus n'est ainsi replié sur lui-même que dans la moitié environ de la longueur qu'il occupe ; il se dirige ensuite presque en droite ligne (3), décrivant seulement de légères sinuosités ; puis il se rétrécit en un oviducte s'ouvrant un tant soit peu en arrière de l'orifice des organes mâles.

OBSERVATIONS.

Les Distomides forment le groupe le plus nombreux de tout l'ordre des Trématodes. J'en ai étudié plusieurs espèces avec le plus grand soin possible. Le système nerveux, le système vasculaire ensuite, puis le système digestif, nous ont fourni des faits généraux aux représentants de cette famille. Ces appareils organiques nous offrent ici des modifications trop minimes dans la plupart des circonstances, pour caractériser les genres et même les espèces avec la netteté convenable. Au contraire, relativement à ce dernier point de vue, les organes de la génération fournissent

(1) Pl. 13, fig. 2—*d*.
(2) Pl. 13, fig. 2—*e*.
(3) Pl. 13, fig. 2—*f*.

des indications précieuses ; ils diffèrent très notablement d'espèce à espèce, tout en présentant des ressemblances plus manifestes entre les espèces les plus voisines. J'ai pu m'en convaincre par l'observation approfondie de celles dont j'ai donné une description détaillée, et par l'observation moins complète de beaucoup d'autres. La dissection des organes de la génération présente de grandes difficultés, quand il s'agit de les suivre dans tous leurs détails, les observations devant porter alors sur un nombre énorme d'individus. Un travail de cette nature absorbe un temps immense ; j'ai été obligé par cela même de me borner à l'étude sérieuse d'un petit nombre d'espèces, et de choisir de préférence les plus communes, celles qu'on peut se procurer à peu près dans toutes les saisons. Mais, on peut le dire, comme il est impossible de se contenter de l'examen des caractères extérieurs pour apprécier les affinités naturelles, les Distomides ne seront bien connus dans leur ensemble que lorsqu'on aura étudié leurs organes de reproduction avec le soin que j'ai voulu apporter à l'étude de ceux de la Fasciole et des Brachylèmes des Grenouilles Alors seulement on pourra avoir une idée nette sur les divisions génériques, et sur toutes les divisions naturelles établies ou qu'on devra établir dans ce groupe (1).

(1) Outre les observations mentionnées dans les ouvrages généraux de Gœze, de Zeder, de Rudolphi, de Bremser, de Dujardin, les observations de Nordmann, de Creplin (*Observationes de Entoz.*), les articles de l'Encyclopédie de Ersch et Grüber (*Allgemeine Encyclopedie*), etc., il faudra encore consulter, pour les descriptions zoologiques et pour les observations plus ou moins complètes sur l'anatomie des Distomides, les Mémoires suivants :

Eysenhardt (*Distoma*), *Verh. d. Gesell. nat. fr. zu Berlin*, S. 144 (1821).

Jurine, la Douve à long cou (*Fasciola lucii* Muller. *Distoma tereticolle* Rud.). *Ann. des Sc. nat.*, 1re série, t. II, p. 489 (1824).

Froelich, *in Naturforcher*, t. XXV.

Mehlis, *in Isis*, p. 68 et 166 (1831).

Deslongchamps, *Monostoma petasatum*. *Encyclop. méthod*, VERS, p. 551. *Distoma clathratum*, l. c. p. 2.

Burmeister (*Distomum globiporum*. Descript. anat. organes génitaux). in *Archiv für naturgeschichte*, von Wiegmann, Bd. II, S. 187, tab. 11 (1835).

Siebold, *Helminthologische Beitræge in Archiv für naturgeschichte*, von Wiegmann.

Famille des AMPHISTOMIDES (*AMPHISTOMIDÆ*).

Nous ne pouvons encore rattacher à cette famille avec certitude aucun autre genre que celui d'*Amphistome*.

Genre Amphistome (*Amphistoma* Rud.).

Strigea Abilg. Cuv.

Caractères. — Corps épais, généralement conoïde ; ventouse antérieure terminale. La bouche située au fond de cette ventouse.

Monostoma mutabile (Descript. anatom. et embryogénie), Bd. I, S. 45, tab. 1 (1835).

Distoma globiporum, et diverses observations sur les organes génitaux des *D. hepaticum, tereticolle nodulosum*, Bd. I, S. 217, taf. VI, 1836 ; et Muller's, *Archiv.* 1836, S. 233.

Owen (*Distoma clavatum*), in *Transact. of the zool. soc*, t. 1-4, p. 315, tab. 41, et *Proceedings of the zool. soc.*, p. 23.

Ehrenberg (*Distoma globiporum*), *Abhandlung der Akadem der Wissenschaft*, t. XXII, S. 167 et 179, taf. 1, fig. 1 (1837).

Leuckart (*Distoma*), *Froriep's neues notizen*, n° 46, p. 88.

Doyère, *Observations sur les Distomes*, journal l'*Institut*, p. 398 (1838).

Miescher (*Beschreibung und untersuchung der Monostoma bijugum*, 1 band) (1838).

Creplin (*Monostomum faba, M. bijugum* Miesch), *Archiv. fur naturgeschichte*, von Erichs, Bd. I, S. 1, taf. 1 (1839).

Monostomum expansum, de l'intestin du *Aquila haliætus* et *Distoma veliporum*. Nouv. esp. atteignant trois pouces de longueur du *Squalus griseus*, l. c. Bd. I, S. 315, taf. 9 (1842).

Miram, *Distoma dilatatum*, *Bulletin de la Soc. impér. des naturalistes de Moscou*. p. 158 (1841).

Delle Chiaje (*Monostoma thethydis, M. totari, M. sepiolæ, M. octopodis, Distoma carinariæ, D. octopodis, D. totari*) [descriptions fort imparfaites], *Descrizione e Notomia degli Anim. invertebrati del regno di Napoli*, t. V, p. 126-127 (1841 ?).

Meckel (*Distoma* des reins de l'*Helix pomatia*), Sur une prétendue glande excrétoire des Trématodes, *Mikrographie einiger Drüsen apparate der niederen Thiere. — Die Excernirende Drüse der Trematoden*. Muller's, *Archiv.* S. 1, taf. I, II, III (1846).

Un bulbe œsophagéen musculeux, suivi d'un œsophage droit se divisant en deux grosses branches intestinales sans ramifications, et terminées en *cæcum* un peu avant l'extrémité du corps. Orifices génitaux contigus situés au-dessous de l'œsophage. Le pénis saillant, assez court et conique. Les testicules conglobés. Les ovaires, en forme de grappes, rejetés sur les parties latérales du corps. L'utérus sinueux, occupant presque toute la longueur du corps. La ventouse postérieure très grande, ce qui fait paraître le corps comme tronqué postérieurement.

Les espèces de ce genre sont peu nombreuses. J'en ai étudié avec soin une déjà assez bien connue sous beaucoup de rapports, et qu'on peut considérer comme le type du genre. J'ai observé encore certains détails sur une autre espèce qui habite le rectum des Grenouilles, et dont M. Diesing a formé, peut-être avec raison, un genre particulier sous le nom de *Diplodiscus*.

AMPHISTOME DU BŒUF (*Amphistoma conicum*) (1)

Daubenton, *Histoire générale de la nature*, t. II (1754).

Festucaria cervi, Zeder in *Schrift der Berlin Gesells nat. freund.*, B. X, S. 65, tab. 3, fig. 8-11 (1792).

Fasciola Cervi, Schrank in *Vetensk. Akadem Nya handl.* (Mém. de l'Académie de Stockholm), 1790, p. 123, n° 23.

Fasciola elaphi, Gmelin, *Syst. nat.*, t. I, pars 6, p. 3054, n° 7 (1789).

Monostoma conicum Zeder, *Anleitung zur Naturgeschichte der Eingeweidewürmer*, 1803, S. 188, n° 1 (1800).

Amphistoma conicum Rudolphi, *Entozoor. hist.*, t. II, p. 349 (1809).

Nitzsch. Allgem. Encyclop. der Wissensch. von Ersch. und Gruber, t. III, p. 398 (1819).

Rudolphi, *Entozoorum Synopsis*, p. 91, n° 17 (1819).

Westrumb, *Isis*, von Oken, t. IV, p. 397 (1824).

Laurer, *Disquisitiones anatomicæ de Amphistomo conico*. Gryphiæ (1830).

Gurlt, *Lehrb. der Path. Anat. der Haussaügethiere*, t. I, p. 369, tab VIII, fig. 25 à 28 (1831).

Diesing, *Monographie der Gattungen Amphistoma und Diplodiscus* in *Annalen der Wiener Museums der Naturgeschichte*, t. I, S. 246, tab. XXIII, fig. 1-4 (1836).

(1) Pl. 10, fig. 2, 2 *a*.

Creplin. *Allg. Encyclop. der Wissensch.* von Ersch und Gruber, t XXXII, S. 286 (1839).
Dujardin, *Hist. des Helminthes*, p. 332 (1845).

Description. — Le corps de cette espèce est long de 10 à 12 millimètres, très épais, presque cylindrique, fortement atténué vers la partie antérieure, élargi progressivement d'avant en arrière Tout l'animal est d'une même couleur de chair, plus pâle vers le milieu, mais beaucoup plus teinté de rougeâtre vers les extrémités, et surtout à la partie postérieure. La ventouse buccale est très petite; mais la ventouse postérieure a, au contraire, une grande largeur, et de plus elle est assez profonde.

Cette espèce a été trouvée dans l'estomac d'un assez grand nombre de Ruminants, tels que le Bœuf, la Brebis, le Cerf, le Daim, etc. J'ai obtenu tous les individus que j'ai étudiés de la panse ou premier estomac des Bœufs. On les rencontre souvent en assez grand nombre fixés entre les papilles de la muqueuse par leur ventouse postérieure; tout leur corps se trouvant ainsi redressé.

On doit à Laurer une monographie anatomique de cette espèce. Je regarde ce travail comme le meilleur qui ait été publié jusqu'ici sur un Ver intestinal quelconque. Je ne m'étendrai donc pas sur les parties déjà bien décrites par cet anatomiste. Mes observations n'ajouteront aux siennes rien de notable, si ce n'est pour ce qui est relatif à l'appareil vasculaire.

Téguments et muscles. — La peau de l'*Amphistoma conicum*, vue sous un grossissement de 50 à 60 diamètres, se montre hérissée de petits tubercules, nettement représentés par Laurer. Si l'on vient à examiner avec soin les diverses couches entrant dans la composition de la peau, on observe d'abord un épiderme d'une minceur extrême (1); au-dessous, une couche formée de granules ou de très petites cellules (2). Sur un troisième plan, on trouve une couche de fibres musculaires longitudinales d'une

(1) Pl 10, fig. 2' — *a*.
(2) Pl 10, fig 2' — *b*.

assez grande largeur (1) ; ce sont ces fibres qui paraissent surtout déterminer les mouvements tégumentaires. Enfin, au-dessous de cette couche musculeuse, on remarque un tissu mince formé de fibres très grêles et entre-croisées (2). Chez l'Amphistome, ces diverses couches sont infiniment plus distinctes que chez les Fascioles et la plupart des autres Trématodes.

Tout autour du bulbe œsophagéen, on remarque des fibres musculaires qui maintiennent ce bulbe et le fixent aux téguments (3) ; mais les muscles principaux se voient surtout autour de la grande ventouse postérieure. A sa partie antérieure et de chaque côté, elle est maintenue par un faisceau très considérable : plus en arrière, elle est maintenue aussi par des fibres musculaires encore très puissantes, mais plus séparées les unes des autres (4).

Système nerveux. — J'ai trouvé dans l'Amphistome du Bœuf cet appareil plus facile à mettre en évidence et plus dictinct peut-être que chez tous les autres Trématodes soumis à mes investigations. Laurer, du reste, l'a décrit assez exactement, mais cependant tous les helminthologistes n'ont pas eu foi entière en ses observations. Les deux ganglions cérébroïdes (5), plus gros proportionnellement au volume du corps que dans les Distomides, ne sont pas placés, comme chez la plupart de ces derniers, sur le bulbe œsophagéen ou sur les côtés de cet organe. Ils sont situés de chaque côté de l'œsophage, complétement en arrière du bulbe œsophagéen. Ces deux centres médullaires sont unis l'un à l'autre par une large commissure qui repose directement sur l'œsophage. Antérieurement ils émettent quatre filets nerveux aboutissant au bulbe œsophagéen et aux muscles qui l'entourent. Les deux chaînes qui naissent de ces centres nerveux sont très distinctes. Elles présentent sur leur trajet plusieurs petits ganglions, dont deux ou

(1) Pl. 10, fig. 2^{b}—*c*.
(2) Pl. 10, fig. 2^{b}—*d*.
(3) Pl. 10, fig. 2^{d}—*a*.
(4) Pl. 10, fig. 2^{d}—*g*.
(5) Pl. 10, fig. 2 *d*-*b*.

trois surtout très distincts, principalement celui qui envoie des filets nerveux à la ventouse postérieure (1). Sur tout le trajet des deux chaînes, il naît de petits filets qui se distribuent dans les muscles et aux téguments.

Appareil digestif. — L'appareil alimentaire est ici très simple (2). Le bulbe œsophagéen, musculeux et fixé antérieurement par des brides circulaires, est cupuliforme ou légèrement pyriforme. Il est suivi d'un œsophage à peu près de la même texture, mais très grêle comparativement, et généralement un peu onduleux. Cet œsophage se divise ensuite en deux très grosses branches intestinales un peu sinueuses, qui descendent de chaque côté du corps. Les deux branches intestinales à leur origine forment une sorte d'arc, puis elles s'épaississent très notablement vers le bout, où elles se terminent en *cœcum* arrondi. Elles ont des parois beaucoup plus résistantes que chez la plupart des autres Trématodes, ce qui permet de les disséquer et de les isoler, sans même avoir pris la peine d'injecter ces canaux. Leurs parois sont constituées par des fibres très serrées et disposées en divers sens : les unes longitudinales, et les autres transversales ou obliques.

Appareil circulatoire. — Le système vasculaire a été vu en partie par Laurer ; mais cet observateur, à l'exemple de Mehlis, a été porté à le considérer comme dépendant de l'appareil alimentaire. J'ai réussi à injecter un grand nombre d'individus de l'Amphistome du Bœuf, et je crois avoir pu en constater tous les détails (3).

Il existe une poche de forme ovale entre l'extrémité des branches intestinales (4). Il en part deux vaisseaux principaux qui lon-

(1) Pl. 10, fig. 2 *d-e*.

(2) Pl. 10, fig. 2 *b*, 2 *c*.

(3) On peut voir par la phrase suivante combien les faits paraissaient encore incertains avant mes observations : « Le système vasculaire, dit M. Dujardin, » est ici très développé : mais il n'est pas bien certain qu'un réseau très com- » plexe, situé sous le tégument, soit vraiment vasculaire ; il est peut-être trop » *consistant* pour qu'on puisse lui *supposer cette fonction.* » (*Hist. des Helminthes* p. 329) ; et plus loin, p. 333 : « Réseau (vasculaire ?) paraissant formé par une » sorte de cartilage très mince sous le tégument. »

(4) Pl. 10, fig. 2 *b* et fig. 2 *c*.

gent les branches de l'intestin du côté interne (1). Ils se divisent et fournissent deux rameaux supérieurs qui remontent vers la partie dorsale, et s'anastomosent un peu en arrière de l'œsophage. Les deux rameaux profonds passent sous les canaux de l'intestin et longent l'œsophage. Tous ces vaisseaux présentent des ramifications extrêmement fines qui se divisent et se subdivisent, et dont plusieurs offrent des anastomoses entre elles. Ces petites ramifications se distribuent aux téguments, sur les organes de la génération et sur les branches de l'intestin ; aussi, quand ces dernières sont injectées d'une couleur et les vaisseaux de l'autre, rien ne se dessine plus élégamment que ces fines ramifications vasculaires. Mais une particularité remarquable nous est fournie par les branches de la partie antérieure et de la partie postérieure du corps ; elles se ramifient considérablement, et chaque ramification se termine sous la peau par une petite lacune ovoïde. En sorte que tout le système vasculaire étant injecté, elles se présentent comme des branches de petits pois formant une couronne à la partie antérieure du corps, et une beaucoup plus considérable et plus élégante à la partie postérieure. Tous les vaisseaux se rendant à cette portion du corps naissent principalement des deux troncs principaux ayant leur origine dans la poche centrale. Cette poche, centre de la circulation, vestige de cœur si l'on veut, offre des parois très délicates, il est vrai, mais cependant tout à fait susceptibles d'être isolées par la dissection. C'est cette poche qui, vue par Laurer, a été désignée par cet anatomiste sous le nom de réservoir du chyle. Quant à l'orifice qu'il a cru distinguer au-dessus de cet organe, nul doute qu'il ne se soit trompé. Je m'en suis assuré en examinant plusieurs centaines d'individus.

Si l'on dissèque l'animal injecté, on isole facilement tous les vaisseaux dont les parois sont assez résistantes ; mais l'injection s'échappe aussitôt de toutes les petites lacunes. Quand on examine par transparence l'animal vivant, c'est surtout dans les lacunes qu'on distingue un mouvement ciliaire.

Organes de la génération. (2) — Ces organes ont été très bien

(1) Pl. 10, fig. 2 *b*, 2 *c*.

(2) Pl. 10, fig. 2 *d*.

décrits et bien représentés par Laurer; j'ai vérifié tous les détails qu'il en a donnés, et la plupart m'ont paru d'une grande exactitude. L'appareil mâle est ici très développé. A la partie ventrale, un peu en avant de la ventouse postérieure, il existe deux testicules occupant tout l'espace compris entre les deux branches de l'intestin. Ces organes (1), placés l'un au-devant de l'autre, sont globuleux, mamelonnés, offrant quatre ou cinq lobes inégaux. Ils ont chacun un conduit spermatique qui les unit au canal éjaculateur. Celui-ci consiste en un tube gros, allongé et très contourné sur lui-même. Il se rétrécit antérieurement de manière à constituer un court canal, qui est suivi du pénis. Celui-ci est cylindrique, légèrement aminci vers l'extrémité, et contenu dans un réceptacle formé par le tégument, et maintenu par plusieurs fibres circulaires. A l'intérieur des testicules, on observe une foule de petits corps globuleux (2) et de Spermatozoïdes ayant la forme d'un point terminé par une queue de très médiocre longueur (3).

L'appareil femelle occupe aussi une très grande étendue. Les ovaires (4), rejetés sur les parties latérales du corps, exactement sous les téguments, consistent en deux longues grappes qui s'étendent dans la plus grande partie de la longueur de l'animal. Ces grappes présentent des rameaux auxquels sont fixés les œufs, dont le développement est encore très peu avancé (5). En arrière, c'est-à-dire un peu en avant de la ventouse postérieure, les grandes branches de l'oviducte aboutissent à une petite capsule arrondie, la vésicule oviductale, elle-même en communication, au moyen d'un tube très court, avec une seconde vésicule également arrondie, mais trois ou quatre fois plus grosse. L'utérus s'abouche directement à la petite capsule, à sa gauche, l'animal étant observé par la partie ventrale. Cet utérus, d'abord assez grêle, mais bientôt très notablement élargi, règne à la partie

(1) Pl. 10, fig. 2 *d-d,d'*.
(2) Pl. 10, fig. 2 *e*.
(3) Pl. 10, fig. 2 *f*.
(4) Pl. 10, fig. 2 *d-f*.
(5) Pl. 10, fig. 2 *d-f*.

supérieure du corps, entre les branches de l'intestin, au-dessus des organes mâles, en décrivant d'assez fortes sinuosités. Il se termine par un oviducte court venant déboucher au fond du réceptacle dans lequel est contenu le pénis, et un tant soit peu en arrière de cet organe. Laurer s'est évidemment trompé en représentant l'oviducte et le pénis comme se réunissant en un seul canal. Il existe deux orifices distincts chez l'Amphistome comme chez les autres Trématodes.

AMPHISTOME DE LA GRENOUILLE (*Amphistoma subclavatum*).

Fasciola subclavata Pallas, *Dissertatio de Infestis viventibus*, p. 20, n° 2 (1760)

Planaria subclavata Gœze, *Naturgesch.*, p. 93 et 178, pl. 15, fig. 2 et 3 (1782).

Fasciola subclavata Schranck, *Verzeichen*, p. 19, n° 56.

Fasciola ranæ Gmelin. *Syst. nat.*, p. 305, n° 18 (1789).

Distoma subclavatum Zeder, *Nachtrag.*, p. 185 (1800).

Hirudo tuba Braun, *Hist. Hirud.*, p. 49, pl. 5, fig. 5-8 (1805).

Amphistoma subclavatum Rudolphi, *Ent. hist.*, t. II, I, p. 348 (1810), et *Synops.*, p. 90 et 358, n° 14 (1819).

Amphistoma unguiculatum Rudolphi, *Synops.*, p. 91 et 360.

Amphistoma subclavatum Nitszch, *Allg. Encycl.* von Ersch. und Gruber. t. III, p. 398 (1819). — Westrumb *Isis*, von Oken, p. 369 (1823).

Amphistoma subclavatum Bremser, *Icones Helm*, pl. 8, fig. 30-31 (1824).

Diplodiscus subclavatus Diesing, *Monog. der Gattung Amphist. und Diplod Ann. der Wiener Museum*, t. I, p. 253, pl. 24, fig. 17-24 (1836).

Dujardin, *Hist. des Helminthes*, p. 336 (1845).

Ce Trématode, long de 3 à 6 millimètres, est d'un blanc jaunâtre ou tirant sur le rosé. Son corps est conoïde, terminé par une large ventouse en forme de cloche, circonscrite par un bord membraneux, légèrement festonné. Le bulbe œsophagéen est long, suivi d'un œsophage à peu près de la même longueur, se divisant en deux branches intestinales sinueuses, très renflées, surtout dans le bout, où elles se terminent en cæcum un peu avant l'extrémité du corps.

Cette espèce se trouve dans le rectum des Grenouilles vertes (*Rana esculenta*).

De l'organisation. — Je ne mentionne ici cette espèce que pour signaler la disposition de son système nerveux, n'ayant pu me procurer un assez grand nombre d'individus pour examiner tous les détails des autres organes et notamment de l'appareil vasculaire.

Les ganglions cérébroïdes (1), extrêmement écartés l'un de l'autre, sont rejetés sur les côtés du bulbe œsophagéen, et non pas de l'œsophage, comme dans l'Amphistome du Bœuf. Ils sont, comme chez ce dernier, gros, comparativement au volume du corps et comparativement à la dimension de ceux des autres Trématodes. Ils émettent plusieurs filets nerveux, qui se distribuent au bulbe œsophagéen, aux muscles qui l'entourent et aux téguments. En arrière, les deux chaînes s'écartent notablement l'une de l'autre en passant sous les ovaires. Dans leur portion antérieure, elles offrent deux ou trois très petits ganglions d'où naissent quelques filets nerveux.

Comme on le voit, la position des ganglions cérébroïdes est ici différente de celle qui a été observée chez les autres Amphistomes.

Le canal intestinal en diffère aussi notablement, le bulbe œsophagéen étant infiniment plus long et plus cylindrique, l'œsophage également plus long et les branches de l'intestin plus écartées.

Le système vasculaire présente ici, comme chez l'Amphistome du Bœuf, deux gros vaisseaux principaux suivant à peu près le trajet des branches intestinales, et autour de la ventouse des branches rameuses qui toutefois ne se terminent pas par des lacunes aussi prononcées (2).

Famille des HOLOSTOMIDES (*HOLOSTOMIDÆ*).

Dans l'état actuel, le genre *Holostomum* paraît devoir être seul rattaché à cette division.

(1) Pl. 12, fig. 1.

(2) C'est surtout dans la Monographie des Amphistomes par M. Diesing (*Annalen der Wiener Museum*, Bd. II), que se trouve la description des espèces de ce groupe. M. Diesing en mentionne dix-huit; elles sont décrites de nouveau par M. Dujardin (*Hist. des Helminthes*, p. 327 à 341). M. Delle-Chiaje (*Descri-*

Genre HOLOSTOME (*Holostomum* Nitzsch).

Amphistoma Rud.

Caractères. — Corps étranglé et formant ainsi deux parties distinctes : l'antérieure mince, se repliant en dessus, de chaque côté, de manière à présenter deux ailes. La partie postérieure épaisse, terminée par une cavité circulaire en forme de ventouse. La bouche tout à fait terminale. Le bulbe œsophagéen petit, cupuliforme, suivi d'un œsophage court, se divisant en deux branches intestinales sans ramifications. Orifice des organes génitaux mâles un peu en arrière de la bifurcation de l'intestin ; l'orifice femelle situé derrière celui-ci. Système vasculaire constituant un réseau à mailles assez lâches et irrégulières.

J'ai étudié une seule espèce d'Holostome, mais le type du genre, l'Holostome du Renard.

HOLOSTOME DU RENARD (*Holostomum alatum*) (1).

Planaria alata Gœze, *Naturgesch.*, p. 176, pl. 14, fig. 11, 12, 13 (1782).

Fasciola vulpis Gmelin, *Syst. nat.*, p. 30-53, n° 4 (1789).

Alaria vulpis Schranck, *Verzeich.*, p. 52, n° 157.

Festucaria alata Schranck., in *Vetensk. Akadem. nya hand* (Mémoires de l'Académie de Stockholm), p. 118 (1790).

Distoma alatum Zeder, *Nachtrag*, p. 177 (1800).

Distoma alatum Rud. *Entoz. hist.*, t. II, I, p. 402 (1809), et *Entoz. synops.*, p. 112 et 412, n° 96 (1819).

Holostomum alatum Nitzsch., *Allgm. Encycl.* von Ersch. und Grub., t. III, p. 399 (1819).

Gurlt, *Lehrb. der Path. Anat. d. Hauss.*, p. 375, pl. 8 fig. 39, 40 (1831).

Creplin, *Encycl.* v. Ersch. v. Gruber, t. XXXII, p. 287, et *Nov. obs. de Entoz.*, p. 66 (1839).

Dujardin, *Hist. des Helminthes*, p. 367 (1845).

Description. — Ce petit Trématode est long seulement de 3 à

zione e Notomia degli anim. invertebr. del regno di Napoli, t. V, p. 127 [1841]) en mentionne une sous le nom de *A. loliginis* ; mais elle n'est pas suffisamment caractérisée pour montrer qu'elle appartient réellement au genre *Amphistoma*. Récemment, M. Creplin (*Wiegmann's Arch.*, 1847, S. 31, taf 11, fig. 1-5) a fait connaître deux Amphistomes observés chez le Zèbre (*Bos taurus indicus*), les *A. crumeniferum* et *explanatum*.

(1) Pl. 10, fig. 1, 1 *a*.

5 millimètres, entièrement d'un blanc sale. Sa partie antérieure cordiforme, est dilatée de chaque côté de la bouche en une pointe formant une sorte de corne à droite et à gauche. La portion latérale repliée, assez large, finit en pointe vers la partie antérieure du corps. La partie postérieure est très épaisse et cylindroïde. L'œsophage, assez court, se divise en deux branches intestinales peu écartées l'une de l'autre, et se terminant peu au-delà de la partie renflée du corps. Les organes de la génération sont contenus en partie dans deux lobes allongés, contigus, situés entre les ailes latérales.

Cette espèce paraît se trouver assez rarement. J'en ai obtenu une fois une douzaine d'individus du duodénum d'un Renard. Mais des investigations faites ensuite sur une vingtaine d'autres Renards n'ont donné aucun résultat. Aussi n'ai-je pu compléter l'étude de ce Ver, en ce qui concerne les organes de la génération.

Système nerveux. — Les ganglions cérébroïdes sont situés exactement de chaque côté du bulbe œsophagéen, très petits et assez difficiles à distinguer chez un animal aussi petit que l'Holostome. Néanmoins j'ai pu suivre aussi les deux chaînes dans une assez grande étendue. Du reste, il n'y a ici rien de particulier : c'est une disposition tout à fait semblable à celle qui existe chez les Distomes.

Appareil digestif (1). — Le bulbe œsophagéen est très petit et cupuliforme. L'orifice buccal est exactement terminal. Ce bulbe est suivi d'un œsophage court, extrêmement grêle, qui se divise en deux branches intestinales se terminant dans le quart antérieur de la partie épaisse du corps. Ces branches, d'abord très grêles à leur origine, s'élargissent un peu ensuite, mais leur volume n'est jamais considérable.

Appareil circulatoire (2). — Malgré l'extrême petitesse de l'Holostome du Renard, j'ai pu reconnaître la disposition de son système vasculaire en l'injectant sur huit ou dix individus, au moyen d'un liquide coloré. Dans la partie postérieure du corps,

(1) Pl. 7, fig. 4.
(2) Pl. 7, fig. 4 et 4ª.

il existe un vaisseau principal donnant des branches nombreuses qui se ramifient et s'anastomosent entre elles, de manière à figurer des mailles irrégulières. Sur les ailes latérales, ce réseau se montre très clairement quand il est bien injecté, et sur la figure accompagnant ce travail, je l'ai dessiné sous le microscope à la chambre claire, d'après un individu très favorablement préparé pour l'observation de ces vaisseaux. On distingue au bord interne des ailes un vaisseau principal partant directement du grand vaisseau postérieur. Il fournit sur son trajet de nombreuses branches, dont la direction et les anastomoses ne suivent pas une marche régulière; néanmoins le réseau qu'elles constituent présente bien toujours la même disposition générale. Entre toutes les mailles, on observe encore des ramifications extrêmement fines, ainsi que sur le bord interne même des ailes. A leur côté externe, les vaisseaux, plongeant davantage vers la partie profonde, communiquent à ceux de l'aile opposée par des vaisseaux transversaux et parallèles, parfaitement distincts quand on observe l'animal par sa face ventrale. J'ai compté douze de ces vaisseaux transversaux (1). Vers la partie antérieure du corps, on distingue le commencement d'un treizième, qui fournit bientôt une branche remontant de chaque côté de l'intestin et de l'œsophage, en présentant des ramifications très déliées, mais cependant très nombreuses et très serrées.

Si l'on considère en dessus les organes de la génération, on voit trois vaisseaux régnant dans toute la longueur de ces organes; ces vaisseaux, dont l'origine est aussi dans le gros tronc postérieur, offrent chacun de nombreuses ramifications transversales qui s'anastomosent avec les deux autres. Dans la partie postérieure du corps, c'est-à-dire dans la portion renflée, le vaisseau médian présente des branches qui s'anastomosent entre elles et constituent un réseau analogue à celui qui existe sur les ailes latérales. C'est surtout par la face ventrale qu'on les observe aisément; car elles deviènnent plus rares du côté dorsal.

(1) Pl. 7, fig. 1 *a*.

Tribu des TRISTOMIENS (*TRISTOMII* Dujard.).

Caractères. — Bouche inférieure non terminale. Deux ventouses antérieures de chaque côté et un peu au-dessus de la bouche. Une grande ventouse postérieure et inférieure. Les ganglions cérébroïdes situés un peu en avant de l'orifice buccal.

Ainsi que les zoologistes pourront s'en apercevoir par les caractères assignés ici à ce groupe ; ainsi que je l'ai déjà indiqué dans les considérations générales, les Tristomiens sont, de tous les Trématodes, ceux qui se rapprochent le plus des Aporocéphales. La position de leur bouche, et surtout celle des ganglions cérébroïdes, est un acheminement vers cette disposition si remarquable et si caractéristique chez les Planariées.

Toutes les espèces connues actuellement sont rattachées à un seul genre.

Genre Tristome (*Tristoma* Cuvier).

Capsala Bosc., *Phylline* Oken, *Nitzschia* Baër.

Caractères. — Corps aplati, généralement élargi. Bouche large, formant un bulbe buccal suivi d'un œsophage très court, suivi d'un intestin divisé en deux branches réunies postérieurement, de manière à former un cercle complet. Les branches de l'intestin très ramifiées. Les ventouses antérieures petites. La ventouse postérieure très grande, plus ou moins pédonculée et bordée d'une membrane plissée. Orifices génitaux situés un peu de côté, au-dessous et à droite du bulbe buccal. Le pénis antérieur ; l'oviducte postérieur à celui-ci. Vaisseaux anastomosés, peu nombreux, surtout à la partie supérieure du corps.

J'ai étudié plusieurs espèces de ce genre, dont une avec beaucoup de détails, celle que l'on peut considérer comme le type du genre, le *Tristoma coccineum*. Malgré les observations nombreuses dont les Tristomes avaient été l'objet, il était peu de groupes plus mal connus, sur lesquels on eût commis des erreurs aussi graves. C'est ainsi qu'on a décrit même l'appareil digestif de ces Vers de la manière la plus inexacte.

Tristome rouge (*Tristoma coccineum*) (1).

Cuvier, *Regne animal*, 1re édit., t. IV, p. 62, tab. 15, fig. 10 (1817).
Figure reproduite *in* Guérin, *Iconog. du règne animal*, Zooph., pl. 10 fig. 10, et Gray, *Animal Kingdom*, Zoophytes, pl. 9 fig. 10.
Costa, *Diario del congresso di Genova*, 1846. (Observations inexactes. L'auteur considère la ventouse postérieure comme une bouche, et la bouche comme un anus.)

Ce Tristome, d'une couleur rouge tirant sur le vermillon, est long de 20 à 25 millimètres, ne présentant jamais d'échancrure postérieure. Sa forme est quelquefois presque orbiculaire, mais souvent aussi un peu plus ovoïde, avec la portion antérieure toujours légèrement atténuée. Il est remarquable de voir de ces différences assez sensibles d'un individu à l'autre dans la forme générale du corps. Toute la surface dorsale est couverte de granulations espacées, dont les marginales plus fortes et plus régulières que les autres. Les ventouses antérieures sont petites, à bords onduleux. La ventouse postérieure grande, présentant sept rayons, est bordée par une membrane garnie de petites côtes régulières ; son diamètre équivaut à peu près au cinquième de la longueur totale de l'animal. La bouche est située notablement en arrière du bord terminal.

Cette espèce se trouve abondamment sur les branchies du *Xiphias gladius*. Je l'ai étudiée sur un grand nombre d'individus, à Gênes, où l'on apporte journellement au marché l'Espadon.

Téguments et muscles. — Chez les Tristomes, on peut isoler assez facilement l'épiderme ; la couche inférieure se montre toute celluleuse. Au dessous, on distingue encore une couche de granules très serrés. La peau est parsemée de petits tubercules rares et assez petits dans la portion antérieure, mais beaucoup plus nombreux et notablement plus gros vers la partie postérieure. Ces tubercules, qui se présentent sous la forme de vésicules, sont terminés par une petite pointe. Quand on les exprime, on en fait sortir un peu de matière liquide. Tout le long du bord marginal,

(1) Pl. 11, fig. 1, 1 *a*.

on observe encore une série de tubercules, mais disposés ici beaucoup plus régulièrement, et offrant chacun trois ou quatre petites pointes obtuses d'apparence cornée.

Sous le rapport des muscles sous-cutanés, les Tristomes ressemblent à la plupart des autres Trématodes ; mais ceux qui servent à maintenir et à mouvoir les ventouses, et principalement la ventouse postérieure, offrent ici un développement considérable. Celle-ci est soutenue par des fibres très fortes et très serrées, disposées en rayons ; mais au-dessous du tégument ventral, on en suit plusieurs au-dessus de ces dernières, dont la disposition est tout à fait circulaire.

Système nerveux (1). — Les ganglions cérébroïdes sont situés ici, non pas sur l'œsophage ou sur le bulbe œsophagéen, mais en avant même de la bouche. Ces ganglions, de forme un peu allongée, sont unis l'un à l'autre par une commissure assez large passant exactement au-devant de la bouche. Ces centres médullaires fournissent extérieurement trois nerfs principaux se ramifiant dans les muscles, et dont le plus considérable ou l'intermédiaire se distribue dans les ventouses antérieures. Du côté opposé, ils émettent un filet nerveux qui se rend surtout au bulbe buccal et à l'œsophage. En arrière prennent naissance les deux chaînes ganglionnaires qui passent sous le tégument ventral. A leur origine, elles fournissent deux nerfs, dont l'un suit la direction de l'intestin. Sur la plus grande partie de leur trajet, elles ne présentent que des traces très peu sensibles de ganglions. Mais près du point où les branches intestinales se rejoignent, on voit très distinctement plusieurs de ces petits centres médullaires. Le plus considérable est celui qui se trouve à la base et de chaque côté de la ventouse. Ces ganglions donnent leurs principaux filets aux muscles qui fixent cet organe ; mais ce qu'ils offrent de remarquable, ce sont les commissures qui unissent ceux des deux chaînes. Au côté externe, ils présentent encore des filets très déliés qui s'anastomosent aussi avec de très petits ganglions placés sur le trajet du nerf longeant l'intestin, et d'où naissent des filets très

(1) Pl. 11, fig. 1 *b*.

grêles, qui se distribuent aux muscles sous-cutanés et aux téguments eux-mêmes.

Appareil digestif (1). — Le bulbe buccal est large, bombé, prolongé en pointe de chaque côté, mais complétement uni au tégument, en sorte qu'on l'isole difficilement. Il est suivi d'un œsophage extrêmement court, qui se sépare bientôt en deux grandes branches intestinales, qui s'écartent beaucoup l'une de l'autre, et se rejoignent au-devant de la ventouse postérieure, de manière à former un cercle. Ces branches intestinales fournissent des rameaux extrêmement nombreux qui se divisent et se subdivisent en ramifications très fines, s'étendant tout autour du corps presque jusqu'au bord marginal. On compte de chaque côté une douzaine de rameaux principaux ; mais du côté interne, chaque branche intestinale en fournit plusieurs encore, dont deux principaux.

M. Diesing a décrit le système digestif des Tristomes comme consistant en quatre branches ramifiées terminées en *cœcum*. Tous les helminthologistes ont répété ce qui avait été avancé par cet anatomiste : or rien de plus inexact que sa description et sa figure de l'appareil digestif du Tristome. Il a fallu qu'on se soit contenté d'un examen très superficiel fait au travers des téguments, sans s'être attaché à rien suivre avec soin, et en suppléant à ce qu'on ne voyait pas.

J'ai étudié le canal intestinal de ce Trématode sur plus de cent individus, en l'injectant avec un liquide coloré. Rien alors n'est plus distinct que toutes ces ramifications, que je me suis attaché à reproduire bien exactement sur ma figure.

Appareil vasculaire (2). — Les vaisseaux sont beaucoup moins nombreux et moins considérables que chez une infinité d'autres Trématodes. Les plus gros règnent surtout du côté de la face ventrale. Il en existe deux qui, suivant presque le trajet des branches intestinales, s'étendent en décrivant quelques sinuosités, depuis la portion antérieure du corps jusqu'à la base de la ventouse postérieure. Ces deux vaisseaux fournissent du côté

(1) Pl. 11, fig. 1 *b*.
(2) Pl. 11, fig. 2.

externe plusieurs branches rameuses ; mais les plus considérables sont du côté externe, où ils présentent des anastomoses sur divers points. Quelques rameaux ayant également leur origine dans les deux troncs principaux s'étendent sous le tégument dorsal ; mais ceux-ci sont toujours plus rares et plus grêles.

Organes de la génération (1). — L'appareil mâle occupe toute la partie centrale du corps. Il existe un nombre énorme de capsules spermatiques se présentant sous forme de petites masses, dans l'espace compris entre les grandes branches intestinales. Tous ces organes sont rattachés les uns aux autres par un conduit sinueux, qui se divise et se subdivise en rameaux nombreux. Ce conduit spermatique se contourne sur lui-même en passant au-dessus des organes femelles, et il vient se continuer avec un canal éjaculateur situé en arrière de la bifurcation de l'intestin. Le pénis, très long, conoïde, est quelquefois très saillant au dehors ; mais il est rétractile jusqu'à un certain point. Son réceptacle est en forme d'aveline. L'animal considéré par sa face ventrale, cet organe s'ouvre du côté droit en passant par-dessus la bifurcation de l'intestin (2).

L'appareil femelle est aussi très développé : ce sont deux grappes rameuses, ondulées, suivant presque exactement le trajet des branches intestinales en passant un peu au-dessus. Les tiges principales de l'ovaire sont même tout à fait parallèles aux branches de l'intestin. Les œufs non développés encore occupent donc tout le contour du corps, et quelques ramifications s'étendent, en outre, au-dessus des capsules spermatiques. Les branches de l'ovaire se contournent, et aboutissent l'une et l'autre en arrière du canal éjaculateur dans une portion fortement élargie, se terminant à une petite capsule arrondie, la vésicule oviductale, qui est ici très peu considérable. L'utérus qui naît de la vésicule oviductale est ici très court et légèrement onduleux. Il se continue avec l'oviducte ; c'est un tube cylindrique qui vient s'ouvrir au dehors, un peu en arrière du pénis (3).

(1) Pl. 12, fig. 2.
(2) Pl. 12, fig. 2—*d*.
(3) Pl. 12, fig. 2—*b*

TRISTOME DE LA MOLE (*Tristoma Molæ* Blanch (1)).

Tristoma coccineum Rudolphi, *Synopsis*, p. 123 et 418, pl 1, fig 7-8 (1819).

Bremser, *Icones Helminthum*, pl 10, fig. 12-13 (1824).

Nitzsch Allgem. Encyclopœdie der Wissenschaft., von Ersch und Gruber, t. XIV, p. 150 (art. CAPSALA).

Diesing, *Nov. Acta Academ. curios. nat.*, t. XVIII, p. 1, pl 1, fig. 1-13 (1836).

(Traduction) *Ann. des Sc. nat.*, 2ᵉ série, t. IX, p. 77, pl. 1 (1838).

Yarrel, *A History of British fishes*, vol. II, p. 468 (1841).

Dujardin, *Histoire des Helminthes*, p. 322 (1845).

Description. — Ce Tristome, d'une couleur rouge tirant sur le vermillon, est long de 15 à 20 millimètres. Toujours profondément échancré postérieurement, sa forme est presque orbiculaire avec la portion antérieure très légèrement atténuée. Toute la surface dorsale est à peine granuleuse avec les bords légèrement plissés. Les ventouses antérieures sont petites, à bords onduleux. La ventouse postérieure, très grande, présentant sept rayons, est bordée par une membrane garnie de petites côtes régulières; son diamètre équivalant à peu près au tiers de la longueur totale de l'animal. La bouche est située notablement en arrière du bord antérieur.

Cette espèce n'a jamais été trouvée que sur les branchies de la Mole (*Orthragoriscus Mola*); elle a été confondue par tous les helminthologistes avec le *Tristoma coccineum*; cependant, si l'on compare les deux descriptions, on saisira bien vite les différences considérables qui existent entre les deux espèces. L'échancrure ou l'absence d'échancrure à la partie postérieure du corps, la dimension de la grande ventouse par rapport à la taille de l'animal, sont des caractères qui les font reconnaître au premier abord. Les granulations de la peau les en distinguent encore. Le Tristoma de l'Espadon ne paraît pas avoir jamais été trouvé sur la Mole, ni celui de la Mole sur l'Espadon.

(1) Pl. 11, fig. 2, 2 *a*.

Je n'ai pu examiner le *Tristoma Molæ* que sur des individus conservés dans l'alcool ; mais j'ai réussi néanmoins à en suivre le canal intestinal, après y avoir fait pénétrer par la bouche un liquide coloré.

L'appareil digestif de cette espèce ressemble beaucoup à celui du *T. coccineum;* mais les grandes branches intestinales, qui se rejoignent comme chez ce dernier, s'étendent moins en arrière. Le cercle formé par ces canaux se termine en avant de la ventouse et de l'échancrure postérieure du corps. Les rameaux fournis par les branches principales sont aussi très semblables à ceux du *T. coccineum;* mais leur nombre est moindre, et les rameaux postérieurs, par le fait même du peu d'étendue du cercle intestinal, ont une longueur plus considérable.

J'ai pu distinguer encore chez le *T. Molæ* les vaisseaux principaux ; ils sont au nombre de quatre, comme dans l'espèce précédente ; seulement plus réguliers, et moins flexueux. Ceci, du reste, pourrait tenir. jusqu'à un certain point, à l'état de conservation des individus que j'ai observés. Ils font partie de la collection helminthologique du Muséum de Paris. M. Valenciennes a eu l'obligeance de me les communiquer.

TRISTOME DU SQUALE [*Tristoma Squali* Blanch., Valenc. Coll du Muséum (1)].

Description. — Cette espèce, d'un gris jaunâtre, est couverte de taches nombreuses et assez serrées d'une nuance brunâtre, très affaiblie vers la partie moyenne du corps ; en dessous, ces taches ne sont distinctes que sur les bords. Ces couleurs, au reste, ont pu s'altérer, comme cela a lieu pour les espèces précédentes, quand elles sont plongées dans la liqueur. Le *Tristoma Squali* est long de 25 millimètres environ, et fortement échancré postérieurement. Sa forme est presque ronde, aussi large en avant qu'en arrière ; seulement, la portion antérieure est un peu séparée du reste par un étranglement de chaque côté. Toute la surface dorsale est couverte d'une granulosité très régulière. Les ventouses antérieures sont petites et très arrondies. La ventouse

(1) Pl. 11, fig. 3, 3ª.

postérieure est extrêmement grande, présentant sept rayons, et garnie de petites côtes régulières; son diamètre équivaut à peu près aux deux cinquièmes de la longueur totale de l'animal. La bouche est sensiblement moins éloignée du bord antérieur que dans les espèces précédentes.

Ce Tristome a été trouvé par M. Jules Verreaux sur les branchies d'un Squale dans les parages de la Nouvelle-Zélande. J'en dois la communication à l'extrême obligeance de M. Valenciennes.

Cette espèce paraît très voisine du *Tristoma maculatum* (1), observé sur les branchies d'un Diodon, près des côtes de la Californie; mais chez cette dernière, les taches sont plus grandes, moins nombreuses, par conséquent plus espacées. La forme du corps est aussi moins arrondie. La ventouse est moins grande proportionnellement; son diamètre, à en juger au moins d'après les figures publiées, n'équivaut pas au tiers de la longueur totale de l'animal.

Chez les quelques individus du *T. Squali* que j'ai été à même d'observer, il m'a été possible de suivre aussi le trajet des branches intestinales après les avoir injectées.

L'appareil digestif ressemble beaucoup à celui des espèces précédentes, et plus particulièrement à celui du *T. Molæ*. Seulement, le cercle intestinal est plus court encore, l'échancrure postérieure du corps étant plus profonde. Les rameaux qui en partent se ramifient comme chez les autres Tristomes; les rameaux postérieurs ont ici une très grande longueur.

J'ai parfaitement distingué aussi les quatre vaisseaux principaux, et les nombreuses anastomoses transversales qu'ils présentent. Leur régularité est infiniment plus grande ici que chez le *T. coccineum* où j'ai représenté le système vasculaire.

(1) Lamartinière, *Journal de Physique* (1787), p. 207, pl. 2, fig. 4, 5; et *Voyage de Lapérouse*, t. IV, p. 77, pl. 20, fig. 4-5. — *Capsala Martinieri* Bosc, *Bulletin de la Société philomatique*, 1811, p. 384. — *Phylline Diodontis* Oken, *Lehrbuch der Naturgeschichte*, t. III-I, p. 182 et 370, pl. 10, fig. 3 (1815). — *Tristoma maculatum* Rudolphi, *Synopsis*, p. 123 et 430, pl. 1, fig. 9-10 (1819); et Dujardin, *Hist. des Helminthes*, p. 322 (1845).

TRISTOME DE L'ESTURGEON (*Tristoma Sturionis*) (1).

Hirudo Sturionis Abilgaard, *Skrivter af natursf Selskabet.*, t. III, II, p. 55, pl. 6, fig. 1 (1794), et trad. in *Gmelin's Gœttinschen Journ. der Naturwissenschaft.*, Bd. I (1797).

Phylline hypoglossi Oken, *Lehrb. der Naturg.*, t. III, I p. 371 (1815).

Tristoma elongatum Nitzsch., *Allgem. Encycl.* von Ersch. und Gruber, t. XV, p. 150 (art. CAPSALA).

Tristoma elongatum Diesing, *Nov. Acta Acad. nat. Curios.* t. XVIII, I. p. 12 (1836).

Nitzschia elegans Baer, *Nov. Acta Acad. nat. Curios.*, t. XIII, p. II, p. 660, pl. XXXII, fig. 1-4 (1827).

Dujardin, *Hist. des Helminthes*, p. 323 (1845).

Ce Tristome est long de **12** à **15** millimètres, et d'une nuance rougeâtre. Il est allongé avec ses côtés parallèles, seulement un peu élargi en avant, et arrondi en arrière. La bouche est notablement éloignée du bord terminal. Le bulbe est épais avec ses bords légèrement prolongés en pointe. Les ventouses antérieures sont très étroites, et linéaires. La ventouse postérieure pédonculée, extrêmement grosse, et en forme de clochette profonde, est bordée d'une membrane plissée, et comme festonnée. Le pénis est situé notablement en arrière de la bifurcation de l'intestin, presque sur la ligne médiane. L'oviducte débouche un peu en arrière.

Je n'ai étudié cette espèce que sur deux individus, conservés dans l'alcool, trouvés en Écosse sur les branchies d'un Esturgeon (*Accipenser acutirostris* Purnell), et que je dois à l'obligeance de M. le docteur Melleville, conservateur du Musée d'anatomie comparée d'Oxford.

Je ne mentionne ici cette espèce que pour l'observation que j'ai faite de son appareil digestif; car, pour des animaux tels que les Vers, les observations sont toujours très incomplètes sur des individus conservés dans l'esprit de vin. Mais ayant vu chez les *Tristoma coccineum*, *molæ* et *squali* une disposition si particulière des branches intestinales, il était important, selon moi, de rechercher si les Tristomes d'une autre forme présentaient une disposition générale analogue ; alors c'est ce dont j'ai pu me convaincre

(1) Pl. 11, fig. 4, 4 *a*.

de la manière la plus certaine à l'égard du Tristome de l'Esturgeon. Après avoir plongé les individus en ma possession dans un liquide salin hydrargyré pour raffermir leurs tissus, j'ai poussé par la bouche un liquide coloré dans l'intestin ; alors j'ai pu suivre après le bulbe buccal, comme dans le *Tristoma coccineum*, un œsophage court, se divisant bientôt en deux longues branches, qui se rejoignent en avant de la ventouse, et forment ainsi une ellipse. Ces branches fournissent des rameaux nombreux ; les uns, très serrés, se divisent élégamment dans la portion antérieure et élargie, et sur les parties latérales ; en arrière, au-dessus de la ventouse, on observe une semblable série de tiges très ramifiées. Du côté interne, les deux grandes branches de l'intestin présentent encore plusieurs rameaux, comme chez le Tristome rouge.

Il résulte donc de cette observation que les Tristomes sont des Vers à intestin rameux, dont les branches principales forment une anse en se réunissant. Les *Tristoma coccineum* et *sturionis* sont assez différents l'un de l'autre par la forme générale du corps, pour qu'on puisse supposer que les autres Tristomes, dont les différences extérieures ne sont pas plus considérables, présenteront la même disposition générale. Tout porte à croire aussi que, s'il en était autrement, il se présenterait d'autres caractères pour les en séparer.

Outre les cinq espèces de Tristomes que j'ai mentionnées, on en connaît encore deux autres dont on doit la description à M. Diesing (1). Ce sont les *T. papillosum* Diesing, des branchies du *Xiphias gladius*, et *T. tubiporum* Diesing, d'un *Trigla hirundo*. Il serait d'autant plus intéressant d'étudier ces espèces que leur forme extérieure, si différente de celle des autres Tristomes, peut faire supposer des différences d'organisation assez importantes.

Tribu des OCTOBOTHRIENS (*OCTOBOTHRII* Dujard.).

Caractères. — Bouche terminale. Corps pourvu de ventouses postérieures, munies de crochets, ou présentant entre elles de ces

(1) *Nov. Acta Academ. cur.*, t. XVIII, p. 14, pl. 1, fig. 14-16 ; et p. 313, pl. 17, fig 13-16 (1836), et traduction *Ann. des Sc. nat.*, 2e série, t. IX, p. 77, pl. 1, fig. 15-16 (1838). Dujardin. *Hist. des Helminthes*, p. 323 (1845).

appendices cornés. Intestin divisé en deux branches rameuses. Ganglions cérébroïdes situés de chaque côté de l'œsophage ou du bulbe œsophagéen.

M. Dujardin comprend dans cette tribu, je crois avec raison, les genres *Polystoma*, *Axine*, *Diporpa*, *Diplozoon* et *Octobothrium*; mais, selon toute probabilité, d'autres genres viendront s'ajouter quand on connaîtra mieux les espèces. Plusieurs divisions établies par certains auteurs ont été rattachées aux Polystomes, sans que nous puissions savoir réellement si ces rapprochements sont fondés. Tels sont les *Hexacotyle*, *Hexathridum*.

Genre Polystome (*Polystoma* Rud.).

Caractères. — Corps oblong, généralement aplati, atténué antérieurement, pourvu en arrière de six ventouses portées sur une même saillie musculaire. Bulbe œsophagéen musculeux, suivi d'un intestin à deux branches écartées, se réunissant en avant des ventouses. Les deux branches intestinales extrêmement ramifiées. Appareil circulatoire consistant en vaisseaux nombreux. Orifices génitaux situés en arrière du bulbe œsophagéen.

Je n'ai étudié qu'une seule espèce de ce genre.

Polystome des Grenouilles (*Polystoma integerrimum*).

Rœsel, *Histor. nat. Ranarum*, p. 24, tab. 4, fig. *x* (1758).
Linguatula integerrima Frœlich, *Naturforsch.*, t. XXV, p. 104 (1791).
Planaria uncinulata Braun, *Schrift. der Berlin Gesels. Naturf. freunde*, t. X, p. 58-61, pl. 3, fig. 1-3 (1792).
Polystoma Ranæ Zeder, *Nachtrag*, p. 203, pl. 4, fig. 1-3 (1800).
Polystoma integerrimum Rudolphi, *Entozoor. hist.*, t. II, p. I, p. 451, pl. 6, fig. 1-6 (1809); et *Entozoor. synops.*, p. 125 (1819).
Bremser, *Icones Helminth.*, pl. 10, fig. 25, 26 (1824).
Baer, *Nov. Acta Acad. nat. Curios.*, t. XIII, II, p. 679, pl. 32, fig. 7-9 (1827).
Dujardin, *Hist. des Helminthes*, p. 320 (1845).

Ce Trématode, long de 8 à 12 millimètres, est d'un blanc jaunâtre, avec les ramifications de l'intestin qui se dessinent en brun-foncé au travers des téguments. Il est notablement atténué en avant. En arrière, sur une saillie inférieure, sont situées les six ventouses, disposées sur trois rangées, deux un peu écartées sur la première, deux très écartées sur la seconde, et deux rapprochées l'une de l'autre sur la troisième ligne. Entre ces deux dernières, on distingue deux crochets assez saillants.

Cette espèce se trouve assez communément dans la vessie de la Grenouille rousse, *Rana temporaria*. Sur plusieurs centaines de Grenouilles vertes disséquées, je ne l'ai jamais rencontrée une seule fois. C'est sans doute par erreur qu'on l'a indiquée comme ayant été trouvée dans la Grenouille verte. Elle est remplacée chez cette espèce par le *Distoma cygnoides*.

Système nerveux. — Cet appareil ne présente rien ici de bien particulier. Les deux ganglions cérébroïdes sont situés, comme chez la Fasciole, exactement de chaque côté du bulbe œsophagéen. Les deux chaînes qui en dérivent s'étendent jusqu'aux ventouses, près desquelles elles offrent quelques traces de renflements ganglionnaires.

Appareil digestif (1). — Le bulbe œsophagéen est petit et ovoïde : il est suivi d'un œsophage d'une extrême brièveté, se divisant bientôt en deux grandes branches intestinales qui s'écartent beaucoup l'une de l'autre, et se réunissent près de l'extrémité postérieure au-dessus de la saillie musculaire portant les ventouses. Du côté extérieur, tout le long de leur trajet, les branches intestinales présentent des rameaux, au nombre de vingt à vingt-cinq, qui se divisent et se subdivisent en s'étendant jusqu'au bord marginal. Du côté intérieur, les deux branches de l'intestin présentent aussi des rameaux considérables, dont trois principaux qui s'anastomosent sur la ligne médiane. Postérieurement, elles en fournissent encore plusieurs très rapprochés les uns des autres, et régnant au-dessus des ventouses.

Bien que le Polystome des Grenouilles ait été observé par plusieurs helminthologistes, son système digestif n'avait jamais été ni décrit, ni représenté bien exactement. Sous le rapport de la réunion des deux branches de l'intestin, il ressemble notablement aux Tristomes, bien que la forme générale du corps de l'animal ait plus d'analogie avec celle des Fascioles.

(1) Pl. 6, fig. 4.

Appareil vasiculaire (1). — Chez le Polystome des Grenouilles, il existe deux vaisseaux principaux, dont le trajet suit celui des branches intestinales. Ces deux vaisseaux fournissent des branches nombreuses qui se ramifient à l'infini, et constituent sous le tégument dorsal, comme sous le tégument ventral, un réseau extrêmement serré ; ces rameaux vasculaires s'anastomosent sur une infinité de points. A leur extrémité, beaucoup d'entre eux n'ont plus de parois propres, et ils se terminent alors sous le tégument en petites lacunes, mais toujours moins bien circonscrites que celles de l'Amphistome, les tissus des Polystomes étant beaucoup moins résistants.

Organes de la génération. — Si les Polystomes se rapprochent des Tristomiens par la disposition générale de leur appareil alimentaire, ils ne leur ressemblent pas moins sous le rapport des organes de la génération. L'appareil mâle occupe une médiocre étendue chez le *Polystoma integerrimum*. Les testicules se font remarquer, à la partie inférieure du corps, sous la forme de capsules spermatiques en nombre assez considérable (2). Toutes ces capsules sont petites et de forme irrégulière ; cependant beaucoup d'entre elles sont ovoïdes ; elles sont unies les unes aux autres par de grêles conduits spermatiques, qui eux-mêmes viennent se confondre en un canal commun constituant le canal éjaculateur. Le pénis (3) est très gros, très volumineux, de forme un peu conoïde, avec l'extrémité légèrement contournée. Il occupe toute l'épaisseur comprise entre la face dorsale et la face ventrale de l'animal ; aussi cet organe, qui se dessine sous le tégument, principalement en dessus, se fait remarquer par l'espace blanc et lisse qu'il forme en arrière de la bifurcation de l'intestin.

L'appareil femelle est dispersé par tout le corps : les ovaires occupent la partie supérieure et la partie inférieure du corps, les œufs sont interposés même entre toutes les branches de l'appareil digestif ; ils sont généralement si serrés, qu'on ne saurait

(1) Pl. 6, fig. 4.
(2) Pl. 12, fig. 3—*d*.
(3) Pl. 12, fig. 3—*c*.

dire qu'ils forment des grappes ou des bouquets ; néanmoins ils ne sont pas répandus d'une manière uniforme, mais plutôt par masses. Tous les œufs se rattachent, de chaque côté, à deux grandes tiges, l'une ascendante et l'autre descendante. A la hauteur de la base du pénis, ces deux tiges se réunissent en un canal commun (1) qui vient aboutir à la vésicule oviductale. Celle-ci est très petite et ne consiste, pour ainsi dire, qu'en un élargissement des deux conduits ovariens. L'utérus (2), qui s'abouche à la partie antérieure de la vésicule oviductale, est court, légèrement sinueux ; il s'ouvre à la droite du pénis et un peu plus en avant, c'est-à-dire exactement en arrière de la bifurcation de l'intestin, l'animal étant considéré par la face ventrale.

OBSERVATIONS.

Sous le rapport de l'appareil vasculaire, j'ai étudié, dans la famille des Octobothriens, outre le Polystome des Grenouilles, l'Octobothrium de l'Alose (*Octobothrium alosæ*) (3). Chez ce dernier, les vaisseaux sont très semblables, quant à leur disposition et quant à leur nature, à ceux du Polystome ; on distingue également deux troncs principaux fort près des branches intestinales, et un réseau très serré et jusqu'à un certain point lacuneux. Les vaisseaux, dans les Octobothriens qui ont été l'objet de mes recherches, n'ont pas, comme ceux de la plupart des autres Trématodes, des parois qui les délimitent complétement dans toute leur étendue; mais, dans leur intérieur, on observe un mouvement ciliaire bien plus distinct que partout ailleurs. Les *Diplozoon* me paraissent être dans le même cas ; je n'ai pas été assez heu-

(1) Pl. 12, fig. 3—*e*.

(2) Pl. 12, fig. 3—*f*.

(3) *Mazocræs alosæ* Hermann in *Naturforcher*, t. XVII, p. 182, tab. 4, fig. 13 et 14 (1782).

Octobothrium alosæ Leuckart, *Brev. anim. descript.* (1828).

Mayer, *Beitrage zur Anatomie der Entozoen*. Bonn, p. 19, pl. 3, fig. 4-8 (1841).

Octostoma alosæ Kuhn, *Mémoires du Mus. d'hist.*, t. XVIII, p. 358 (1829).

Octobothrium lanceolatum Leuckart, *Zoologische Bruchstucke*, p. 29 (1842).

Dujardin, *Histoire des Helminthes*, p. 313 (1845).

reux pour me procurer l'espèce étudiée par M. Nordmann (1), le *Diplozoon paradoxum*. Mais j'ai observé sous le microscope le petit Diplozoon des branchies du *Cottus gobio* (2), et tout me porte à croire que le système vasculaire des Trématodes de ce genre ressemble beaucoup à celui des *Polystoma* et des *Octobothrium*. Chez tous ces vers, le sang n'est certainement pas transporté d'une manière régulière, d'arrière en avant par certains vaisseaux, et d'avant en arrière par d'autres, comme l'a pensé M. Nordmann. Dans les Trématodes en général, le fluide nourricier est transporté et ramené alternativement et plus ou moins irrégulièrement par les mêmes vaisseaux : c'est un mouvement de *va et vient* plutôt qu'une véritable circulation.

Les Octobothriens ont un nombre de représentants peu considérable ; mais plusieurs d'entre eux sont si imparfaitement connus qu'on ne saurait préciser leurs rapports avec les espèces mieux observées.

Le Polystome des Grenouilles doit être considéré comme le type du genre ; c'est l'espèce la plus commune et la plus connue : cependant jusqu'ici son organisation intérieure n'avait pas été étudiée.

Le Polystome du Thon (*Polystoma Thynni*) (3) paraît devoir se placer près de l'espèce précédente, si l'on en juge par la position des ventouses ; mais son organisation n'est nullement connue.

Le Polystome de l'Esturgeon (*Polystoma armatum* Duj.) (4), dont M. Leuckart a formé un nouveau genre sous le nom de *Diplobothrium*, est plus mal connu encore.

Le Polystome des Tortues (*Polystoma ocellatum* Rud.) (5) n'ap-

(1) *Mikrograph. Beitræge*, t. I, p. 5 et 6 (1832), et traduct. *Ann. des Sc. nat.* 1re série, t. XXX, p. 373, pl. 20 (1833).

(2) Voy. Vogt, *Muller's Archiv*, S. 33 (1841).

(3) Delaroche, *Nouv. Bullet. de la Soc. philom.*, 1811, p. 271, pl. 2, fig. 3. — Dujardin, *Hist. des Helminthes*, p. 318. — *Hexacotyle Thynni* Nordmann in Lamarck, 2e édit., t. III, p. 600.

(4) Leuckart, *Zoolog. Bruhstucke. et Helminth. Beitr.*, p. 13 (1842). — Dujardin, *Hist. des Helminthes*, p. 319. — *Hexacotyle elegans*, Nordm. in Lamarck, 2e éd., t. III, p. 600.

(5) *Synopsis*, p. 125 et 146.

partient peut-être pas à ce genre, ni même à la famille des Octobothriens.

Le Polystome des Squales (*Polystoma appendiculatum* Nord.) (1) n'est décrit que sous le rapport de la forme extérieure. Quant aux deux espèces si imparfaitement décrites, dont Treutler a formé son genre *Hexathyridium* rattaché aux Polystomes par la plupart des helminthologistes, les *H. pinguicola* et *venarum* (2), il est impossible dans l'état actuel d'avoir une idée nette sur leur véritable nature.

Tous ces animaux sont extrêmement rares. Plusieurs n'ayant été trouvés que par hasard, ils n'ont pas été étudiés sérieusement. Le type étant mieux connu aujourd'hui dans son organisation intérieure, il deviendra plus facile d'observer les caractères anatomiques de tous ces Trématodes quand on les rencontrera de nouveau.

L'espèce qui constitue le genre *Axine* d'Abilgaard ou *Heteracanthus* de M. Diesing, et qu'on trouve sur les branchies de l'Orphie (*Esox belone*), n'est même pas bien connue dans ses caractères extérieurs.

Le *Cyclocotyla bellones* (3), trouvé sur la peau de l'Orphie (*Esox belone*), est également à peine connu; il est impossible d'apprécier ses rapports intimes d'organisation avec les Polystomes, par exemple.

Le genre *Octobothrium*, dont on connaît zoologiquement quelques espèces, forme certainement une division très naturelle, bien rapprochée des Polystomes, par l'ensemble des caractères zoologiques et anatomiques.

Le genre *Diporpa* de M. Dujardin n'a pu encore être suffisamment étudié, pour qu'on puisse avoir une opinion arrêtée sur la véritable nature de l'espèce signalée par M. Dujardin.

Il y a peu de groupes de la division des Vers qui réclament encore des observations de détails aussi nombreuses que les Octo-

(1) *Mikrog. Beitr.*, t. I, p. 80, pl. 5, fig. 6-7 (1832).

(2) *Observationes path. anatomicæ*, p. 19-22, tab. 3, fig. 7-11, et p. 23 tab. 4, fig. 1-3 (1793).

(3) Otto, *Nov. Act. Acad. nat. Cur.*, t. XI, part. II, p. 300, pl. 41, fig. 2, *a*, *b* (1823).

bothriens ; mais il y en a peu aussi dont les espèces soient pour la plupart aussi difficiles à rencontrer (1).

OBSERVATIONS sur les Trématodes en général.

La description détaillée des divers organes dans une série d'espèces de Trématodes nous conduit nécessairement aux conclusions suivantes : Le système nerveux offre chez tous exactement la même disposition générale. Les modifications de cet appareil d'un type à l'autre sont toujours extrêmement secondaires. Néanmoins les légères différences de position des ganglions cérébroïdes nous indiquent des tendances vers d'autres types ; tendances sans doute médiocres, mais qu'il importe de remarquer, et dont l'appréciation constitue un des points les plus philosophiques de la Zoologie. C'est ainsi que nous avons pu reconnaître, chez les Tristomes, un rapport beaucoup plus frappant que pour les autres Trématodes avec les Planariées, et chez les Amphistomes une analogie plus réelle avec les Hirudinées.

L'appareil vasculaire offre aussi constamment la même disposition générale, mais ses modifications secondaires sont infiniment plus considérables.

Il en est de même à l'égard de l'appareil digestif.

Les organes génitaux, cependant caractéristiques aussi du groupe entier, offrent néanmoins des différences assez grandes

(1) Pour les descriptions des divers Octobothriens mentionnés par les helminthologistes, voyez, outre les Mémoires déjà cités, les ouvrages généraux et les articles de MM. de Blainville (*Dict. des Sc. nat.*, art. VERS, etc.), de Creplin et Diesing (*Allgem. Encyclop.* von Ersch und Grüber), les Mémoires suivants :

Sars, *Neue* HEXACOTYLE. — *Sur les branchies du* Lampris guttatus in *Muller's Archiv*, p. 388 (1837).

Creplin, AXINE BELONES, *Froriep's neue Notizen*, Bd. VII, p. 83. — DIPLOZOON, p. 88 et 89 (1838).

Delle Chiaje, HEXATHYRIDIUM VENARUM, Treutler in *Frike's und Oppenheim's Zeitschrift fur die gesammte Medizin*, Bd. VII, S. 99, und *Froriep's neue Notizen*, Bd. IV, S. 243 (1838). — POLYSTOMA LOLIGINIS, *Descrizione e Notomia degli Anim. invert. del Regno di Nap.*, t. V, p. 126 (1841).

Vogt, DIPLOZOON, *Zur Anatomie der parasiten. Muller's Archiv*, S. 33, fig. 10-15 (1841).

d'un genre à l'autre, d'une espèce même à l'autre. Les variations dans la forme et la disposition secondaire des organes sont même si nombreuses, que je ne sais encore s'ils pourront servir à caractériser des genres, quand on connaîtra mieux ces parties chez toutes les espèces qui les composent. Néanmoins, si, chez tous les Trématodes, nous trouvons des ovaires plus ou moins diffus, une vésicule oviductale de dimension variable, un utérus plus ou moins considérable terminé en un oviducte ; si nous trouvons chez tous aussi des testicules de forme variable, des conduits déférents, un pénis plus ou moins saillant au dehors, les orifices génitaux toujours distincts, et situés à la partie antérieure du corps : si nous trouvons chacune de ces parties variable dans sa forme, suivant les genres et même les espèces, nous saisissons déjà des caractères coïncidant parfaitement avec des divisions naturelles. Ainsi, chez les Tristomiens et Octobothriens, les orifices génitaux sont moins rapprochés que chez les Distomiens. Dans ceux-ci, l'utérus et la vésicule oviductale ont constamment un développement qu'on ne leur trouve point dans les précédents (1).

(1) Outre les genres de Trématodes mentionnés dans ce travail, on en compte plusieurs encore dont les espèces incomplètes dans leur développement, ou trop peu étudiées, ne sauraient être classées quant à présent. Tels sont les *Gregarina* L. Dufour (*Ann. des Sc. nat.*, 2ᵉ série, t. VII, p. 5), *Diplostomum*, *Gyrodactylus* Nordm. (*Mikrogr. Beitræge*), etc. Le genre *Aspidogaster* de Baër, placé par la plupart des helminthologistes dans le voisinage des Amphistomes, paraît s'éloigner beaucoup des autres types de Trématodes. Malgré de nombreuses recherches, je n'ai pu me procurer cet animal pour l'étudier comme il eût été désirable de le faire.

CHAPITRE X.

CLASSE DES CESTOIDES (*CESTOIDEA* RUDOLPHI).

(*Cystica* ejusd.)

Caractères. — Corps généralement fort long, et composé d'un grand nombre d'anneaux placés à la suite les uns des autres. Une tête ordinairement distincte. Système nerveux consistant en deux ganglions unis par une bandelette transversale au centre de la tête, et donnant naissance en arrière à des filets très grêles qui descendent dans toute la longueur du corps, et en avant à des nerfs qui s'anastomosent avec un ganglion, situé à la base de chacune des ventouses, des crochets ou des proéminences correspondantes de la tête. Appareil digestif consistant ordinairement en deux canaux gastriques souvent unis l'un à l'autre par une communication transversale dans chaque zoonite. Point d'orifice buccal. Appareil vasculaire consistant en plusieurs vaisseaux longitudinaux présentant un grand nombre de ramifications transversales. Organes génitaux réunis et ordinairement multiples sur chaque individu.

Ces caractères ne s'appliquent en totalité qu'aux Cestoïdes, dont le développement est complet. Plusieurs ne sauraient se rencontrer chez les individus imparfaitement développés, et dont on a formé néanmoins des divisions et des genres particuliers.

Les Cestoïdes constituent une classe considérable parmi les vers ; c'est un de ces groupes du *Règne animal* qui ont le plus excité l'imagination des naturalistes et des médecins. La forme si singulière de ces êtres, la faiblesse de leurs mouvements, le vague en quelque sorte de leur vie ont appelé bien souvent l'attention des observateurs. Néanmoins leur organisation dans ce qu'elle a de plus essentiel était demeurée complétement inconnue jusqu'à l'époque actuelle (1). Aussi, bien des hypothèses ont été faites

(1) « Les Cestoïdes sont, de tous les Helminthes, les plus communs et en » même temps les moins connus, parce que chez eux l'organisation n'est en

sur la nature organique de ces animaux, sur leur mode de reproduction. J'ai déjà insisté, dans la première partie de ce travail, sur les affinités des Cestoïdes, comme sur leurs différences avec les autres vers. Cependant il est essentiel de nous arrêter encore sur certains détails. Une note récente de M. Van Bénéden (2) m'engage à bien préciser les faits. M. Van Bénéden a réuni des observations d'un très grand intérêt sur le développement d'une espèce de Bothriocéphale. Les Scolex et les Tétrarhynchus ne seraient que des formes transitoires, les premiers états de ce type de Cestoïdes. Les Scolex et les Tétrarhynchus sont des animaux incomplets ; nous le savions, M. Van Bénéden a suivi les métamorphoses ; il a vu le Scolex devenir Tétrarhynque et le Tétrarhynque devenir Bothriocéphale. Ce sont là de nouveaux faits acquis à la science, et dont l'importance ne sera méconnue par personne. Mais M Van Bénéden ne voit pas encore, dans le Bothriocéphale, l'animal adulte. Selon lui ce serait, comme l'ont dit d'anciens naturalistes, une agrégation d'animaux. Les anneaux des Bothriocéphales et des Tænias se détachant souvent les uns des autres, ces anneaux isolés, les *Cucumérins* de quelques auteurs, seraient les vers sous leur dernière forme. Ainsi considérés, M. Van Bénéden les regarde comme très semblables aux Trématodes, et pense devoir les ranger dans le même ordre.

J'ai insisté déjà sur les rapports existants entre les Trématodes et les Cestoïdes. Mes observations, je crois, ont contribué à mettre en évidence les affinités existant entre ces deux types. On ne soupçonnait pas même l'existence du système vasculaire chez les Cestoïdes. Je l'ai constaté et rendu facile à voir chez plusieurs espèces. J'ai signalé tout ce qu'il offrait d'analogie, de ressemblance avec celui des Trématodes.

Néanmoins, malgré cette ressemblance, malgré quelques au-

quelque sorte pas encore formulée, » écrivait en 1845 M. Dujardin, *Histoire des Helminthes*, p. 543. Or la justesse de cette remarque était évidente pour chacun.

(2) *Note sur le développement des Tétrarhynques* (*Bulletin de l'Académie royale de Belgique*, t. XVI, n° 2).

tres analogies encore, il est impossible de ne pas voir là deux types bien différents. D'abord le Tænia et le Bothriocéphale ne sont pas des animaux agrégés. Leurs anneaux, qui se détachent facilement à la dernière période de leur vie, ne sont que des fragments. Le Tænia et le Bothriocéphale ont une tête parfaitement distincte ; et dans cette tête se trouvent logés les centres médullaires donnant naissance aux grêles filets nerveux qui se distribuent à toutes les parties du corps. Les anneaux ne renferment aucun ganglion. On ne saurait donc les comparer aux Trématodes, si ce n'est un peu sous le rapport des organes génitaux.

Les zoonites des Cestoïdes, parvenus à une certaine période, se détachant les uns des autres, M. Van Bénéden voit dans ce fait un moyen de diffusion pour les germes. Ceci me paraît incontestable. Ces anneaux isolés, ceux des Bothriocéphales, plus encore que ceux des Tænias, s'arrondissent vers les extrémités et peuvent prendre jusqu'à un certain point la forme d'animaux complets. M. Dujardin les a décrits sous le nom de *Proglottis;* mais là on ne retrouve nullement la bouche d'un Trématode, ni ses ventouses, ni l'ensemble des caractères de ce groupe. Il faudrait donc supposer que de nouvelles métamorphoses s'accomplissent encore ; or rien ne semble pouvoir appuyer une hypothèse de cette nature.

Les Cestoïdes me paraissent devoir être partagés en deux ordres. Le premier, à la vérité, est fondé sur un seul type ; mais ce seul type s'éloigne tellement de tous les autres Vers connus, qu'il est impossible de l'associer aux représentants d'aucun autre groupe.

Nous nommerons ces deux ordres les Aplogonés et les Pollaplasiogonés, dénominations qui indiquent ce qu'il y a de plus frappant dans leurs organes de reproduction, leur simplicité ou leur multiplicité.

ORDRE DES APLOGONÉS (*APLOGONEI* Blanch.)

Caractères. — Corps allongé, sans annulations. Organes génitaux simples. Orifices des deux sexes contigus, situés sur la ligne médiane et inférieure du corps.

Cet ordre ne comprend actuellement qu'une seule famille, celle des Caryophylléiens (*Caryophyllæii*), représentée par un seul genre, celui de Caryophyllé.

Genre Caryophyllé (*Caryophyllæus* Gmelin. Rud.).

Corps aminci à l'une de ses extrémités et élargi de l'autre en forme de spatule. Ovaires dispersés dans presque toute l'étendue du corps et formant des lignes d'œufs longitudinales et transversales.

Il a été très difficile jusqu'ici de déterminer ce qui est la partie antérieure et la partie postérieure chez les Caryophyllés. Il n'existe pas de tête distincte. La plupart des helminthologistes ont considéré la portion élargie comme étant la partie antérieure. Je crois, au contraire, que c'est plutôt la partie postérieure. C'est, en effet, la partie du corps la moins développée. De plus, je crois avoir reconnu quelques indices de ganglions nerveux à l'extrémité amincie ; ce qui indiquerait d'une manière irrécusable la partie antérieure. Néanmoins, je n'ai pas réussi à suivre assez bien le système nerveux dans les Caryophyllés pour insister davantage sur ce point. Ces Cestoïdes paraissent, plus que tous les autres, se rapprocher des Trématodes. Gœze les plaçait dans le genre *Fasciola* ; cependant les différences abondent. Dans les Caryophyllés, tous les caractères des Trématodes manquent ; il n'y a pas de ventouses, pas de bouche, pas d'intestin. Mais le corps est dépourvu d'annulations, comme chez les Trématodes. Les organes de la génération ont quelques rapports ; mais ce sont encore des rapports éloignés. Les ovaires dans les Caryophyllés, comme dans les Trématodes, sont disséminés dans toute l'étendue du corps ; seulement dans les premiers les œufs disséminés se voient avec leur coque ; chez les seconds, les œufs disséminés en manquent, ils n'ont leur coque qu'arrivés dans l'utérus.

Je me suis demandé si ces Caryophyllés ne seraient pas des êtres incomplets, peut-être des anneaux de Bothriocéphaliens qui auraient pris un accroissement particulier et une forme toute spéciale Mais on trouve de ces vers de toutes les dimensions ; et, entre les plus petits et les plus grands, on n'aperçoit aucune différence dans la forme du corps. On ne rencontre aucune espèce de Cestoïde dont on puisse les croire dérivés. Ces considérations nous obligent donc à les regarder comme des animaux complets.

CARYOPHYLLE CHANGEANT (*Caryophyllæus mutabilis*) (1).

Fasciola fimbriata, Gœze, *Naturgesch.*, p. 180, tab. 15, fig. 4. 5 (1782
Caryophyllæus cyprinorum, Zeder, *Nachtrag zur Naturgeschichte der Eingeweidew.*, p. 200, pl. 3, fig. 5-6 (1800).
Caryophyllœus mutabilis, Rudolphi, *Entozoor. Hist.*, t. II, part. II, p. 9. pl. 8, fig. 17-18 (1810), et *Entozoor. Synopsis*, p. 127 (1819).
Bremser, *Icones Helminthum*, pl. 11, fig. 4-8 (1824).
Dujardin, *Hist. des Helminthes*, p. 630 (1845).

Cette espèce, la seule connue du genre, est longue de 30 à 50 millimètres, entièrement d'un blanc jaunâtre, avec l'extrémité antérieure roussâtre. Le corps est presque cylindrique, légèrement atténué en avant, aminci en arrière, où il se dilate en une portion foliacée et ondulée. Par transparence, on distingue les œufs sur les parties latérales

On trouve le Caryophyllé dans l'intestin des poissons du genre Cyprin, les Carpes, les Brèmes (*Cyprinus brama*), etc.

De l'organisation.—Malgré des recherches minutieuses, je n'ai pu reconnaître avec assez de certitude la disposition du système nerveux pour la décrire ici. L'appareil digestif paraît manquer totalement dans ce type ; je n'ai pu apercevoir trace de canaux gastriques analogues à ceux des Tænias.

L'appareil vasculaire et les organes de la génération sont les seules parties que j'aie vues, je crois, d'une manière assez complète.

(1) Pl. 11, fig. 5.

Le système vasculaire (1) règne sous les téguments ; convenablement injecté, il devient très distinct.

Autour du corps il existe dix vaisseaux longitudinaux, c'est-à-dire quatre en dessus, quatre en dessous et deux sur les côtés. Ces vaisseaux, un peu sinueux, également espacés, fournissent de petites ramifications et des anastomoses transversales, de manière à constituer un réseau à mailles allongées. Plusieurs de ces ramifications vasculaires pénètrent plus profondément et se distribuent aux organes génitaux.

Les organes de la génération occupent toute la cavité intérieure du corps (2).

L'appareil mâle est situé sur la ligne médiane. Le testicule se présente sous la forme d'un tube droit et assez large, occupant environ le quart de la longueur de l'animal. En avant du testicule se trouve une capsule spermatique, globuleuse, à parois épaisses, suivie d'un canal déférent extrêmement court, et d'un pénis de forme conique, faisant saillie au dehors sur la ligne médiane et inférieure du corps (3).

Les ovaires sont disséminés, au contraire, dans presque toute la longueur de l'animal. On voit principalement sur les parties latérales du corps les œufs formant de longues files sinueuses, les unes longitudinales, les autres transversales ; de telle sorte que les ovaires, vus au travers des téguments, semblent représenter un réseau à mailles larges et irrégulières. Ces gaînes ovigères aboutissent à deux conduits latéraux qui se rejoignent à l'extrémité antérieure du corps (4). De là naît l'utérus plusieurs fois replié sur lui-même, comme on le voit chez la Douve ; seulement dans le Caryophyllé il a moins d'étendue, moins de largeur proportionnellement, et il ne contient qu'une file d'œufs qui, parvenus dans ce conduit, ont pris une couleur noirâtre. Cet utérus se termine en un oviducte s'ouvrant exactement contre le pénis et

(1) Pl. 7, fig. 3, 3a.
(2) Pl. 15, fig. 1 et 2.
(3) Pl. 15, fig. 1, *a*, *b*, et fig. 2, *a*, *b*.
(4) Pl. 15, fig. 1 et 2, *c*.

un peu en avant. Les œufs sont arrondis d'un côté, mais terminés en pointe par l'autre bout (1).

ORDRE DES POLLAPLASIOGONÉS (*POLLAPLASIOGONEI* Blanch.).

Caractères. — Corps généralement très long et divisé par anneaux. Organes génitaux toujours multiples.

A cet ordre se rattachent des types encore très différents, mais qui offrent des passages trop manifestes des uns aux autres pour qu'on puisse douter de leurs rapports naturels. Je n'ai pu malheureusement me procurer encore assez d'espèces de quelques groupes, ni assez d'individus de certaines espèces, pour les étudier autant que j'eusse désiré le faire, autant que cela eût été nécessaire pour pouvoir apprécier entièrement leurs rapports avec les espèces que j'ai étudiées d'une manière aussi complète qu'il m'a été possible. Beaucoup de ces Cestoïdes se rencontrent difficilement, et si l'on n'a des individus vivants et en assez grand nombre, il est impossible de reconnaître à beaucoup près tous les détails de leur organisation. Mais la plupart des types étant bien connus aujourd'hui, il deviendra facile d'observer exactement les autres types, quand on sera assez heureux pour se les procurer pendant l'état de vie.

Aujourd'hui, on compte environ cent soixante à cent quatre-vingts espèces de Cestoïdes, dont le développement est complet. Ce sont véritablement les seuls qui puissent être enregistrés comme espèces; les autres, tels que les Cystiques, les Scolex, les Tétrarhynques, les Anthocéphales, etc., n'étant que des individus jeunes ou des individus atrophiés d'espèces déjà décrites, pour la plupart au moins, sous leur dernière forme.

De même que les Trématodes, les Pollaplasiogonés me paraissent devoir être partagés en plusieurs tribus. On peut les reconnaître aisément aux caractères tirés des ventouses, des crochets, ou des prolongements de la tête. Ce sont les Tæniens, Bothriocéphaliens, Rhynchobothriens et Liguliens.

(1) Pl. 11, fig. 5, *a*.

Corps en longue bandelette, et formé d'un grand nombre d'anneaux. Tête pourvue de ventouses	TÆNIENS.
Corps en longue bandelette, et formé d'un grand nombre d'anneaux. Tête sans ventouses, pourvue de fossettes..	BOTHRIOCÉPHALIENS.
Corps en bandelette, et formé d'un grand nombre d'anneaux. Tête pourvue de trompes rétractiles, armées de crochets	RHYNCHOBOTHRIENS.
Corps en bandelette et sans aucune annulation. Tête simplement labiée	LIGULIENS.

Tribu des TÆNIENS (*TÆNII*).

Caractères. — Corps ordinairement très long, et divisé en un grand nombre d'anneaux androgynes, ou bien alternativement mâles et femelles. Tête généralement tétragone, présentant quatre ventouses musculeuses de forme orbiculaire. Orifices génitaux latéraux, situés aux deux côtés opposés de chaque article ou d'un seul côté. Canaux gastriques très distincts aboutissant à une lacune transversale en arrière des ventouses.

Cette tribu ne comprend actuellement que l'ancien genre Tænia, aux dépens duquel nous avons cru devoir former le genre Anoplocéphale. Le genre Tænia renferme encore, néanmoins, des espèces fort différentes les unes des autres sous le rapport des crochets de la tête, et sous le rapport des organes de la génération ; mais c'est seulement quand tous ces détails d'organisation auront été étudiés partout sur des individus vivants, et avec une scrupuleuse exactitude, qu'on pourra grouper avec connaissance de cause les nombreuses espèces de Tænia.

Genre TÆNIA (*Tænia* Lin.).

Caractères. — Corps formé d'anneaux, en général assez allongés et très minces. Tête offrant entre les quatre ventouses une proéminence ou trompe garnie d'une ou plusieurs rangées de crochets.

De toute la classe des Cestoïdes, ce sont les Tænias dont j'ai pu étudier le plus profondément l'organisation : aussi pouvons-nous comparer sans difficulté toutes les parties dans ce type zoologique avec ce qui existe dans les autres types d'Annelés. Nous pouvons apprécier ce que le système nerveux nous fournit de particulier ; nous pouvons reconnaître les rapports et les différences entre les appareils digestif et circulatoire de ces Cestoïdes avec ce que nous voyons dans les Vers qui s'en rapprochent le plus. J'ai déjà insisté sur ces questions, je n'y reviens pas.

Ces Annelés inférieurs, ces Cestoïdes, resteront comme un des exemples les plus frappants de la valeur qu'on doit attacher souvent à des caractères négatifs. Les Tænias avaient été le sujet des études de plusieurs centaines d'observateurs anatomistes et médecins ; pendant plusieurs siècles, ils avaient été l'objet d'une grande attention. Leur véritable organisation était cependant quelque chose de bien séduisant à connaître ; mais à l'exception des œufs et des canaux latéraux dont on constate la présence, on ne voit rien de leur structure ; on déclare que ces animaux sont formés entièrement d'un tissu homogène, d'un tissu parenchymateux, qu'ils n'ont pas d'organisation véritable. Cette opinion étant enracinée au plus haut degré, il eût semblé inutile à beaucoup d'anatomistes de faire de nouvelles recherches pour s'assurer si quelque chose n'avait pas échappé.

TÆNIA DE L'HOMME (*Tænia solium*) (1)

Linné, *Systema naturæ*, 12e édit., p. 1323 (1761).

Tænia cucurbitina Pallas, *Elenchus Zoophyt.*, p. 405 (1766).

Tænia solium Werner, *Vermium intest.*, p. 18-49, pl. 1 et 2 (1782).

Gœze, *Versuch einer Naturgeschichte der Eingeweidewurmer*, p. 269, pl. 21 (1782).

Jœrdens, *Helminthologia*, S. 40, tab. III, fig. 1-7 (1801).

Tænia solium Rudolphi, *Entozoor. Hist.*, t. II, part. II, p. 160 (1810), et *Entozoor. Synops.*, p. 162 et 522 (1819).

Bremser, *Ueber lebenden Würmer in lebenden Menschen*, p. 97, tab. III, fig. 1-14 (1819).

Delle Chiaje, *Compendio di Elminthol. umana*, p. 20, pl. 6-7 (1825).

Dujardin, *Hist. des Helminthes*, p. 557 (1845).

(1) Pl. 13, fig. 1.

Description. — Corps d'une extrême longueur atteignant très ordinairement de 6 à 8 mètres, et quelquefois, assure-t-on, jusqu'à 30 ou 40 mètres. Sa largeur est assez variable, mais elle est généralement entre 6 et 12 millimètres. La tête est toujours très petite ; sa grosseur varie de un demi-millimètre à 1 millimètre : elle est presque tétragone avec ses ventouses larges et une proéminence médiane médiocre, supportant une couronne de crochets. Les anneaux du corps varient beaucoup dans leur forme suivant l'âge, de telle façon qu'il est difficile de préciser leur proportion entre la longueur et la largeur. On reconnait l'orifice génital au bord latéral de chaque anneau, alternativement à droite et à gauche. L'ovaire, très souvent distinct par transparence, est divisé en rameaux nombreux.

Ce Cestoïde habite l'intestin grêle de l'homme ; c'est celui qui est désigné vulgairement sous le nom de *Ver solitaire*, dénomination fausse ; car souvent plusieurs Tænias se trouvent à la fois chez le même individu.

Cette espèce, décrite et figurée dans un grand nombre d'ouvrages de zoologie et de médecine, est répandue dans une grande partie de l Europe et dans une grande partie de l'Afrique. On assure qu'elle est très fréquente en Egypte et plus encore en Abyssinie : mais nous ignorons complétement si elle se rencontre chez les peuples indigènes de l'Amérique, de l'Océanie, de l'Inde, ou s'il ne se trouve pas des espèces particulières chez ces peuples.

Les personnes atteintes du Tænia s'en débarrassent souvent avec peine : les vermifuges, employés par les médecins, paraissent déterminer des convulsions chez l'animal, qui, le plus ordinairement, se brise mais ne se détache pas. Le malade en rend alors des portions plus ou moins longues, mais en général la partie antérieure reste, et au bout d'un certain temps le Tænia a repris des proportions considérables. La tête est maintenue fortement par ses crochets qui pénètrent dans la muqueuse de l'intestin ; ce qui explique si bien comment le ver le plus ordinairement se brise, mais ne se détache pas.

Enveloppe tégumentaire et muscles. — Les Tænias ne sont pas plus dépourvus d'un épiderme que les Trématodes. Avec une certaine précaution on parvient à en isoler des parties, et l'on reconnaît une membrane pellucide extrêmement mince. Il n'est pas vrai que ces Cestoïdes ne présentent qu'un tissu *sarcodique* sans fibres. Dans la tête on voit très distinctement des fibres musculaires qui maintiennent les ventouses ; celles qui entourent leur sommet constituent des faisceaux circulaires très apparents. Les ventouses sont elles-mêmes formées d'un tissu musculaire inextricable, mais dans lequel toutefois on suit des fibres dirigées en divers sens.

Les anneaux du corps présentent surtout, des deux côtés, des fibres longitudinales ; c'est une sorte de gangue, mais dans laquelle cependant la direction des fibres ne saurait rester un instant douteuse. Au-dessous des faisceaux longitudinaux il existe aussi des fibres transversales dont la direction est aussi très apparente. Enfin, près des orifices génitaux, on reconnaît encore la présence de fibres circulaires.

Système nerveux. – Comme on ne peut isoler le système nerveux que sur des animaux frais, et comme il m'a été impossible de me procurer en assez grand nombre des têtes de Tænias de l'homme, j'ai dû renoncer à le décrire ici. A en juger par ce que nous avons vu chez ses congénères, il est bien évident que le système nerveux du *Tænia solium* ne diffère point de celui des autres espèces, de celui que nous décrivons par exemple dans le *Tænia serrata*.

Appareil digestif (1). — Ainsi que nous le verrons chez les autres espèces du genre, l'appareil digestif est représenté par deux tubes ou canaux latéraux, ayant entre eux un canal transversal au sommet de chaque zoonite. Ces tubes latéraux s'étendent de l'extrémité antérieure à l'extrémité postérieure du corps sans la moindre solution de continuité. Dans la portion céphalique, exactement en arrière des ventouses, on distingue une sorte de lacune en rapport direct avec ces tubes intestinaux. Il paraît donc hors de doute que les matières nutritives, aspirées au moyen

(1) Pl. 14, fig. 1, *a*, et pl. 15, fig. 4, *a*.

des ventouses, pénètrent au travers de leur tissu dans cette lacune postérieure, et de là dans les canaux digestifs. Je me suis assuré en effet de la perméabilité de ce tissu en faisant passer au travers un liquide sous l'effort d'une pression peu considérable.

Ces tubes sont pourvus de parois ; on peut s'en convaincre en les injectant avec un liquide coloré. On enlève alors les muscles qui les recouvrent; on les isole entièrement. Ces parois sont minces, diaphanes, ayant néanmoins une résistance assez grande.

Ces canaux avaient été aperçus chez les Tænias par les anciens observateurs ; il est assez facile en effet de les distinguer par transparence quand on a fait séjourner pendant quelque temps l'animal dans l'eau. Ils se montrent alors sous l'apparence de deux lignes latérales plus diaphanes. Quelques naturalistes avaient même rempli ces tubes avec du mercure. Ces tubes représentent les deux branches intestinales qui se voient chez les Trématodes.

Cependant leur nature n'était pas clairement déterminée ; on n'avait pas vu leur origine dans la région céphalique. Était-ce là un appareil digestif ? Était-ce un appareil vasculaire ? Étaient-ce de simples canaux creusés dans le parenchyme et sans usage important ? Toutes ces suppositions, toutes ces opinions furent émises, sans qu'un ensemble de faits bien observés vînt donner une certitude à aucune d'elles.

Aujourd'hui il ne peut plus rester d'incertitude ; la connaissance de l'appareil vasculaire ne laisse plus de place au doute.

Appareil vasculaire (1). — De même encore que chez les autres espèces de Tænia, le système vasculaire est extrêmement distinct dans le Tænia de l'homme. Un peu au-dessus de l'appareil digestif se voient quatre vaisseaux longitudinaux. Deux sont extrêmement rapprochés des tubes intestinaux, mais néanmoins un peu en dehors ; les deux autres sont rapprochés au contraire de la partie moyenne du corps. Ces vaisseaux sont infiniment plus

(1) Pl. 14, fig. 1, *b*.

grêles que les canaux digestifs. Les figures jointes à ce travail donnent du reste une idée infiniment plus exacte de la différence de volume entre ces organes, que je ne pourrais le faire par l'indication de mesures plus ou moins précises. Les vaisseaux longitudinaux règnent dans toute la longueur de l'animal ; ils sont presque droits, ne décrivant que de faibles sinuosités. Entre eux il existe un nombre extrêmement considérable de vaisseaux transverses. Ceux-ci, assez rapprochés les uns des autres, sont encore assez régulièrement espacés. Les uns sont presque droits, les autres sont assez sinueux ; les uns demeurent simples dans toute leur étendue, les autres se bifurquent ou présentent de fines ramifications.

L'appareil vasculaire du Tænia est donc représenté par un réseau anastomotique très uniforme, par une sorte de treillis vasculaire régnant dans tous les zoonites qui composent le corps de l'animal.

Le mouvement du liquide nourricier paraît devoir être très lent, et se manifester, comme chez les Trématodes, par une sorte de *va-et-vient*. Cependant, même en observant les individus encore pleins de vie, il est trop difficile de suivre d'une manière exacte, et sur un assez grand nombre de points à la fois, les mouvements du liquide nourricier pour rien préciser à cet égard. Ce liquide paraît être toujours en très petite quantité, et par cela même fort difficile à recueillir.

Jusqu'ici on n'avait pas même soupçonné l'existence d'un système vasculaire proprement dit dans le groupe des Tæniens. Pour le bien constater, il est absolument nécessaire de l'injecter : mais si l'on réussit à y faire pénétrer un liquide coloré, rien ne se dessine plus nettement que ces vaisseaux. D'abord on aperçoit par transparence le liquide qu'on vient d'y introduire ; mais peu de temps après les tissus devenant plus opaques, il est indispensable de les dégager pour les mettre complétement en évidence.

C'est une opération qui s'exécute encore assez facilement, car tous ces vaisseaux ont des parois propres, et l'on peut les débarrasser de tous les muscles qui les entourent, sans que le liquide s'échappe nulle part, sans que les parois se déchirent, si l'on agit avec une précaution suffisante.

Comment parvient-on à injecter ce système vasculaire, à arriver directement à ouvrir l'un des vaisseaux, la simple transparence ne permettant pas de reconnaître leur trajet, ni même leur présence? Cette question se présente naturellement. En effet, pour obtenir tout de suite un bon résultat, il est nécessaire de bien connaître le trajet des vaisseaux longitudinaux. Dans ce cas, en pratiquant une petite entaille transverse, on réussit très ordinairement. Ceux qui auront mes figures sous les yeux pourront donc répéter facilement cette expérience.

On comprend tout de suite que le hasard a eu sa part dans la découverte du système vasculaire des Tænias; mais j'avais fait un si grand nombre de tentatives de tous genres, que j'ai fini par obtenir un résultat. Le résultat une fois obtenu sur un individu, il est devenu facile de l'obtenir sur d'autres individus; obtenu sur une espèce, il est devenu facile également de l'obtenir sur d'autres espèces.

Je n'ai pas besoin de le dire, des Tænias venant d'être recueillis dans l'intestin doivent être injectés promptement; après un séjour dans un liquide quelconque, toute tentative deviendrait vaine.

On pourrait peut-être se demander si l'appareil digestif et l'appareil vasculaire n'ont pas de communication directe, s'ils ne s'abouchent pas ensemble, s'il n'y a pas là un seul système. Or, il en est ici comme chez les Trématodes, il n'y a aucune communication directe; l'injection, et les dissections ensuite, ne peuvent laisser subsister le moindre doute.

Si l'on injecte les vaisseaux, rien n'arrive jamais dans les canaux gastriques; si l'on injecte les tubes intestinaux, rien n'arrive jamais dans l'appareil vasculaire, à moins de pressions excessives qui déterminent une extravasation dans tous les tissus: si l'on injecte les deux appareils avec deux couleurs différentes, il n'y a de mélange sur aucun point. La question me paraît donc parfaitement résolue, aussi bien pour les Tænias que pour les Trématodes.

Organes de la génération. — Les organes de la génération, les organes femelles au moins, occupent presque toute l'étendue de chaque anneau.

L'appareil mâle (1), qu'on ne trouve jusqu'ici ni bien décrit, ni exactement représenté nulle part, occupe un très petit espace. On le voit sur le côté de chacun des zoonites, alternativement à droite et à gauche. C'est un tube grêle contourné sur lui-même et s'étendant jusqu'auprès du canal ovigère principal, où il est précédé de quelques très petites capsules testiculaires. Le tube grêle se termine par un conduit aboutissant à l'orifice latéral, où quelquefois il fait saillie. L'orifice est évasé et de forme circulaire (2).

L'ovaire (3) consiste en un canal principal et médian offrant de légères sinuosités, quelques renflements et rétrécissements successifs plus ou moins prononcés suivant les individus. Ce canal ovigère principal s'étend presque d'une extrémité à l'autre de chaque anneau. Des deux côtés, il présente des branches et des rameaux qui se terminent en *cœcum* très près des tubes intestinaux. Ces divisions de l'ovaire sont très variables, quant à leur nombre, quant à leurs divisions, quant à leur direction même : ces variations se montrent jusqu'à un certain point entre les deux côtés de l'ovaire; elles se montrent davantage entre les ovaires des différents zoonites; elles se montrent quelquefois plus encore d'un individu à l'autre. Néanmoins, malgré cette irrégularité, malgré ces différences si apparentes, si notables, chaque espèce de Tænia a un ovaire dont la forme n'est jamais celle de l'ovaire d'une espèce voisine : ce sont souvent entre les espèces des différences dans l'épaisseur des rameaux ovigères, ou dans le nombre des divisions, ou dans leur écartement, différences qu'il est difficile de faire ressortir dans la description, mais qui n'échappent pas cependant à un observateur exercé ; car la seule inspection d'un anneau suffit certainement pour faire reconnaître avec toute certitude l'espèce à laquelle il appartient. Une figure exacte en donne une idée plus nette qu'une description détaillée.

(1) Pl. 15, fig. 4, *b*.
(2) Pl. 15, fig. 4, *c*.
(3) Pl. 15, fig. 4, *d*.

Chez le Tænia de l'homme, les divisions de l'ovaire sont assez épaisses, comparées à celle de l'ovaire du *Tænia serrata* et de beaucoup d'autres espèces. Chaque branche se divise ordinairement en deux ou trois, quelquefois en quatre, mais rarement davantage. Vers l'extrémité, les rameaux s'élargissent souvent : la plupart ont la même longueur ; quelques uns seulement sont plus courts et n'atteignent que le tiers ou la moitié de la longueur des autres.

Les œufs sont en si grande quantité dans chaque ovaire, qu'on n'ose même chercher à l'évaluer. Si l'on songe au nombre d'anneaux qui composent le corps d'un Tænia, on est frappé de l'incalculable masse de germes qu'un seul individu doit répandre. Il faut en conclure nécessairement que ces œufs ne pouvant arriver que fortuitement dans les conditions favorables à leur développement, c'est-à-dire à être introduits dans l'intestin, sont perdus pour la plupart La quantité, ici comme toujours, est en rapport avec la masse des chances de destruction.

Pour ceux qui ont pu apprécier cette fécondité d'un Tænia, combien ne doit-il pas paraître surprenant que, de nos jours, l'on ait pu penser encore à citer ce type comme un exemple à l'appui de l'idée des générations spontanées, et qu'une telle doctrine puisse encore être professée, même dans nos facultés de médecine (1).

Un conduit très grêle (2), qu'on pourrait considérer comme un oviducte en rapport direct avec le tube ovigère médian, s'étend exactement jusqu'au bord latéral de chaque zoonite, où il aboutit dans le vestibule commun des organes génitaux, qui s'évase et offre un pourtour musculaire assez épais. Ce conduit est tellement grêle, qu'on se demande s'il doit servir à autre chose qu'à recevoir la liqueur séminale. Jamais je n'ai trouvé d'œufs dans son intérieur. Tout fait supposer que ceux-ci se répandent principalement quand, les anneaux détachés, l'ovaire ou l'anneau lui-même vient à se fendre.

Ces orifices génitaux, comme on le sait, se trouvent alternati-

(1) *Cours de Physiologie fait à la Faculté de médecine par M. Bérard*, 2e livraison, 1848.

(2) Pl. 15, fig. 4, *e*.

vement à droite, puis à gauche, puis à droite, en passant d'un anneau à l'autre, et cette alternance régulière se voit ainsi dans toute la longueur d'un animal de plusieurs mètres. Quelquefois cependant il y a quelques irrégularités; deux ou trois zoonites, placés à la suite l'un de l'autre, présenteront l'oviducte du même côté; mais c'est alors une anomalie, du reste, assez rare.

La disposition des organes génitaux des Tænias me semble permettre de comprendre la manière dont s'effectue la fécondation chez ces vers. A l'intérieur, il n'existe aucune communication entre les organes mâles et les organes femelles. Il y a indépendance complète aussi bien chez ces Cestoïdes que chez les Trématodes. Comme nous l'avons vu, les organes des deux sexes s'ouvrent au dehors dans un réceptacle commun. Le pénis est presque toujours retiré au fond de ce vestibule; il est certain que la liqueur séminale peut ainsi être versée à l'entrée de l'orifice des organes femelles, et pénétrer par l'oviducte jusqu'à l'ovaire. Quelquefois les pénis font saillie à l'extérieur; il serait donc possible qu'ils pénétrassent dans les orifices des anneaux voisins: mais ceci est beaucoup moins probable.

Tænia en scie (*Tænia serrata*).

Gœze. *Versuch einer Naturgeschichte der Eingeweidewürmer*, p. 337, pl. 25 *B*, fig. *A*, *D* (1782).

Carlisle, *Transact. Linn. Soc*, vol. II, p. 247, tab. 25, fig. 9-10 (1794).

Rudolphi, *Entooz. Hist.*, t. II, p. II, p. 169 (1810), et *Entooz. Synopsis*, p. 163 (1819).

Dujardin, *Hist. des Helminthes*, p. 558 (1845).

Description. — Cette espèce atteint souvent plus d'un mètre de longueur. Sa tête est très grosse, comparativement à celle de beaucoup de Tænias; elle est plus large que longue, ayant une trompe, courte, obtuse, garnie d'un double rang de crochets allongés et aigus : ces crochets sont au nombre de quarante-huit. Les anneaux, qui succèdent immédiatement à la tête, ne sont guère moins larges qu'elle, et ceux qui viennent ensuite ont bientôt une largeur beaucoup plus considérable, seulement ils sont courts ; les zoonites postérieurs seuls deviennent infiniment plus longs. Les orifices génitaux sont alternes comme chez le *Tænia solium*. Les ovaires, formés de branches grêles, se voient en général assez distinctement au travers des téguments.

Le *Tænia serrata* est commun dans l'intestin grêle du chien : on en trouve souvent de véritables masses dans le même animal. dix, quinze, vingt individus, quelquefois davantage encore.

Système nerveux (1). — Comme on peut se procurer facilement le *Tænia serrata* en grande quantité, comme sa tête a une certaine grosseur, je me suis attaché à étudier son système nerveux avec soin. En arrière de la trompe exactement, j'ai isolé deux petits noyaux médullaires, unis par une bandelette ou commissure épaisse. De ces centres nerveux, j'ai suivi de chaque côté un nerf se divisant dans les parties latérales de la tête ; j'ai suivi aussi des nerfs en rapport avec un ganglion situé à la base de chaque ventouse, et envoyant des filets nerveux aux muscles de ces ventouses. Les noyaux médullaires médians nous ont offert encore de grêles filets, qui descendent parallèlement aux tubes intestinaux.

Appareil digestif (2). — Les canaux latéraux sont pour ainsi dire complétement semblables à ceux du Tænia de l'homme : leur grosseur est sans doute un peu moindre proportionnellement : mais il n'y a rien là d'assez notable pour insister sur ce point.

Appareil vasculaire (3).—Il en est des vaisseaux à peu près de même ; si l'on en connaît la disposition dans le *Tænia solium*, leur disposition est connue également dans le *Tænia serrata*. Je me bornerai donc ici à indiquer les légères différences qui existent sous ce rapport entre les deux espèces. Dans le *Tænia serrata*, les vaisseaux sont certainement plus grêles : les vaisseaux longitudinaux occupent, du reste, exactement les mêmes points ; ils sont disposés dans les mêmes rapports ; ils décrivent aussi de légères sinuosités. Les vaisseaux transverses sont peut-être un peu plus irréguliers ; quelques uns décrivant des sinuosités assez pronon-

(1) Pl. 15, fig. 5.
(2) Pl. 15, fig. 2.
(3) Pl. 15, fig. 2.

cées : plusieurs se bifurquant ou offrant encore de fines ramifications.

Organes de la génération. — L'organe testiculaire est placé de même que chez le Tænia de l'homme. Il lui est très semblable, peut-être un peu moins contourné sur lui-même. Les ovaires ressemblent encore à ceux du *Tænia solium* ; cependant leur aspect n'est pas le même, le tube ovigère médian est plus grêle. Tous les rameaux latéraux sont infiniment plus grêles et plus espacés entre eux ; leurs divisions sont aussi un peu plus nombreuses, et commencent en général plus près de l'origine des branches. Du reste, ces gaînes ovigères sont toujours terminées en *cæcum* de la même manière ; la plupart s'étendent presque jusqu'aux tubes intestinaux.

L'oviducte naît également du tube ovigère central, et il vient s'ouvrir aussi au bord latéral de chaque zoonite. L'orifice commun des organes génitaux, assez évasé, et circonscrit nettement par un bourrelet musculaire, se trouve alternativement à droite et à gauche.

TÆNIA DU CHIEN (*Tænia canina*).

Linné, *Systema naturæ*, 12e édit., p. 1324 (1761).

Tænia cucumerina Bloch, *Abhandl.*, p. 17, ou *Traité des Vers intestinaux*, pl. 5, fig. 6-7 (1782).

Tænia cateniformis Gœze, *Naturgeschichte*, p. 324, pl. 33, fig. *D-E* (1782).

Tænia elliptica Zeder, *Nachtrag*, p. 290 (1800).

Tænia cucumerina Rudolphi; *Entozoor. Hist.*, t. II, p. II, p. 100 (1810), et *Entoozor. Synopsis*, p. 147 (1819).

Creplin, *Observat. de Entozoois*, p. 77, fig. 10-13 (1825).

Dujardin, *Hist. des Helminthes*, p. 575 (1845).

Description. — Cette espèce, qui atteint de 30 à 35 centimètres de long, est composée d'anneaux de forme oblongue, comme celle des graines de Concombre ; sa couleur est d'un blanc qui tire sur le rose ou même le rougeâtre. La tête est toujours très petite, terminée par une trompe musculeuse, conique, garnie de quarante-huit crochets disposés sur trois rangs. Les premiers articles de l'animal sont très grêles, et privés d'organes de la génération ; les suivants en sont pourvus, et le pénis et l'oviducte se trouvent répétés sur les deux côtés opposés de chaque anneau. Les ovaires forment dans chaque article une sorte de poche.

Ce Tænia est très fréquent dans l'intestin grêle du chien.

De l'organisation. — Chez le Tænia du chien, les canaux gastriques (1), comme chez les autres espèces du genre, règnent près des bords latéraux d'un bout du corps à l'autre, en se rapprochant un peu l'un de l'autre à l'extrémité de chaque zoonite, où il existe entre eux un canal transversal. Ces canaux gastriques sont très grêles; mais en les remplissant d'un liquide coloré, ils deviennent parfaitement distincts.

Le système vasculaire de cette espèce est très semblable à celui des espèces précédentes (2). Il existe également quatre vaisseaux longitudinaux; deux rapprochés de la partie moyenne du corps, et un de chaque côté entre le bord marginal et le canal gastrique, beaucoup plus éloigné de ce dernier que dans les *T. solium* et *serrata*.

Les vaisseaux transverses sont très nombreux et plus irréguliers que dans diverses autres espèces. Beaucoup d'entre eux se divisent, et offrent même des ramifications d'une extrême finesse.

J'ai réussi assez souvent à bien injecter tout ce système vasculaire, et à en suivre ainsi les plus délicates divisions. C'est donc avec toute l'exactitude nécessaire, quand il s'agit d'anatomie de cette nature, que j'en ai tracé la disposition.

Si ce Tænia diffère des précédents par la forme générale de ses anneaux, il en diffère beaucoup aussi par la disposition des organes de la génération.

Les organes des deux sexes sont réunis encore dans chaque zoonite; mais il y a deux orifices situés l'un à droite, l'autre à gauche.

L'appareil mâle est double; il se trouve répété des deux côtés. Les deux orifices latéraux ne sont donc pas, comme l'ont pensé divers helminthologistes, l'un celui des organes mâles, l'autre celui des organes femelles. Ce sont deux orifices communs, complétement semblables. Les organes mâles, considérés indifférem-

(1) Pl. 14, fig. 3 et 4.
(2) Pl. 14, fig. 3.

ment soit à droite, soit à gauche, consistent simplement en une petite capsule testiculaire de forme un peu triangulaire, suivie d'un canal replié et ondulé sur lui-même, se terminant par un pénis très court et presque conique (1).

L'ovaire n'offre pas la disposition que nous lui avons trouvée dans les autres espèces ; il occupe toute la portion centrale de chaque segment, et ne présente ainsi aucune division. C'est une sorte de poche de forme ovoïde, dans laquelle on voit les œufs diversement groupés les uns près des autres (2). Les anneaux se rétrécissant vers les extrémités ; les tubes gastriques suivant la courbe des bords de chaque zoonite, l'ovaire est aussi plus rétréci vers les deux bouts que dans sa portion moyenne. De même qu'il y a deux organes mâles, il y a deux oviductes qui viennent s'ouvrir dans le vestibule commun, comme cela se voit lorsqu'il n'y en a qu'un seul. L'orifice est plus petit proportionnellement que chez les espèces précédentes, et le bord de l'anneau rentre légèrement sur ce point (3)

OBSERVATIONS.

Nous venons de décrire avec assez de détails l'ensemble de l'organisation dans trois espèces du genre Tænia ; et, d'après cela, on peut juger de la nature des modifications qui existent entre les espèces de ce grand genre.

Chez le *Tænia solium*, le *T. serrata* et le *T. canina*, les canaux digestifs, l'appareil vasculaire sont très semblables, et d'autres observations moins complètes faites sur d'autres Tænias nous prouvent que cette similitude se retrouve dans toutes les espèces. Chez le *T. solium* et le *T. serrata*, nous observons une ressemblance extrêmement grande dans les organes de la génération. Les orifices alternent de la même manière ; l'appareil mâle est simple chez les deux espèces. L'ovaire offre, chez l'un et l'autre, des divisions très analogues. Les *T. solium* et *serrata* sont donc deux espèces voisines. Plusieurs autres, sans doute, se grouperont

(1) Pl. 15, fig. 7, *b*

(2) Pl. 15, fig. 7, *c*.

(3) Pl. 15, fig. 7. *d*

très près d'elles; mais comment pourrait-on préciser rien à cet égard, sans avoir fait une étude longue et minutieuse de chaque Tænia, comme nous l'avons entrepris pour un petit nombre.

Chez le *T. canina* ou *cucumerina*, la forme des anneaux du corps est différente de celle qu'on leur trouve dans les *T. solium* et *serrata ;* mais quelle importance pourrait on attacher à un caractère de cette nature, à un caractère si peu précis, sans être certain d'une coïncidence avec des caractères plus importants ?

Les organes génitaux sont bien les organes qui permettent, chez les vers, de grouper dans chaque genre les espèces d'une manière naturelle ; les autres appareils organiques n'offrant pas de modifications assez notables d'espèce à espèce, ni même quelquefois de genre à genre, les parties extérieures ne présentant pas de caractères auxquels on puisse attacher une valeur réelle, s'il n'est établi qu'ils se rencontrent en même temps que certaines particularités d'organisation.

Si nous comparons le *T. canina* aux espèces décrites précédemment, nous remarquons plusieurs différences assez importantes. Il y a deux orifices à chaque anneau; il y a deux organes mâles au lieu d'un seul. L'ovaire a une forme tout autre.

On connaît quelques autres espèces de Ténias chez lesquels il y a aussi deux orifices génitaux. Si les organes intérieurs offrent une disposition analogue, ils devront, par conséquent, être placés dans la même division ou dans le même genre, si l'on en vient à répartir les nombreuses espèces de Tænias dans plusieurs genres.

J'appelle l'attention sur ce point, parce qu'il reste là un vaste champ de recherches à explorer pour ceux qui voudront s'occuper sérieusement de l'étude des Vers. Il est inutile d'ajouter que toute observation ne portant pas sur des animaux frais, demeurerait pour ainsi dire sans valeur ; car c'est une étude qui est loin d'être sans difficulté, même lorsque l'on a entre les mains des individus réunissant les meilleures conditions pour l'observation.

C'est seulement après des recherches souvent répétées, que je crois être parvenu à comprendre nettement la disposition des organes génitaux dans les Tænias. Nulle part, en effet, on ne rencontrait rien de suffisamment précis sur ce point. Ce qui nous a paru de mieux à cet égard est la figure donnée par M. Richard Owen dans l'article concernant les Vers, inséré dans l'*Encyclopédie d'Anatomie et de Physiologie* (1). Néanmoins, le célèbre professeur du Collége des chirurgiens de Londres n'a décrit ces parties que d'une manière fort succincte.

Dans son *Manuel d'Anatomie comparée*, publié récemment, M. Siebold considère avec raison les Cestoïdes comme très imparfaitement connus sous le rapport de leurs organes génitaux. La difficulté de les isoler par la dissection n'ayant pas permis de les suivre en entier (2), leurs rapports et leurs ressemblances avec les organes génitaux des Trématodes ne pouvant, dès lors, être appréciés nettement. Aujourd'hui, je crois que les différences qu'on remarque sous ce rapport entre ces deux types se montreront dans tout leur jour ; elles me semblent considérables. Chez les Trématodes il y a une complication dans les organes des deux sexes, mais surtout dans les organes mâles, qu'on ne retrouve nullement dans les Cestoïdes. La disposition anatomique des parties ne présente ainsi que des différences, et le seul rapport bien réel me paraît consister uniquement dans le rapprochement des sexes.

TÆNIA DE LA FOUINE (*Tænia Foinæ* Blanch.).

Description. — Cette espèce est longue de 10 à 12 centimètres. La tête est assez grosse, ayant sa partie centrale très proéminente et garnie de deux rangées de crochets (3). La première en présente de 12 à 15 et la seconde de 20 à 22. Les anneaux antérieurs sont courts et larges. Ceux de la partie moyenne du corps

(1) *The Cyclopædia of Anatomy and Physiology*, vol. II, p. 137, fig. 70, art. ENTOZOA.

(2) Der Organisation der Geschlechtswerkzeuge ist jedoch bei den Bandwürmern noch nicht mit genügender Klarheit erkannt worden; um so vollkommener haben sich diese Organisationsverhæltnisse bei den Trematoden durchschauen lassen. — Bei den Cestoden sind die Geschlechtswerkzeuge æusserst zartwandig und so innig mit den parenchyme des Leibes verwebt dass sie in irhem vollstændigen Zusammenhange und Verlaufe bis jetzt noch nicht verfolgt werden konnten.

Siebold, *Lehrbuch der Vergleichenden Anatomie. Erst. Abtheil.* S. 141 u. 145.

(3) Pl. 14, fig. 5.

sont une fois plus larges que longs ; les suivants sont presque carrés, et dans les derniers la longueur excède la largeur.

Jusqu'ici on n'avait signalé aucune espèce de Tænia dans la fouine (*Mustela foina*). J'ai comparé celle que je viens de décrire avec les espèces déjà observées chez les autres mammifères du genre Mustela, et elle m'a paru en différer considérablement.

J'ai étudié ce Tænia sur trois individus seulement, trouvés dans l'intestin d'une fouine, tuée à Fointainebleau et envoyée à M. Valenciennes.

De l'organisation. — Comme la tête est assez volumineuse chez le Tænia de la fouine, j'ai pu disséquer le système nerveux. J'ai trouvé, dans cette espèce, la disposition que j'ai représentée chez le Tænia du chien et l'Anoplocéphale du cheval. Dans l'espèce de la fouine, les ganglions de la ventouse sont seulement beaucoup plus rapprochés de la bandelette médiane.

Les canaux gastriques sont assez larges, très faciles à voir dans cette espèce, où ils occupent du reste exactement la même place que dans les espèces précédentes.

Les vaisseaux, dans le Tænia de la fouine, ont encore la disposition générale que nous leur avons trouvée dans les autres espèces. Toujours quatre vaisseaux longitudinaux, deux externes et deux internes, par rapport aux canaux gastriques ; des vaisseaux transverses nombreux, aussi rapprochés les uns des autres que dans le Tænia de l'homme, et peut être plus réguliers encore.

Genre Anoplocéphale (*Anoplocephala* Blanch.).

Caractères. — Corps formé d'anneaux, en général très courts, d'une épaisseur assez considérable, se recouvrant un peu les uns les autres de manière à paraître comme imbriqués. Tête déprimée entre les quatre ventouses, et n'offrant ni proéminence, ni trompe garnie de crochets.

Les Anoplocéphales, détachés du genre *Tænia* des auteurs, se reconnaissent aisément aux caractères que nous venons d'énoncer. Ils sont moins nombreux en espèces que ceux dont la tête est armée de crochets ; mais parmi eux, comme parmi les autres, on arrivera probablement à des groupements plus naturels, et par suite on sera sans doute conduit à former encore quelques nouvelles divisions.

Chez les Anoplocéphales l'organisation est plus difficile à mettre en évidence que chez les véritables Tænias ; leurs anneaux, courts et épais, ne permettent pas de les disséquer aussi facilement. Les canaux gastriques et les vaisseaux se laissent injecter plus difficilement; cependant les différences entre les uns et les autres sont d'une importance fort secondaire.

Anoplocéphale du Cheval (*Anoplocephala perfoliata*) (1).

Tænia perfoliata Gœze, *Versuch von Naturgeschichte der Eingeweidew* p. 358, pl. 25, fig. 11-13 (1782).
Tænia quadrilobata Abildgaard, *Zool. danica*, t. III, p. 51, pl. 110, fig. 2-3 (1789).
Tænia equina Pallas, *Neue Nord Beytr.*, I, part. I, p. 71, tab. 3, fig. 23-24 (1781).
Tænia perfoliata Rudolphi, *Entozoor. Hist.*, t. II, p. II, p. 89 (1810), et *Entozoorum Synopsis*, p. 145 (1819).
Bremser, *Icones Helminthum*, pl. 15, fig. 2-4 (1824).
Dujardin, *Hist. des Helminthes*, p. 580 (1845).

Chez cette espèce la tête est extrêmement grosse, à bords arrondis, et presque quadrilobée; chaque partie étant séparée des autres par deux sillons disposés en croix. Les ventouses sont larges, presque orbiculaires (2). La tête est en outre pourvue en arrière des deux côtés de deux lobes oblongs (3). Tous les anneaux du corps sont extrêmement courts et épais, plissés, se recouvrant très sensiblement les uns les autres.

J'ai obtenu une seule fois soixante-dix à quatre-vingts individus de cette espèce, trouvés dans le rectum d'un cheval. Tous étaient encore incomplétement développés et ne présentaient encore ni organes de génération, ni canaux gastriques bien distincts : mais

(1) Pl. 13, fig. 2.
(2) Pl. 13, fig. 2, *b*.
(3) Pl. 13, fig. 2, *c*.

la grosseur de la tête de ces Tænias était extrêmement favorable pour l'observation du système nerveux. C'est sur cette espèce que j'ai bien réussi la première fois à en reconnaître la disposition.

Système nerveux. – La tête du Tænia du cheval disséquée par-devant et fixée par ses quatre ventouses (1), on découvre bientôt, dans la partie centrale, une bandelette offrant à chaque extrémité un renflement ganglionnaire peu considérable, mais, néanmoins, très distinct. De chacun de ces ganglions on suit deux filets nerveux rejoignant un centre médullaire situé exactement à la base de chacune des quatre ventouses. Ces centres nerveux sont assez gros pour être isolés complétement sans de trop grandes difficultés. Ils fournissent plusieurs filets nerveux, dont deux entourent presque entièrement la ventouse. En outre les petits ganglions médians donnent plusieurs nerfs très grêles aux parties latérales de la tête, et en arrière, ils fournissent chacun deux nerfs d'une extrême ténuité, descendant dans toute la longueur du corps de chaque côté de l'un et l'autre canal gastrique. Si l'on dissèque le système nerveux du Tænia, dans la position ordinaire de la tête, on ne peut isoler à la fois que les ganglions de deux ventouses ; mais il est plus facile de suivre les filets nerveux qui traversent tous les zoonites (2).

Anoplocéphale du Lièvre et du Lapin (*Anoplocephala pectinata*).

Tænia pectinata Gœze, *Naturgesch.*, p. 363, pl. 27, fig. 7-13 (1784).
Rudolphi, *Entoz. Hist.*, t. II, part. II, p. 82 (1810), et *Synops.*, p. 145 et 488 (1819).
Bremser, *Icones Helminth.*, pl. 14, fig. 5-6 (1824).
Dujardin, *Hist. des Helminthes*, p. 592 (1845).

Cette espèce, suivant les helminthologistes, atteint 20 centim. et même jusqu'à 50 ; mais les individus que j'ai eu l'occasion d'observer n'en avaient pas au delà de 11 à 12, sur 10 à 12 millim. de large dans la plus grande partie de leur longueur, leur portion

(1) Pl. 13, fig. 2, *d*.
(2) Pl. 13, fig. 2, *c*.

tout à fait antérieure étant seule d'environ moitié moins large : car les segments qui suivent immédiatement la tête sont déjà très développés. La tête est épaisse, déprimée en avant, comme chez toutes les espèces d'Anoplocéphales, la largeur excédant son épaisseur d'environ un tiers. Les premiers articles sont très courts, les suivants sensiblement plus longs ; mais leur largeur, même pour les derniers, est toujours au moins trois ou quatre fois supérieure à leur longueur. Tous les anneaux du corps, mais surtout ceux de la partie postérieure, sont relevés en arrière et se recouvrent ainsi un peu les uns les autres. J'ai rencontré cette espèce dans l'intestin du lapin sauvage, où elle paraît assez rare ; car, décrite par d'anciens helminthologistes, elle se trouvait placée dans les espèces douteuses sous le rapport de leurs affinités. Or, il est certain qu'elle appartient au genre Anoplocéphale, et qu'elle est très voisine de l'*A. perfoliata.*

Je décris ici cette espèce, pour la citer comme offrant une disposition du système nerveux parfaitement identique à celle que j'ai fait connaître chez l'*A. du cheval.* La grosseur de la tête m'a permis d'en comparer les moindres détails. Il résulte de ces observations que, chez les Anoplocéphales, la portion centrale du système nerveux se trouve moins en avant des ventouses que chez les Tænias. C'est une disposition pleinement en rapport avec la forme de la tête.

Chez un lapin, où je trouvai cette espèce à l'état adulte, j'observai une quantité considérable de jeunes individus (1). L'examen de la forme de la tête ne put me laisser de doute sur leur origine. Ces jeunes Tæniens eussent suffi pour montrer comment se développent les Cestoïdes.

Chez les plus petits individus, il n'y avait encore que quatre ou cinq anneaux ; chez les plus grands il y en avait quatorze ou quinze, et j'avais ainsi tous les intermédiaires. Dans les individus adultes nous avons remarqué la brièveté des articles par rapport à leur longueur. Chez les jeunes individus, cette différence de proportion était très faible comparativement, et elle l'était surtout dans

(1) Pl. 14, fig. 6.

les individus les plus jeunes. D'où il faut conclure que le développement en largeur ne se fait qu'en dernier lieu (1).

Des Vers désignés dans les ouvrages d'Helminthologie sous le nom de CYSTIQUES

Ces êtres appartiennent bien certainement au groupe des Tæniens. Leur singulier mode d'habitation, leurs formes insolites les ont fait considérer comme appartenant à un type zoologique particulier. Mais aujourd'hui on ne saurait, selon nous, conserver de véritable doute. C'est aussi l'opinion de MM. Dujardin et Van Beneden. Cependant, il faut bien le dire, comme dans les sciences, toute opinion ne doit être acceptée qu'autant qu'elle repose sur des faits irrécusables, il faudra être parvenu à produire à volonté avec un œuf de Tænia, soit un véritable Tænia, soit un Cysticerque. Il s'agit donc d'introduire artificiellement des germes connus dans différentes parties du corps d'un animal vivant, et d'attendre ainsi le résultat du développement. J'ai

(1) Outre les ouvrages généraux déjà cités, il faut voir encore, pour les Tæniens, divers Mémoires.

Delle Chiaie, *Memorie sulla storia e notomia degli animali senza vertebre del regno di Napoli*, t. I (1823 ?).

— *Reflessioni sulla Tænia umana armata* (1824), p. 129, tab. VII (*Tænia solium*, *Tænia fenestrata*).

— *Descrizione e Notomia degli Animali invertebrati del regno di Napoli*, t. V (1841 ?). *Tænia echinorhyncha*.

Schmalz, *Tabulæ anatomiam Entozoorum illustrantes* (1831).

Owen, *Tænia lamelligera* (*Transact. of the Zool. Society*, t. IV, p. 315, tab. 41).

Platner, *Beobachtung am Darmkanal der* Tænium solium, *Muller's Archiv*, 1842, S. 572, taf XIII, fig. 4 et 5.

Creplin, *Tænia denticulata* et *expansa* (*Archiv für Naturgeschichte von Wiegmann Herausg von Erichson*, 1842, 1 Band., p. 315, t. IX).

Klencke, *Ueber Contagiositæt der Eingeweidewurmer*

Dans une foule de recueils et de journaux de médecine, on trouve des remarques plus ou moins sérieuses sur les Tænias ; mais on comprend que le nombre et la nature de ces notices ne permet pas de les rappeler ici.

commencé quelques expériences ; mais il faut les avoir multipliées à l'infini pour que rien ne reste douteux ; car bien des causes difficiles à apprécier peuvent empêcher le développement de l'œuf du ver ; et là, le résultat négatif n'avancerait pas le moins du monde la question. J'ai cherché à identifier les Cestoïdes et les Cystiques, en comparant pour beaucoup d'espèces le Cysticerque et le Tænia, qui se rencontrent habituellement dans le même Mammifère. La déformation de toutes les parties, en y comprenant la tête, laisse souvent du doute à l'observateur ; cependant, ainsi qu'on le verra plus loin à l'occasion du Cysticerque du lapin, cette identification n'est peut-être pas toujours impossible.

Les Cystiques, comme on le sait, se trouvent constamment en dehors du canal intestinal. On les rencontre soit dans les muscles, soit sur le péritoine ou sur la plèvre, sur le foie, sur les poumons, soit encore dans le cerveau. Ils sont contenus dans des vessies ou ampoules plus ou moins volumineuses où se tiennent librement les Cystiques tantôt isolés, tantôt en masse considérable. Il n'y a jamais, entre eux et la vessie, de véritable adhérence. Tout porte donc à croire que le développement du kyste est déterminé par la succion du jeune animal sur le viscère auquel il s'est attaché ou par une sécrétion particulière

Il est probable ainsi que des œufs isolés de Tænias, introduits dans la cavité viscérale, viennent à former des Cysticerques : si les œufs au contraire sont en masse ; si c'est un anneau en entier de Tænia qui s'arrête sur un point de l'économie d'un animal, le développement des individus s'arrêterait beaucoup plus tôt que dans le cas d'isolement ; ils deviendraient ainsi les Échinocoques.

Tels sont les faits qui paraissent le plus probables ; mais l'observation directe pourra seule les faire regarder comme acquis à la science. Il importe du reste de remarquer que ce n'est pas là une vague supposition ; c'est une opinion formée sur la comparaison rigoureuse de ces êtres, et sur le mode d'habitation des uns et des autres.

On n'a jamais découvert chez un Cystique quelconque la moindre trace d'organes de reproduction ; j'ai fait à ce sujet des recherches minutieuses pour m'assurer s'il n'en existerait pas au moins des rudiments, des vestiges. Les observations les plus attentives ont toujours fourni un résultat négatif, même chez les Cysticerques les plus parfaits en apparence, ceux dont la forme s'éloigne le moins des Tænias.

Les dénominations génériques et spécifiques des vers, désignés sous le nom de *Cystiques*, devront donc disparaître : les noms génériques et spécifiques des animaux adultes devant toujours être réservés. Si j'emploie ici encore la nomenclature des helminthologistes, c'est seulement à cause de la difficulté où nous sommes d'identifier chaque Cystique avec le Tænia dont il dérive.

Les CYSTICERQUES (*CYSTICERCUS* Zeder).

Les Cysticerques se font surtout remarquer par la forme vésiculeuse de l'extrémité de leur corps ; car les caractères de la tête son ceux de la tête des Tæniens. Comme ceux-ci ils ont une trompe garnie de crochets, ou au contraire ils manquent de cette armature. La vessie ou ampoule, qui termine le corps, est très variable suivant les espèces ; quelquefois le Cysticerque conserve à peu près la forme du Tænia, et son extrémité seule présente une petite ampoule. Mais le plus souvent les anneaux sont plus atrophiés et l'ampoule forme la moitié ou les deux tiers du volume de l'animal. La vésicule qui contient le Cysticerque est toujours plus ou moins globuleuse. En général chaque vésicule contient un seul individu ; j'en ai trouvé cependant qui en contenaient deux.

J'ai étudié l'organisation de plusieurs Cysticerques. J'ai suivi avec soin le système nerveux chez plusieurs d'entre eux, et je l'ai trouvé entièrement semblable à celui des Tænias, et tout aussi développé proportionellement au volume de l'animal. J'ai retrouvé égalcment les tubes intestinaux latéraux et leur communication transversale dans la partie supérieure de chaque zoonite : mais dans la portion vésiculaire ces tubes disparaissent.

Cysticerque des Rats (*Cysticercus fasciolaris*) (1).

Tænia vesicularis fasciolata Gœze, *Versuch einer Naturgesch. der Eingeweidew.*, p. 220, pl. 18 *B*, fig. 10-14, et pl. 19, fig. 1-14 (1782).

Tænia hydatigena Werner, *Verm. Intest. Brev. exp.*, t. I, p. 13, pl. 9, fig. 22-33 (1782).

Cysticercus teniæformis Zeder, *Naturgesch.*, p. 405, pl. 4, fig. 6 (1800).

Cysticercus fasciolaris Rudolphi, *Entoz. Hist.*, t. II, p. II, p. 215, pl. 11, fig. 1 (1810), et *Entoz. Synops.*, p. 179 (1819).

Bremser, *Icones Helminthum*, pl. 17, fig. 3-7 (1824).

Dujardin, *Hist. des Helminthes*, p. 633 (1845).

Ce Cysticerque, dont la forme est celle d'un Tænia terminé par une petite ampoule ou vésicule, atteint jusqu'à 15 ou 18 centimètres de longueur. Il se rétrécit notablement d'avant en arrière. Sa tête est large et pourvue de deux rangées de crochets au nombre de dix-huit pour chacune. Ceux de la première étant un peu plus longs que ceux de la seconde.

On trouve ce Cestoïde pelotonné dans des kystes membraneux à la surface du foie des rats (*Mus decumanus*). Ce Cysticerque appartient peut être à l'espèce désignée par M. Dujardin, sous le nom de *Tænia murina* (*Hist. des Helminthes*, p. 564, n° 19), espèce assez commune dans l'intestin des rats. La forme générale de la tête semblerait indiquer cette identité ; mais des différences assez considérables dans les crochets tendraient au contraire à nous montrer ces vers comme n'appartenant pas à la même espèce. Du reste, on ne saurait rien décider à cet égard, car nous ignorons si l'animal se modifiant dans sa forme générale et même dans son organisation, les crochets de sa tête se modifient également.

De l'organisation. — Dans le Cysticerque du rat, j'ai suivi et j'ai isolé le système nerveux (2) ; et je l'ai trouvé tellement semblable à celui des Tænias, dont j'ai fait connaître la disposition que je ne saurais signaler une différence de quelque valeur.

La trompe formant une saillie considérable qui n'existe pas dans les Anoplocéphales, la bandelette transversale se trouve un

(1) Pl. 16, fig. 2.

(2) Pl. 16, fig. 2.

peu plus en avant, et les ganglions des ventouses m'ont paru d'une forme un peu plus carrée.

Pour l'appareil digestif, j'ai constaté également l'existence de deux canaux gastriques ayant entre eux une communication transversale dans chaque zoonite (1). Seulement, comme dans les Cysticerques, les anneaux sont plus ramassés que dans les Tænias; les canaux transversaux sont aussi beaucoup plus rapprochés les uns des autres.

CYSTICERQUE DU LAPIN (*Cysticercus pisiformis*) (2).

Hydatigena pisiformis Gœze, *Versuch einer Naturgesch. der Engeweideiw.*, p. 210, pl. 18 *A*, fig. 1-3, et pl. 18 *B*, fig. 4-7. — *Hydatigena utriculata*, pl. 18 *B*, fig. 8-9 (1782).

Vesicaria pisiformis et *utriculata* Schranck, *Verzeichen.* p. 30 (1788).

Cysticercus pisiformis Zeder, *Nachtrag*, p. 410 (1800).

Rudolphi, *Entoz. Hist.*, t. II, p. II, p. 224 (1810), et *Entoz. Synops.* p. 181 (1819).

Dujardin, *Hist. des Helminthes*, p. 634 (1845).

Description. — Ce Cysticerque, long en général de 6 à 8 millimètres, est ramassé, toujours d'une épaisseur assez considérable. Sa tête est large, dépassant même un peu les anneaux qui la suivent; elle présente quatre ventouses très évasées; mais elle n'offre entre ces ventouses aucune proéminence, aucune trompe garnie de crochets : elle est même un peu déprimée dans sa partie centrale. En arrière de la tête on compte, suivant l'état de développement de l'animal, de dix à quinze anneaux très étroits et un peu sinueux. Le corps se termine par une portion vésiculeuse très considérable, et présentant seulement quelques légères plissures.

Les Cysticerques du lapin sont contenus dans de petits kystes membraneux de forme globuleuse plus ou moins allongée, plus ou moins irrégulière. Ces kystes se voient souvent en très grande quantité sur l'intestin, et particulièrement sur le mésentère dans

(1) Pl. 16, fig. 2.
(2) Pl. 16, fig. 2.

nos lapins domestiques. Il n'est pas rare de les trouver en grand nombre très rapprochés les uns des autres (1).

Au moment où nous imprimons ce travail, deux observateurs (2) assurent avoir rencontré le *Cysticercus pisiformis* dans tous les Lapins soumis à leurs investigations, et d'après cela ils paraissent croire que ce Cestoïde doit se trouver inévitablement chez tous les individus. Or ceci n'est pas. J'ai examiné une très grande quantité de Lapins domestiques, et plusieurs fois j'en ai rencontré qui ne présentaient certainement aucun Cysticerque. Les mêmes observateurs annoncent encore avoir visité des Lapins nouveau-nés, dont le foie leur a offert des amas de substance blanchâtre qu'ils *croient* pouvoir regarder comme des amas d'œufs. Les œufs des vers sont pourtant assez faciles à voir pour qu'on les reconnaisse sans hésitation. J'ai déjà émis des doutes (3) sur l'existence des Vers intestinaux dans les fœtus et les nouveaux nés, des recherches nombreuses ne m'en ayant jamais fait découvrir. Je sais parfaitement qu'un résultat négatif a en général peu de valeur ; néanmoins il faut le dire : les faits signalés jusqu'ici ont été recueillis non pas par des helminthologistes exercés, mais ordinairement par des médecins qui n'avaient pas étudié d'une manière sérieuse les Vers intestinaux. Nous ne trouvons partout que des observations dont l'exactitude est plus que contestable. La question de l'existence des Vers dans le corps des embryons est donc loin d'être résolue affirmativement.

De l'organisation. — Le système nerveux du *C. pisiformis* est disposé absolument comme chez les Tænias, et surtout comme chez les Anoplocéphales. Les ganglions des ventouses sont très distincts ainsi que la bandelette centrale.

Les canaux gastriques existent aussi dans la portion du corps où se voient les annulations.

Le Cysticerque du lapin ne diffère pas seulement du Cysticerque du rat par la forme du corps, il en diffère par l'absence de

(1) Pl. 16, fig. 1.

(2) MM. Robin et Brown-Sequart. Communication faite à la Société de Biologie (*Gazette médicale*).

(3) *Comptes-rendus de l'Académie des Sciences*, t. XXVI, p. 355, mars 1848.

trompe garnie de crochets. Si le *Cysticercus fasciolaris* n'est autre chose que le Tænia du rat développé d'une manière anormale, on comprend la présence des crochets, bien que l'animal doive vivre enfermé dans un kyste. Le *Cysticercus pisiformis* manquant de crochets, on est porté à se demander s'il n'appartient pas à un Tænien sans crochets, c'est-à-dire à une espèce d'Anoplocéphale. Dans le lapin et dans le lièvre, en effet, on trouve l'*Anoplocephala pectinata*. Il serait donc très possible que notre Cysticerque en fût dérivé.

Des Cysticerques ont été observés chez un assez grand nombre de mammifères, mais les espèces ont été mal décrites et confondues les unes avec les autres. La plupart d'entre elles se rencontrent rarement, et je n'ai pu encore les étudier suffisamment pour être à même d'en préciser les caractères.

Chez l'homme on a rencontré parfois un Cysticerque dans les muscles ; mais c'est un cas fort rare, et je n'ai pu réussir jusqu'ici à m'en procurer malgré des recherches faites en divers endroits par plusieurs personnes. On a vu, en quelques circonstances, des individus dont toutes les parties musculaires du corps présentaient des Cysticerques : Werner, Himly, etc., ont constaté des cas de cette nature. Il y a peu d'années, M. Gervais a rendu compte d'un fait du même genre observé par un aide d'anatomie de l'École pratique, M. Marquay. Le sujet sur lequel ces vers furent recueillis était une femme âgée de 60 ans environ, dont le cadavre a présenté de nombreux foyers purulents qui paraissent avoir déterminé la mort. Presque tous les muscles logeaient des Cysticerques ; ceux des membres, comme ceux du tronc, les psoas mêmes et les piliers du diaphragme.

On a généralement adopté, pour l'espèce de l'homme, le nom de *Cysticercus cellulosæ* (Rudolphi, *Entoz. Hist.*, t. II, part. II, p. 226 ; et *Synops.*, p. 180 et 546). Sa tête est presque tétragone avec une proéminence médiane supportant, suivant M. Gervais, environ trente-deux crochets disposés sur deux rangs très serrés (1).

(1) Journal *L'Institut* — *Bulletin de la Société Philomatique*, p. 1 (1845

La plupart des helminthologistes assurent que le *Cysticercus cellulosæ* se trouve également dans le tissu cellulaire et les muscles du cochon, où il détermine la maladie connue sous le nom de *ladrerie*, et chez les singes (*Simia sylvanus*, *petas* et *cephus*), chez le chien, le rat, l'écureuil, le chevreuil, etc. Il n'est pas douteux que bien des espèces probablement fort différentes n'aient été confondues ; mais on ne pourra établir leurs caractères qu'en les comparant sur des individus vivants, et dont l'origine ne sera pas douteuse. Les figures publiées jusqu'à présent sont beaucoup trop mauvaises pour qu'il soit possible d'en tirer le moindre parti. D'ailleurs quand une figure de Cysticerque est donnée comme la représentation de l'espèce de l'homme, il se pourrait que ce fût la représentation de l'espèce du cochon. Les helminthologistes et mieux encore les médecins, les croyant identiques, ont paru attacher peu d'importance à l'origine de ces singuliers Cestoïdes.

Le *Cysticercus tenuicollis*, Rud. (*Entoz. Hist.*, t. II, pl. II, pag. 220 ; et *Ent. Synops.*, pag. 180, pl. III, fig. 18), remarquable par son corps grêle, terminé par une ampoule volumineuse, est signalé comme ayant été recueilli dans des kystes chez des ruminants, aussi bien que chez des singes, que chez l'écureuil, le cochon, etc. Il est probable aussi que des espèces différentes ont été confondues ici sous la même dénomination. M. Leuckart vient de décrire encore tout récemment, sous le nom de *C. tenuicollis*, un Cysticerque observé sur la rate chez un Mandrill (1).

Tous ces Cysticerques, décrits sous la dénomination de *C. tenuicollis*, se ressemblent beaucoup, à la vérité, par la ténuité de la partie antérieure du corps et l'ampleur de sa partie postérieure ; mais ceci ne suffit pas pour rendre certaine l'identité spécifique.

Bojanus a décrit sous le nom de *C. pileatus* (*Isis* von Oken 1821, 1 Bd. S. 162, tab. 2 et 3) un Cysticerque trouvé sous la peau et sur le muscle *biceps cruris* d'un Quadrumane (*Simia inuus*).

On a désigné sous le nom de *Cysticercus fistularis* celui qui

(1) *Beobachtungen und Reflexionen über die Naturgeschichte der Blasenwürmer. Erichson's Archiv für Naturgesch.*, p. 7, tab. 2, fig. 1 et 2 (1848).

se trouve dans des kystes sur le péritoine du cheval. Rudolphi cite plusieurs autres Cysticerques dont les caractères sont moins établis encore.

OBSERVATIONS.

Je le répète, rien n'est moins démontré que l'identité spécifique de ces Cysticerques, observés chez des Mammifères appartenant à des ordres différents. Mais il y a là une question trop intéressante en ce qui concerne l'histoire des Vers pour manquer de nous y arrêter un instant.

Est-il certain que les germes de ces Cestoïdes se développent seulement à la condition d'être introduits dans une espèce déterminée de Mammifère, et avortent partout ailleurs? Dans l'état actuel de la science, on n'ose sur ce point hasarder aucune supposition ; car, si nous rassemblons sous nos yeux les faits les mieux constatés, comme les différences existant entre les Tæniens propres aux divers animaux, l'esprit demeure dans un singulier embarras. Chaque Tænia, chaque Cysticerque, suffisamment bien connu pour être cité comme exemple, ne se trouve que chez une seule espèce de Mammifère ou chez des espèces extrêmement voisines. Faut-il en conclure que les germes de ces Cestoïdes se développent seulement dans le cas où ils sont introduits chez l'être qui les nourrit habituellement, ou que ces Vers se modifient suivant qu'ils se développent dans un genre de Mammifère ou d'Oiseau plutôt que dans un autre : deux hypothèses, dont l'une doit nécessairement être l'expression de la réalité ?

C'est là une de ces questions sur lesquelles il n'est pas inutile d'appeler l'attention des observateurs. De mon côté, je poursuis des expériences qui peut-être finiront par jeter une certaine lumière sur le développement de ces êtres remarquables sous tant de rapports.

On sait qu'il n'en est pas de tous les Cestoïdes comme des Tæniens ; non seulement des espèces de Bothriocéphaliens se trouvent dans l'intestin de poissons d'ordres très différents, mais il paraît positif encore que ces Vers peuvent vivre ensuite dans le corps des oiseaux *ichthyophages*, et même s'y développer d'une manière plus complète.

Les ÉCHINOCOQUES (*ECHINOCOCCUS* Rud.).

Ces vers sont de petits Cestoïdes contenus dans une vésicule plus ou moins volumineuse renfermée dans un kyste d'une texture résistante, qui se développe sur divers organes, et le plus souvent sur le foie des ruminants. Les Échinocoques, dont l'aspect ressemble beaucoup à celui des Tænias au sortir de l'œuf, nagent en grand nombre dans un liquide albumineux contenu dans la vésicule.

C'est à l'ensemble du kyste que les médecins plutôt que les naturalistes ont donné les noms d'*Hydatides* ou *Hydatines* à cause du liquide qu'il renferme (1). Les animaux qu'on y voit en très grand nombre, toujours d'une petitesse extrême, ont à l'œil nu l'aspect de grains de sable extrêmement fins.

Selon toute probabilité, ces vers sont sortis d'œufs de Tænias, et comme ils ne se trouvent point placés dans les conditions nécessaires à leur développement, ils demeurent à l'état d'embryon, frappés qu'ils sont d'un arrêt de développement.

On les a crus le résultat de générations spontanées, mais nous laissons entièrement de côté ces idées; toutes les observations sérieuses ont montré l'importance qu'on devait y attacher.

Laënnec et plusieurs autres naturalistes ont désigné sous la dénomination d'*Acéphalocystes* les vésicules où ils n'ont pas trouvé d'animaux.

Le type des Echinocoques est

L'Échinocoque des vétérinaires (*Echinococcus veterinorum*) (2).

Tænia visceralis socialis granulosa, Gœze, *Naturgesch.*, p. 258, pl. 20, *B*. fig. 9-14 (1782).

Hydatigera granulosa, Batsch, *Naturgeschichte der Bandwürm. Gattung.*, p. 87, fig. 17-37 (1786).

Polycephalus granulosus, Zeder, *Nachtrag*, p. 431 (1800).

(1) *Mémoire sur les Vers vésiculaires* (*Bulletin de l'École de médecine de Paris*, t. I, p. 431, an XIII.

(2) Pl. 16, fig. 4.

Echinococcus veterinorum, Rudolphi. *Entoz. Hist.*, t. II, II, p. 251, pl. 11, fig. 5 et 7 (1810); et *Entoz. Synops.*, p. 183 (1819).
Bremser, *Icon. Helminth.*, pl. 18, fig. 3-13 (1824).
Dujardin, *Hist. des Helminthes*, p. 636 (1845).

Les plus grands individus ne dépassent guère la longueur d'un millimètre, leur tête offrant une sorte de trompe musculeuse au centre, qui est entourée d'une rangée de crochets entièrement semblables à ceux des Tænias.

J'ai représenté un des individus les plus développés de l'*Echinococcus veterinorum*. La trompe, ou la portion centrale de la tête, est très développée, et complétement arrondie à son sommet, et à sa base elle est entourée d'une couronne de crochets. Ceux-ci, au nombre d'une quarantaine, ont une longueur équivalant à la moitié environ de la hauteur de la trompe. Ces appendices, très légèrement cintrés par leur bord externe, offrent, au contraire, une ou deux dentelures au côté interne. Chacun de ces crochets est d'une largeur égale depuis sa base jusqu'à sa partie moyenne ; mais, dans cette portion, il présente une dent plus ou moins saillante, et quelquefois deux dents séparées l'une de l'autre par une légère concavité. En arrière de la dent, le crochet s'amincit graduellement, et se termine en pointe aiguë. Ces crochets ne sont donc pas entièrement semblables les uns aux autres (1). Les ventouses sont épaisses, et l'espace qu'elles occupent, plus large que le reste du corps, forme environ le tiers de la longueur totale de l'animal. Le corps est presque cylindrique avec les angles postérieurs arrondis, montrant plusieurs plis, ou traces d'annulations, très distincts, particulièrement sur les côtés.

Chez les individus moins développés que celui qui vient d'être décrit, la forme de la tête est à peu près la même ; mais le corps est plus court, et sensiblement rétréci d'avant en arrière. Il est presque inutile de dire qu'on voit tous les intermédiaires, depuis les plus raccourcis jusqu'aux plus allongés.

J'ai observé assez souvent l'Échinocoque des vétérinaires sur

(1) Pl. 16, fig. 4, *a*.

le foie des Bœufs, où on le rencontre parfois en nombre prodigieux. Dans toutes les circonstances, j'ai observé une identité parfaite entre les Vers recueillis dans ces vésicules provenant de différents individus.

De l'organisation. — Leur extrême petitesse ne permet pas de les étudier autrement que sous le microscope. Dans chaque vésicule on les trouve à divers degrés de développement ; les uns plus petits, plus arrondis en arrière, ne présentant point encore de traces d'annulations; d'autres, un peu plus gros, dont la portion postérieure est plus parallèle, beaucoup plus développée, offrant déjà des commencements d'annulation bien apparents. A l'intérieur, comme l'a observé M. Gluge (1) pour les Échinocoques de l'homme, on distingue une rangée de globules à la suite les uns des autres de chaque côté du corps. Ces globules sont analogues à ceux qu'on voit souvent chez des embryons de Tænias. Ce sont probablement les éléments qui constitueraient les canaux gastriques si l'animal était placé dans une condition favorable à son développement.

L'*Echinococcus veterinorum* a été décrit et représenté par plusieurs helminthologistes ; mais il est très difficile néanmoins d'établir si tous ont vu la même espèce. J'ai cru devoir adopter la dénomination la plus répandue pour l'appliquer à l'espèce qui est assez commune chez le Bœuf. Quant aux Échinocoques observés chez d'autres animaux, même dans ceux du groupe des Ruminants, ils appartiennent peut-être à des espèces différentes. Par exemple, chez les Moutons, nous avons toujours rencontré un animal très peu semblable à l'*Echinococcus veterinorum* observé chez le Bœuf.

Comme j'ai eu l'occasion de le dire relativement aux Cysticerques, l'identité ou la diversité des espèces ne pourra être établie qu'après une étude réelle des véritables caractères de l'animal, et particulièrement de la forme de la tête, du nombre, de la disposition des crochets, etc. Or les figures et les descriptions données jusqu'ici sont trop imparfaites pour qu'on puisse s'y arrêter.

On rencontre rarement des Échinocoques chez l'Homme. Je

(1) *Anatomische mikroskopische Untersuchungen.*

n'ai pas réussi à m'en procurer en bon état, de manière à pouvoir les comparer à l'espèce des animaux ruminants, et surtout à l'espèce des Bœufs. Gœze, Rudolphi et d'autres helminthologistes lui donnent le nom d'*E. hominis*, et la considèrent comme appartenant à une espèce particulière Depuis, d'autres naturalistes ne voyant pas de caractères distinctifs nettement indiqués par les auteurs, ont regardé tous les Échinocoques décrits ou figurés comme étant de la même espèce. MM. Ersch et Gruber (*Allgemeine Encyclopedie* et M. Dujardin (*Histoire des Helminthes*) ont formulé cette opinion, établie sur un motif dont la valeur est trop contestable pour être discutée.

Les Échinocoques de l'Homme ont été trouvés dans presque toutes les parties du corps. On peut consulter à cet égard une thèse de Rendtorff (*De Hydatibus in corpore humano præsertim in cerebro repertis.* Hambourg, 1818).

Échinocoque du Mouton (*Echinococcus arietis* Blanch. (1)).

La vésicule ressemble beaucoup à celle des *Echinococcus veterinorum*, et, d'après son aspect extérieur, on ne pourrait guère l'en distinguer. Les animaux qui y sont renfermés ont, au contraire, des caractères tout particuliers, et c'est à peine si d'abord on peut les considérer comme des Échinocoques, tant ils diffèrent de ceux décrits dans les ouvrages d'helminthologie.

Leur corps, long d'environ 1 millimètre, est très aplati, avec son contour parfaitement ovoïde. En avant, on aperçoit de chaque côté un double lobe, où l'on reconnaît le commencement des ventouses propres aux Cestoïdes. Entre ces lobes, on distingue une petite portion triangulaire, qui paraît ouverte au dehors, et qui serait dès lors une véritable bouche. Cet orifice est en communication avec un tube d'abord fort grêle, plus large ensuite, et enfin élargi considérablement un peu au-delà de la partie moyenne du corps. Tout ce tube se distingue au travers des téguments par sa couleur foncée. Au-dessus de sa portion élargie se trouve une couronne de crochets complétement dressés en devant; ces crochets (2), au nombre de trente-six à quarante, sont

(1) Pl. 16, fig. 5.
(2) Pl. 16, fig. 5, *a*.

terminés en pointe aiguë, et pourvus au moins d'une dentelure au bord interne vers la moitié de leur longueur. L'extrémité postérieure du corps présente une petite fossette. Sur les côtés, on voit très nettement par transparence une série de globules analogues à ceux que nous avons décrits chez l'Échinocoque des vétérinaires.

J'ai rencontré cette espèce à plusieurs reprises sur le foie des Moutons et toujours en très grande quantité. Tous les individus comparés entre eux avec soin m'ont offert absolument les mêmes caractères et la même forme. Je n'ai même pu apercevoir de différence sensible dans le développement des nombreux individus recueillis à plusieurs époques.

Rien de plus singulier que cet *Echinococcus arietis*, où il existe une sorte de canal intestinal très apparent, et où les crochets, du reste très semblables à ceux des autres Cestoïdes, se trouvent placés au-delà de la partie moyenne du corps. Mais ne connaissant en aucune façon l'origine de cette espèce, trouvant d'aussi grandes différences entre elle et ses congénères, il est bien difficile de se former une opinion sur sa nature véritable ou sur son degré de développement.

Les CŒNURES (*COENURUS* Rud.).

Je ne mentionne ici les Cœnures que pour mémoire en quelque sorte. Je n'ai pu, malgré de nombreuses recherches, me les procurer vivants.

Chez eux, il n'y a qu'une seule vésicule, à laquelle sont fixés les animaux ; elle n'est pas renfermée dans un kyste membraneux, comme celle des Échinocoques (1). Les Cœnures nous représentent des têtes de jeunes Tænias, dont les corps seraient soudés (2). Il y a là quelque chose de tout à fait inexplicable dans l'état actuel de la science. On n'en connaît qu'une espèce observée seulement dans la substance cérébrale des Moutons, et peut-être de quelques autres Ruminants, chez lesquels elle détermine la maladie connue sous le nom de *Tournis*.

(1) Pl. 17, fig. 4.
(2) Pl. 17, fig. 4, *a*.

C'est le :

Cœnure cérébral (*Cœnurus cerebralis*).

Tœnia vesicularis, Gœze, *Naturgesch.*, p. 248, pl. 20 *A*, fig. 1-5 (1782
Hydratula cerebralis, Batsch, *Bandwurm.*, p. 84 (1786).
Polycephalus ovinus, Zeder, *Nachtrag zur Naturgesch. der Eingeweidew.* p. 430 (1800).
Cœnurus cerebralis, Rudolphi, *Entozoor. Hist.*, t. II, p. II, p. 243, pl. 11 fig. 3, *A-E*, et *Synops.*, p. 182 (1819).
Bremser, *Icon. Helminth.*, pl. 18, fig. 1-2 (1824).
Dujardin, *Hist. des Helminthes* (1845).

C'est une Ampoule, dont la grosseur est quelquefois considérable. Les petits animaux sont pourvus de têtes à trompe très saillante, garnie de deux rangs de crochets et de ventouses très développées (1).

(1) Pour l'histoire des Cystiques, outre les ouvrages déjà mentionnés, outre les articles du *Dictionnaire d'histoire naturelle* de M. de Blainville, de l'*Allgemeine Encyclopedie*, par MM. Ersch et Gruber, du *Dict. univ. d'Hist. nat.*, par M. Gervais, l'important article Entozoa de M. Owen (*Cyclopœdia of Anatomy and Physiology*, edit. by Todd), nous citerons encore les mémoires et notices suivants :

Fischer, *Tœniœ Hydatigenœ.* — *Historia Lipsiœ* (1789).

Schrœder, *Prog. comment. de Hydatibus in corpore animali prœsertim humano repertis* (1790).

Bonnet, *Sur les Vers hydatides du corps humain* (an x).

Laënnec, *Mémoire sur les Vers vésiculaires* (*Bulletin de l'École de médecine de Paris*, t. I, p. 131. — An XIII).

Cloquet, *De Hydatibus* (*Dict. des Sciences méd.*, t. XXII, p. 156. — 1818).

Kuhn, *Recherches sur les Acéphalocystes* (1832).

Lesauvage, *Acrostome*, nouveau genre de Vers vésiculaires (*Ann. des Sc. nat.*, 1re série, t. XVIII, p. 43). — Ce n'est sans doute pas un Ver.

Gervais, *Annales d'anatomie et de physiologie*. t. II, p. 172 (1838).

Leuckart, *Cysticercus elongatus* observé dans l'utérus d'un Lapin domestique, et *Cysticercus cercopitheci cynomolgi* (*Zool. Bruchst. III Helminthologische Beytræge*, p. 1. — 1842).

Froriep, *Cysticercus cellulosœ* (*Hydatides ossium*), *Chirurgische kupfertafeln*, Heft 87 (1842).

Engel in *Schmidt's Jahrbücher*, Bd. 53, p. 43, et Bd. 54, p. 83 et 269 (1842).

Livois, *Rech. sur les Échinocoques chez l'homme et chez les animaux* (1843).

Rokitansky, *Cysticercus cellulosœ* (*Handbuch der Pathologischen Anatomie*, Bd. 11, p. 367 et 839.

Drewry Ottley, *Cysticercus cellulosœ* (*Medico-Chirurgical Transact. of London*, vol. XXVII, p. 12. — 1844).

Tribu des BOTHRIOCÉPHALIENS (*BOTHRIOCEPHALII*).

Caractères. — Corps ordinairement très long, et divisé en un grand nombre d'anneaux androgynes. Tête n'ayant pas de véritables ventouses, mais de simples fossettes. Orifices génitaux situés, soit sur la ligne médiane et ventrale du corps, soit sur le bord latéral de chaque article. Canaux gastriques généralement très distincts.

Les divisions génériques sont beaucoup plus nombreuses ici que dans la tribu des Tæniens, et il est certain que des recherches ultérieures en faisant connaître d'une manière plus exacte et plus complète les organes génitaux dans chaque espèce, on se trouvera conduit à former encore plusieurs nouvelles divisions. Les caractères fournis par les appendices et les crochets de tête paraissent coïncider souvent avec d'autres caractères.

Tandis que les Tæniens sont surtout les Cestoïdes des Mammifères et des Oiseaux, les Bothriocéphaliens sont particulièrement les Cestoïdes des Poissons et de quelques Reptiles ; cependant il n'y a rien d'exclusif absolument, car le type du genre Bothriocéphale vit dans l'intestin de l'Homme.

Comme on l'a vu, les Tæniens, qui se développent en dehors du canal intestinal, c'est-à-dire dans les muscles, dans le tissu cellulaire ou sur les viscères, deviennent, selon toute probabilité, les Vers cystiques toujours privés d'organes reproducteurs.

Il se passe à l'égard des Bothriocéphaliens et des Rhynchobothriens quelque chose de très semblable. Comme les Tæniens,

Cunier *in* Rayer, *Archives de médecine comparée*, p. 128 (1843).

Sichel, *Journal de chirurgie* de Malgaigne, p. 401 (1843).

O Bryen Bellingham, *Catalogue of Irish Entozoa with observations* (*Annals and Magazine of natural Hist.*, vol. XIV, p. 396. — 1844).

Goodsir *Cases and observations illustrating the History and pathological relations of two kinds of hydatids, hitherto undescribed.* — *Edinburg medical and surgical Journal*, p. 267 (1844).

Et une foule d'observations sur des cas de Cystiques publiées dans les recueils et les journaux de médecine, la *Gazette médicale* et la *Gazette des hôpitaux de Paris*, *The London medical Gazette*, etc.

ils n'acquièrent d'organes génitaux, ils ne prennent tout leur développement que placés dans leur condition normale, c'est-à-dire dans le canal digestif. Dans les muscles ou sur les viscères des Poissons, on rencontre souvent des Bothriocéphaliens ; mais alors ils sont privés d'organes génitaux, et leur corps est déformé au point de ne pas permettre de reconnaître de quelles espèces ils dérivent ; il en est ici de même que chez les Tæniens. On a donc formé avec les Bothriocéphaliens et les Rhynchobothriens avortés, comme avec les Tæniens avortés, des genres et des groupes particuliers. Ils devront disparaître, quand on aura réussi à identifier ces Cestoïdes, que nous rencontrons sous des états si différents. Aujourd'hui tout fait espérer une solution assez prochaine.

M. Miescher, je crois, est le premier qui ait indiqué comme probable l'identité spécifique de ces Bothriocéphaliens et Rhynchobothriens incomplets avec ceux qui ont acquis tout leur développement (1). Les observations récentes de M. Van Beneden ont beaucoup avancé la question ; car il paraît en résulter un fait très remarquable. Les Cestoïdes incomplets sont logés dans des kystes chez certains Poissons. Ces Poissons seraient dévorés par d'autres, comme cela arrive fréquemment, par des Squales, des Raies, etc. L'animal, ainsi avalé et décomposé par l'action des sucs digestifs, laisserait libres les Vers qui, eux ne souffrant aucunement de ces sucs, se développeraient ainsi dans le canal intestinal des Poissons voraces où on les rencontre habituellement.

M. Van Beneden nous semble avoir suivi assez complétement toutes les phases du développement d'une espèce de ces Cestoïdes, pour qu'il reste aujourd'hui peu de doute sur l'exactitude de ces faits.

(1) M. Miescher cependant s'était singulièrement mépris sur un point, car il pensait que la Filaire des poissons pouvait se métamorphoser en un Ver aplati, très semblable à un Trématode d'où sortirait ensuite un Tétrarhynque : M. Van Beneden a dit tout ce que cette opinion avait d'erroné ; les Filaires comme tous les Nématoïdes deviennent adultes sans changer de forme ; ce sont des animaux très éloignés des Trématodes et des Cestoïdes.

Les Bothriocéphaliens et les Rhynchobothriens, animaux parasites des Poissons pour la plupart, se ressemblent sous le rapport de leurs métamorphoses et de leur développement. Nous les plaçons cependant dans deux tribus distinctes, en considération de l'armature de la tête des Rhynchobothriens; caractère qui permet de les distinguer au premier abord, et qui a même conduit M. Dujardin à former pour ces Cestoïdes un ordre particulier. Une telle séparation nous paraît exagérée; car tous ces Cestoïdes sont certainement liés par de grandes affinités; mais comme je n'ai pas étudié d'une manière complète les *Rhynchobothrius*, je ne puis me prononcer entièrement sur la valeur de leurs rapports naturels. J'ai recherché depuis plusieurs années le type du genre *Rhynchobothrius* dans un nombre énorme d'intestins de Raies où plusieurs helminthologistes le disent assez fréquent, et jusqu'ici je ne l'ai que fort rarement rencontré.

Les Bothriocéphaliens complets bien connus ne sont pas nombreux en espèces; on en a décrit moins d'une quarantaine; mais ces Vers vivant surtout chez les Poissons de mer, on comprend qu'ils n'ont été bien recherchés que dans les espèces apportées journellement sur les marchés.

La tribu des Bothriocéphaliens me paraît pouvoir être divisée en deux petites familles : l'une, la famille des *Bothriocéphalides*, comprenant la plus grande partie des espèces de l'ancien genre Bothriocéphale et tous les types voisins dont la tête est inerme; l'autre, la famille des *Triæonophorides*, comprenant les Triæonophorus et les Bothriocéphales armés, distingués ainsi des premiers par la présence de crochets.

Je répéterai ici ce que j'ai déjà dit à l'égard des divisions de la tribu des Distomiens dans l'ordre des Trématodes; je n'ose qu'indiquer ces groupes; d'autres caractères paraissent devoir les appuyer; mais nos observations ne sont pas encore assez nombreuses pour nous permettre de généraliser avec toute certitude.

FAMILLE DES BOTHRIOCÉPHALIDES (*BOTHRIOCEPHALIDÆ*).

Genre BOTHRIOCÉPHALE (*Bothriocephalus* Rud., Bremser).

(*Tænia* Linn., Pallas, etc.)

Caractères. — Tête inerme pourvue de fossettes latérales. Corps très long, très déprimé, composé d'un grand nombre d'anneaux.

Jusqu'à présent on avait rangé dans le genre Bothriocéphale des espèces fort différentes, les unes ayant la tète nue, pourvue seulement de fossettes, les autres avec la tête munie d'appendices membraneux, et d'autres encore avec des crochets au-dessus des appendices membraneux.

Dans ce genre de Cestoïde, on devait donc distinguer tout d'abord trois types principaux. M. Dujardin en forma trois divisions, et déjà Rudolphi en avait distingué deux, les espèces inermes et les espèces armées, en donnant à chacune d'elles un nom adjectif.

J'ai cru devoir former trois genres de ces trois types de Bothriocéphales; les caractères qui les séparent les uns des autres me paraissent avoir une valeur au moins égale et même supérieure à celle des caractères de divers autres genres du même groupe admis dans tous les ouvrages d'helminthologie. Ce travail s'imprimait, quand je reçus de M. Van Beneden (1) une Note sur un nouveau type de Cestoïde, où je trouvai dans un tableau, sur lequel j'aurai l'occasion de revenir, l'indication des genres que j'avais établis de mon côté. M. Van Beneden n'a pas donné de caractères; il n'a fait que citer l'espèce type du nouveau genre; mais cela n'est pas douteux, il a été guidé par les considérations qui m'avaient guidé moi-même.

J'avais appliqué des dénominations génériques; je les abandonne pour prendre celles du tableau de M. Van Beneden, afin de ne pas amener de confusion.

Le genre Bothriocéphale se trouve donc réduit maintenant aux

(1) *Notice sur un nouveau genre d'Helminthe Cestoïde* (*Bulletin de l'Académie royale de Belgique*, t. XVI, n° 2).

espèces, dont la tête pourvue de fossettes ne présente ni appendices ni crochets.

Parmi celles-ci, une seule se trouve chez l'Homme ; toutes les autres se rencontrent chez des Poissons de mer ou des Oiseaux de mer, qui peut-être les prennent des Poissons dont ils se nourrissent.

L'espèce de l'Homme a une tête allongée avec deux fossettes en forme de fente ; les autres espèces ont une tête presque tétragone avec de véritables fossettes. Chez la première, l'ovaire consiste en un long tube très replié et contourné ; chez les autres, il se présente ordinairement sous la forme d'un tube court presque en forme de capsule.

Si ce dernier caractère est général à toutes les espèces dont la tête est pourvue de véritables fossettes, il y aura lieu, je pense, de les distinguer génériquement de l'espèce de l'Homme.

BOTHRIOCEPHALE LARGE (*Bothriocephalus latus*) (1).

Tænia lata et *Tænia vulgaris*, Lin., *Syst. nat.*, XIIᵉ édit., p. 1323 et 1324 (1761).

Tænia à anneaux courts, Bonnet, *Mém. de mathém. et de phys. de l'Académie des sciences*, t. I, p. 478, tab. 1 et 2 (1750).

Tænia lata, Pallas, *Elenchus Zooph.*, p. 410, n° 4

Tænia grisea, Ejusd., *l. c.*, p. 408 (1765).

Tænia lata, Bloch, *Abandl von der Erzeug. der Eingeweid.*, p. 17 (1782).

Gœze, *Naturgeschichte der Eingeweidew.*, p. 298, tab. 21, fig. 8 (1782).

Carlisle, in *Transact. Linn. Soc.*, t. II, p. 247, tab. 25, fig. 12-14 (1794).

Tænia vulgaris et *Tænia lata*, Jœrdens, *Helminthologie*, p. 47 et 49, tab. IV, fig. 1-10 (1801).

Halysis lata et *membranacea*, Zeder, *Nachtrag*, p. 357 et 358 (1800).

Tænia lata, Rudolphi, *Entozoor. Hist.*, t. II. part. II, p. 70 (1810).

Bothriocephalus latus, Bremser, *Ueber lebende Würmer in lebenden Menschen*, p. 88, tab. II, fig. 1-12 (1819).

Rudolphi, *Entoz. Synops.*, p. 136 et 469 (1819).

Owen, article ENTOZOA, *Cyclopedia of Anatomy and Physiology*, edited by Todd, vol. II, p. 120 (1839).

Eschricht, *Anatomisch-Physiologische untersuchungen über die Bothryoce-*

(1) Pl. 17, fig. 1.

phalen in *Nova Acta Academ. Cur.*, t. XIX, 2e suppl., p. 1, pl. 1 et 2 (1841).
Dujardin, *Hist. des Helminthes*, p. 612 (1845).

Description. — Le corps atteint une longueur énorme, analogue à celle du *Tænia solium*, communément 6 à 10 mètres et parfois jusqu'à 20. La tête est longue d'un peu plus de 2 millimètres, et seulement du quart environ de sa largeur. C'est du moins le rapport que j'ai trouvé sur deux têtes de *Bothriocephalus latus* que j'ai examinées; mais, suivant d'autres observateurs, la largeur équivaudrait au tiers de la longueur ; il peut y avoir à cet égard quelques légères différences suivant les individus. Cette tête(1) est ainsi de forme oblongue avec son extrémité antérieure un peu rétrécie, et ses côtés presque parallèles, seulement un peu ondulés. En avant et de chaque côté, elle offre une fente étroite, allongée, et un peu triangulaire, ce qui la fait paraître comme divisée si on la considère de profil (2). En dessus et en dessous, la tête présente une surface presque plane, légèrement concave dans sa portion médiane et antérieure. Exactement en arrière de la tête, il existe une sorte de cou encore assez large et sans annulations ; mais il a très peu de longueur. On distingue bientôt les premiers articles, tous très larges par rapport à leur longueur. Le corps s'élargit graduellement, et chaque anneau conserve presque les mêmes proportions entre la longueur et la largeur, les derniers sont toutefois un peu plus longs proportionnellement; mais, comme pour le Tænia, on remarque toujours quelques différences individuelles. La couleur de l'animal est d'un blanc jaunâtre ou grisâtre avec la portion médiane des anneaux les mieux développés, d'une nuance plus jaunâtre ou plus roussâtre, l'ovaire laissant apparaître sa coloration sous les téguments. Les orifices génitaux se voient exactement sur la ligne médiane du corps ; le pénis est saillant au dehors ; l'orifice de l'oviducte est situé un peu en arrière.

Ce Cestoïde habite l'intestin grêle de l'Homme, absolument

(1) Pl. 17, fig. 1, *b*.
(2) Pl. 17, fig. 1, *c*.

comme le *Tænia solium*. Mais un fait remarquable, c'est qu'il ne se rencontre pas dans les pays où l'on trouve habituellement le Tænia ; ces deux Cestoïdes semblent ainsi se remplacer. Dans la plus grande partie de l'Europe, en France, en Italie, en Angleterre, en Allemagne, etc., on ne rencontre que le *Tænia solium*. En Suisse, en Pologne, en Russie, c'est le Bothriocéphale seul dont on est atteint. Il est inutile de dire que l'un ou l'autre se trouve assez souvent transporté par les personnes qui en sont atteintes ; car on ne s'en débarrasse pas en changeant de pays. Dans plusieurs parties de la Suisse, le *Bothriocephalus latus* est extrêmement commun, et les étrangers qui vont habiter ce pays pendant un certain temps y gagnent très ordinairement le Bothriocéphale. En Suisse, il est d'habitude d'employer les vidanges pour arroser les terres, des millions d'œufs de Bothriocéphales y sont répandus. Cette circonstance a fait penser à plusieurs naturalistes que ces œufs pouvaient se trouver facilement entraînés sur les légumes, les salades, etc., être avalés ainsi, et se développer dans le canal intestinal (1).

Pendant longtemps, les naturalistes ne distinguèrent pas le Bothriocéphale des Tænias ; la tête, si complétement différente, avait échappé à la plupart, et alors l'aspect du corps ne leur présentait rien de très particulier ; ils ne songèrent pas aux différences considérables des organes de la génération, et s'attachèrent seulement aux proportions entre la longueur et la largeur des anneaux. Un examen superficiel suffit cependant pour reconnaître un article comme appartenant à l'un ou l'autre de ces deux types ; les orifices génitaux étant toujours situés sur les bords latéraux dans les Tænias, et sur la ligne médiane dans les Bothriocéphales.

On se procure assez difficilement la tête du *Bothriocephalus latus* ; car, sous l'influence des Vermifuges, l'animal est souvent rompu, et perd son extrémité antérieure, qui, selon toute probabilité, demeure fixée à la muqueuse intestinale. Cette

(1) Voyez Émile Blanchard, *De la propagation des Vers qui habitent le corps de l'homme et des animaux* (*Comptes-rendus de l'Académie des Sciences*, t. XXVI, p. 355, mars 1848).

tête avait été décrite et figurée dès l'année 1750 par Bonnet ; mais ni Linné, ni Goëze, ni les autres helminthologistes, ni même Rudolphi, ne purent se la procurer. Bremser fut le premier qui la fit connaître exactement. M. Eschricht l'a décrite avec soin, et, grâce à l'obligeance de M. le docteur Mayor, de Genève, j'ai pu étudier à l'état frais un *Bothriocephalus latus* parfaitement complet.

L'anatomie de cette espèce a déjà été le sujet d'un fort beau travail de la part de M. le professeur Eschricht, de Copenhague ; ce sera pour moi une raison de ne décrire que succinctement l'organisation de ce Cestoïde. Il ne m'a été possible de l'obtenir à l'état frais que deux fois. Beaucoup de choses m'auront échappé sans doute ; car je n'ai pu voir l'ensemble du système nerveux sur un seul individu, et, malgré des tentatives réitérées, je n'ai pas réussi à injecter le système vasculaire, dont l'existence cependant ne me paraît guère douteuse.

De l'organisation. — *Téguments.* — La peau et les muscles sont très semblables ici à ce qui existe chez les *Tænia*. Comme le dit M. Eschricht, les fibres longitudinales se reconnaissent très facilement dans tous les articles. Autour des orifices génitaux, on distingue, en outre, des faisceaux musculaires, dont les fibres sont entrecroisées et plus difficiles à suivre dans leur direction. Dans l'épaisseur des zoonites, et à l'exception de la portion médiane occupée par les organes génitaux, tout l'espace est rempli d'une foule de petits granules, de forme et de volume assez variables. Ces corps, dont nous ne nous expliquons nullement le rôle, forment deux couches, comme le fait remarquer M. Eschricht, et comme on peut s'en convaincre aisément en coupant les articles des Bothriocéphales pour en considérer l'épaisseur. Ces deux couches, l'une dorsale et l'autre ventrale, règnent exactement sous la peau.

Système nerveux. — Jusqu'ici on n'avait découvert dans le Bothriocéphale aucune trace du système nerveux. J'ai réussi à en isoler une partie ; mais n'ayant pu me procurer de nouveau la tête de cette espèce de Cestoïde, mon observation est demeurée incomplète. J'ai représenté exactement ce que j'ai vu (1). Vers la moitié de la longueur de la tête, très près des bords latéraux, il existe un centre nerveux de forme oblongue (2). En avant et en arrière, j'ai suivi dans une certaine longueur le nerf auquel il donne naissance. Mais alors ma préparation s'est trouvée altérée, je n'ai pu aller au delà.

Il y a bien certainement une commissure entre les deux centres nerveux que j'ai représentés ; mais dans la dissection, elle aura été rompue, et il m'a été impossible de la mettre en évidence. Le nerf antérieur présente, sans doute, des divisions, et peut-être existe-t-il de petits noyaux médullaires dans les lobes de l'extrémité de la tête, qui correspondraient à ceux des ventouses chez les Tænias. J'indique ces points à rechercher pour les observateurs, qui seraient à même de poursuivre de telles investigations.

Appareil digestif. — Il est réduit dans ce type de Cestoïde à un simple vestige ; il n'existe plus de tubes intestinaux à parois propres, comme nous en avons vu chez tous les Tæniens, comme nous en verrons chez beaucoup de Bothriocéphaliens. Néanmoins, on retrouve de chaque côté une rigole longitudinale qui s'étend dans toute la longueur des zoonites. Ce canal n'est limité que par les couches musculaires environnantes ; il n'y a pas de parois ; je m'en suis assuré en y faisant pénétrer un liquide coloré, et en disséquant un grand nombre d'articles avec toute la précaution possible : ces faits ont déjà été constatés de la même manière par M. Eschricht. Il n'y a pas entre les rigoles qui règnent des deux côtés du corps de communication transversale dans chaque zoonite, comme cela se voit dans les Tænias ; nous remarquerons, du reste, que ces conduits transversaux peuvent manquer chez les Bothriocéphaliens, même quand les canaux digestifs sont revêtus de parois propres ; mais nous n'avons pu les suivre dans un assez grand nombre d'espèces pour être en état de généraliser d'une manière absolue. Il est donc certain que les rigoles latérales du *Bothriocephalus latus* représentent les canaux gas-

(1) Pl. 17, fig. 1. *b*.
(2) Fig. 1, *b*—*a*.

triques des autres Cestoïdes. C'est l'appareil digestif, déjà si simple dans les Tænias, qui, ici, est encore considérablement dégradé.

Appareil vasculaire. — Je n'ai pu reconnaître avec certitude le système vasculaire dans le *Bothriocephalus latus*. Des tentatives d'injection plusieurs fois répétées ont échoué jusqu'à présent : et cependant je crois qu'il existe dans ce type de Cestoïde un système de vaisseaux comparable à celui des Tænias, et à celui dont M. Eschricht a cru reconnaître la présence chez le *Bothriocephalus punctatus*. En effet, en plongeant pendant quelques heures des anneaux du Bothriocéphale de l'Homme dans un mélange d'eau et d'ammoniaque, les tissus se relâchent, et deviennent plus transparents. Des fragments ainsi préparés m'ont fait apercevoir au travers des téguments, des canaux, qui se dessinaient par une diaphanéité plus grande. Mais n'ayant pas réussi à les remplir d'un liquide, il m'est resté une véritable incertitude. Il ne serait pas impossible que dans le *Bothriocephalus latus* la dégradation du système vasculaire se manifestât comme celle des canaux digestifs. Les vaisseaux seraient réduits ainsi à de simples rigoles.

Organes de la génération. — Si l'on compare les organes génitaux des Cestoïdes avec ceux des Trématodes, ce sont ceux des Bothriocéphales qui présenteront le plus d'analogie. Chez ces Vers, les orifices sont situés non plus sur le côté, mais sur la ligne médiane et ventrale du corps, comme cela se voit constamment dans les Trématodes.

Les organes de la génération du *Bothriocephalus latus* ont déjà été décrits avec détails par M. Eschricht.

Les organes mâles occupent la partie antérieure et médiane de chaque article.

On voit vers le bord antérieur de chaque anneau, exactement sur la ligne médiane entre deux anses formées par l'ovaire, une capsule spermatique de forme arrondie, et ayant une épaisseur peu considérable (1). Cette capsule communique directement avec

(1) Pl. 17, fig. 1 *d b*

une petite vésicule, qui n'est que le réceptacle du pénis ; ce dernier fait saillie au dehors, on l'aperçoit très facilement en regardant les anneaux par leur face ventrale ou de côté. Il est assez long et un peu courbé. M. Eschricht regarde comme les testicules une foule de petits corps blancs ou jaunâtres de forme irrégulière, que l'on observe de chaque côté de l'ovaire jusqu'au bord latéral des anneaux. Ces organes testiculaires communiqueraient avec la capsule spermatique au moyen de grêles conduits ; mais je n'ai jamais pu voir ces conduits distinctement. M. Eschricht assure qu'ils sont surtout visibles quand l'animal a séjourné dans l'alcool. Au reste, la nature de ces corps, considérés comme des testicules, me semble encore fort douteuse.

Les organes femelles occupent un assez grand espace ; mais comparativement à ce que nous voyons chez beaucoup d'autres Cestoïdes, l'ovaire du *Bothriocephalus latus* a une médiocre étendue. C'est un tube à parois diaphanes replié sur lui-même, et dont les replis sont si serrés les uns contre les autres, que l'ovaire se présente en général comme un canal rameux (1). Le tube est plus ou moins élargi d'espace en espace, suivant la quantité d'œufs qui s'y accumulent ; il débute à la partie postérieure de chaque zoonite, où l'on reconnaît la présence d'une très petite capsule. Les parois de l'ovaire sont si peu résistantes qu'il est presque impossible de parvenir à dérouler leur tube sans le déchirer. L'oviducte s'ouvre vers le milieu de chaque anneau, notablement en arrière du pénis ; c'est un petit orifice circulaire très apparent.

Bothriocéphale du Saumon (*Bothriocephalus proboscideus*) (2).

Tænia crassa, Bloch in *Beschæftigung der Berlin. Gesellsch Naturf. Freunde*. t. IV, p. 548, tab. XIV, fig. 8-9 (1779).

Tænia Salmonis, Müller, *Naturf.*, t. XIV, p. 179 et 202 (1780), et t. XVIII, p. 22 (1782).

Tænia tetragonoceps. Pallas, *Neue nord. Beitr*, t. I, part. I, p. 87, pl. 3. fig. 31. *A-D* (1781).

Tænia proboscis suilla, Gœze, *Naturgesch. der Eingeweidew.*, p. 417, pl. 34, fig. 1 et 2 (1782).

(1) Pl. 17, fig. 1 *d-b*.
(2) Pl. 15, fig. 8.

Rhytis proboscidea, Zeder, *Naturg. der Eingeweidew.*, p. 293 (1803).

Bothriocephalus proboscideus, Rud., *Entoz. Hist.*, t. II, p. II, p. 39 (1810), et *Synops.*, p. 137 et 472 (1819).

Leuckart, *Zool. Bruchst. Helminth. Beitr.*, I, p. 38, pl. I, fig. 14 (1819).

Dujardin, *Histoire des Helminthes*, p. 615 (1845).

Ce Bothriocéphale atteint jusqu'à 20 centimètres sur 2 à 3 millimètres de large. La tête est oblongue, presque tétragone, avec deux fossettes latérales, et son extrémité antérieure rétrécie de manière à représenter une portion distincte, de forme triangulaire, dont les angles sont émoussés. Les anneaux qui succèdent immédiatement à la tête sont aussi larges qu'elle, et les suivants le sont bien davantage. Tous sont fort courts proportionnellement, et dans la longueur entière de l'animal ils conservent à peu près les mêmes proportions entre la longueur et la largeur. Ces articles, dont les angles postérieurs sont saillants, se recouvrent sensiblement les uns les autres, ce qui paraît donner au corps une certaine épaisseur.

Cette espèce a été trouvée dans l'intestin ou dans les appendices pyloriques de plusieurs espèces de Saumon (*Salmo salar*, *S. hucho*, etc.).

De l'organisation. — Je n'ai pu obtenir cette espèce vivante ; mes observations sur son anatomie sont donc très incomplètes.

Si l'on compare la tête du Bothriocéphale du Saumon avec celle du Bothriocéphale de l'Homme, on remarque une différence considérable. Dans la tête du Bothriocéphale du Saumon, il existe de simples fossettes; dans l'espèce de l'Homme, au contraire, ce sont de véritables fentes dont la position, du reste, n'est pas exactement la même. La tête du Bothriocéphale de l'Homme s'amincit en avant, sans présenter de rétrécissement : celle du Bothriocéphale du Saumon offre une partie étranglée et comme séparée du reste de la tête, caractère qui existe chez les autres Bothriocéphales des Poissons. D'après cela, on peut voir déjà que le Bothriocéphale de l'Homme appartient à une division particulière.

Chez le *Bothriocephalus proboscideus*, j'ai reconnu la présence de canaux digestifs ; mais ici ils m'ont paru exister dans un état d'imperfection bien moins grand que chez le Bothriocéphale de l'Homme. Je crois qu'ils ont des parois, et qu'ils ressemblent à ceux d'espèces détachées maintenant du genre Bothriocéphale, espèces dont on a formé le genre *Acanthobothrium.*

Genre Bothridie (*Bothridium* de Blainv.).

Prodicœlia Leblond — *Solenophorus* Creplin.

Caractères. — Corps très allongé, très déprimé, composé d'un grand nombre d'anneaux, larges par rapport à la longeur, et légèrement relevés sur leurs bords, de manière à paraître se recouvrir un peu les uns les autres. La tête large, épaisse, sillonnée longitudinalement dans son milieu, et pourvue à son sommet d'appendices foliacés, mais n'offrant aucune fossette. Orifices génitaux situés sur la ligne médiane et ventrale de chaque zoonite.

Les *Bothridium*, dont la tête présente une forme particulière qui permet de les distinguer aisément des autres Bothriocéphaliens, ont été rencontrés seulement dans l'intestin de quelques Reptiles, les Ophidiens des genres Boa et Python. Il eût été important d'étudier avec soin l'organisation de ce type; après avoir attendu longtemps, j'ai été contraint d'y renoncer. Je n'ai pu examiner que des individus conservés. A une certaine époque, les Pythons (*Python bivittatus*) de la Ménagerie du Muséum d'histoire naturelle de Paris rendirent plusieurs individus du *Bothridium Pythonis;* mais depuis plusieurs années il m'a été impossible d'en obtenir.

Bothridie du Python (*Bothridium Pythonis*)

De Blainville, Appendice au *Traité des Vers intestinaux* de Bremser, atlas pl. 11, fig. 15 (1824), et *Dict. des Sc. nat.*, t. LVII, p. 609 (1828).

Bothriocephalus Pythonis, Retzius, *Isis von Oken*, p. 1347, pl. 9, fig. 1-7 (1831).

Bothridium laticeps, Duvernoy, *Ann. des Sc. nat.*, 1re série, t. XXX, p. 157 (1833), et journal *L'Institut*, p. 298 (1836).

Prodicœlia ditrema, Leblond, *Ann. des Sc. nat.*, 3ᵉ série, t. VI, 289-307, pl. 16, fig. 9-15 (1836), et Nouvel Atlas des *Vers intestinaux* de Bremser, p. 40, pl. XII, fig. 15-20 (1837).

Solenophorus megalocephalus, Creplin, *Allgem. Encyclop.* von Ersch und Gruber, t. XXXII, p. 298 (1839).

Bothridium megalocephalum, Dujardin, *Hist. des Helminthes*, p. 627 (1845).

Description. — Ce Cestoïde atteint jusqu'à un demi-mètre de longueur. Sa tête a une épaisseur considérable ; elle est comme bilobée, et large de 4 à 5 millimètres. Les folioles ou appendices qui la surmontent sont un peu plissés transversalement. Les premiers anneaux du corps sont moins larges que la tête, très courts, ayant pour ainsi dire l'apparence de rides. Les suivants sont encore très larges par rapport à leur longueur, et se recouvrent tous un peu en arrière.

Ce Cestoïde, observé chez plusieurs espèces de Python et de Boa, a été obtenu, au Muséum d'histoire naturelle de Paris, du *Python bivittatus.*

De l'organisation. — Je n'ai pas réussi à isoler le système nerveux sur des individus conservés dans l'alcool, bien que je l'aie tenté en prenant les plus grandes précautions. La forme particulière et le développement de la tête des *Bothridium* donneraient un véritable intérêt à cette observation, qu'il eût sans doute été facile de faire sur des animaux vivants.

Les canaux digestifs existent sur les parties latérales du corps, comme dans la plupart des autres Cestoïdes ; mais je n'ai pu ici que constater leur présence. On peut les suivre aussi dans la tête, où Ch. Leblond les avait constatés, mais sans toutefois s'apercevoir que ces tubes s'étendaient dans toute la longueur du corps. Ce naturaliste crut reconnaître dans la tête du *Bothridium* non seulement des ouvertures antérieures, mais encore des orifices postérieurs et latéraux, et cela en introduisant une soie dans les canaux céphaliques. Selon toute apparence, la soie aura percé les tissus, et cette circonstance a fait croire à des ouvertures qui n'existent pas.

Les organes de la génération occupent un très petit espace sur la ligne médiane. En avant, on distingue l'organe mâle : c'est une petite capsule testiculaire, suivie d'un canal très court et du pénis, qui débouche en dessous, au bord antérieur de chaque zoonite.

L'ovaire consiste en un tube court, élargi, une fois replié sur lui-même, et se présentant quand il est dilaté par les œufs, dont il est rempli sous l'apparence d'une petite capsule très convexe (1). L'orifice de l'oviducte se voit inférieurement vers le milieu de chaque anneau, c'est à-dire en arrière de l'orifice des organes mâles.

Cette description des organes génitaux est très incomplète ; car ce n'est pas sur des animaux conservés dans l'alcool qu'on peut les suivre dans tous leurs détails ; mais j'indique néanmoins la disposition générale de ces parties pour avoir un terme de comparaison ; et ce terme de comparaison nous montre une analogie très grande avec ce qui existe chez les Bothriocéphales, et en même temps quelques particularités qui nous conduisent à voir dans les *Bothridium* un type de genre, mais d'un genre très rapproché des Bothriocéphales.

Il n'est pas sans utilité d'insister sur ces considérations, car, jusqu'à présent, les helminthologistes pour la plupart ont peu reconnu la valeur des caractères qui séparent les uns des autres les genres de la classe des Cestoïdes. Rien n'indiquait qu'un *Bothridium* ou un *Triænophorus* fût plus voisin d'un Bothriocéphale, qu'un Bothriocéphale n'est voisin d'un Tænia.

Quelques autres types de Cestoïdes nous paraissent devoir se rattacher encore à la famille des Bothriocéphalides. Mais n'ayant pas sur ces Vers d'observations anatomiques qui méritent d'être signalées, je ne les cite que pour indiquer leurs affinités naturelles autant que nous pouvons les apprécier dans l'état actuel, et pour montrer ce que de nouvelles recherches sur ces animaux offriraient d'intérêt.

Le genre Phyllobothrium, Van Bened. (*Bothriocéphales anthoïdes*, Duj.) fondé sur les :

Bothriocephalus macrocephalus, *Ent. Hist.*, t. II, part. II.

(1) Pl. 15, fig. 11.

p. 61, et *Synops.*, p. 140 et 478. — Bremser, *Icon. helm.*, pl. 13, fig. 12-13.

Bothriocephalus tumidulus, Rud., *Ent. Synops.*, p. 141 et 480, Bremser, *Icon. Helm.*, pl. 13, fig. 20-21 (*Bothr. echineis.* Leuckart, *Zool. Bruchst.*, I, p. 32, pl. 1, fig. 4-7, et pl. 2, fig. 38).

Bothriocephalus auriculatus, Rud., *Ent. Syn.*, p. 141 et 479. — Bremser, *Icon. Helm.*, pl. 13, fig. 14-19 (*Bothr. flos.*, Leuck., *l. c.*, p. 34, pl. 1, fig. 8-11, et pl. 2, fig. 39).

Le genre Bothrimonus, Duvern., fondé sur une seule espèce :

Bothrimonus sturionis, Duvernoy (*Annales des sc. nat.*, 3e série, t. XVIII, p. 123, pl. 3, B (1842), trouvé dans l'intestin d'un Esturgeon de l'Amérique septentrionale (*Accipenser oxyrhyncus*).

Le genre Schistocephalus, comprenant une seule espèce (1) répandue particulièrement dans le nord, et observé sous deux états différents, le premier dans les poissons du genre Épinoche (*Gasterosteus aculeatus et pungitius*), et le second dans le corps des oiseaux qui habitent le bord des rivières, où ils dévorent les poissons, paraît devoir être rangé encore dans la famille des Bothriocéphalides, tout en se rapprochant des Ligules.

Famille des TRIÆNOPHORIDES (*TRIÆNOPHORIDÆ*).

Genre Acanthobothrie (*Acanthobothrium*).

Bothriocephali onchobothrii Rud.

Caractères. — Le corps très long, médiocrement déprimé, composé d'articles nombreux. La tête tétragone, pourvue d'ap-

(1) *Tænia Gasterostei*, Müller, *Naturforsch.*, t. XVIII, p. 21, pl. 3, fig. 1-5 (1782). — *Bothriocephalus solidus*, *Entoz. Hist.*, t. II, part. II, p. 57, et *Synops.*, p. 136 — Bremser, *Icon. Helm.*, pl. 13, fig. 9-11 — *Bothriocephalus nodosus*, Rud., *Ent. Hist.*, t. II, part. II, p. 54 et *Syn.*, p. 140. —*Schistocephalus dimorphus*, Creplin, *Nov. Observat. de Entoz.*, p. 90 (1829), et *Allgem. Encycl* von Ersch und Grüb., t. XXXII, p. 296. — Dujardin *Hist. des Helminthes*, p. 623 (1845).

pendices surmontés de crochets bifurqués. Deux tubes gastriques sans canaux transverses. Orifices des organes de la génération latéraux.

On voit, par cet exposé des caractères essentiels des Acanthobothrium, combien ce type de Cestoïde s'éloigne des espèces pour lesquelles nous avons réservé le nom de Bothriocéphale, et dont les helminthologistes ne le séparaient pas génériquement.

Chez les Acanthobothrium, la forme de la tête, presque carrée, avec son armature si remarquable, diffère considérablement de celle des vrais Bothriocéphales. Les orifices des organes génitaux sont situés sur le côté et non plus au milieu des anneaux. Or, nous devons attacher une certaine importance à ce caractère si facile à saisir, et naturellement en rapport avec d'autres caractères dans la forme et la disposition des organes de la génération. Dans un genre naturel, nous ne voyons pas de différence aussi profonde. Ainsi, parmi les Tænias, qu'on pourra peut-être subdiviser et qui n'en formeraient pas moins un groupe très naturel, aucune différence aussi considérable ne se voit entre les nombreuses espèces de ce grand genre de Cestoïde.

On ne connaît qu'un petit nombre d'espèces d'*Acanthobothrium ;* elles vivent dans l'intestin des poissons de l'ordre des Plagiostomes ou Sélaciens.

ACANTHOBOTHRIE COURONNÉ (*Acanthobothrium coronatum*).

Tœnia raiæ batis, Rud., *Entoz. Hist.*, t. II, part. 2, p. 213 (1810).
Botriocephalus coronatus, Rud., *Ent. Synops.*, p. 141 et 481 (1819).
Bremser, *Icon. Helminth.*, pl. 14, fig. 1 et 2 (1824).
Dujardin, *Hist. des Helminth.*, p. 621 (1845.)
Bothriocephalus bifurcatus, Leuckart; *Zoolog. Bruchst.*; *Helminth. Beitrag.*, I, p. 30, pl. 1, fig. 1, fig. 1 (1819).

Description. — Cette espèce, suivant Rudolphi, atteint quelquefois plus de 30 centimètres de longueur; mais les individus que j'ai observés n'en avaient pas plus de 10 à 15. La tête est large, presque carrée, avec quatre appendices retombants, assez épais, de forme ovoïde, et sillonnés transversalement. Au-dessus de chacun de ces appendices, il existe un crochet bifurqué fort large.

La partie du corps qui succède à la tête est un peu plus étroite qu'elle, sans annulations, offrant simplement quelques rides transversales. Après cette première partie, dont la longueur équivaut souvent au quart de la longueur totale du corps, il y a un élargissement notable, et les anneaux, qui deviennent alors de plus en plus distincts et plus nettement séparés les uns des autres, ont une largeur égale au double de leur longueur. Les orifices génitaux se voient sur le côté ; celui des organes mâles un peu en avant de celui des organes femelles.

On rencontre cette espèce dans l'intestin des raies ; suivant Rudolphi, elle se trouve aussi dans l'intestin des squales et des torpilles.

L'A. uncinatum (Bothriocephalus uncinatus, Rud., *Synops*, p. 142 et 481, et Dujard., *Hist. des Helm.*, p. 621), en diffère surtout par une épaisseur du corps plus considérable, par la tête un peu plus longue, et par la forme plus carrée des anneaux.

De l'organisation. — Chez l'Acanthobothrie couronné, j'ai réussi à voir nettement les canaux digestifs sur les côtés du corps. Je suis parvenu à les remplir d'un liquide coloré, et ainsi il m'a été facile de les suivre et de les isoler dans toute leur longueur. Comme chez les Tænias, il existe en arrière de la tête une petite lacune en communication avec les tubes gastriques. Ceux-ci sont assez larges, même dans la portion antérieure du corps ; mais ils le deviennent davantage dans la portion annelée, où je me suis assuré de l'absence de conduits transverses analogues à ceux des Tænias et à ceux que j'ai observés dans les Rhynchobothries. Ces canaux digestifs ont des parois extrêmement minces qui se déchirent avec une extrême facilité ; mais j'ai pu néanmoins, avec des précautions suffisantes, les isoler de façon à bien reconnaître leur nature.

Il y a aussi un réseau vasculaire, mais il m'a été impossible d'en suivre la disposition. J'ai tenté à diverses reprises d'y introduire un liquide coloré ; parfois le liquide a pénétré dans un ou deux vaisseaux longitudinaux, mais dans une étendue si minime que je n'ai pu être fixé sur le trajet de ces vaisseaux.

Les organes de la génération occupent presque toute l'étendue de chaque anneau.

L'ovaire consiste en une poche fort large dans laquelle les œufs sont accumulés en très grand nombre ; un court oviducte vient s'ouvrir sur le côté de chaque zoonite, vers le milieu de sa longueur.

Genre TRIÆNOPHORE (*Triænophorus*, Rudolph.).

Tricuspidaria, Rud. (Olim.).

Caractères. — Corps allongé, grêle, un peu aplati, n'étant point divisé en zoonites, mais offrant simplement quelques plissures ou traces d'annulations. Une tête peu séparée du reste du corps, portant des deux côtés, deux crochets tricuspides ou plutôt en forme de trident, et ayant entre ces appendices une fente bilabiée. Deux canaux gastriques latéraux sans communications transversales. Orifices génitaux situés, les uns sur la face ventrale, les autres près du bord marginal.

Les *Triænophorus* se rapprochent manifestement des *Acanthobothrium*. Les crochets, comme l'a fait remarquer M. de Blainville, ont de très grands rapports. En outre, la tête est presque carrée dans les Triænophores comme dans les *Acanthobothrium* ; et si, chez les premiers, la segmentation du corps disparaît, nous voyons qu'il y a une tendance chez les seconds ; car une partie de leur corps ne la présente pas.

On ne connaît qu'une seule espèce de Triænophore, assez rare dans notre pays.

TRIÆNOPHORE NOUEUX *Triænophorus nodulosus* (1)

Tænia nodulosa, Pallas, *Neue Nord. Beitr.*, t. I, p. 90, pl. 3, fig. 32 (1781).

Tænia Lucii, Müller : *Prodrom. Zool. dan.*, p. 219 (1781), et *Naturforscher*, t. XIV, p. 141 (1780).

Tænia tricuspidata, Bloch : *Abhandl. von der Erzeug. der Eingeweidew.*, p. 49 (1782).

Tænia nodulosa, Goeze : *Naturgesch.*, p. 418, pl. 34, fig. 3-6 (1782).

(1) Pl. 13, fig. 3

Tricuspidaria nodulosa, Rudolph. *Entozoor. Hist.*, t. II, p. 32, pl. 9, fig. 6-11 (1810).

Trieonophorus nodulosus, Rudolph.; *Entozoor. Synops.*, pag. 135 et 467 (1819).

Botriocephalus tricuspis, Leuckart.; *Zool.*, Bruch., I, p. 55, pl. 2, fig. 34-36 (1819).

Triænophorus nodulosus; Bremser: *Icon. Helminth.*, pl. 12, fig. 4-16 (1824). Creplin, *Nov. observ. de Entoz.*, p. 79 (1825), et Allgem., *Encyclop. von Ersch und Gruber*, t. XXXII, p. 293 (1839).

Dujardin, *Hist. des Helminth.*, p. 625 (1845).

Description. — Cette espèce atteint de 50 à 60 millimètres de long. Elle est très mince, offrant de distance en distance, mais surtout vers sa partie antérieure, quelques plissures et par suite certaines nodosités auxquelles elle doit son nom spécifique ; sa tête est presque carrée, un peu déprimée des deux côtés près des dents tricuspides. Sa couleur générale est d'un blanc diaphane tirant très légèrement sur le bleuâtre.

Ce Ver se trouve dans l'intestin de divers poissons. J'en ai recueilli un certain nombre d'individus dans des kystes, sur le foie des perches (*Perca fluviatilis*).

De l'organisation. — Je ne puis donner ici une anatomie complète du Triænophore ; cependant j'ai observé plusieurs faits nouveaux.

J'ai reconnu dans ce Ver la présence d'un petit centre médullaire au-dessous de chaque crochet tricuspide ; néanmoins il ne m'a pas été possible d'en suivre assez sûrement les connexions, pour donner une figure du système nerveux dans le Triænophore. Quant aux canaux gastriques, dont on n'avait point signalé l'existence dans ce type, j'ai pu les suivre nettement au moyen de l'injection. Je me suis assuré alors facilement que ces canaux, dans toute la longueur du corps, n'offraient point ici, comme chez les Tænias, de communications transversales. Ils sont donc très semblables à ceux des *Acanthobothrium*. Comme chez ceux-ci, ils sont pourvus de parois ; mais ces parois sont d'une extrême délicatesse.

Ainsi que cela se voit pour tous les Cestoïdes qui vivent en dehors du canal intestinal, mes individus du *Triænophorus* tirés de kystes développés sur le foie des perches, ne présentaient pas d'organes de génération.

OBSERVATIONS.

Cette petite famille des Triænophorides a fort peu de représentants. M. Van Beneden (1) vient de faire connaître sous le nom de *Echinobothrium* un nouveau genre qui me semble devoir s'y rattacher ; c'est aussi l'opinion de M. Van Beneden, comme on peut en juger par le petit tableau placé dans sa notice. Ce nouveau Cestoïde (*Echinobothrium typus*), de très petite taille, trouvé dans l'intestin des Raies, où il aura échappé, à cause de son exiguïté, aux investigations des helminthologistes, est très remarquable par la présence des grandes épines dont sa tête est armée, et par la forme des anneaux du corps ; il nous semble toutefois différer considérablement de tous les Bothriocéphaliens connus jusqu'ici (2).

TRIBU DES RHYNCHOBOTHRIENS (*RHYNCHOBOTRII*, DUJ.).

Caractères. — Corps allongé, déprimé, composé d'un très grand nombre d'anneaux. Tête pourvue de trompes rétractiles hérissées de crochets.

Les Rhynchobothriens sont assez mal connus, et malheureusement j'ai peu d'observations à apporter sur ce type ; je le men-

(1) Voyez Van Beneden, *Mémoire sur un nouveau type de Cestoïde. Bulletin de l'Académie royale des sciences de Bruxelles*, t. XVI, n° 2.

(2) Outre les ouvrages généraux et les Mémoires déjà cités, il faut consulter encore, pour les Bothriocéphaliens, les mémoires suivants :

Leuckart, *Zoologische Brüchstucke*, I (1819).

Eschricht, *Anatomisch-physiolog. untersuchungen über die Bothryocephalen. Akadem. der Naturforscher* (1840).

Kœlliker, *Botriocephalus umblæ*, Muller's, *Archiv.*, 1843, p. 91.

O'Bryen Bellingham, *Catalogue of Irish Entoz. with observations. Annals and Magazin of natural history*, vol. XIV, p. 162 (1844).

Delle Chiaie, *Descrizione e Notomia degli animali invertebrati del regno di Napoli*, t. V, p. 126 (1841). *Bothriocephalus loliginis. Scolex bilobatus.*

Valenciennes, *Dithyridium lacertae*, Comptes rendus de l'Académie des sciences, t. XIX, p. 544 (1844), et Annales des sciences naturelles, 2e série, t. II, p. 248, pl. 5, fig. 20-27 (1844).

tionne surtout pour mettre ses caractères en regard de ceux des autres types de Cestoïdes. Les Rhynchobothriens sont restés longtemps confondus avec les Bothriocéphales. M. Dujardin les en a séparés le premier pour en former un ordre distinct. Nous croyons que leurs caractères d'organisation ne permettent pas de les placer dans une division d'un rang aussi élevé : mais tout nous porte à croire qu'ils doivent être rangés dans une division particulière. Ils paraissent se rapprocher considérablement des Bothriocéphaliens, et plus particulièrement des Triaenophorides ; mais les trompes rétractiles et hérissées de crochets dont ils sont pourvus, les en éloignent tout d'abord ; et il serait surprenant qu'un caractère aussi considérable ne fût point en rapport avec certaines particularités d'organisation. Les analogies nous font penser qu'il doit en être ainsi. Il y avait donc un intérêt véritable à étudier anatomiquement ces Vers cestoïdes. Le type du genre *Rhynchobothrius* est signalé comme assez fréquent dans l'intestin des Raies ; je l'y ai cherché depuis plusieurs années dans un nombre énorme de Raies (*Raia batis* et *Raia clavata*), et je ne l'ai obtenu que fort rarement ; aussi mes observations ne sont-elles pas aussi complètes que je l'aurais désiré.

Genre RHYNCHOBOTHRIE (*Rhynchobothrius*, Dujard.).

(*Botriocephalus* Rud. Leuck.; *Botriocephali Rhynchobothrii*, Rud.

Caractères. — Corps médiocrement aplati, en forme de longue bandelette, et composé d'un très grand nombre d'anneaux. Une tête pourvue de deux larges lobes échancrés dans leur milieu, et munie de quatre trompes sortant de la commissure des lobes : ces trompes rétractiles sont hérissées de crochets.

Les organes génitaux des Rhynchobothriens n'avaient pas été étudiés ; ils ressemblent à ceux des Bothriocéphaliens, et surtout à ceux des Acanthobothries. Les trompes rétractiles des *Rhynchobothrius* donnent à ces Cestoïdes un caractère particulier. Dans la portion antérieure du corps se trouvent quatre canaux où les trompes peuvent rentrer, et quatre faisceaux musculaires correspondants qui servent à en diriger les mouvements.

Les Rhynchobothries, comme la plupart des Bothriocéphaliens, sont des Vers parasites des Poissons, et surtout des Poissons plagiostomes ou sélaciens, chez lesquels les Cestoïdes sont bien plus abondants que dans tous les autres Poissons.

RHYNCHOBOTHRIE EN FLEUR (*Rhynchobothrius corollatus* (1)).

Tænia corollata, Abildgaard *Skrivter af Naturhistorie-Selskabet*, I, p. 60, tab. V, fig. 4 (1790).
Halysis corollata Zeder *Naturgesch der Eingeweidew*, p. 330 (1803).
Bothriocephalus corollatus, Rud., *Ent. Hist.*, t. II, p. 2, p. 63 (1810), et *Synops.*, 142 et 485 (1819).
Bremser, *Icon. Helminth.*, tab. XIV, fig. 3-4 (1824).
Bothriocephalus corollatus, Leblond; *Annales des sciences nat.*, 2e série, t. VI, p. 289-296, pl. 16, fig. 6-8 (1836).
Dujardin, *Hist. des Helminthes*, p. 545 (1845).

Cette espèce atteint jusqu'à 15 ou 16 centimètres de long. La tête est large, avec ses lobes arrondis. Les trompes sont longues, presque cylindriques, armées de crochets distribués assez régulièrement de chaque côté. Les premiers anneaux du corps sont très courts; les suivants, de forme presque carrée, ont au milieu surtout une coloration d'un gris violet produite par les œufs, dont la nuance foncée se laisse apercevoir au travers des téguments.

Le *Rhynchobothrius corollatus*, la seule espèce du genre qui ait été rencontrée assez fréquemment par divers zoologistes, se trouve dans l'intestin des Squales et des Raies, particulièrement de la Raie bouclée (*Raia clavata*) suivant M. Dujardin.

De l'organisation. — Les trompes ont déjà été décrites avec soin par Ch. Leblond; elles font saillie entre les lobes céphaliques, et offrent l'aspect de tiges cylindriques régulièrement garnies dans toute leur longueur de crochets recourbés inférieurement, de manière à permettre à l'animal de s'accrocher (1). Pour voir en totalité ces appendices, que les helminthologistes ont désignés sous le nom assez impropre de trompes, il faut ouvrir longitudinalement la portion antérieure du corps d'un *Rhynchobothrius*. On suit alors les quatre trompes qui se

(1) Pl. 15, fig. 13.

prolongent dans une longueur environ quadruple de celle de la tête. Elles présentent trois portions distinctes : la partie saillante qui est munie de ses crochets ; une portion moyenne plus grêle et d'une texture moins solide, et une portion basilaire épaisse et de forme quadrangulaire. Ces appendices, à leur base surtout, sont rapprochés les uns des autres, mais ils demeurent libres ; ils ont des muscles distincts, de telle sorte que les mouvements de l'un peuvent être indépendants de ceux des autres.

J'ai observé chez le *Rhynchobothrius corollatus* les tubes intestinaux ; ils ressemblent beaucoup à ceux des Tænias (1). Ce sont deux canaux régnant sur les parties latérales du corps, très grêles, même proportionnellement à la dimension de l'animal. Dans la partie antérieure, c'est-à-dire au point où le corps ne présente pas d'annulations, il n'y a pas de communications transversales entre les tubes gastriques ; mais dans toute la partie annelée, il existe un canal transversal au sommet de chaque zoonite, comme chez les espèces du genre Tænia. Les canaux digestifs ne sont pas faciles à mettre en évidence dans un Cestoïde aussi grêle que le *Rhynchobothrius*. Cependant, chez plusieurs individus, je suis parvenu à les remplir d'un liquide coloré, et à les isoler ensuite par la dissection, de manière à reconnaître leur nature avec toute certitude. Ils ont des parois propres.

Je n'ai pas eu le même succès pour l'appareil vasculaire ; mes tentatives d'injections ont été infructueuses. D'après quelques indices, je ne doute pas de l'existence d'un réseau vasculaire chez le *Rhynchobothrius corollatus ;* mais il m'a été impossible d'en suivre nettement la disposition.

Les organes de la génération ont leurs orifices sur le côté des anneaux, dans une portion rentrante, vers le tiers antérieur de la longueur des segments. Le pénis fait un peu saillie au dehors, en avant de l'orifice des organes femelles. Il m'a été impossible d'isoler suffisamment les organes mâles pour les décrire exactement. Il est même très difficile de voir nettement l'ovaire, car les parois en sont si peu résistantes qu'on les déchire dès que l'on vient à

(1) Pl. 15, fig. 12

les toucher. Les téguments ont eux-mêmes si peu de solidité que les tissus diffluent quand on les touche avec les instruments de dissection, et la transparence ne vient pas en aide à l'observateur. Cependant, dans le Rhynchobothrie, j'ai pu voir que l'ovaire, qui remplit presque entièrement chaque anneau, avait à peu près la forme d'une poche allongée en rapport avec un oviducte latéral assez grêle.

Des BOTHRIOCÉPHALIENS et RHYNCHOBOTHRIENS INCOMPLÉTEMENT DÉVELOPPÉS.

Comme il y a des Tæniens avortés, il y a aussi des Bothriocéphaliens et des Rhynchobothriens avortés ou incomplets, ainsi que nous l'avons déjà dit. Les Vers logés dans les muscles ou dans le parenchyme des viscères sont toujours incomplets : ils ne peuvent prendre tout leur développement que dans le canal intestinal. Les Tæniens avortés ou les Cystiques doivent demeurer et finir dans cet état d'avortement ; nous ne voyons pas comment ils changeraient de condition. A l'égard des Bothriocéphaliens et des Rhynchobothriens, il semble en être autrement. Beaucoup d'entre eux peut-être doivent normalement passer leur vie en dehors du canal intestinal, subir les premières phases de leur développement dans des kystes. Les observations de Leblond, et surtout celles de M. Van Beneden, rendent ce fait très probable.

Un Bothriocéphalien, ou Rhynchobothrien incomplet, est logé dans le corps d'un Poisson ; ce Poisson est dévoré par un autre, et surtout par les Plagiostomes qui dévorent les Poissons plus faibles qu'eux, et qui aussi nourrissent le plus grand nombre de Cestoïdes. L'animal avalé est dissous par les sucs digestifs, et le Ver qui résiste à l'action de ces sucs se trouve libre dans le canal intestinal de son nouvel hôte où il achève son développement.

Ces Cestoïdes sont donc soumis à bien des hasards pour parvenir à l'état adulte. Cette transmission du corps d'un animal dans celui d'un autre animal s'observe, non pas seulement chez les animaux d'une même classe et vivant dans les mêmes conditions, comme tous les Poissons ; mais aussi dans des êtres dont le genre de vie est tout autre, puisqu'il paraît certain que cette transmission s'opère avec facilité du corps des Poissons dans le corps d'Oiseaux qui les ont avalés.

Nous mentionnons en même temps les Bothriocéphaliens et les Rhynchobothriens incomplets; car, dans l'état actuel, il n'est pas facile pour un grand nombre de dire à quel type ils appartiennent.

Les SCOLEX et TETRARHYNCHUS Rud

Les Scolex (*S. polymorphus* Rud.) se trouvent dans un très grand nombre de Poissons de mer, particulièrement dans leurs appendices pyloriques. Ces Vers, toujours de très petite taille, portent en arrière de la tête deux taches rouges, où l'on a voulu voir des points oculaires, ce que rien ne justifie jusqu'à présent. En fendant la peau du Scolex, on trouve, suivant l'assertion de Charles Leblond, un Ver semblable à un Trématode, et surtout à un Amphistome (*A. rhopaloides*) ; mais il est bon de faire remarquer ici ce qu'on a trop oublié de faire remarquer, c'est que cette ressemblance est assez grossière. Enfin, dans l'intérieur de ce prétendu Trématode, on trouve un Tétrarhynque.

Ce sont des faits fort remarquables et de nature à appeler sérieusement l'attention des naturalistes. On les a interprétés différemment ; plusieurs ont voulu voir un Parasite dans l'animal inclus, un parasite inévitable, nécessaire, comme on l'a appelé avec une certaine raison. M. Van Beneden repousse cette singulière idée de parasitisme; ce zoologiste regarde l'animal inclus comme un bourgeon, comme le résultat d'une formation par voie de gemmiparité.

Pour se faire une idée nette des choses imparfaitement connues, il n'est jamais sans avantage de les comparer à des choses mieux connues, mieux comprises, s'il y a bien réellement de l'analogie. A une certaine époque, j'ai un Scolex, et, dans le Scolex, j'ai un Tétrarhynque. Eh bien, de même à une certaine époque, j'ai un de ces Vers désignés vulgairement sous le nom d'*Asticot*. Ce Ver se raccourcit ; ses téguments prennent un peu plus de consistance. Notez qu'il n'y a aucun changement de peau, et, dans l'intérieur de cet animal vermiforme, je vais trouver une Mouche à un degré de développement plus ou moins avancé. Or je suis persuadé que ce sont des faits ayant entre eux une très grande analogie, et, si mon opinion est fondée, le développement de ces Cestoïdes ne serait pas une chose aussi en dehors des phénomènes déjà connus, qu'on s'est laissé entraîné à le croire généralement. La Mouche n'est pas un parasite de notre animal vermiforme, ni le résultat d'une formation par voie de gemmiparité. Il y a un tégument, une enveloppe vivante qui s'isole, et conserve sa forme primitive, quand au dedans l'animal prend une nouvelle forme. L'inclusion des Tétrarhynques et d'autres Vers est, selon toute probabilité, un fait plus semblable à celui-là qu'on ne l'a pensé.

Les Tétrarhynques ont un corps court, ramassé, souvent un peu renflé en avant, avec la tête pourvue de quatre trompes rétractiles hérissées de crochets. Les espèces les mieux connues présentent ces caractères, et appartiennent bien évidemment aux Rhynchobothriens; mais il en est dont on n'a pas vu les trompes, et qui sont probablement des larves de Bothriocéphaliens. On a beaucoup de peine à se procurer ces animaux en assez grande quantité pour les étudier d'une manière complète.

Un fait singulier, c'est qu'on connaisse beaucoup plus de Tétrarhynques que de Rhynchobothries; car les adultes, vivant dans le canal intestinal, sont toujours plus faciles à rencontrer que les autres.

J'ai représenté, comme exemple de Tétrarhynque, une espèce qui a été observée dans plusieurs Poissons. Un naturaliste italien, M. Vérany, m'en a remis plusieurs individus qu'il avait recueillis à Gênes, dans des kystes, sur les branchies des Espadons (*Xiphias gladius*); mais ces individus ayant été mis dans l'alcool, les recherches que j'ai faites pour reconnaître l'organisation de ces Cestoïdes, et surtout pour isoler leur système nerveux, sont demeurées sans résultat satisfaisant.

Ce Tétrarhynque (1) (*Tetrarhynchus megacephalus* Rud., *Synops.*, p. 129 et 447, pl. 2, fig. 7-8; — *Bothriocephalus clavi-*

(1) Pl. 17, fig. 3, 3^a, 3^b.

ger Leuck., *Zool. Brucht.*, p. 51, pl. 2, fig. 32 est très renflé dans sa moitié supérieure avec deux larges et profondes fossettes, d'où sortent deux trompes épaisses, hérissées de crochets de toutes parts. Leur tige est grêle, et leur base est élargie en spatule, et repliée dans un canal qui s'étend dans toute la longueur de la partie renflée du corps. Nous ne connaissons pas de Cestoïde adulte, auquel nous puissions rapporter ce Tétrarhynque.

Les FLORICEPS Cuv (1817) (*ANTHOCEPHALUS* Rud.) (1819).

Les Vers désignés sous les noms de Floriceps et d'Anthocéphales sont assez allongés, presque cylindriques. Leur tête, très semblable à celle des *Rhynchobothrius*, est pourvue de larges lobes, et présente aussi quatre trompes garnies de crochets.

Ces Vers sont contenus dans une enveloppe terminée par une vésicule plus ou moins volumineuse : ils ont été par quelques naturalistes rapprochés des Cystiques à cause de cette partie renflée : mais les caractères fournis par leur tête, la présence des trompes armées de crochets, ne peuvent laisser subsister le moindre doute : ce sont des Rhynchobothriens incomplets. Les Floriceps se trouvent dans des kystes, au milieu des muscles, ou sur les viscères de certains Poissons ; ils sont renfermés dans une enveloppe vivante, sans doute très comparable au Scolex qui contient un Tétrarhynque.

Le FLORICEPS A SAC (1) (*Floriceps saccatus* Cuv. *Règne anim.*, 1re édit., t. V, pl. 15, fig. 12 (1817) ; *Bothriocephalus patulus* Leuck., *Zool. Bruch.*, I, p. 50, pl. 2, fig. 29 30 (1819) ; *Anthocephalus elongatus* Rud., *Synops.*, p. 177 et 537, pl 3, fig. 12-17 (1819)) atteint une longueur peu considérable, et son enveloppe présente une vésicule terminale, souvent fort grosse. Il est très commun dans les muscles et dans le foie de la Mole ou Poisson lune (*Orthragoriscus mola*). Si ce Floriceps n'arrive à l'état adulte qu'en passant dans le canal intestinal de Poissons qui auraient dévoré les Moles, il est bien probable que c'est dans les Plagiostomes méditerranéens de grande taille qu'on pourra trouver à l'état adulte le *Floriceps saccatus* ; car des Poissons de la taille de la

(1) Pl. 17, fig. 2 et fig. 2.

Mole ne peuvent être facilement dévorés que par ces animaux voraces (1).

TRIBU DES LIGULIENS (*LIGULII*).

Caractères. — Corps en forme de longue bandelette sans annulations. Tête dépourvue d'appendices et simplement bilabiée.

Les Liguliens ont parmi les Cestoïdes un aspect étrange, à cause de l'absence d'annulations, aussi Linné et Gœze les plaçaient-ils dans le genre *Fasciola;* cependant les rapports d'organisation entre ces Vers et les Trématodes sont des rapports très éloignés.

Ces Cestoïdes ne forment actuellement qu'un seul genre, mais un genre qui devra sans doute être divisé, quand on connaîtra mieux l'organisation des espèces qui le composent ; car déjà les helminthologistes ont signalé des Ligules comme pourvues, les unes, d'une double série d'ovaires, et les autres d'une seule série.

Genre LIGULE (*Ligula* Bloch, Rud.).

Caractères. — Corps aplati, assez large, allongé, sans annulations. Tête peu distincte, dépourvue d'appendices, présentant seulement une fente antérieure qui la fait paraître comme bilabiée. Organes génitaux occupant en longueur à peu près la même étendue que chez les autres Cestoïdes, et laissant de l'un à l'autre un espace très marqué.

Il nous est impossible encore de donner tous les caractères des Ligules, ces animaux sont rares ; j'ai pu m'en procurer un assez grand nombre dans des Cyprins, mais là je n'ai rencontré que des individus incomplets, ne présentant pas d'organes génitaux. Une seule fois j'ai obtenu quelques Ligules adultes recueillies dans l'intestin d'un Canard sauvage ; mais cela n'a pas été suffisant pour en suivre toute l'organisation.

(1) Outre les ouvrages généraux et les mémoires déjà cités, il faut consulter encore pour les Rhynchobothriens les mémoires suivants :

Mayer, Uber einem Eingeweidewurm von Testudo Mydas (*Tetrarhynchus cysticus*). Muller's *Archiv*, 1842, s. 213. Taf. X, fig. 1-7.

O'Bryen Bellingham, Catalogue of Irish Entozoa with observations. *Annals and Magazine of natural history*, vol. XIV, p. 162 (1844).

Il est à peine besoin de rappeler ici ce qui a été déjà dit dans plusieurs ouvrages d'helminthologie, que les Ligules passent les premiers états de leur vie dans la cavité péritonéale des Poissons d'eau douce, et particulièrement dans les espèces du genre Cyprin ; que ces Poissons étant souvent dévorés par les Oiseaux de rivage, les Ligules achèvent leur développement dans l'intestin de ces Oiseaux. Ceci a été surtout mis en lumière par M. Creplin (1), qui a rencontré chez des Plongeons des Ligules à divers degrés de développement.

J'ai un seul fait nouveau à signaler sur l'organisation des Ligules ; mais ce fait me paraît avoir une importance réelle, car il s'agit de la disposition du système nerveux.

LIGULE TRÈS SIMPLE (*Ligula simplicissima*).

Rudolphi, *Entoz. Hist.*, tom. II, part II, p. 30 et 31, et *Entoz. Synops.* p. 134 et 465.

Creplin, in *Allgem. Encyclopædie* von Ersch und Gruber, t. XXXII p. 295 (1839).

Description. — Les plus grands individus que j'aie observés avaient une longueur de 17 centimètres ; plusieurs autres n'avaient que la moitié de cette longueur ou moins encore. Tout le corps assez large et un peu aplati, mais ayant néanmoins une certaine épaisseur, s'amincit graduellement vers la partie postérieure, et se termine en pointe. Il présente de distance en distance des plissures, ou des dépressions toujours fort irrégulières. La tête n'est pour ainsi dire pas séparée du reste du corps : elle offre de chaque côté quelques plissures transversales.

J'ai obtenu plusieurs fois cette Ligule du Gardon (*Cyprinus idus*).

Rudolphi avait d'abord distingué spécifiquement les Ligules qu'on rencontre dans divers Poissons. Plus tard, il crut devoir les considérer comme appartenant à une seule espèce, à laquelle il appliqua le nom de *L. simplicissima*. Mais les noms appliqués aux Ligules des Poissons devront disparaître, quand on sera parvenu à les identifier avec les adultes qu'on rencontre dans l'intestin des Oiseaux.

(1) *Encycl. von Ersch und Grüber*, t XXXII. Art. EINGEWEIDEWÜRMER

De l'organisation. — J'ai parfaitement réussi à isoler le système nerveux des Ligules sur plusieurs individus. Dans la portion centrale de la tête, exactement au point où se trouve la partie fondamentale du système nerveux dans les Tæniens et les Bothriocéphaliens, j'ai vu et j'ai isolé par la dissection les principaux centres médullaires (1). Ici ils sont rapprochés, et forment presque une seule masse, au lieu d'être séparés, comme on le voit dans la plupart des Cestoïdes. Ces ganglions fournissent en avant un nerf assez volumineux, qui présente dans les deux lobes antérieurs de la tête un renflement ganglionnaire, d'où l'on voit naître de très grêles filets nerveux qui se distribuent dans le tissu musculaire de la région céphalique antérieure (2). En outre, les ganglions principaux fournissent latéralement quelques nerfs fort grêles, et en arrière deux cordons longitudinaux qui descendent parallèlement dans toute la longueur du corps.

Si l'on compare le système nerveux des Ligules à celui des Tæniens, on retrouve la même disposition générale, mais une dégradation manifeste coïncidant avec la dégradation des lobes de la tête; c'est ainsi qu'au lieu de quatre noyaux médullaires, nous n'en retrouvons plus que deux, et encore sont-ils extrêmement réduits.

Dans ces Ligules incomplétement développées, je n'ai pas rencontré la moindre trace de canaux gastriques; je n'ai pu découvrir davantage de vestige de système vasculaire, malgré des recherches minutieuses. Mais c'est sur des individus adultes qu'il faudrait faire ces recherches, si, dans une circonstance, on se les procurait en assez grand nombre. Sur la ligne médiane et ventrale du corps, j'ai observé un canal longitudinal assez large offrant sur son trajet d'étroits canaux transverses (3). C'est là certainement le premier vestige des organes de la génération (4).

(1) Pl. 16, fig. 3*a*, *a*.
(2) Pl. 16, fig. 3*a*, *b*.
(3) Pl. 16, fig. 3*b*.
(4) Outre les ouvrages généraux, voyez surtout, pour l'histoire des Ligules, Creplin, *Allgemeine Encyclopædie* von Ersch and Grüber, t. XXXII, p. 295.

OBSERVATIONS

sur les Cestoïdes en général.

De tous les faits énoncés touchant l'organisation des Cestoïdes, il reste acquis que ces Vers constituent un ensemble naturel, surtout si l'on en distingue les Caryophyllés. Il en ressort aussi plusieurs notions qui me semblent mériter d'être rappelées.

Le système nerveux si caractéristique du type peut se modifier jusqu'à un certain point; c'est une modification qui consiste dans une dégradation. Chez les Cestoïdes dont la tête est presque quadrangulaire, où chaque angle présente soit une ventouse, soit un autre organe, il existe à sa base un centre nerveux; mais dans les espèces où ces organes disparaissent, les centres nerveux qui leur sont dévolus disparaissent plus ou moins. Néanmoins, nous en avons retrouvé des traces, et quant à la portion centrale, nous lui avons toujours vu conserver le même caractère. Le système vasculaire des Cestoïdes présente aussi une disposition caractéristique; mais cette disposition se dégrade également.

Il en est de même de l'appareil digestif, qui est cependant assez uniforme dans toute la classe des Cestoïdes.

Les organes de la génération de ces Vers ont certainement une disposition très analogue chez tous les représentants de la classe, disposition qui suffirait à elle seule pour caractériser ces animaux. Ce que nous avons vu dans les Trématodes, nous le voyons encore chez les Cestoïdes; il y a des modifications dans la forme des organes génitaux, qui peuvent servir à caractériser des genres ou des groupes secondaires.

O'Bryen Bellingham, *Catalogue of Irish Entozoa with observations* (1839 — *Annals and Magaz. of natural history*, vol XIV, p 165 (1844).

CHAPITRE XI.

CLASSE DES HELMINTHES (*HELMINTHA*).

Caractères. — Corps allongé, généralement cylindrique, ne présentant pas de véritables annulations, mais seulement des plis transverses plus ou moins serrés. Tégument résistant, à couches musculaires très développées, et parfaitement susceptibles d'être isolées. Système nerveux consistant en deux paires de petits ganglions situés sur les parties latérales de l'œsophage, et unis à ceux du côté opposé par deux commissures entourant cette portion du tube digestif, et en deux cordons principaux qui descendent dans toute la longueur du corps. Appareil vasculaire, en grande partie renfermé dans des tubes membraneux. Organes de la génération toujours séparés; par conséquent des individus mâles et des individus femelles.

A cette classe, je rattache plusieurs ordres : 1° l'ordre des Nématoides, le plus considérable, celui dont les représentants ont été le mieux étudiés ; 2° l'ordre des Gordiacés, formé par M. Siebold ; 3° l'ordre des Acanthocéphales.

Je rattache les Acanthocéphales à la même classe que les Nématoïdes et les Gordiacés ; mais c'est en reconnaissant qu'ils devront peut-être par la suite en être séparés. Question qui, toutefois, ne pourra se trouver complétement résolue qu'au moment où les diverses phases du développement des Échinorhynques seront bien connues.

ORDRE DES NÉMATOIDES (*NEMATOIDEA* Rud.).

Caractères. — Corps très allongé, cylindrique ou filiforme, présentant en général un anneau céphalique distinct. Une bouche terminale, et un anus presque terminal. Tube digestif consistant en un œsophage musculeux plus ou moins long, et en un intestin presque droit, seulement ondulé, n'ayant jamais de ramifications, ni aucun organe extérieur de sécrétion. Deux vaisseaux principaux de chaque côté, renfermés l'un et l'autre dans un tube membraneux et spongieux ; le vaisseau interne ayant avec celui du côté opposé une communication transversale. Appareil générateur mâle consistant en un tube élargi inférieurement, et débouchant très près de l'anus. Appareil femelle consistant en un ou plusieurs ovaires, et en un oviducte s'ouvrant très loin de l'anus, et souvent vers la partie antérieure, ou au moins la partie moyenne du corps.

L'ordre des Nématoïdes est extrêmement nombreux en espèces : c'est le plus considérable parmi les Vers : on en a décrit d'une manière plus ou moins exacte près de quatre cents espèces, et cependant c'est un groupe extrêmement homogène. Entre tous ses représentants, on n'observe que des modifications très secondaires dans les organes génitaux. Le système nerveux et le système vasculaire sont toujours tellement semblables qu'on ne trouve à signaler, d'un type à l'autre, aucune différence d'un peu de valeur.

Le tube digestif, même sous le rapport des modifications, ne présente rien de bien important.

Pour bien constater ce fait, j'ai étudié une quantité considérable de Nématoïdes ; néanmoins, je me bornerai à décrire les types principaux, ceux que j'ai examinés le plus en détail, de manière à les faire connaître bien exactement, et à fournir des termes de comparaison précis pour les recherches ultérieures. Ces légères différences dans la forme du tube digestif et dans les organes de la génération ne se trouvent pour la plupart mentionnées que d'une manière très incomplète dans les ouvrages d'helminthologie Ce sont surtout les organes femelles qui présentent des modifications intéressantes à constater. Les organes mâles de tous les Nématoïdes sont beaucoup plus semblables entre eux : cependant leurs spicules fournissent aussi des caractères.

Plusieurs groupes établis par M. Dujardin dans l'ordre des Nématoïdes m'ont paru utiles pour le classement de ces Vers. bien qu'ils reposent sur des caractères de fort peu de valeur. Les Nématoïdes, en effet, ne constituent à proprement parler qu'une grande famille ; mais cependant quelques caractères faciles à saisir permettent de les grouper d'une manière assez naturelle.

M. Dujardin s'est servi de la dimension des œufs et de la mesure de l'écartement des stries du tégument, dans le but de mieux caractériser les espèces de Nématoïdes. Certes, j'ai toujours insisté sur la nécessité de la précision ; mais ici, il faut bien le dire, ce n'est pas de la précision, mais seulement l'apparence de la précision. En effet, l'écartement des stries varie naturellement suivant la taille ; il varie aussi suivant le degré de contraction de l'animal ; il varie encore suivant la portion du corps que l'on examine ; les stries en général sont moins écartées aux extrémités du corps que dans la portion moyenne. Les dimensions des œufs, très variables chez le même individu, n'offrent rien de plus exact.

Nous admettons la séparation des Nématoïdes en cinq tribus : ce sont les Ascaridiens, Oxyuriens, Sclérostomiens, Strongyliens et Ttrichosomiens.

Corps cylindrique plus ou moins allongé. Point de bulbe pharyngien. Point de ventricule. Ovaires doubles, assez grêles.	Ascaridiens.
Corps grêle, fusiforme. Point de bulbe pharyngien. Un ventricule ou estomac très distinct Ovaires doubles, très volumineux.	Oxyuriens.
Corps cylindrique plus ou moins allongé. Un bulbe pharyngien de nature coriace. Point de ventricule. Ovaires doubles.	Sclérostomiens.
Corps très long. Point de bulbe pharyngien. Point de ventricule. Un intestin très large. Ovaire simple	Strongyliens.
Corps très grêle, au moins dans une partie de sa longueur. Une sorte de bulbe pharyngien musculeux. Point de ventricule. Ovaire simple	Trichosomiens.

Par la suite, on sera peut-être conduit à ajouter à ces cinq tribus quelques autres divisions de la même valeur. Mais actuellement, les observations anatomiques me manquent pour décider la question. Ainsi, M. Dujardin a formé pour des Nématoïdes, dont la bouche n'est pas exactement terminale, un groupe particulier sous le nom de Dacnidiens. Je n'ai vu qu'un très petit nombre de ces Vers, et je n'ai pu étudier suffisamment leur appareil digestif et leurs organes génitaux pour être fixé sur les affinités et les véritables caractères de ces Nématoïdes. Il en est de même pour moi à l'égard du groupe des Énopliens ; plusieurs d'entre eux, je crois, devront, du reste, être rangés au nombre des Gordiacés. Parmi les espèces actuellement comprises dans le genre *Strongylus*, il en est que leur organisation devra faire placer probablement près des Ascaridiens, sans doute dans un groupe particulier.

TRIBU DES ASCARIDIENS (*ASCARIDII*).

Caractères. — Bouche souvent entourée de deux ou trois lobes plus ou moins saillants. Œsophage long. Intestin droit sans élargissement stomacal. Ovaires grêles, doubles.

Les Ascaridiens forment le groupe le plus considérable de l'ordre des Nématoïdes. On peut le diviser en deux petites familles naturelles, les *Ascaridides* et les *Filariides*. Les premiers ayant une bouche munie de lobes assez saillants : les seconds ayant une bouche nue, ou garnie seulement de très petites papilles.

FAMILLE DES ASCARIDIDES (*ASCARIDIDÆ*).

Genre ASCARIDE (*Ascaris* Lin.).

Caractères. — Corps assez épais, cylindroïde, aminci aux deux extrémités. Tête munie de trois valves disposées en trèfle. Bouche exactement médiane et terminale située entre les trois valves. Œsophage médiocrement long, renflé d'avant en arrière et ensuite un peu aminci à sa jonction avec l'intestin. Testicule consistant en un tube allongé et légèrement sinueux. Ovaires au nombre de deux, repliés et enroulés autour de l'intestin, se réunissant en un oviducte commun qui s'ouvre, en général, vers le tiers antérieur du corps.

Ce genre est fort nombreux en espèces. On en considère ordinairement comme le type l'Ascaride de l'homme (*Ascaris lumbricoides* Lin.), l'une des plus grandes espèces connues. J'ai fréquemment étudié cet Helminthe ; mais comme je me procurais plus aisément l'Ascaride du cheval, qui en est si voisin qu'on l'a confondu avec lui pendant longtemps, je décrirai l'organisation des Ascarides particulièrement d'après ce type. Je m'attacherai surtout aux considérations nouvelles pour la science ; car les zoologistes trouveraient inutile la reproduction trop détaillée de faits connus depuis longtemps, mentionnés dans un grand nombre d'ouvrages d'helminthologie, et surtout dans la monographie de M. Cloquet.

ASCARIDE DU CHEVAL (*Ascaris megalocephala*).

Ascaris lumbricoides equorum, Goeze ; *Naturgeschichte der Eingeweidew.*. p. 63 (1782).

Ascaris megalocephala, Cloquet : *Anatomie des vers intestinaux*, p. 58 (1824). — Gurlt. *Lerhb. der pathol. Anatom. der Haussäugethiere*, pl. 8. fig. 5-10 (1831).

Dujardin, *Hist. des Helminth.*, p. 167 (1845).

Cette espèce est de la même taille que l'Ascaride de l'homme. Les femelles atteignent une longueur de 20 à 30 centimètres, tandis que les mâles ne dépassent guère de 15 à 18. Tout le corps est d'un blanc jaunâtre uniforme. Chez les femelles, les ovaires se dessinent sous les téguments en lignes enroulées plus blanchâtres. La tête présente des valves étranglées dans leur milieu et comme bifides au bout.

L'Ascaride du cheval diffère surtout de celui de l'homme par la forme des valves de la tête et par la nuance générale du corps. Dans l'*Ascaris lumbricoides* les valves céphaliques sont beaucoup plus arrondies et plus larges proportionnellement. La couleur de l'animal, principalement au-dessus des vaisseaux, tire sur le rougeâtre, ce qui ne s'observe jamais dans l'*A. megalocephala*. L'Ascaride du cheval se trouve très abondamment dans l'intestin des vieux chevaux. Son aspect est tellement semblable à celui de l'espèce de l'homme, que tous les helminthologistes ont confondu entièrement les deux espèces. Goeze les avait distinguées, mais plutôt comme des variétés que comme des espèces. C'est M. Cloquet qui le premier a bien constaté leurs caractères distinctifs.

Téguments, *muscles*. — Chez les Annelés dont nous avons déjà décrit l'organisation, nous avons trouvé des téguments et des muscles difficiles à isoler et offrant l'apparence d'une gangue, d'un tissu homogène. Chez les Helminthes il en est tout autrement : la peau est formée de plusieurs couches qui peuvent être séparées les unes des autres, et il existe un épiderme très résistant sur lequel on distingue des stries transversales. Dans l'Ascaride, les couches musculaires sont faciles à suivre.

Il y a une couche sous-cutanée formée de fibres circulaires très serrées les unes contre les autres. Une seconde couche est composée de fibres longitudinales presque aussi serrées que les précédentes, mais peut-être un peu moins régulières. Des fibres musculaires d'un troisième ordre règnent au-dessous : ce sont celles qui se présentent les premières quand on ouvre la cavité générale du corps. Ces fibres sont moins rapprochées les unes des autres et plus irrégulières que celles des autres couches. Elles sont un peu inégales sur leurs bords. De tous les côtés et dans sa longueur entière, le tube digestif est maintenu en place au moyen de ces fibres qui y adhèrent sur une infinité de points. Cette adhérence est assez intime pour que des naturalistes aient cru y voir des canaux en communication directe avec le canal intestinal. Mais l'observation attentive faite au moyen de dissections délicates, comme en introduisant des liquides colorés dans l'appareil alimentaire, et enfin l'examen microscopique ne peuvent laisser aucun doute sur la nature de ces faisceaux.

Toutes ces fibres musculaires sont elles-mêmes composées de nombreuses fibres élémentaires qui se montrent d'une manière très distincte sous un fort grossissement.

Autour du tube intestinal on remarque une foule de petites vésicules blanchâtres. Ces organes, fixés aux muscles, sont serrés les uns contre les autres et laissent échapper un liquide d'une certaine densité quand on vient à les ouvrir. L'usage de ces vésicules ne nous est nullement connu. Ce sont probablement des organes de sécrétion, mais de quelle sécrétion ? et la nature même du liquide sécrété étant connue, quel serait son usage ? C'est ce qu'il est difficile de soupçonner.

Système nerveux (1). — On connaissait très imparfaitement

(1) Pl. 18, fig. 1, *d*.

le système nerveux des Ascarides, dont plusieurs anatomistes avaient cependant fait une recherche spéciale. On pourrait même dire qu'on ne le connaissait pas, puisque sa véritable disposition avait toujours échappé, puisque ses parties les plus importantes, c'est-à-dire les centres médullaires, n'avaient pu être mis en évidence (1).

Chez un grand nombre d'individus de l'Ascaride du cheval, je suis parvenu à isoler ces parties et à les rendre ainsi très distinctes.

L'animal étant placé dans la position où les cordons nerveux se trouvent être latéraux, on observe de chaque côté de l'œsophage, un peu en arrière des valves céphaliques, deux ganglions d'une extrême petitesse et intimement accolés l'un à l'autre. Le premier, ou plutôt le supérieur, pour parler plus exactement, est uni à celui du côté opposé par une grêle commissure passant au-dessus de l'œsophage. L'inférieur est uni à celui du côté opposé par une semblable commissure passant au-dessous de l'œsophage. Sur le trajet des deux commissures, j'ai observé encore des renflements ganglionnaires d'une petitesse extrême, et d'où j'ai pu suivre néanmoins, en plusieurs circonstances, de grêles filets nerveux qui se distribuent autour de l'œsophage.

Les centres nerveux céphaliques fournissent antérieurement plusieurs filets très déliés qui se rendent aux muscles et aux tubes vasculaires, et en arrière les grands cordons latéraux. Ceux-ci, vus, décrits et représentés par plusieurs observateurs, sont d'un volume très considérable, surtout si on le compare à la ténuité des autres nerfs et à la petitesse des noyaux médullaires.

Les grands cordons nerveux descendent jusqu'à l'extrémité du corps en décrivant de légères ondulations ; ils ne présentent sur leur trajet que très peu de ramifications, toutes d'une extrême finesse, ce qui permet à peine de les suivre au milieu des fibres musculaires dans lesquelles elles s'engagent.

L'un des cordons latéraux présente autour de l'oviducte un petit élargissement en forme de croissant : c'est une sorte de

(1) Voyez Cloquet, *Anatomie des Vers intestinaux*, p. 23 (1824).

ganglion ; car on y trouve de la substance granuleuse analogue à celle des noyaux médullaires.

Ce qui frappe à un haut degré, en étudiant le système nerveux des Nématoïdes, et entre autres celui des Ascarides, dont les dimensions permettent de faire cette étude mieux que partout ailleurs, c'est l'extrême petitesse des centres nerveux, et surtout le petit nombre et la ténuité des ramifications des nerfs les plus puissants. La dégradation du système nerveux est poussée ici beaucoup plus loin que dans les classes où nous avons déjà décrit cet appareil organique.

Le système nerveux est extrêmement difficile à isoler dans son ensemble. J'ai fait bien des tentatives inutiles avant de réussir. Tout le collier nerveux est si grêle et en même temps si engagé au milieu du tissu cellulaire et des fibres musculaires, qu'il faut des précautions infinies pour le dégager complétement et le rendre ainsi bien distinct. Pour obtenir quelques bons résultats, il m'a fallu disséquer plusieurs centaines d'individus. Il y a un moyen qui rend l'opération praticable : c'est de plonger pendant quelque temps l'animal ouvert dans de l'essence de térébenthine ; les nerfs prennent alors plus de consistance et une couleur plus blanche, plus opaque qui se distingue au milieu des tissus environnants. La dissection du système nerveux des Ascarides serait peut-être complétement impraticable, si l'on n'usait de ce procédé.

Appareil digestif (1). — La bouche, assez large, s'ouvre entre les trois valves céphaliques. Le tube intestinal débute par un œsophage long, musculeux, un peu triquètre, renflé d'avant en arrière, mais légèrement atténué ensuite à sa jonction avec l'intestin. On distingue parfaitement deux couches dans la paroi de l'œsophage, l'une externe, plus épaisse et fibreuse, l'autre interne, consistant en une membrane mince et diaphane. La cavité intérieure de l'œsophage est parfaitement triangulaire. L'intestin qui suit l'œsophage n'est guère plus large ; il présente trois plis longitudinaux, souvent très profonds, qui règnent dans toute son

(1) Pl. 18, fig. 1^c^ et 1e *a*, *b*.

étendue. Cet intestin, dont la longueur est à peine supérieure à celle du corps, est presque droit, décrivant seulement quelques légères sinuosités. Il offre d'espace en espace plusieurs boursouflures peu prononcées, et il se termine à l'extrémité du corps en s'amincissant graduellement. Du reste, son diamètre varie peu dans sa longueur. Il n'y a ni rétrécissement ni élargissement sensible sur aucun point. On ne saurait distinguer un estomac du reste de l'intestin. Il en est de même chez la plupart des Nématoïdes. Les parois intestinales, ordinairement d'une teinte brunâtre, sont très minces et d'une extrême délicatesse.

M. Cloquet a désigné sous le nom d'*appendices nourriciers* les petites vésicules dont j'ai parlé précédemment, et qui sont groupées en grande partie autour du tube digestif (1). En isolant celui-ci, on reconnaît qu'il n'existe aucune communication *directe*. En y faisant pénétrer des liquides colorés, on en devient plus certain encore.

Appareil circulatoire (2). — Les naturalistes qui se sont occupés des Helminthes n'avaient aucune idée exacte du système vasculaire des Nématoïdes en général et des Ascarides en particulier. Jules Cloquet avait vu à l'intérieur des deux tubes longitudinaux les deux vaisseaux qui y sont renfermés ; mais il les désigna comme de simples bandelettes, n'ayant pu réussir à déterminer leur véritable nature. Comme je l'ai dit, dans les généralités de ce travail il existe deux tubes à parois peu résistantes, presque spongieuses, régnant, dans toute la longueur du corps, entre les deux cordons nerveux. A l'intérieur de ces tubes on reconnaît la présence de deux vaisseaux, l'un profond qui règne exactement au-dessous des téguments, l'autre occupant au contraire la partie interne. Celui-ci s'écarte du tube enveloppant, à la hauteur du premier tiers de la longueur de l'œsophage, pour rejoindre le vaisseau semblable de l'autre tube. Les deux vaisseaux forment ainsi une véritable arcade, qui, d'un côté, présente un élargissement médiocre sans doute, mais néanmoins très notable. C'est une petite

(1) Pl. 18, fig. 1e *d*
(2) Pl. 18, fig. 1e.

ampoule que je suis porté à considérer comme un vestige de cœur.

Quand on pousse une injection par cette petite poche (1), on remplit aussitôt le vaisseau interne de l'un et l'autre tube. Ils ont une communication à l'extrémité postérieure du corps avec les vaisseaux profonds ou sous-cutanés. Ceux-ci (2) s'étendent d'un bout du corps à l'autre. D'un côté ils fournissent un vaisseau qui vient s'anastomoser au-dessus de la petite ampoule ou vestige de cœur.

Je crois que de petites ramifications vasculaires se distribuent sur l'œsophage ; mais comme je ne suis pas parvenu à les injecter, je ne puis les décrire d'une manière précise. Déjà on a signalé l'existence de vaisseaux sur cette portion du tube digestif dans une autre espèce de Nématoïde (3).

On n'avait aucune idée du système vasculaire des Helminthes avant ces recherches. Ce système, tout à fait rudimentaire, semble nous représenter à l'état vestigiaire, pour ainsi dire, une circulation artérielle et veineuse. Le liquide nourricier recevant l'impulsion dans la petite poche cardiaque, est poussé dans les vaisseaux internes pour être repris et ramené ensuite par les vaisseaux externes dans le centre circulatoire. Les premiers, comme déjà je l'ai dit dans mes considérations générales, paraissent faire l'office d'artères et les seconds celui de veines. Mais on comprend qu'il ne faut pas trop s'attacher à cette distinction en vaisseaux artériels et en vaisseaux veineux. L'état rudimentaire de tout l'appareil vasculaire ne permet pas d'assigner un rôle physiologique tout spécial à chacun des vaisseaux. Entre les uns et les autres, il n'y a de différence ni dans le volume ni dans la nature des parois. Si ce n'est aux extrémités du corps, ces vaisseaux ne présentent pas de ramifications sur leur trajet. Au premier abord ceci surprend ; mais on s'est bien positivement assuré du fait, et ici les injections ne peuvent pas laisser de doute. Il faut reconnaître là,

(1) Pl. 18, fig. 1ᶜ, *b*.

(2) Pl. 18, fig. 1ᶜ, *c*.

(3) Ecker *in* Muller's *Archiv. Ueber ein gefässystem in eingepuppten Filarien* S. 506, t. XV, fig. 3-4 (1845).

une dégradation du même genre que celle que nous avons constatée à l'égard des nerfs.

Organes de la génération. — Ces organes sont assez simples, ceux du mâle particulièrement. C'est un tube extrêmement long, d'une ténuité capillaire à son origine, un peu épaissi ensuite, mais demeurant néanmoins toujours très mince. Ce tube (1) est replié et pelotonné sur lui-même autour de l'intestin. Nous pouvons le considérer comme l'organe sécréteur de la semence, comme un véritable testicule. Un conduit spermatique (2) d'un diamètre quatre ou cinq fois plus considérable lui succède. Il a environ le cinquième de la longueur de l'intestin ; il s'étend jusqu'à l'extrémité du corps, en décrivant de légères sinuosités. Les organes de la génération du mâle sont accompagnés de deux spicules assez longs et recourbés (3). L'un est le pénis, l'autre est une pièce accessoire, qui paraît avoir pour usage de retenir la femelle pendant l'acte de la copulation.

Les organes femelles occupent beaucoup plus d'espace ; aussi le corps des femelles est-il toujours beaucoup plus gros que celui des mâles.

Les ovaires (4) consistent en deux tubes d'une longueur très grande, décrivant une foule de circonvolutions sur eux-mêmes et autour de l'intestin. Ces deux ovaires, comme l'organe mâle, sont toujours d'une ténuité extrême, mais dans une longueur égale à la moitié environ de la longueur du corps de l'animal, ils s'élargissent considérablement, et à leur extrémité leur diamètre varie de 1 à 2 millimètres. Les deux ovaires se réunissent pour former un utérus commun, d'abord fort large, mais bientôt rétréci en un oviducte grêle qui s'ouvre un peu au-dessus du tiers antérieur de la longueur du corps (5).

M. Cloquet regarde les tubes grêles comme étant véritablement les ovaires. Pour lui, la portion élargie est un *utérus à deux*

(1) Pl. 18, fig. 1ᵃ *cc*.

(2) Pl. 18, fig. 1 *a*, *d*.

(3) Pl. 18, fig. 1ᶜ.

(4) Pl. 18, fig. 1ᵇ, *c*, *d*.

(5) Pl. 18, fig. 1ᵇ, *c*.

cornes flexueuses. L'oviducte est désigné par cet anatomiste sous le nom de *vagin*, et son orifice sous celui de *vulve*.

Ascaride lombricoïde (*Ascaris lumbricoides*).

Linn., *Syst. nat.*, 12e édit., p. 1076 (1767).
Bloch, *Abhandl. Erzeug. der Eingeweidew.* S. 29, Taf. VIII, fig. 4-6 (1782).
Gœze, *Naturgeschichte der Eingeweid*, p. 62, pl. 1, fig. 1 (1782).
Werner, *Vermes intestin*, p. 75, Taf. VII, fig. 153-159 (1782).
Zeder (genre *Fusaria*), *Nachtr. zur Naturgesch.*, p. 25 (1800).
Jordens, *Helminthol.* S. 22, Taf. 17, fig. 6-15 (1802).
Rudolphi, *Entozoor. hist.*, t. II, part. 1, p. 125 (1809), et *Synopsis*, p. 37 et 267 (1819).
Bremser, *Uber Lebende Würmer* in *Lebenden Menschen*, S. 84, Taf. 13-17 (1819), *Trad.* p. 157; et *Icones Helminthum*, pl. 4, fig. 10-11 (1824).
Bojanus, *Enthelmintica*. — *Isis von* Oken, p. 162 (1821).
Cloquet, *Anatomie des Vers intestinaux*, p. 1, pl. 1-4 (1824).
Schmalz, *Tabulæ anatom. Entozoor. illustrant.*, pl. 13-16 (1839).
Dujardin, *Hist. des Helminth.*, p. 155 (1845).

Description. — Cette espèce est de la même taille que l'Ascaride du cheval. La couleur du corps tire légèrement sur le rougeâtre. La tête est petite comparativement à celle de l'espèce précédente, avec ses valves larges, arrondies, sans échancrure latérale. C'est la grosseur de la tête, et particulièrement la forme des valves qui distinguent l'un de l'autre les *A. lumbricoides* et *megalocephala*. La teinte générale du corps est aussi un peu différente ; mais c'est là un caractère de bien faible valeur. Du reste, la forme générale du corps, celle du tube digestif, celles des organes de la génération ne diffèrent pas sensiblement.

L'Ascaride lombricoïde, assez commun dans l'intestin grêle de l'homme, est connu depuis les temps les plus reculés. On l'a regardé comme très dangereux pour les personnes qui en sont atteintes ; mais il ne paraît néanmoins devenir incommode qu'en se multipliant à l'excès.

Quelquefois il remonte dans l'estomac et même dans l'œsophage, et l'on voit des individus qui en rendent par la bouche.

L'Ascaride lombricoïde a été observé en plusieurs circonstances au dehors de l'intestin, et alors il peut devenir dangereux.

Ainsi, dans la belle collection helminthologique du Muséum d'histoire naturelle de Paris, formée par les soins de M. Valenciennes, on remarque le foie d'une jeune fille qui a été détruit presque entièrement par des Ascarides; mais les accidents de cette nature sont heureusement fort rares.

De l'organisation. — Dans ce travail j'ai cru devoir mentionner l'Ascaride de l'Homme, car je l'ai étudié sous le rapport de son organisation. Mais chez lui, même le tube digestif et même les organes de la génération sont tellement semblables à ceux de l'Ascaride du Cheval, qu'il ne reste rien de particulier à signaler en ce qui concerne spécialement l'*Ascaris lumbricoides.*

OBSERVATIONS.

Parmi les nombreuses espèces du genre Ascaride, on peut reconnaître plusieurs petits groupes naturels. Quelques uns de ces Helminthes, entre autres, se font remarquer par leur grande dimension, par la forme de leurs valves céphaliques, dont le développement est toutefois très variable, par l'absence d'expansions latérales, etc. Ces grandes espèces ont été confondues en général sous la dénomination d'*Ascaris lumbricoides.*

On sait aujourd'hui que ce nom doit s'appliquer exclusivement à l'Ascaride de l'Homme. Celui du Cheval est propre à ce type de mammifères solipèdes.

L'Ascaride du Bœuf est peut-être aussi une espèce particulière.

L'Ascaride du Cochon, confondu avec celui de l'homme par Rudolphi, Cloquet et la plupart des autres helminthologistes, a été distingué par M. Dujardin sous le nom d'*A. suilla* (*Hist. des Helm.*, p. 167). Il diffère de l'espèce de l'homme par son corps un peu plus mince, sa tête plus petite, sa couleur plus rougeâtre, et surtout par ses organes de reproduction. Les ovaires, moins pelotonnés sur eux-mêmes, ont leur partie élargie infiniment plus longue et l'utérus également beaucoup plus long.

L'Ascaride de l'Ours (*Ascaris transfuga*, Rud., Synops, p. 60 et 273, et Dujard., *Hist. des Helm.*, p. 158), très voisin encore des précédents, mais ayant les valves céphaliques plus petites, et de chaque côté de la tête une étroite expansion dont il n'y a pas de vestige chez les autres grandes espèces.

J'ai eu plusieurs fois l'occasion d'étudier ce Nématoïde. Les Ours de la Ménagerie du Muséum d'histoire naturelle de Paris, en ayant à diverses reprises rejeté des individus mâles et femelles. Les organes intérieurs de l'*Ascaris transfuga* diffèrent à peine de ceux des *A. lumbricoides* et *megalocephala*. Chez l'Ascaride de l'Ours, les proportions entre l'œsophage et l'intestin sont les mêmes; mais ce dernier m'a toujours paru un peu plus mince. L'organe générateur mâle (1) est très semblable aussi, seulement le testicule est plus renflé vers le bout. Les ovaires sont un peu plus minces. Ainsi, entre tous ces Ascarides de grande taille qui se ressemblent à un si haut degré par leurs caractères extérieurs, on n'observe également que des différences des plus légères dans leurs parties internes.

Ascarides des Poissons (*Ascaris salaris*).

Cucullanus salaris, Goeze, *Naturgesch. der Eingeweidew.*, p. 133, pl. 8, fig. 9-10 (1782).
Cucullanus lacustris, Gmelin, *Syst. natur.*, p. 3051 (1789).
Capsularia salaris, Zeder, *Nachtrag zur Naturgesch. der Eeingeweidew.*, p. 10 (1800).
Capsularia trinodosa, Zeder, *Naturg. der Eingeweidew.*, p. 55 (1803).
Ascaris capsularia, Rudolphi, *Entoz. Historia*, t. II, part 1, p. 179 (1809) et *Entoz. Synops.*, p. 50 (1819).
Dujardin, *Hist. des Helminthes*, p. 187 (1845).

Description. — Cet Ascaride est long de 20 à 35 millimètres, assez mince surtout vers la partie antérieure, s'épaississant un peu vers l'extrémité postérieure, et ne présentant aucune expansion membraneuse. La tête est très grêle et munie de trois valves fort petites. Le corps est d'un blanc jaunâtre, avec les ovaires des femelles qui se dessinent en replis sous les téguments. L'œsophage est court et grêle. L'orifice génital femelle s'ouvre vers le tiers antérieur de la longueur du corps, ou même un peu plus en avant.

Cet Helminthe se trouve assez communément chez divers Poissons; je l'ai rencontré surtout dans l'intestin des espèces du genre Gade. Il a été recueilli assez fréquemment sur les viscères

(1) Pl. 19, fig. 1c.

des mêmes Poissons ; mais alors il était dépourvu d'organes de reproduction. Ce sont surtout les organes femelles que j'ai étudiés dans ce Nématoïde, et qui m'ont paru mériter d'être décrits et représentés exactement pour être comparés à ceux des grands Ascarides.

De l'organisation. — L'œsophage est très grêle, et sa longueur n'équivaut qu'au quinze ou seizième de celle du corps, et à sa base il présente une très petite expansion latérale, une sorte de cœcum (1). L'intestin est presque droit, et se renfle graduellement jusqu'à l'extrémité du corps, ce qui est en rapport avec l'épaississement de cette partie. L'anus est presque terminal (2).

L'organe mâle ressemble à celui des autres Ascarides ; mais le tube séminal est plus grêle.

Les organes femelles ont aussi une assez grande ressemblance, cependant il y a des différences qui méritent d'être signalées. Chez l'Ascaride des Poissons, les deux ovaires ont une très grande longueur ; ils sont pelotonnés et enroulés sur eux-mêmes dans la moitié postérieure du corps (3) ; ils se renflent ensuite, et forment deux tubes assez épais, dont la longueur équivaut à plus du quart de celle du corps (4). Les ovaires se réunissent pour constituer un utérus commun de médiocre étendue, s'amincissant au bout pour former un oviducte grêle, terminé par une petite vulve qui s'ouvre vers le tiers antérieur de la longueur du corps, et même un peu plus en avant (5). Sous ce rapport, il y a une différence avec ce qui existe chez les espèces précédentes. L'Ascaride des Poissons semble, à cet égard, se rapprocher un peu des Filaires.

Les genres ***Heligmus***, ***Heterakis*** et ***Ozolaimus*** Duj., paraissent devoir se ranger dans la famille des Ascarides ; mais je ne possède pas sur ces Helminthes d'observations anatomiques assez complètes pour les indiquer dans ce travail.

(1) Pl. 19, fig. 2 a.
(2) Pl. 19, fig. 2 b.
(3) Pl. 19, fig. 2 c.
(4) Pl. 19, fig. 2 d.
(5) Pl. 19, fig. 2 e.

FAMILLE DES FILARIIDES (*FILARIIDÆ*).

Les Filariides forment une petite famille assez naturelle. Ce sont des Helminthes très rapprochés des Ascarides, dont on les distingue aisément par l'absence de lobes autour de la bouche. Ils en diffèrent aussi, en général, par la position de l'oviducte.

Les Filariides se font remarquer par la ténuité de leur corps. Elles devront sans doute, par la suite, être divisées génériquement ; mais, comme déjà nous l'avons dit, pour les divisions de cette nature, la connaissance parfaite des organes de la génération peut seule permettre de les établir. Dès à présent nous savons que chez la plupart des Filaires il n'existe que deux utérus ; mais déjà l'on en a fait connaître qui en présentaient cinq.

La Filaire de Médine (*Filaria medinensis* Linn.), qui se trouve dans les régions intertropicales de l'ancien continent, où elle se loge dans le tissu cellulaire de l'homme, et particulièrement sous la peau des jambes, diffère peut-être beaucoup des autres Filaires sous le rapport de son organisation intérieure. Son genre d'habitation peut au moins le faire présumer.

Genre FILAIRE, *Filaria*, Müller, Rud.

Caractères. — Corps cylindrique ou filiforme, toujours très allongé. Tête continue avec le corps, nue ou pourvue de très petites papilles. Œsophage musculeux, tubuleux, assez grêle, de médiocre longueur. Intestin grêle avec l'anus presque terminal. Les femelles ayant leur orifice génital situé de côté, ordinairement tout à fait à l'extrémité antérieure du corps.

Les espèces de Nématoïdes que les helminthologistes rattachent au genre Filaire ont été observées dans des mammifères, des oiseaux, des reptiles, des poissons, dans un grand nombre d'insectes et dans certains mollusques ; mais il faut remarquer que l'on a appelé du nom de Filaire tous les Helminthes très grêles et cylindriques. Les organes génitaux étant inconnus pour la presque totalité, il est impossible de regarder ce genre comme une division naturelle.

FILAIRE DU CHEVAL (*Filaria equina*).

Gordius equinus, Abildgaard, *Zool. danic.*, t. III, p. 49, pl. 109, fig. 12 (1781).

Filaria equi, Gmel., *Syst. nat.*, p. 3039 (1789).

Filaria papillosa, Rudolphi, *Entoz. hist.*, t. II, part. 1, p. 62 (1810), et *Synops*, p. 6 et 213 (1819).

Bremser, *Icones Helminth.*, pl. 1, fig. 8-11 (1824).

Gurlt *Lehrbuch der path. Anat. des Haus-Säug.*, p. 348, pl. 5, fig. 7-12 (1831).

Leblond, *Quelques matériaux pour l'histoire des Filaires et des Strongles* (1836).

Dujardin, *Hist. des Helminthes*, p. 49 (1845).

Description. — Cette espèce est d'une épaisseur moyenne comparée à la ténuité de beaucoup d'autres Filaires. Sa longueur varie de 6 à 18 centimètres, mais le plus souvent elle est de 10 à 12 pour les femelles. La tête est obtuse, comme tronquée, bordée de huit petites papilles opposées et disposées par paires. Le corps du mâle se termine en forme de queue recourbée, supportant deux ailes membraneuses étroites entre lesquelles se voit le spicule. Celui de la femelle se termine en pointe tronquée et accompagnée de quelques petites papilles. La couleur de l'animal est d'un blanc jaunâtre uniforme.

Cette espèce se trouve dans la cavité abdominale du cheval, entre les replis du péritoine ; mais elle ne paraît pas très commune. Le mâle est même fort rare. Quelques helminthologistes assurent que cette Filaire se rencontre également chez l'âne et même chez le bœuf.

De l'organisation. — L'organisation intérieure des Filaires, et de la Filaire du Cheval en particulier, est presque semblable à ce que nous avons décrit chez les Ascarides. Les organes de la génération offrent quelques particularités très importantes à signaler et à préciser au point de vue de la zoologie, mais de bien faible valeur sous le rapport de l'anatomie et de la physiologie. J'ai observé avec beaucoup de soin le système nerveux de la ***Filaria equina*** (1), et j'ai pu constater une disposition tout à fait

(1) Pl. 19, fig. 3^a, 3^b.

analogue à celle que j'ai fait connaître dans les Ascarides. Seulement les deux ganglions latéraux sont plus complétement unis l'un à l'autre, et, proportionnellement à la dimension de l'animal, leur volume paraît être un peu plus considérable.

Le tube intestinal est fort grêle (1), ce qui est en rapport avec le peu d'épaisseur du corps. L'œsophage débute par une portion très mince ; mais il s'élargit bientôt, et se présente sous la forme d'un tube presque cylindrique, à parois musculeuses. Sa longueur équivaut à plus du huitième de la longueur totale du corps. L'intestin qui lui succède est près de moitié plus grêle ; il est cylindrique, un peu aminci seulement vers son extrémité. Cet intestin, ayant une longueur notablement supérieure à celle du corps, décrit des sinuosités assez prononcées, et s'enroule avec les tubes ovigères qui sont déjà très repliés et contournés sur eux-mêmes. L'orifice anal est situé exactement à l'extrémité caudale.

Les organes génitaux femelles diffèrent notablement de ceux des Ascarides (2). Les ovaires sont plus longs ; on les trouve enroulés et repliés sur eux-mêmes, car ils ont au moins trois ou quatre fois la longueur du corps ; ils sont cylindriques, et d'une très grande ténuité. Ces ovaires ont une portion grêle, capillaire, d'une médiocre longueur, logée dans la partie postérieure du corps. La portion renflée est arrondie à son origine ; sa longueur est très considérable. Les ovaires ont la forme de tubes cylindriques. Ils sont contournés et ondulés sur eux-mêmes, et autour de l'intestin, et deux fois repliés dans le sens de la longueur de l'animal. Ils se réunissent et forment un utérus commun. Celui-ci, logé dans la partie antérieure du corps, est assez court ; d'abord d'une largeur à peu près égale ou double des tubes ovigères réunis, il s'amincit ensuite pour former un grêle oviducte, qui se termine par une petite vulve ovoïde, s'ouvrant presque exactement à l'extrémité antérieure, à peine un peu en arrière de la bouche.

(1) Pl. 19, fig. 3.
(2) Pl. 19, fig. 3'-*a*, *b*.

FILAIRE ATTÉNUÉE (*Filaria attenuata*).

Rudolphi, *Entoz. Hist.*, t. II, p. I, p. 58 (1809); et *Entoz. Synops.*, p. 4 et 208 (1819).
Filaria aquilæ Rud., *Entoz. Hist.*, t. II, p. I, p. 70.
Filaria falconum, ejusd. l. c., p. 70.
Filaria strigis, ejusd. l. c., p. 71.
Filaria attenuata, Bremser, *Icon. Helminth.*, pl. 1, fig. 6-7 (1824).
Dujardin, *Histoire des Helminthes*, p. 50 (1845).

Description. — Cette Filaire est grêle, fort allongée, et sensiblement atténuée vers l'extrémité postérieure. Les mâles en général ont une longueur de 12 à 15 centimètres, et les femelles de 30 à 35. Tout le corps est d'un blanc jaunâtre avec les organes intérieurs dessinant par la transparence du tégument des lignes sinueuses plus blanches. La tête est obtuse. La bouche est circonscrite par une sorte d'armure cupuliforme, et extérieurement elle offre quelques papilles d'une extrême petitesse. Chez le mâle, l'extrémité caudale est obtuse, pourvue d'une expansion membraneuse. Le pénis, ou spicule principal, est élargi de chaque côté et strié. Le spicule accessoire est court, et sillonné obliquement. Chez la femelle, l'extrémité caudale est amincie. L'orifice génital est situé très peu en arrière de la bouche.

La *Filaria attenuata* se trouve quelquefois dans les poches aériennes des Oiseaux de proie. J'en ai vu dans un Faucon (*Falco peregrinus*), qui fait aujourd'hui partie de la collection helminthologique du Muséum, un grand nombre d'individus. Il paraît que cet Helminthe se rencontre aussi dans les Chouettes, les Corbeaux, etc. D'abord, Rudolphi avait considéré ces Filaires comme appartenant à des espèces différentes ; plus tard, il les regarda comme étant toutes de la même espèce. Je n'ai pu les comparer ; je ne saurais donc dire si la dernière opinion de Rudolphi est plus juste que la première.

De l'organisation. — Le tube digestif est très grêle. La bouche est formée par une sorte de petite cupule (1). L'œsophage est presque cylindrique, à peine aminci en avant ; sa longueur n'est pas supérieure au dixième de la longueur totale du corps. L'in-

(1) Pl. 19, fig. 4, *a*.

testin qui lui succède est à peine plus grêle, et légèrement ondulé pendant son trajet.

Les organes génitaux mâles consistent en un tube grêle, qui s'élargit sensiblement vers le bout. Ce testicule est suivi, comme chez les autres Nématoïdes de la même tribu, d'un tube séminal presque cylindrique. Le pénis, ou spicule principal, est grêle, et légèrement recourbé. Le spicule accessoire est court, presque droit, et sillonné.

Les ovaires sont au nombre de deux, comme chez la Filaire du Cheval ; ce sont également des tubes d'une extrême ténuité à leur origine, et qui restent sous la forme de tubes grêles et cylindriques dans la plus grande partie de leur longueur (1). Ces ovaires descendent de l'extrémité antérieure du corps jusqu'à la partie postérieure ; puis ils remontent, en décrivant de nombreuses sinuosités, en s'enroulant sur eux-mêmes et autour de l'intestin ; ils se réunissent ensuite, de manière à former un utérus commun, grêle, et ayant fort peu de longueur; ce dernier se rétrécit encore en un oviducte qui s'ouvre très peu en arrière de la bouche.

Ainsi, cette Filaire des Oiseaux, d'une longueur bien supérieure à celle de la Filaire du Cheval, ressemble extrêmement à cette dernière sous tous les rapports, malgré sa forme beaucoup plus allongée. Le canal intestinal est très semblable dans les deux espèces, et quant aux ovaires, ce sont seulement de légères différences dans la longueur et les replis de ces organes.

OBSERVATIONS.

En général, chez les Nématoïdes, il y a deux ovaires, et dans un petit nombre d'entre eux il n'y en a qu'un seul. M. Valenciennes a observé dans une espèce de Filaire (2) (*Filaria labiata*. Creplin, *Observ. de Entoz.*, p. 1. Duj., *Hist. des Helm.*, p. 57) un fait bien remarquable sous le rapport des organes génitaux femelles ; il a trouvé cinq ovaires qui, du reste, se réunissent en

(1) Pl. 19, fig. 4, c.

(2) *Règn. anim.*, nouv. édit. Zooph., pl. 24.

un oviducte commun, s'ouvrant très peu en arrière de la bouche, exactement comme chez les autres Filaires. Ce qu'il y a de singulier, c'est de rencontrer dans la *Filaria labiata* l'aspect et la plupart des caractères des autres Filaires avec une modification aussi notable des organes femelles. Dans les autres espèces du même genre que nous avons examinées, chez la *Filaria attenuata*, qui vit aussi dans des Oiseaux et dans les mêmes conditions que la *Filaria labiata*, il n'existe que deux ovaires ; peut-être devra-t-on former un genre particulier pour la *Filaria labiata*. Cette espèce est d'une taille très considérable ; car les femelles atteignent de 1/2 mètre à 3/4 de mètre ; elle se fait remarquer par son intestin qui étant d'une belle couleur rouge, se dessine par transparence sous les téguments. M. Valenciennes a rencontré cet Helminthe dans les poumons et les cavités aériennes d'une Cigogne noire (*Ciconia nigra*).

Genre Spiroptère (*Spiroptera* Rud.).

Acuaria Bremser.

Caractères. — Corps cylindrique de médiocre longueur, un peu atténué aux deux extrémités. Sa partie postérieure tendant à s'enrouler surtout chez les mâles, où il existe des expansions membraneuses et deux spicules. Bouche circonscrite par un petit rebord épaissi. Œsophage long, cylindrique. Intestin légèrement sinueux, et aminci vers l'extrémité postérieure. Deux ovaires se réunissant en un oviducte commun, très grêle. Orifice génital femelle, situé plus haut que l'extrémité de l'œsophage.

Les Spiroptères, par leur aspect général, par la forme de leur corps plus raccourcie que celle des Filaires, ressemblent assez aux Ascarides ; l'absence de lobes céphaliques est presque le seul caractère saillant qui permette de les en distinguer. Dans les espèces que nous rattachons au genre Spiroptère, la position des orifices génitaux femelles est différente ; elle est beaucoup plus antérieure. Mais il paraît y avoir sous ce rapport des différences si notables entre des types, du reste très voisins, que je n'ose pas insister extrêmement sur ce caractère.

Le genre Spiroptère, tel qu'il est admis par les helminthologistes, est loin d'être naturel. M. Dujardin en a déjà séparé, sous le nom de *Dispharagus*, les espèces dont l'œsophage est divisé en deux parties ; mais parmi les Spiroptères dont l'œsophage est simple, il existe des différences considérables dans leurs organes génitaux, et ce n'est qu'après avoir étudié ces organes dans chaque espèce, que l'on réussira à les classer définitivement. Je considère comme type du genre *Spiroptera* l'espèce du Chien, le *Spiroptera sanguinolenta*. J'ai formé un nouveau genre du Spiroptère de la Taupe, et la comparaison des ovaires dans l'une et l'autre espèce montrera, je pense, que cette séparation est pleinement fondée.

Spiroptère ensanglanté, *Spiroptera sanguinolenta* (1).

Ascaris lupi, Rudolphi, *Entoz. hist.*, t. II, part. 1, p. 242 (1809).
Spiroptera sanguinolenta, Rud., *Entoz. Synops.*, p. 27 et 249 (1819).
Dujardin, *Hist. des Helminth.*, p. 88 (1845).

Description. — Cette espèce est d'une longueur variant de 40 à 80 millimètres ; mais je n'ai pas rencontré d'individus ayant plus de 60 à 70 millimètres de long. Le corps est presque cylindrique, à peine atténué aux deux extrémités, d'un jaune rougeâtre nuancé, et varié de rouge carmin. La bouche est large, à bord ondulé, mais dépourvu de papilles. L'œsophage est long, cylindrique, avec l'intestin beaucoup plus large. Chez les mâles, l'extrémité caudale est contournée en manière de spire, et terminée en pointe obtuse ; elle supporte deux ailes vésiculeuses striées, et une double rangée de petites papilles. Chez la femelle, le corps est seulement recourbé en arrière, et se termine en pointe obtuse.

Cette espèce se rencontre dans des tubercules de l'estomac chez les Chiens et les Loups. Quelquefois ces tubercules atteignent une grosseur assez considérable, et contiennent un grand nombre de Spiroptères ; mais les mâles m'ont toujours paru fort rares comparativement aux femelles. Aussi, après en avoir examiné quelques uns, il ne m'a plus été possible d'en retrouver pour être à même de suivre et de décrire d'une manière complète leurs organes génitaux.

(1) Pl. 20, fig. 1.

De l'organisation. — J'ai suivi avec soin le système nerveux dans le *Spiroptera sanguinolenta*, et je l'ai trouvé entièrement semblable à celui des Filaires.

Le tube digestif est grêle (1); l'œsophage particulièrement. Celui-ci (2) est presque cylindrique, seulement un peu aminci à son extrémité antérieure. Sa longueur équivaut presque au septième de la longueur totale du corps. L'intestin (3) est notablement plus large que l'œsophage, médiocrement ondulé sur son trajet et presque cylindrique, s'amincissant seulement à son extrémité. L'orifice anal est situé exactement à l'extrémité caudale.

Le système vasculaire m'a offert la même disposition que celle dont j'ai donné la description chez l'Ascaride du Cheval, disposition que j'ai retrouvée chez tous les Nématoïdes. Cependant, dans les Spiroptères, j'ai constaté la présence de communications transversales entre les vaisseaux internes des deux tubes ou les vaisseaux artériels, et un certain nombre de ramifications partant de ces mêmes vaisseaux (4). Tous ces rameaux vasculaires sont extrêmement grêles; néanmoins, je les ai trouvés assez apparents. Mais ce n'est pas au moyen de l'injection que je les ai suivis chez des Vers aussi grêles que le sont les Spiroptères, où les principaux vaisseaux ont un diamètre des plus petits; je ne suis pas parvenu à les remplir d'un liquide coloré. Seulement, comme les tissus ont une certaine coloration chez le *Spiroptera sanguinolenta*, il n'est pas très difficile de suivre les vaisseaux au moyen de l'examen microscopique et de la dissection sous la loupe.

Les organes génitaux du mâle m'ont paru ressembler beaucoup à ceux du Spirure de la Taupe; mais il ne m'a pas été possible d'étudier assez d'individus pour préciser les différences. J'ai suivi, au contraire, les organes génitaux de la femelle sur un grand nombre d'individus.

Les ovaires ont une longueur médiocre, comparativement à celle que nous leur trouvons chez beaucoup de Nématoïdes, et

(1) Pl. 20, fig. 1^b.
(2) Pl. 20, fig. 1^b-*a* et 1^a-*b*
(3) Pl. 20, fig. 1^b-*b*.
(4) Pl. 20, fig. 1^a-*d*.

surtout chez les Filaires. La partie grêle est d'une ténuité extrême et pelotonnée sur elle-même, un peu au delà de la moitié de la longueur du corps. La portion élargie est d'une épaisseur à peu près égale à celle de l'intestin, et s'élargit sensiblement vers leur extrémité. Chez le *Spiroptera sanguinolenta*, les deux ovaires ne se réunissent pas pour former un large utérus, comme nous l'avons vu dans les Ascarides et dans les Filaires. Au point où ils se réunissent, ils s'amincissent, et c'est un oviducte assez long et très grêle qui leur succède ; celui-ci aboutit à une petite vulve allongée et échancrée par sa base, ayant son orifice à la hauteur des deux tiers postérieurs de la longueur de l'œsophage.

Ainsi, par la position antérieure de l'orifice génital femelle, les Spiroptères semblent se rapprocher des Filaires ; mais le peu de longueur des ovaires, et l'absence de ce large utérus commun les en séparent notablement.

Genre Spirure (*Spirura*, Blanch.).

Spiroptera, Rud., Dujard.

Caractères. — Corps cylindrique de médiocre longueur, notablement atténué vers l'extrémité antérieure. Sa partie postérieure tendant à s'enrouler surtout chez les mâles, où il existe des expansions membraneuses et deux spicules. Bouche étroite, circonscrite par un rebord. Œsophage long, cylindrique. Intestin légèrement sinueux. Ovaires cylindriques assez grêles. Orifice génital femelle situé au delà de la partie moyenne du corps.

Ce genre est fondé sur le *Spiroptera Talpæ* ou *strumosa* des auteurs et le *S. megastoma ;* les différences offertes par les organes génitaux femelles avec ceux du *Spiroptera sanguinolenta* m'ont surtout montré la nécessité de cette séparation. Beaucoup d'autres Spiroptères sont décrits par les helminthologistes. Devront-ils rester dans le genre *Spiroptera*, ou être placés au contraire dans le genre *Spirura ?* Devront-ils former de nouveaux genres ? Comme on le voit, ce sont des questions qui ne peuvent être résolues à l'égard de chaque espèce que par une étude sérieuse des organes génitaux ; car, dans un Nématoïde, la forme du corps est toujours à peu près la même, et l'on obtient bien peu de résultats par la considération seule des caractères extérieurs.

SPIRURE DES TAUPES, *Spirura Talpæ.*

Ascaris Talpæ, Gmelin, *Systema naturæ*, p. 3032 (1789).

Ascaris strumosa, Frœlich, *in Naturforsch.*, t. XXV, p. 82, pl. 3, fig. 15 (1791).

Fusaria convoluta, Zeder, *Naturgesch. der Eingeweidew.*, p. 106 (1803).

Ascaris strumosa, Rudolphi, *Entoz. hist.*, t. II, part. 1, p. 193 (1809).

Spiroptera strumosa, Rud., *Entoz. synops.*, p. 24 et 241 (1819).

Nitzch, *Spiropteræ strumosæ Descriptio* (1829).

Creplin, *Allgem. Encyclop. von Ersch und Grüber*, t. XXXII, p. 280 (1839).

Dujardin, *Hist. des Helminth.*, p. 86 (1845).

Description. — Cette espèce est longue de 15 à 45 millimètres. La femelle seule, du reste, atteint cette taille ; le mâle ne dépasse guère 18 à 20 millimètres. Il est aussi d'une forme beaucoup plus cylindrique. La femelle s'élargit, au contraire, d'avant en arrière, et s'amincit ensuite à l'extrémité postérieure. Tout l'animal est d'un blanc rougeâtre, et chez la femelle surtout il y a des marbrures rouges très marquées. La tête est toujours amincie, et tronquée à l'extrémité. Chez le mâle, l'extrémité caudale est enroulée, et supporte deux petites ailes membraneuses très peu saillantes accompagnées de quelques petites papilles. Il y a deux spicules : l'un grêle, recourbé ; l'autre, plus court et plus large, ensiforme, présentant une côte médiane. Les spicules sont accompagnés de deux ailes membraneuses striées. Chez la femelle, l'extrémité caudale est peu recourbée, amincie au bout, et la vulve est située au delà du milieu, environ vers les cinq huitièmes de la longueur du corps.

Cette espèce se trouve fréquemment dans l'estomac et l'intestin des Taupes.

De l'organisation. — Le système nerveux et le système vasculaire sont très semblables dans le Spirure de la Taupe et le Spiroptère des Chiens.

Chez le *Spirura Talpæ*, le canal intestinal (1) présente quelques légères différences. L'œsophage est également grêle, al-

(1) Pl. 20, fig. 2ᵃ — *a, b.*

longé, presque cylindrique, d'une longueur au moins égale au cinquième de la dimension totale du corps. L'intestin qui lui succède est d'abord un peu plus élargi, mais il se rétrécit légèrement ensuite, et se présente sous la forme d'un tube cylindrique. décrivant quelques sinuosités sur son trajet. L'orifice anal est presque exactement terminal.

Les organes génitaux mâles sont assez simples, et ressemblent à ceux des Ascarides ayant toutefois une longueur moins grande. Le testicule (1) est un tube grêle capillaire contourné sur lui-même. et logé dans la portion moyenne du corps. Le tube séminal (2) qui lui succède est d'un diamètre supérieur à celui de l'intestin : c'est un canal cylindrique flexueux venant aboutir un peu en avant de l'anus ; il se termine par deux pièces cornées faisant saillie au dehors : ce sont les deux spicules. L'un, regardé comme le véritable pénis, est en rapport avec un canal déférent de même diamètre ; ce pénis (3) est long, recourbé, cylindrique, terminé en pointe obtuse. Le second spicule ou pièce accessoire (4), comme l'appellent souvent les helminthologistes, se voit un peu en arrière. Sa longueur est beaucoup moindre, mais sa largeur est beaucoup supérieure. C'est une lame peu arquée se terminant par une petite pointe recourbée, et divisée dans le sens de la longueur par une carène médiane.

Ce second spicule paraît devoir servir uniquement à mieux retenir la femelle pendant l'acte de l'accouplement. On comprend l'utilité de la courbure de la partie postérieure du corps chez le mâle ; c'est le seul moyen qu'il ait de se maintenir autour du corps de la femelle pour s'accoupler ; la pièce cornée, ou spicule. doit elle-même en s'appuyant l'empêcher de glisser aussi facilement sur le tégument qui, en général, est très lisse.

Les organes génitaux femelles occupent au moins les deux tiers de la cavité du corps (5). Les ovaires débutent par une portion

(1) Pl. 20, fig. 2 — *a*.
(2) Pl. 20, fig. 2 — *b*.
(3) Pl. 20, fig. 2 — *c*.
(4) Pl. 20, fig. 2 — *d*.
(5) Pl. 20, fig. 2*a* — *c*, *d*, *e*

grêle capillaire, repliée et pelotonnée sur elle-même à l'extrémité postérieure du corps. La portion élargie, au moins une fois repliée sur elle-même, est d'une longueur moindre, étant déployée, que celle du corps. C'est un tube d'abord assez large qui se rétrécit graduellement ; et, au point où les deux ovaires se réunissent, ils sont devenus très minces. Il n'y pas d'utérus commun. L'oviducte, qui succède immédiatement au point de réunion des deux ovaires, est très grêle, et fórt court ; il se termine insensiblement par une petite vulve s'ouvrant presque dans les deux tiers postérieurs de la longueur du corps.

Si nous comparons les organes génitaux femelles du *Spirura Talpæ* et du *Spiroptera sanguinolenta*, les principales différences se montrent dans la position de l'orifice, dans la longueur de l'oviducte et des ovaires, et dans la place que ceux-ci occupent. Il y a en même temps, grande analogie dans l'absence d'un utérus commun analogue à celui que nous avons trouvé chez les Ascarides et les Filaires.

Spirure du Cheval (*Spirura megastoma*).

Spiroptera megastoma, Rudolphi, *Entoz. Synops.*, p. 22 et 236 (1819).
Gurlt, *Lerbuch. der pathol. Anatomie der Haus-Saügethiere*, p. 351, pl. 6 (1831).
Valenciennes, *Comptes rendus de l'Académ. des Sc.*, t. 17, p. 71 (1843).
Dujardin, *Hist. des Helminthes*, p. 81 (1845).

Description. — Cette espèce est d'une teinte blanchâtre sale, d'une forme grêle et allongée. Sa tête est séparée par un étranglement. La bouche est large, et munie de quatre petits lobes opposés les uns aux autres. Chez le mâle, l'extrémité postérieure est enroulée ; il y a deux spicules, l'un grêle et assez long, l'autre beaucoup plus court et plus grêle encore ; ces spicules sont accompagnés de deux ailes membraneuses, striées longitudinalement. Chez la femelle, l'extrémité postérieure est presque droite et terminée en pointe. L'orifice génital est situé un peu avant le milieu de la longueur du corps.

Cette espèce se trouve quelquefois en assez grand nombre logée dans des tubercules ou tumeurs de l'estomac des Chevaux. Je l'ai rencontrée une ou deux fois ; mais M. Valenciennes l'a observée plus souvent, et il l'a étudiée, sous le rapport anatomique, avec le plus grand soin. Il a fait faire un dessin qui représente exactement l'organisation de ce Nématoïde ; aussi est-ce beaucoup plus d'après les observations de M. Valenciennes que d'après les miennes que j'indique ici les différences entre le Spirure du Cheval et le Spirure des Taupes, M. Valenciennes ayant eu l'extrême obligeance de mettre ses figures à ma disposition.

De l'organisation. — Le canal intestinal ne présente rien de bien particulier. L'œsophage est presque cylindrique, et d'une longueur proportionnellement moins grande que chez le Spirure de la Taupe, mais analogue à celle du Spiroptère du Chien. L'orifice buccal seulement est beaucoup plus évasé que chez ces deux derniers, ce qui a valu au Spirure du Cheval le nom spécifique de *megastoma*. L'intestin est médiocrement ondulé, légèrement aminci en arrière, avec l'anus situé un peu avant l'extrémité caudale. Il n'y a ici rien de bien particulier.

Les organes génitaux présentent quelques légères différences avec ceux du Spirure de la Taupe. Chez le mâle, le spicule principal est moins long et moins recourbé, et le spicule accessoire est infiniment plus grêle et plus court ; au lieu d'une lamelle ensiforme, c'est une sorte de dard.

Les ovaires consistent également en deux tubes grêles ; mais au lieu d'être l'un et l'autre pelotonnés dans la région postérieure du corps, comme dans le Spirure de la Taupe, l'un occupe la portion antérieure, et l'autre la portion postérieure du corps. Ensuite, il existe dans le Spirure du Cheval un utérus commun très court, à la vérité, et l'oviducte est plus long, bien que cette partie ait encore peu d'étendue. L'orifice extérieur se trouve chez le *Spirura megastoma* en avant de la portion moyenne du corps, tandis qu'il est en arrière dans le *Spirura Talpæ.* Ainsi entre ces deux espèces très voisines sous tous les rapports, il y a pour l'appareil digestif et l'appareil génital certaines différences importantes à signaler.

Tribu des OXYURIENS (*OXYURII*).

Caractères. — Corps acuminé postérieurement. Bouche sans lobes. Œsophage assez long. Un estomac arrondi suivi d'un intestin droit, un peu élargi à son origine. Ovaires larges, doubles.

Les Oxyuriens sont des Nématoïdes de très petite taille. Pendant longtemps, les helminthologistes ne les ont pas distingués des Ascarides, et, depuis qu'ils en ont été séparés génériquement, les zoologistes les ont toujours considérés comme en étant très voisins. M. Dujardin les range dans la même section de l'ordre des Nématoïdes. Cependant les différences d'organisation entre ces Helminthes peuvent compter parmi les plus considérables qui se voient entre les divers types de cet ordre du sous-embranchement des Vers.

Dans les Ascaridiens, le tube digestif est droit ; un intestin succède directement à l'œsophage ; il en est ainsi chez la plupart des Nématoïdes. Dans les Oxyuriens, entre l'œsophage et l'intestin, il existe une sorte d'estomac ou de ventricule globuleux. Chez les Ascaridiens, les ovaires sont grêles ; leur portion capillaire est fort longue ; leur portion élargie n'occupe qu'un très petit espace dans la cavité du corps. Chez les Oxyuriens, il en est tout autrement : cette portion élargie des ovaires occupe presque toute la cavité du corps.

Genre Oxyure (*Oxyuris* Rud.).

Caractères. — Corps cylindrique, brusquement aminci en arrière. Bouche soit arrondie, soit un peu triangulaire, et circonscrite par une sorte de renflement du tégument. Orifice anal situé assez loin de l'extrémité postérieure. Orifice des organes génitaux femelles situé vers le quart de la longueur du corps. Les mâles ayant leur partie postérieure contournée ; les femelles toujours parfaitement droites.

Nous considérons comme type du genre, l'Oxyure de l'Homme (*Oxyuris vermicularis*) ; mais je n'ai pu étudier le mâle qui est d'une extrême rareté, car je n'en ai pas rencontré un seul parmi plusieurs milliers de femelles.

OXYURE VERMICULAIRE (*Oxyuris vermicularis*).

Ascaris vermicularis, Linn., *Syst. nat.*, 12ᵉ édit., p. 1076 (1767).
Gœze, *Naturgesch. der Eingeweid.*, p. 102, pl. 5, fig. 1-5 (1782).
Bruguière, *Encycl. méth.*, t. VI, Vers, p. 133 (1789).
Fusaria vermicularis, Zeder, *Naturgeschichte der Eingeweidewürmer*, p. 107 (1803).
Jordens, *Helm.* S. 19. Taf. II, fig. 1-5 (1802).
Ascaris vermicularis, Rudolphi, *Entoz. hist.*, t. II, part. I, p. 152, 1809 et *Entoz. Synop.*, p. 44 et 279 (1819).
Oxyuris vermicularis, Bremser, *Über lebende Würmer in lebend. Menschen* p. 79, tab. I, fig. 6-12 (1819).
Ascaris vermicularis, Schmalz, *Tabul. anatom. Entoz. illust.*, pl. 8, fig. 1-4 (1831).
Creplin, *Allgem. Encyclop. von Ersch und Grüber*, t. XXXII, p. 282 (1839).
Oxyuris vermicularis, Dujardin, *Hist. des Helm.*, p. 138 (1845).

Description. — L'Oxyure vermiculaire est généralement long de 10 à 12 millimètres ; c'est du moins la femelle qui atteint cette dimension, car le mâle ne paraît pas dépasser 5 millimètres. Celui-ci a son extrémité postérieure contournée en spirale ; la femelle, au contraire, est parfaitement droite, et très amincie en forme de queue. Tout le corps est d'un blanc laiteux, surtout quand les ovaires sont bien remplis. La tête est assez large, tronquée, avec le tégument un peu épaissi de chaque côté. L'anus est situé très loin de l'extrémité postérieure du corps. L'orifice génital femelle vers le tiers antérieur.

L'Oxyure vermiculaire habite le gros intestin chez l'Homme. Il se trouve quelquefois en très grande abondance, surtout chez les enfants ; mais la femelle seule est commune, le mâle est toujours d'une extrême rareté.

L'Oxyure vermiculaire se tient non pas dans l'intestin grêle, comme l'*Ascaris lumbricoides*, mais toujours dans le rectum. Les personnes atteintes de cet Helminthe en souffrent quelquefois beaucoup, particulièrement le soir ou durant la nuit. Les Oxyures remontent vers la partie supérieure du rectum pendant le jour ; mais le soir ils redescendent ordinairement à la partie inférieure et jusqu'à l'anus. De telle sorte que les individus affectés de cet Helminthe en perdent souvent dans leur lit. L'Oxyure vermiculaire cause ainsi des démangeaisons très pénibles, et, d'après les observations des médecins, il finit même par déterminer des gonflements autour de l'anus et un prurit très marqué. Ce Ver se trouve quelquefois dans le rectum par centaines et même par milliers, et les personnes qui en sont affectées s'en débarrassent souvent avec beaucoup de peine. On l'expulse à l'aide des vermifuges employés habituellement par les médecins ; mais il est rare que les malades s'en délivrent définitivement, s'il ne s'opère un changement dans leur régime ou dans leur constitution. Après avoir rejeté des milliers d'Oxyures, ces Nématoïdes reparaissent bientôt ; car sans doute que d'innombrables quantités d'œufs demeurent dans le gros intestin malgré l'emploi des vermifuges. Nous ne comprenons guère comment ils ne se trouvent pas entraînés au dehors, et néanmoins on ne peut douter qu'ils ne restent en grande partie dans l'intestin.

Au point de vue médical, on a publié des observations intéressantes (1) sur l'Oxyure vermiculaire ; mais l'organisation de ce Nématoïde n'a point encore été sérieusement étudiée. Je puis au moins faire connaître la femelle d'une manière assez complète.

De l'organisation. Le système nerveux et le système vasculaire offrent chez l'Oxyure la disposition générale aux Nématoïdes. Il ne paraît guère possible de mettre en évidence les centres médullaires dans un animal d'une aussi petite taille ; mais on peut suivre les deux nerfs longitudinaux, aussi bien que les gros tubes vasculaires.

L'appareil digestif mérite d'être remarqué (2). Comme chez les autres Nématoïdes, il débute par un œsophage musculeux assez long. Cet œsophage, dont la longueur équivaut au neuvième environ de la longueur totale du corps, est d'abord un peu renflé d'avant en arrière, légèrement rétréci ensuite, puis élargi de nouveau, et enfin un peu aminci à sa jonction avec l'estomac ou le

(1) On peut consulter, à cet égard, une notice insérée dans la *Gazette des Hôpitaux* [Marchand, *Essai sur l'Oxyure*, t. IX, p. 367, 395, 455, 505 (1847)] ; mais tout ce qui est dit de l'Oxyure, sous le rapport anatomique, n'a pas le moindre fondement.

(2) Pl. 20, fig. 3.

ventricule. Dans la plupart des Nématoïdes, comme nous l'avons vu, un intestin plus ou moins grêle succède directement à l'œsophage ; dans l'Oxyure il existe au contraire un ventricule, comme on l'a appelé le plus ordinairement, ou un estomac complétement globuleux. Ce ventricule dépasse beaucoup la largeur de l'œsophage, et cependant il est traversé par un canal fort étroit. A l'estomac succède l'intestin. Celui-ci est légèrement ondulé sur son trajet. Il débute par une portion assez élargie : mais il ne tarde pas à se rétrécir et à conserver dans la plus grande partie de sa longueur une forme à peu près cylindrique, tout en présentant de distance en distance de très légères boursouflures. Près de son extrémité il se renfle très sensiblement, de manière à former un véritable rectum qui se rétrécit ensuite et vient s'ouvrir très loin de l'extrémité du corps, environ vers les quatre cinquièmes de sa longueur.

Ceci s'applique à la femelle, car je n'ai pu obtenir le mâle de l'Oxyure vermiculaire et m'assurer si l'intestin s'ouvrait dans ce sexe aussi loin de l'extrémité caudale.

Chez les Oxyures, l'appareil digestif a donc une complication plus grande que chez les autres Nématoïdes, puisque nous y reconnaissons un estomac distinct et des renflements partiels de l'intestin dont nous ne trouvons souvent pas de trace dans les autres représentants du même ordre.

Il y avait un intérêt considérable à étudier les organes de la génération des Oxyures dans les deux sexes, ce type différant à plusieurs égards des autres types de la même division. Mais sur plusieurs milliers de femelles je n'ai pu parvenir à rencontrer quelques mâles. Il m'a fallu renoncer à décrire dans ce travail l'appareil génital mâle de l'Oxyure vermiculaire.

Les organes femelles occupent la plus grande partie de la cavité du corps (1). Ici il y a deux ovaires, comme dans la plupart des autres Nématoïdes ; mais leur partie grêle est très courte, tandis que leur portion élargie est énorme. L'un des ovaires remonte et atteint la hauteur de la partie supérieure du ventricule ; l'autre.

(1) Pl. 20, fig. 3 — *h, i*.

au contraire, descend et atteint la limite de la moitié de la hauteur du rectum. Ces deux ovaires, plus ou moins ondulés, se rétrécissent brusquement à leur sommet et se réunissent dans un oviducte commun assez étroit, presque cylindrique, s'ouvrant un peu au-dessus de la portion moyenne du corps. L'orifice fait très peu saillie au dehors. Les parois des ovaires sont très minces et se déchirent avec la plus grande facilité. Il est extrêmement difficile de disséquer et d'isoler complétement l'appareil génital femelle de l'Oxyure vermiculaire. A l'aide des instruments les plus fins, il est bien souvent impossible de parvenir à ouvrir un de ces Helminthes sans briser entièrement les ovaires. C'est en prenant des précautions infinies, et après avoir essayé en vain sur un nombre énorme d'individus que j'ai réussi à les isoler entièrement dans quelques uns.

Or, il fallait de toute nécessité isoler les ovaires par la dissection pour en reconnaître exactement la forme. Il est trop aisé de s'en convaincre, car beaucoup d'helminthologistes les ont vus par transparence sous le microscope, et en réalité aucun ne les a vus : on peut s'en assurer en lisant leurs descriptions.

Pour celui qui a disséqué et complétement isolé dans leur ensemble les organes génitaux femelles, il est facile de comprendre comment toute observation est demeurée inexacte au moyen des recherches faites seulement sous le microscope. Les deux ovaires, par leur sommet, chevauchent un peu l'un sur l'autre, et, comme ils sont très serrés l'un contre l'autre, il est impossible d'apercevoir la séparation qui existe entre eux, à leur jonction avec l'oviducte. Dans ma figure, je les ai représentés un peu écartés, comme ils se montraient quand l'enveloppe du corps ne les retenait plus.

OBSERVATIONS.

On trouve chez le Cheval une espèce d'Oxyure plus grande que l'*Oxyuris vermicularis :* c'est l'*Oxyuris Equi* (1). Son canal

(1) *Trichocephalus Equi*, Gœze, *Naturg. der Eingeweidew*, p. 117, pl. 6, fig. 8. — *Oxyuris curvula*, Rud., *Ent. Hist.*, t. II, p. I, p. 100, pl. 1, fig. 3-6, et *Synops.*, p. 18 et 229. — Bremser, *Icon. Helm.*, pl. 2, fig. 1-3 — Creplin, *Allgem. Encycl.*, t. XXXII, p. 279. — Dujardin, *Hist. des Helminthes*, p. 142

intestinal a déjà été décrit, et j'ai eu l'occasion de l'observer de nouveau. Il ressemble à celui de l'Oxyure de l'Homme ; seulement l'œsophage se rétrécit d'abord d'avant en arrière, puis s'élargit ensuite davantage, de telle sorte qu'il y a un étranglement faible entre l'œsophage et l'estomac. Je me suis procuré une fois une certaine quantité d'individus de cette espèce ; je désirais en étudier les organes de reproduction, mais de nouvelles recherches faites dans l'intestin d'un assez grand nombre de chevaux n'ont produit aucun résultat.

M. Mayer (1) a fait connaître le canal digestif dans deux autres espèces d'Oxyures. On y retrouve les caractères que nous avons signalés dans l'Oxyure de l'Homme, c'est-à-dire un œsophage épais, suivi d'un estomac ou ventricule parfaitement distinct, et l'orifice anal situé assez loin de l'extrémité postérieure. L'une est l'*Oxyuris ambigua* (2) qu'on trouve dans le gros intestin du Lièvre et du Lapin, et dont M. Dujardin a formé un genre particulier sous le nom de *Passalurus*, non seulement en l'éloignant beaucoup du genre Oxyure, mais même en le plaçant dans un autre groupe, son groupe ou sa section des Énopliens, qui semble composée d'éléments fort hétérogènes. M. Dujardin ne paraît pas avoir connu le travail de M. Mayer ; mais si le caractère sur lequel s'est appuyé M. Dujardin, la présence de petites pièces cornées autour de la bouche, avait assez d'importance pour être le caractère d'un genre, ou si ce caractère coïncidait avec d'autres particularités dans les organes génitaux, qui puissent permettre d'adopter définitivement le genre Passalure ; cette division ne pourrait néanmoins être placée que dans le groupe des Oxyuriens. Les rapports naturels entre l'*Oxyuris ambigua* et les autres Oxyures ne sont pas douteux, bien que nous ne connaissions véritablement pas les organes génitaux de cette espèce ; je n'ai malheureusement pas eu l'occasion de l'étudier.

(1) *Beiträge zur Anatomie der Entozoen*, p. 14, pl. 3, fig. 14, 15 et 16 (1841).

(2) Rudolphi, *Entoz. Synopsis*, p. 19 et 229. — Bremser, *Icon. Helminth.*, pl. 2, fig. 6-7. — *Passalurus ambiguus*, Dujard., *Hist. des Helminth.*, p. 232

L'autre espèce étudiée par M. Mayer est l'*Oxyuris acuminata* (1) de l'intestin des Grenouilles, que M. Dujardin place dans son genre Hétérakis. La forme du canal intestinal, et même tous les autres caractères de l'animal ne peuvent laisser le moindre doute sur les affinités de cette espèce ; c'est avec toute raison que M. Mayer l'a rattachée au genre Oxyure. Mais, quant à l'*Ascaris nigrovenosa* qu'on rencontre dans les poumons des Grenouilles, il n'en est pas de même ; M. Mayer croit que cet Helminthe ne se distingue pas de l'*Oxyuris ambigua*. Ceci est une erreur ; l'*Ascaris nigrovenosa* appartient bien réellement au groupe des Ascarides. Chez ce Nématoïde, l'intestin succède directement à l'œsophage ; il n'y a pas de ventricule ou estomac.

Ainsi tous les Oxyuriens sont nettement caractérisés par la forme de leur appareil digestif, et, d'après nos observations sur leurs organes génitaux, ils ne seraient pas moins caractérisés sous ce rapport.

Les exemples que nous venons de citer montrent à combien d'erreurs on peut être conduit quand on s'en tient seulement à la considération de quelques caractères extérieurs. Les espèces les plus voisines peuvent être placées à la fois dans des genres et des groupes différents et associées à des espèces très dissemblables.

Actuellement nous ne pouvons rattacher qu'un seul genre à la tribu des Oxyuriens ; mais quand toutes les espèces auront été complétement étudiées, on devra probablement en adopter plusieurs.

Tribu des SCLÉROSTOMIENS (*SCLEROSTOMII*).

Caractères. Corps généralement assez court ; bouche grande, arrondie, suivie d'une armure pharyngienne consistant en une capsule globuleuse cornée, le plus ordinairement d'une seule pièce, mais quelquefois bivalve.

Les Sclérostomiens forment une des divisions les plus naturelles

(1) *Ascaris acuminata*, Schrank., *Verzeichnis*, p. 12. — Rud., *Ent. Hist.*, t. II, p. I, p. 136, et *Entoz. Synops.*, p. 40. — *Heterakis acuminata*, Dujard., *Hist. des Helminthes*, p. 227.

de l'ordre des Nématoïdes. A la présence seule du bulbe pharyngien on les reconnaît sans peine. J'ai étudié plusieurs espèces appartenant aux genres *Sclerostoma*, *Cucullanus* (*C. elegans*), *Angiostoma* et *Cyathodera*. Toutes se ressemblent extrêmement par la forme de l'appareil digestif.

Genre Sclérostome (*Sclerostoma*, Rud.).

Caractères. Corps médiocrement allongé, assez épais, un peu atténué aux deux extrémités, au moins dans les femelles; car chez les mâles l'extrémité caudale est obtuse et terminée par une large bourse membraneuse soutenue par des côtes. Tête épaisse, tronquée. Capsule pharyngienne cupuliforme extrêmement évasée, quelquefois garnie de dentelures. Œsophage renflé postérieurement. Intestin assez large. Anus situé un peu en avant de la pointe caudale. Orifice des organes génitaux femelles situé vers les deux tiers de la longueur du corps.

Les Sclérostomes sont peu nombreux en espèces ; on les rencontre chez quelques mammifères, les chevaux, les ruminants. On en a trouvé aussi dans quelques reptiles exotiques. Mais nous devons nous hâter d'ajouter que nous ignorons jusqu'à quel point les Sclérostomes des reptiles ressemblent à ceux des mammifères sous le rapport de leur organisation.

Sclérostome du Cheval (*Sclerostoma equinum*) (1).

Strongylus equinus, Müller ; *Zool. dan.*, t. II, p. 2, pl. 42, fig. 1-12 (1789).
Strongylus armatus, Rud.; *Entoz. Hist.*, t. II, p. 204 (1809); et *Entoz Synops.*, p. 30 et 259 (1819).
Bremser, *Icones Helminth.*, pl. 3, fig. 10-15 (1824).
Sclerostoma equinum, de Blainv.; *Dict. sc. nat.*, t. LVII, p. 545, pl. 29, fig. 15 (1828).
Strongylus armatus, Westrumb., *Isis* (1822), p. 686. Taf. VI.
Gurlt, *Path. anat. der Haus Saüg*, pl. 6, fig. 33-43 (1831).
Schmalz, XIX, *Tab. anat. Entoz.*, pl. 18, fig. 10-15 (1831).

(1) Pl. 21, fig. 1

Rayer, *Archives de médecine comparée*, p. 1, pl. 1-2 (1843).
Sclerostoma equinum, Dujardin ; *Hist. des Helm.*, p. 258 (1845).

Description. — Cette espèce est d'un gris ou d'un brun nuancé de rougeâtre. Le mâle est long de 25 à 30 millimètres ; la femelle de 40 à 55. La tête est globuleuse et plus large que le reste du corps. La femelle se termine en pointe ; le mâle par une expansion foliacée, arrondie, dont les bords sont rabattus.

On trouve cette espèce assez communément dans l'intestin ou le cœcum du Cheval ; c'est même le Ver intestinal le plus ordinaire chez le Cheval.

De l'organisation. — *Système nerveux.* — Dans le Sclérostome du Cheval, le système nerveux offre une disposition entièrement semblable à celle que nous avons déjà fait connaître dans d'autres Nématoïdes ; mais il y a peu de représentants de cet ordre où l'on parvienne à mettre les ganglions en évidence avec autant de facilité. L'armure buccale ayant une grande résistance, on peut fixer d'autant mieux ses préparations, et les centres nerveux du Sclérostome, bien que fort petits, sont cependant plus volumineux comparativement à la dimension de l'animal que dans beaucoup d'autres Nématoïdes, les Ascarides par exemple. Comme déjà j'ai eu l'occasion de le dire dans les généralités relatives aux Helminthes, les deux petits noyaux médullaires sont réunis, et forment ainsi une seule masse (1). Les nerfs latéraux sont très peu flexueux sur leur trajet.

Appareil digestif. — Le tube intestinal est peu sinueux, n'ayant à peine plus de longueur que le corps. La bouche est circulaire et très ouverte. Le bulbe pharyngien est épais, cupuliforme, présentant quelquefois une ou deux annulations antérieures (2). Il paraît y avoir à cet égard quelques différences résultant de l'âge. L'œsophage, emboîté dans le bulbe pharyngien, est court, renflé d'avant en arrière, puis arrondi, et un

(1) Pl. 21, fig. 2^b, *b*.
(2) Fig. 2_a *a*, et 2_b *b*.

peu rétréci à sa jonction avec l'intestin (1). Celui-ci, légèrement flexueux, et un peu mammelonné d'espace en espace, est plus large que l'œsophage à son origine ; mais il se rétrécit graduellement, et il s'amincit beaucoup vers son extrémité (2). L'orifice anal est terminal ou presque terminal. Les parois de l'intestin sont peu résistantes, ce qui explique comment ce tube ne conserve pas une forme parfaitement cylindrique, comme dans les espèces où les parois sont plus épaisses.

Très souvent chez le Sclérostome du Cheval, on observe deux longues glandes qui s'ouvrent au fond de la bouche (3) Dans leur état de turgescence, ces glandes ont une longueur double au moins de celle de l'œsophage ; elles sont légèrement mamelonnées d'espace en espace, et se trouvent remplies d'une substance semi-fluide blanchâtre. Nous ne savons pas quel est l'usage de cette sécrétion ; car, dans les autres Nématoïdes, nous n'avons pas rencontré de glandes analogues, et chez les Sclérostomes eux-mêmes elles sont quelquefois très réduites ou même atrophiées.

Appareil vasculaire. — Cet appareil offre ici une disposition entièrement analogue à celle qu'il offre dans les Ascaridiens. Les vaisseaux sont également contenus dans des tubes, qui, ici, ont une largeur très considérable par rapport à la dimension de l'animal (4). Leurs parois sont formées d'un tissu très mince et fort peu résistant.

Organes de la génération. — Ces organes diffèrent beaucoup dans les Sclérostomes de ceux des Ascaridiens. Les organes mâles ont une complication plus grande ; nous trouvons deux testicules de forme oblongue unis l'un à l'autre bout à bout, et le premier précédé d'un tube grêle replié et contourné sur lui-même (5). Les deux testicules ne sont séparés l'un de l'autre que par un léger étranglement, et c'est cet étranglement seul qui nous fait distin-

(1) Pl. 21, fig. 2^a *b*, et 2_a *c*.
(2) Pl. 21, fig. 2^a c, et 2^b *d*.
(3) Pl. 21, fig. 2^a *d*.
(3) Pl. 21, fig. 2^b *e*.
(5) Pl. 21, fig. 2^b *i* et *k*.

guer deux testicules plutôt qu'un seul; leurs parois sont résistantes, et leur épaisseur est considérable. Le second testicule est suivi d'un conduit grêle et presque droit, aboutissant à une double vésicule séminale. Cette vésicule (1) est double encore, parce qu'un étranglement la sépare en deux parties, l'une plus courte, l'autre plus longue. La vésicule séminale est large, aplatie, mamelonnée et carénée dans son milieu ; elle est suivie d'un large canal déférent (2), légèrement sinueux, qui se termine par le spicule ou pénis (3) ; celui-ci consiste en une tige mince, cornée, cylindrique, peu courbée, et terminée en pointe obtuse. Le conduit déférent est soutenu à son extrémité par deux attaches musculaires qui le maintiennent aux téguments (4). Les Zoospermes sont souvent très nombreux dans les capsules spermatiques; ils ont la forme de petits points arrondis terminés par une petite queue.

Les organes génitaux femelles se composent de deux ovaires(5); ceux-ci sont deux tubes capillaires, d'une extrême ténuité et d'une grande longueur, pelotonnés sur eux-mêmes, principalement dans la portion moyenne du corps. Ils sont suivis chacun séparément d'un large utérus aminci aux deux extrémités, et ayant une longueur à peu près égale au quart de la dimension totale du corps. Les deux utérus (6) sont suivis d'un oviducte qui se recourbe pour se rejoindre, et former un court canal vulvaire s'ouvrant au delà de la partie moyenne du corps. Les deux oviductes sont assez grêles, et sur leur trajet ils présentent l'un et l'autre un petit élargissement en forme de capsule. Le canal vulvaire commun est très peu plus large.

Genre CUCULLAN (*Cucullanus* Müller).

Caractères. — Corps médiocrement allongé, avec l'extrémité postérieure notablement atténuée, droite chez les femelles, en-

(1) Pl. 21, fig. 2^b *h*.
(2) Pl. 21, fig. 2^b *f*.
(3) Pl. 21, fig. 2^b *e*.
(4) Pl. 21, fig. 2^b *g*
(5) Pl. 21, fig. 2^a.
(6) Pl. 21, fig. 2^a *e*

roulée chez les mâles, et munie seulement d'ailes membraneuses très peu saillantes. Tête assez épaisse, tronquée. Capsule pharyngienne offrant de chaque côté une suture, de manière à représenter une sorte de coquille bivalve. Œsophage renflé postérieurement. Intestin assez grêle, presque cylindrique. Anus situé un peu en avant de la pointe caudale. Spicule des mâles simple, accompagné d'une lame accessoire plus petite. Orifice des organes génitaux femelles situé un peu avant le milieu.

Le genre Cucullan a pour type une espèce assez commune dans l'intestin des Perches et de quelques autres Poissons d'eau douce ; c'est d'après cette espèce que les caractères génériques sont établis. Plusieurs autres Cucullans ont été recueillis dans l'intestin des Poissons ; mais leurs caractères n'ont pas encore été sérieusement étudiés. Quelques autres espèces, encore rattachées au genre *Cucullanus* par Rudolphi, en ont été séparées par M. Dujardin sous le nom de *Dacnitis*. Chez celles-ci, la bouche n'est pas terminale. C'est un caractère remarquable, à la vérité ; mais l'organisation de ces *Dacnitis* n'étant pas connue, on ne peut apprécier exactement leurs rapports naturels. Ces Nématoïdes sont assez rares, et il ne m'a pas été possible jusqu'ici de les étudier complétement.

Cucullan de la Perche (*Cucullanus percæ*) (1).

Cucullanus percæ fluviatilis, Müller, *Schrift. der Berlin. Geselsch. Naturforsch. freunde. Berlin*, t. I, p. 214 (1780).

Cucullanus viviparus, Bloch., *Abhandl. der Erzeug. der Eingeweiden*, p. 36 (1782), et *Trad.*, p. 77, pl. x, fig. 1-4 (1788).

Cucullanus lacustris, *anguillæ*, *percæ*, *luciopercæ*, *cernuæ*. Gmelin, *Syst. nat.*, p. 3051 (1789).

Cucullanus percæ et *C. luciopercæ*, Gœze, *Naturgesch. der Eingew.*, p. 132, pl. 9 *A*, fig. 1-3, et pl. 9 *B*, fig. *A*, *B*, 4-9 (1792).

Cucullanus armatus, *C. papillosus* et *C. coronatus*, Zeder, *Nachtrag.*, p. 91-94 (1800), et *Naturgesch. der Eingeweidew*, p. 78 et 79 (1803).

Rudolphi, *Ent. hist.*, t. II, p. 107-108 et 113 (1809).

Cucullanus elegans, Zeder, *Nachtrag, zur Naturg.*, p. 91 (1800).

(1) Pl. 23, fig. 4.

Rudolphi, *Entoz. Hist.*, t. II, p. I, p. 102, pl. 3, fig. 1-7 (1809), et *Entoz. Synops.*, p. 19 et 230 (1819).

Bremser; *Icones Helminth.*, pl. 2, fig. 10-14 (1824).

De Blainville, *Dict. des Sc. nat.*, t LVII, p. 542, pl. 30, fig. 13 (1828).

Creplin, art. *Eingeweidewurmer. Allgem. Encyclop. von* Ersch *und* Gruber, t. XXXII, p. 279 (1839).

Dujardin, *Hist. des Helminthes*, p. 247 (1845).

Description. — Cette espèce est de petite taille ; le mâle a rarement plus de 4 à 5 millimètres, et les plus grandes femelles ne dépassent pas 10 à 12 millimètres. Le corps est cylindrique, sensiblement aminci en arrière ; il est d'un jaune rougeâtre, varié de lignes d'un rouge assez vif. La bouche est large, avec la capsule pharyngienne striée longitudinalement, d'une couleur fauve, ainsi que deux petites branches latérales servant de points d'attache aux muscles de la région céphalique. L'œsophage est de médiocre longueur, assez large, surtout en arrière.

Chez le mâle, l'extrémité postérieure est un peu recourbée, munie de deux petites ailes soutenues par quelques papilles. Le spicule est assez court, aminci vers le bout, et un peu recourbé, et il existe en arrière une très petite pièce accessoire légèrement courbée. Chez la femelle, l'extrémité postérieure est droite, conique, se terminant en pointe obtuse. La vulve fait fortement saillie, et se voit vers le milieu de la longueur du corps.

Cette espèce se trouve assez communément dans les appendices pyloriques de la Perche commune (*Perca fluviatilis*). C'est dans cette condition que j'ai recueilli les nombreux individus que j'ai étudiés. Du reste, ce Cucullan a été trouvé par les helminthologistes, non seulement dans d'autres espèces de Perches (*Perca cernua*, *P. labra*, *P. zingel*), mais aussi dans l'Anguille, le Sandre, la Lotte, le Brochet, le Saumon, l'Épinoche, etc. Zeder en avait d'abord formé trois espèces distinctes qui furent adoptées par Rudolphi ; mais une étude plus attentive montra à ces helminthologistes que ces Cucullans, observés dans différents Poissons d'eau douce, appartenaient à la même espèce.

Chez le Cucullan de la Perche, les œufs éclosent dans les uté-

intestinal a déjà été décrit, et j'ai eu l'occasion de l'observer de nouveau. Il ressemble à celui de l'Oxyure de l'Homme ; seulement l'œsophage se rétrécit d'abord d'avant en arrière, puis s'élargit ensuite davantage, de telle sorte qu'il y a un étranglement faible entre l'œsophage et l'estomac. Je me suis procuré une fois une certaine quantité d'individus de cette espèce ; je désirais en étudier les organes de reproduction, mais de nouvelles recherches faites dans l'intestin d'un assez grand nombre de chevaux n'ont produit aucun résultat.

M. Mayer (1) a fait connaître le canal digestif dans deux autres espèces d'Oxyures. On y retrouve les caractères que nous avons signalés dans l'Oxyure de l'Homme, c'est-à-dire un œsophage épais, suivi d'un estomac ou ventricule parfaitement distinct, et l'orifice anal situé assez loin de l'extrémité postérieure. L'une est l'*Oxyuris ambigua* (2) qu'on trouve dans le gros intestin du Lièvre et du Lapin, et dont M. Dujardin a formé un genre particulier sous le nom de *Passalurus*, non seulement en l'éloignant beaucoup du genre Oxyure, mais même en le plaçant dans un autre groupe, son groupe ou sa section des Énopliens, qui semble composée d'éléments fort hétérogènes. M. Dujardin ne paraît pas avoir connu le travail de M. Mayer ; mais si le caractère sur lequel s'est appuyé M. Dujardin, la présence de petites pièces cornées autour de la bouche, avait assez d'importance pour être le caractère d'un genre, ou si ce caractère coïncidait avec d'autres particularités dans les organes génitaux, qui puissent permettre d'adopter définitivement le genre Passalure ; cette division ne pourrait néanmoins être placée que dans le groupe des Oxyuriens. Les rapports naturels entre l'*Oxyuris ambigua* et les autres Oxyures ne sont pas douteux, bien que nous ne connaissions véritablement pas les organes génitaux de cette espèce ; je n'ai malheureusement pas eu l'occasion de l'étudier.

(1) *Beitræge zur Anatomie der Entozoen*, p. 14, pl. 3, fig. 14, 15 et 16 (1841).

(2) Rudolphi, *Entoz. Synopsis*, p. 19 et 229. — Bremser, *Icon. Helminth.* pl. 2, fig. 6-7. — *Passalurus ambiguus*, Dujard., *Hist. des Helminth.*, p. 232

dimension du corps. Ces organes sont ondulés sur eux-mêmes, et en partie enroulés autour de l'intestin ; aussi a-t-on de grandes difficultés pour les isoler sans les rompre. Ces deux utérus se rétrécissent en un oviducte grêle ayant encore une certaine longueur, et les deux oviductes se réunissent ensuite. L'oviducte commun est court et fort grêle. La vulve, dont les bords sont très saillants, est située vers la portion moyenne du corps.

On avait rapproché le genre Cucullan du genre *Sclerostoma*, en considération seulement de la présence d'une capsule pharyngienne. Il était important de s'assurer si ce caractère commun coïncidait avec d'autres ressemblances. L'examen comparatif des organes du *Cucullanus percæ* avec ceux du *Sclerostoma equinum* nous ont fait reconnaître des différences notables et en même temps des rapports bien réels, qui justifient pleinement le rapprochement des Sclérostomes et des Cucullans dans la même tribu.

Ainsi l'appareil mâle est plus grêle chez le Cucullan que chez le Sclérostome ; mais la différence la plus saillante se voit dans la forme du testicule. Chez le Sclérostome du Cheval, il est formé de deux portions oblongues et assez renflées; chez le Cucullan, c'est un tube plus grêle et plus long.

Entre les femelles, il y a aussi des différences et des rapports bien marqués ; ainsi la position de la vulve est presque la même. L'oviducte commun est également très court dans les deux types : chez l'un et l'autre, il existe deux utérus volumineux ; mais dans le Cucullan, ils ont proportionnellement une ampleur plus considérable.

Genre ANGIOSTOME (*Angiostoma* Dujard.).

Caractères. — Corps assez allongé, presque cylindrique, atténué postérieurement. Tête assez large, obtuse, soutenue par une capsule pharyngienne cornée, courte et large, offrant en avant une sorte d'annulation. Œsophage assez épais, sensiblement élargi en arrière. Intestin presque droit, avec l'anus situé un peu avant l'extrémité. L'extrémité du corps, chez les mâles, peu courbée, pourvue de deux spicules presque égaux ; chez les femelles, entièrement droite et pointue ; la vulve située vers le milieu de la longueur du corps.

Ce genre a été établi pour deux espèces de très petite taille, trouvées, l'une dans les poumons de l'Orvet, l'autre dans l'intestin des Limaces. Je n'ai eu l'occasion d'étudier que la première, et encore d'une manière très insuffisante ; car je n'ai vu qu'un ou deux mâles, et un nombre de femelles assez limité.

Angiostome de l'Orvet (*Angiostoma entomelas*).

Dujardin, *Hist. des Helminthes*, p. 262, pl. 4, fig. *c* (1845).

Cette espèce ne dépasse guère 5 millimètres, et même les mâles sont d'une taille bien inférieure. Tout le corps est blanchâtre avec l'intestin formant une ligne sinueuse, que l'on distingue au travers des téguments par sa couleur noirâtre. La tête est assez épaisse avec la capsule très large par rapport à sa longueur, recouverte par le rebord du tégument. L'extrémité caudale pointue chez le mâle avec les deux spicules aigus ; cette extrémité plus fine et plus aiguë chez la femelle. La vulve située un peu au delà du milieu de la longueur du corps.

L'Angiostome de l'Orvet se trouve dans les poumons de ce Reptile (*Anguis fragilis*). Les anciens helminthologistes ne l'ont pas connu, et il est probable, comme le fait remarquer M. Dujardin, qu'ils l'ont confondu avec l'*Ascaris nigrovenosa*, dont la coloration est assez semblable.

Chez l'Angiostome, comme chez le Cucullan des Perches, les jeunes éclosent dans l'utérus; on les voit ainsi s'agiter en tous sens dans le corps de la mère.

De l'organisation. — Je ne puis faire connaître en détail l'organisation de l'Angiostome de l'Orvet. Mes observations sur cet Helminthe se réduisent à peu de chose, et ne méritent d'être mentionnées ici que pour faire ressortir l'affinité du genre Angiostome avec les autres Sclérostomiens.

Le canal digestif se voit assez nettement au travers des téguments, et en fendant la peau sur un point, on parvient à l'isoler, malgré la petite taille de l'animal. La capsule pharyngienne est d'un tiers plus large que longue, ayant une annulation antérieure, et une ou deux stries longitudinales de chaque côté (1). L'œsophage est épais, encore élargi à sa jonction à l'intestin, faiblement strié transversalement, et traversé par un canal triquètre fort étroit. L'intestin qui lui succède, d'abord d'une médiocre largeur, se rétrécit ensuite, et conserve une forme à peu près cylindrique jusqu'à l'anus, situé un peu avant l'extrémité caudale. Sur son trajet, le tube digestif décrit quelques sinuosités ; il est d'une coloration noirâtre.

Dans l'Angiostome de l'Orvet, comme dans les autres Sclérostomiens, l'appareil digestif se fait remarquer non seulement par la présence d'une capsule pharyngienne coriace, mais aussi par l'épaisseur et même la brièveté de l'œsophage, comparativement à ce qui existe chez la plupart des autres Nématoïdes.

Les organes de la génération m'ont paru ressembler beaucoup à ceux des Cucullans, au moins ceux de la femelle, car je n'ai réellement pu observer ceux du mâle. J'ai reconnu la présence de deux utérus volumineux ; mais sans parvenir à isoler l'oviducte commun, et à reconnaître ainsi sa longueur et son trajet.

Les organes génitaux de l'*Angiostoma entomelas* restent donc encore à étudier.

Genre Cyathostome (*Cyathostoma* Blanch.).

Caractères — Corps épais par rapport à la longueur, sensiblement aminci dans sa portion antérieure, et terminé postérieurement par une petite queue grêle. Tête assez mince, soutenue par une capsule pharyngienne cupuliforme présentant en avant une annulation. Œsophage assez large, de médiocre longueur, un peu épaissi en arrière. Intestin assez volumineux, boursouflé d'espace en espace ; l'anus situé un peu avant l'extrémité caudale. Ovaires très volumineux, pelotonnés dans presque

(1) Pl. 23, fig. 5.

toute la longueur du corps. La vulve, à bords très saillants, située vers le milieu de la longueur du corps.

Les caractères de ce nouveau genre sont établis sur une seule espèce, dont je ne connais encore que le sexe femelle ; mais cette espèce offrait des caractères tels, dans la forme du corps, dans celle du tube digestif et des ovaires, qu'il était impossible de la rattacher à aucun des genres connus. Elle a peut-être cependant de grands rapports avec le *Syngamus trachealis*.

Cyathostome de la Mouette (*Cyathostoma lari*, Blanch). (1).

Cette espèce est d'une longueur de 10 à 13 millimètres, et l'épaisseur équivaut presque au douze ou treizième de la longueur totale du corps. Tout l'animal est d'un rouge carminé extrêmement vif avec la partie antérieure plus rose, et des lignes sinueuses formées par les ovaires qui se dessinent sur les téguments par leur couleur plus blanchâtre ; l'intestin, au contraire. tranche sur le rouge par sa couleur d'un brun noirâtre. Le corps s'épaissit graduellement, d'avant en arrière, dans le premier tiers de sa longueur ; il conserve ensuite sa plus grande épaisseur presque jusqu'à l'extrémité où l'on remarque, chez la femelle au moins, une sorte de petite queue grêle et conique. Le tégument est finement strié. L'anus est situé en avant de l'extrémité caudale. L'orifice génital est situé un tant soit peu au delà de la portion moyenne du corps.

La femelle seule de cette espèce m'est connue. J'en ai trouvé cinq individus dans les cavités orbitaires de deux Mouettes (*Larus ridibundus*) ; je l'ai cherché depuis dans plusieurs autres de ces Oiseaux, mais toujours sans succès. Ce Nématoïde aura échappé jusqu'ici aux investigations des helminthologistes à cause de son mode d'habitation, car sa belle couleur le fait reconnaître aisément.

De l'organisation. — Le canal intestinal du *Cyathodera lari* offre un aspect particulier (2). La capsule pharyngienne est pe-

(1) Pl. 23, fig. 6.

(2) Pl. 23, fig. 6 et 6_a

tite, cupuliforme, ayant une annulation antérieure. Elle ressemble à celle de l'Angiostome; mais proportionnellement à sa longueur, elle est moins large. L'œsophage, assez épais, s'élargit graduellement d'avant en arrière; sa longueur équivaut à peine au quinzième de celle du corps. L'intestin est d'abord un peu plus étroit que l'œsophage à sa jonction avec celui-ci; mais il s'élargit bientôt, et devient même d'une ampleur assez considérable dans la portion moyenne du corps; il est ondulé, et même un peu replié sur lui-même en quelques endroits; il est boursouflé inégalement d'espace en espace; ses parois sont minces, très délicates, présentant une coloration d'un brun très foncé.

Le tube digestif du Cyathodère de la Mouette ressemble donc beaucoup à celui du Sclérostome du Cheval; mais l'intestin chez le premier est encore plus boursouflé, plus sinueux, et d'une largeur plus considérable.

Les ovaires occupent beaucoup d'espace (1) : ce sont deux tubes grêles fort longs, repliés et pelotonnés sur eux-mêmes et autour de l'intestin comme chez plusieurs Ascarides, et entre autres comme chez les espèces de l'Homme et du Cheval. Ces deux tubes ovigères s'élargissent graduellement, de manière à former l'un et l'autre un utérus d'une assez vaste capacité; ils se réunissent pour former un oviducte d'une longueur d'environ 2 millimètres, qui se rétrécit graduellement jusqu'à son orifice.

La vulve (2), située un peu au delà de la portion moyenne du corps, est large, évasée, avec ses bords très saillants.

Les organes génitaux du Cyathostome diffèrent à plusieurs égards de ceux des Sclérostomiens que nous avons décrits précédemment. Il y a bien encore ici absence d'un large utérus commun, analogue à celui qu'on observe chez les espèces de la tribu des Ascaridiens; mais en même temps l'oviducte a plus de longueur et plus d'ampleur que dans les Sclérostomes et les Cucullans. Ensuite l'ovaire et la portion la plus renflée, qu'on peut considérer comme l'utérus, se succèdent graduellement sans ré-

(1) Pl. 20, fig. 5.
(2) Pl. 23, fig. 6[b].

rétrécissement ou élargissement brusque sur aucun point; sous ce rapport, les ovaires du Cyathostome ressemblent à ceux des Ascarides.

Néanmoins l'ensemble des caractères de ce Nématoïde le place dans le groupe des Sclérostomiens.

M. Dujardin rattache encore à la division des Sclérostomiens le genre *Syngamus* Siebold (1), et ses genres *Stenodes* et *Stenurus*. Je ne possède pas d'observations anatomiques sur ces Helminthes; mais la présence d'une capsule pharyngienne que l'on a constatée dans ces Nématoïdes semble justifier suffisamment le rapprochement de ces divers genres.

Tribu des STRONGYLIENS (*STRONGYLII*).

Caractères. — Corps cylindrique. Tête, sans lobes, avec la bouche nue ou entourée de petites papilles. Extrémité postérieure du corps pourvue, chez les mâles, d'une sorte de bourse. Ovaire simple.

Les *Strongyliens* ressemblent à beaucoup d'égards aux *Filariides*. Les caractères les plus saillants se trouvent dans la simplicité de l'ovaire et la présence de la bourse caudale qui existe chez les mâles. Au premier abord, cet organe semble être quelque chose de très particulier; mais l'examen des autres Nématoïdes montre que cette bourse n'est que le développement excessif de ces ailes plus ou moins développées qui accompagnent habituellement les spicules, et que l'on voit chez les Filaires, les Spiroptères, etc.

Genre Strongle (*Strongylus* Müll. Rud.).

Caractères. — Corps cylindrique, souvent très mince, toujours fort allongé, et en général un peu atténué en avant. Bouche petite, circonscrite par six petites papilles disposées en rosace. Œsophage musculeux, long, très grêle. Intestin large. Orifice des organes génitaux femelles, situé vers le milieu de la longueur

(1) *Archiv für Naturgeschichte von Wiegmann*, t. III, p. 106, pl. 3 (1836).

du corps, ou plus en arrière. L'extrémité postérieure du corps pourvue, chez les mâles, d'une bourse caudale plus ou moins ouverte. L'extrémité caudale des femelles conique ou en pointe obtuse.

La plupart des helminthologistes ont rattaché au genre *Strongylus* tous les Nématoïdes, dont les mâles sont pourvus d'une bourse caudale. Rudolphi, néanmoins, forme une division particulière pour les espèces qui présentent un bulbe buccal coriace; mais cette division n'a été adoptée comme genre que par M. de Blainville et M. Dujardin. C'est une séparation qui est pleinement justifiée par l'ensemble des caractères. Nous l'avons vu d'une manière complète en traitant des Sclérostomes.

Aujourd'hui, le genre *Strongylus* comprendrait encore tous les Nématoïdes sans bulbe buccal, ayant chez les mâles une bourse caudale. Or, je pense que les Strongles devront être divisés, quand on connaîtra les organes de la génération dans toutes les espèces. En donnant les caractères du genre et ceux du groupe, j'ai eu surtout en vue l'espèce type, la grande espèce du Cheval.

STRONGLE GÉANT (*Strongylus gigas*) (1).

Fusaria renalis, Zeder, *Nachtr. zur Naturg. der Eingeweidew.*, p. 116 (1800).

Strongylus gigas, Rudolphi, *Entoz. Hist.*, t. II, part. 1, p. 210, pl. 11, fig. 1-4 (1809), et *Entoz. Synops.*, p. 31 et 260 (1819).

Bremser, *Ueber lebend. Wurm. in lebenden Mensch.*, p. 223 (1819), et *Traduct.*, p. 253; *Atlas*, 1re édit., pl. 4, fig. 3-5; — 2e édit., pl. 7, fig. 5-9.

De Blainville, *Dict. des sc. nat.*, t. LVIII, p. 543, pl. 29, fig. 18 (1828).

Schmalz, *Tabulæ anat.*, *Entoz. illustr.*, t. XIX, fig. 1-7 (1831).

Gurlt, *Lehrbuch der path. anat., der Haus-Saugethiere*, p. 360, pl. 8, fig. 25-28 (1831).

Creplin, *Allg. Encyclop. von* Ersch *und* Gruber, p. 281 (1839).

Dujardin, *Hist. des Helminthes*, p. 113 (1845).

Cette espèce est réellement le géant de l'ordre des Nématoïdes; le mâle atteint jusqu'à 40 centimètres de long, et la femelle jus-

(1) Pl. 21, fig. 1.

qu'à 1 mètre ; la seule que j'aie observée avait exactement 83 centimètres. Le corps est entièrement d'un rouge sanguin ; il est légèrement atténué aux deux extrémités, présentant dans toute son étendue des stries ou des annulations transverses interrompues, et huit faisceaux de fibres longitudinales également espacés les uns des autres. La tête est obtuse avec la bouche petite, entourée de six petites papilles. L'œsophage est long, grêle, et l'intestin est au contraire très large. Chez le mâle, l'extrémité caudale est obtuse, et pourvue d'une bourse membraneuse sans échancrure. Chez la femelle, l'extrémité caudale est obtuse et très légèrement recourbée ; la vulve est située beaucoup en avant de la portion moyenne du corps.

Nous décrivons ici le Strongle géant, principalement d'après un individu trouvé sur les reins d'un Cheval par un de nos plus habiles vétérinaires, M. Leblanc. Rudolphi et Chabert l'avaient également trouvé dans les reins du Cheval. Mais on a rapporté aussi à la même espèce, c'est-à-dire au Strongle géant, des Strongles trouvés sur les reins, chez l'Homme aussi bien que dans le Chien, le Loup, le Renard, le Taureau, et même dans l'intestin du Phoque (*Phoca vitulina*), dans le mésentère du Glouton (*Gulo arcticus*). Partout ces Strongles sont d'une extrême rareté, et n'ont été rencontrés pour ainsi dire que par hasard : aussi il n'a pas été possible de les comparer. Or cette comparaison serait d'une absolue nécessité pour ne pas laisser de doute sur l'identité spécifique de ces Nématoïdes trouvés chez des animaux différents. Il ne serait pas impossible que l'on eût confondu sous la même dénomination des espèces très voisines, comme le sont par exemple les Ascarides de l'Homme, du Cheval, du Bœuf, du Cochon, etc., qui avaient été également confondus.

Quand un Strongle se trouve dans le rein d'un animal, l'organe est toujours en grande partie détruit.

De l'organisation. — *Téguments et muscles.* — Le système tégumentaire et le système musculaire sont ici beaucoup plus développés que dans la plupart des autres Nématoïdes. Il existe un épiderme résistant, ayant l'apparence d'une membrane pellucide qu'on peut isoler sans difficulté. Au-dessous, on trouve une autre couche cutanée, pellucide également, mais dans laquelle on distingue des fibres entrecroisées ; au-dessous se voient les faisceaux de fibres longitudinales, qui ont une largeur et une épaisseur considérables (1) ; ces faisceaux sont séparés d'espace en espace par des bandelettes musculaires plates et plus larges. A l'intérieur, tous les espaces interfibrillaires et intermusculaires sont remplis d'un tissu spongieux qui y est accumulé en assez grande quantité. Les fibres musculaires transversales (2) ne sont pas rapprochées les unes des autres comme les fibres longitudinales ; ce sont des faisceaux qui prennent leur attache sur les longues bandelettes, et ces faisceaux plus ou moins irréguliers, et placés d'espace en espace, déterminent les plissures ou annulations transversales qui se voient dans toute l'étendue du corps de l'animal. Ce qu'il y a surtout de remarquable dans le système musculaire du Strongle géant, ce sont des faisceaux analogues à ceux que forment les fibres transversales qui s'attachent sur l'intestin, et le maintiennent dans toute sa longueur et sur tous les points (3). Ces rangées de muscles d'attache sont au nombre de quatre ; ce sont des muscles fort rapprochés les uns des autres, très aplatis, lamelleux, et se séparant sur l'intestin en plusieurs fibres qui s'épanouissent, comme pour le mieux retenir sur tous les points.

Je n'ai eu à ma disposition qu'un seul individu femelle du *Strongylus gigas* conservé dans l'alcool, et avec ce seul individu il ne m'a pas été possible de bien étudier toute l'organisation, et surtout le système nerveux. Cependant, j'ai pu le suivre en grande partie, et reconnaître ce qu'il offrait d'analogie avec le système nerveux des autres Nématoïdes. Comme dans les Ascarides, les petits centres médullaires sont groupés autour de l'œsophage ; mais leur volume est plus considérable, toute proportion gardée d'ailleurs entre la taille des animaux. Deux cordons longitudinaux descendent également dans toute la longueur du corps ; ils sont plus ondulés sur leur trajet, et de plus ils

(1) Pl. 22, fig. 2—*a*.
(2) Pl. 22, fig. 2—*b*.
(3) Pl. 22, fig. 1.

présentent d'espace en espace des renflements très sensibles, qu'on ne peut regarder que comme des renflements ganglionnaires. Il en naît des filets très grêles qui se distribuent aux muscles, et particulièrement aux faisceaux transverses.

Otto avait déjà signalé l'existence du système nerveux dans le Strongle géant, et il l'a représenté comme consistant en un simple cordon longitudinal médian régnant d'une extrémité du corps à l'autre (1). J'ai déjà eu l'occasion de montrer comment a pu se produire bien facilement l'erreur du naturaliste silésien, qui, du reste, a réellement représenté une partie du système nerveux. Son animal a été ouvert dans la position où les cordons nerveux se trouvent être l'un dorsal, et l'autre ventral ; celui de la partie dorsale s'est donc trouvé coupé : et l'animal étant ouvert, ce qui s'est présenté sur la ligne médiane, c'est le cordon nerveux ventral (2).

Le canal intestinal du *Strongylus gigas* diffère beaucoup de celui des autres Nématoïdes (3). L'œsophage ressemble assez à celui que nous avons décrit dans les Spiroptères : c'est un tube musculeux, à parois très épaisses, cylindrique, grêle, un peu aminci encore à son extrémité antérieure. Sa longueur équivaut à moins du douzième de la longueur totale du corps. L'intestin, étant maintenu par des muscles sur tout son trajet et par toutes ses faces, n'a exactement que la longueur du corps ; il ne peut être sinueux et contourné, comme dans les autres Nématoïdes où il est libre d'adhérence. Chez le Strongle, l'intestin est fort large comparativement à ce que nous voyons chez tous les autres représentants de l'ordre ; il est d'abord assez étroit à sa jonction avec l'œsophage, mais il s'élargit graduellement et insensiblement jusqu'à son extrémité postérieure. Cet intestin, étant tiré

(1) Otto *Uber das Nerven system. der Eingeweidewürmer*, *Der Gesellschaft. naturf. freunde zu Berlin*, Bd. VII. S. 223, t. V(1814). — Figure reproduite *in* Schmalz, *Tabulæ anatom.*, *Entoz. illustr.*, tab. XIX, et Wagner, *Icones zootomicæ*. Tab. XXVII, fig. 3 (1841).

(2) Journal *l'Institut*, p. 172, 1846. et *Bulletin de la société philomatique*. 1846, p. 68.

(3) Pl. 22, fig. 1. *a*. *b*, *c*, *d*.

par les quatre rangées de faisceaux musculaires qui le maintiennent, prend une forme quadrangulaire ; ses parois sont très peu résistantes comparativement à ce que nous voyons ailleurs, chez les Ascarides, les Filaires par exemple.

Les organes génitaux femelles sont assez simples ; il n'y a qu'un seul ovaire (1) consistant en un tube démesurément long, car il est très ondulé, et replié plusieurs fois sur lui-même dans toute l'étendue du corps. L'ovaire, très grêle à son origine, est pelotonné dans la partie postérieure du corps, mais ensuite il devient plus épais, et remonte vers l'extrémité antérieure, pour se replier ensuite et remonter de nouveau. Il s'élargit considérablement vers son extrémité, et enfin il se termine par un oviducte grêle, qui vient s'ouvrir un peu en arrière de l'œsophage (2).

OBSERVATIONS.

Je regarde le *Strongylus gigas* comme le type d'une tribu particulière. Son intestin droit, large, maintenu dans toute sa longueur par des bandelettes musculaires, et son ovaire simple, sont des caractères qui me semblent justifier complétement cette séparation. Mais plus de vingt espèces sont encore rattachées par les helminthologistes au même groupe. Devront-elles rester dans le genre *Strongylus* ou au moins dans la tribu des Strongyliens? Je ne le pense pas. Jusqu'ici, à l'exception des espèces qui ont un bulbe pharyngien corné, et dont on a formé le genre *Sclerostoma*, toutes les espèces sans bulbe pharyngien, mais dont les mâles présentent une bourse caudale, sont placées dans le genre *Strongylus* ou au moins dans le groupe des Strongyliens. Or, la présence de la bourse caudale chez les mâles, c'est-à-dire le développement excessif de ces ailes membraneuses qui, dans beaucoup de Nématoïdes, accompagnent les spicules, ne paraît pas coïncider avec d'autres caractères. J'ai eu peu l'occasion d'examiner des Strongles vivants ; la plupart sont fort rares. J'ai observé une fois le Strongle du Cochon (*Strongylus suis*, Rud.,

(1) Pl. 22, fig. 1, *e. f. g.*
(2) Pl. 22, fig. 1, *h.*

Synops., p. 36 et 265; *Strongylus elongatus*, Duj., *Hist. des Helm.*, p. 127), qu'on rencontre dans les poumons et les bronches du Cochon et du Sanglier. Cette espèce est extrêmement grêle et d'une étude difficile. Je n'ai pas suffisamment étudié ses organes génitaux ; mais j'ai très bien vu son canal intestinal ; il est complétement différent de celui du *Strongylus gigas*, et ressemble extrêmement, au contraire, à celui des Filaires. L'intestin est grêle, libre, dans la cavité du corps, et ondulé comme celui de beaucoup de Nématoïdes.

J'ai eu également une fois entre les mains plusieurs individus du *Strongylus retortæformis* (Zeder, *Nachtrag*, p. 70 et 75 ; Rud., *Ent. Hist.*, t. II, p. I, p. 22d, et *Synops.*, p. 34 et 264 ; Duj., *Hist. des Helm.*, p. 117) trouvés dans l'intestin d'un Lapin. Chez ce Nématoïde, l'intestin est grêle, cylindrique, ondulé, sur son trajet, comme celui du Strongle du Cochon et comme celui des Filaires. Les ovaires m'ont paru être doubles ; mais les individus en ma possession s'étant détériorés, je n'ai pu étudier sérieusement les organes génitaux. De nouvelles recherches pour me procurer de nouveau le *Strongylus retortæformis* sont demeurées sans résultat. Ainsi, ces Strongles paraissent ne point appartenir au groupe qui a pour type le *Strongylus gigas ;* ils devront former un et peut-être plusieurs genres distincts, et sans doute une tribu particulière.

TRIBU DES TRICHOSOMIENS (*TRICHOSOMII*).

Caractères. — Corps en général très allongé. Bouche très petite, arrondie. Un bulbe œsophagéen musculeux, suivi d'un intestin grêle dans toute sa longueur. Anus presque terminal. Ovaire simple.

Les Trichosomiens sont remarquables souvent par la longueur extrême et le peu d'épaisseur de leur corps. Leurs œufs, présentant une sorte de rétrécissement aux deux extrémités, paraissent se terminer en forme de goulot.

Ces Nématoïdes nous semblent constituer une petite famille assez naturelle ; leurs espèces ne sont pas fort nombreuses, et il n'en est guère parmi elles qu'on se procure facilement. L'extrême ténuité de leur corps rend les dissections très difficiles, et l'on ne peut venir à bout d'étudier un organe chez ces Helminthes qu'en dirigeant ses investigations sur un grand nombre d'individus.

Je n'ai pas été assez heureux dans mes recherches pour être à même de décrire avec détail l'organisation de quelques Trichosomiens. Ces Vers ont des caractères qui les séparent assez nettement des autres Nématoïdes ; mais dans l'état actuel, on ne peut être certain que toutes les espèces rangées dans ce groupe par les helminthologistes y appartiennent bien réellement.

Genre Trichosome (*Trichosoma* Rud.).

Caractères. — Corps filiforme, très allongé, extrêmement mince, et surtout aminci en avant, mais jamais dans la proportion des différences d'épaisseur existant dans le corps des Trichocéphales, conservant sa forme très cylindrique ou capillaire dans presque toute sa longueur. Bulbe œsophagéen épais, s'amincissant un peu en arrière. Anus situé exactement à l'extrémité du corps. Organes génitaux mâles sortant d'une gaîne membraneuse. Orifice génital femelle situé en avant.

Les Trichosomes sont encore imparfaitement connus. J'ai voulu plusieurs fois étudier d'une manière complète quelques espèces de ce genre ; mais après avoir obtenu un petit nombre d'individus, la difficulté de m'en procurer d'autres m'a toujours empêché de compléter mes observations commencées.

M. Dujardin a fait connaître plusieurs espèces nouvelles de Trichosomes, et il a formé plusieurs genres, d'après la considération des parties extérieures des organes générateurs mâles.

Ainsi, avec l'espèce que nous décrivons ici, le *T. ærophilum*, il a établi le genre *Eucolœus*, le long spicule qu'on observe dans les mâles de Trichosomes n'étant pas distinct dans cette espèce.

Trichosome du Renard (*Trichosoma ærophilum*) (1).

Creplin. *Allgemeine Encyclopædie von Ersch und Gruber*, t. XXXII, p. 278 (1839).
Eucoleus ærophilum, Dujardin, *Hist. des Helminthes*, p. 24 (1845).

Description. — Cette espèce atteint une assez grande longueur : j'en ai rencontré des individus femelles ayant jusqu'à 25 ou 28 centimètres de long ; mais très souvent ce Trichosome est d'une taille beaucoup moindre. Le corps, extrêmement grêle dans toute son étendue, est encore aminci antérieurement. Sa couleur est d'un blanc jaunâtre uniforme. Chez le mâle, l'extrémité postérieure est recourbée, et l'on distingue un appendice tubuleux garni d'un assez grand nombre de rangées de petites épines : cet organe est sans doute le pénis (2). Chez la femelle, l'extrémité postérieure est droite avec la queue en pointe obtuse.

Ce Nématoïde vit dans la trachée-artère du Renard, appliqué contre les parois de cet organe, où il paraît retenu au moyen d'une matière mucilagineuse. MM. Creplin et Dujardin l'ont trouvé dans cette condition. Je l'ai rencontré, de mon côté, une fois en assez grande quantité ; mais n'ayant pu me le procurer de nouveau, il ne m'a pas été possible d'étudier suffisamment cette espèce pour en donner une anatomie complète. Je la mentionne ici dans le but seulement d'indiquer quelques détails.

De l'organisation. — L'appareil digestif débute par une sorte de bulbe œsophagéen musculeux, de forme ovalaire, s'amincissant graduellement en arrière (3). L'œsophage ensuite demeure grêle et presque cylindrique, se continuant avec l'intestin sans offrir d'étranglement bien marqué. L'intestin décrit durant son trajet des ondulations, qui sont du reste très limitées, le corps ayant fort peu de largeur.

(1) Pl. 23, fig. 2.

(2) M. Dujardin, qui a observé cette espèce, n'a pas distingué de véritable spicule. Je n'en ai pas vu non plus chez les quelques mâles de *Trichosoma ærophilus* que j'ai examinés.

(3) Pl. 23, fig. 2*a*.

L'ovaire a une très grande longueur. C'est un tube d'abord fort mince, élargi graduellement, descendant dans presque toute la longueur du corps, puis remontant dans la portion antérieure, où il se termine par un oviducte assez grêle. La vulve fait peu saillie au dehors ; elle est située vers le cinquième antérieur de la longueur du corps. Les œufs, en très grand nombre dans l'ovaire, se terminent aux deux bouts par une sorte de petit bouton.

Genre Trichocéphale (*Trichocephalus* Gœze, Rud., etc.).

Trichiuris Morgagni, Bloch, etc.

Caractères. — Corps allongé ayant la partie antérieure, très longue, filiforme, et même capillaire, contenant seulement l'œsophage et la portion la plus grêle de l'intestin ; l'autre partie, ou la postérieure, subitement renflée, assez épaisse, contenant la portion terminale de l'intestin, qui est assez ondulée, et les organes de la génération. Bulbe œsophagéen, d'une forme ovoïde, allongée. L'extrémité caudale, enroulée chez les mâles, et munie à l'extrémité d'un spicule simple, entouré par une gaîne vésiculeuse. Cette extrémité du corps, chez les femelles, presque droite. L'ovaire simple, replié sur lui-même, avec l'orifice vulvaire situé à l'origine de la partie renflée du corps.

Les Trichocéphales habitent surtout le gros intestin, ou le cœcum de l'Homme et des Mammifères.

L'amincissement de la portion antérieure de leur corps suffirait pour les distinguer de tous les autres Nématoïdes. Les premiers naturalistes, ayant pris la portion grêle pour la partie postérieure, avaient appliqué à ce genre le nom de *Trichiuris ;* mais, dès 1782, Gœze rectifia cette erreur.

Trichocéphale de l'Homme (*Trichocephalus hominis*).

Morgagni, *Epistolæ anatomicæ*, XIV, art. 42 (1764).

Trichuris Rœderer et Wagler, *Dissert. de morbo mucoso* (1762).

Wrisberg, *De anim. infusoriis satura*, p. 6-10 (1767).

Bloch, *Abhandlung. der Erzeug. der Eingeweidewurmer*, et trad., pl. 9, fig. 7-12 (1782).

Ascaris trichiura Werner, *Brev. expos.*, p. 84, pl. 6, fig. 138-143.
Trichocephalus hominis Gœze, *Naturg. der Eingeweidew.*, p. 112, pl. 6, fig. 1-6 (1782).
Gmelin, *Syst. nat.*, p. 3037 (1789).
Jordens, *Helminthologia*, p. 17, tab. 1, fig. 6-10 (1802).
Brera, *Vorlesung*, p. 16, tab. 4, fig. 1-5 (1803).
Mastigodes hominis Zeder, *Naturg. der Eingeweid.*, p. 69 (1803).
Trichocephalus dispar Rud., *Entoz. Hist.*, t. II, part. 1, p. 88 (1809), et *Entoz. Synops.*, p. 16 (1819).
Bremser, *Ueber lebende Würmer in lebenden Menschen*, p. 76, tab. 1, fig. 1-5 (1819), et trad., p. 143, pl. 1.
Schmalz, *Tabulæ anatom. Entozoor. illustr.*, pl. 18, fig. 7-9 (1831).
Mayer, *Beiträge zur Anatomie der Entozoen*, p. 1, tab. 1 et 2 (1841).
Dujardin, *Hist. des Helminthes*, p. 32, pl. 3, fig. A (1845).

Le corps est blanchâtre ou tirant sur le rosé ; son extrémité antérieure est un peu rétractile ; les téguments sont finement striés transversalement, avec une bande longitudinale hérissée de petites papilles. La portion rétrécie du corps est beaucoup plus longue dans les deux sexes que la partie renflée, mais peut-être plus encore chez la femelle que chez le mâle. Le spicule du mâle est assez long, et la gaîne qui l'entoure, plus ou moins vésiculeuse, est hérissée de petites pointes. Le corps de la femelle est terminé en pointe obtuse. Le mâle est long de 35 à 38 millimètres, et la femelle de 35 à 50.

Ce Trichocéphale se rencontre dans le cœcum de l'Homme, où très souvent il est isolé ; cependant quelquefois des individus s'y voient réunis en grand nombre. Il est plus rare de trouver cet Helminthe dans les autres parties de l'intestin ; c'est chez des vieillards que nous l'avons observé le plus ordinairement. Comme pour la plupart des Nématoïdes, les mâles sont fort rares comparativement aux femelles.

De l'organisation. — On doit à M. Mayer une belle anatomie du Trichocéphale de l'Homme. Le canal intestinal (1), dans ce Nématoïde, est d'une extrême ténuité dans toute la portion grêle du corps. Il débute par un bulbe œsophagéen musculeux, de

(1) Pl. 23, fig. 1 et fig. 1ª.

forme ovoïde, se rétrécissant en arrière, où il est suivi d'un œsophage qui se continue lui-même avec l'intestin sans étranglement bien marqué. Ce dernier s'élargit sensiblement dans la portion élargie du corps, mais sans décrire de sinuosités sur son trajet. L'anus est exactement terminal

Les organes génitaux sont logés dans la partie élargie de l'animal. Le testicule est un tube assez épais, tout mamelonné irrégulièrement d'espace en espace. Ce testicule a son origine dans la portion inférieure du corps; il remonte, puis se recourbe, et se continue avec un tube séminal, présentant deux rétrécissements sur son trajet, ce qui lui donne l'apparence de trois vésicules allongées placées bout à bout. Le pénis fait saillie à l'extrémité du corps; il a la forme d'un petit tube cylindrique musculeux.

L'ovaire est un tube simple (1), d'abord grêle à son origine dans la portion postérieure du corps; il remonte jusqu'au point où commence l'élargissement, puis il redescend en décrivant de nombreuses sinuosités, remonte de nouveau, toujours en s'élargissant davantage; il se rétrécit un peu pour former un court oviducte, dont l'orifice, ou la vulve, se montre à l'origine de la portion renflée du corps.

Ainsi, sous le rapport de la forme du tube digestif, et particulièrement du bulbe œsophagéen. et sous celui de la forme de l'ovaire, il y a une grande ressemblance entre les Trichosomes et les Trichocéphales.

OBSERVATIONS

SUR LES NÉMATOÏDES EN GÉNÉRAL.

De tous les faits qui précèdent, on peut en conclure l'extrême ressemblance de tous les représentants de l'ordre des Nématoïdes. Le système nerveux et le système vasculaire ne nous présentent rien de spécial pour les divers groupes de cet ordre de la classe des Helminthes. L'appareil digestif lui-même fournit peu de caractères, si l'on en excepte les Oxyures et le Strongle, dont le canal intestinal nous a offert certaines particularités caractéristiques. Ailleurs, nous n'observons que de bien légères

(1) Pl. 23, fig. 1.

différences dans la forme de la bouche, et les proportions de l'œsophage et de l'intestin.

Les organes génitaux sont eux-mêmes très peu variables dans leur forme et dans leur disposition. Les organes mâles peuvent assez souvent fournir des caractères génériques, mais ce sont ordinairement des caractères peu prononcés. Les organes femelles présentent à la vérité quelques différences plus importantes : cependant elles sont encore fort légères : elles consistent dans le volume et la forme des ovaires, et la position de l'orifice extérieur ; ce sont donc pour la plupart de bien faibles modifications.

Néanmoins ces différences, si légères qu'elles soient, méritent l'attention des zoologistes. Les espèces de Nématoïdes ne peuvent être bien groupées qu'autant que les parties internes sont parfaitement connues.

L'étude de ces Helminthes est loin d'être sans difficulté. Pour les grosses espèces, il suffit de fendre longitudinalement la peau dans toute sa longueur, et de la fixer de chaque côté pour mettre en évidence le canal intestinal et les organes génitaux ; mais les Nématoïdes de grande taille sont bien peu nombreux, la plupart sont petits ; beaucoup sont d'une extrême ténuité. Pour ceux-là, on rencontre des difficultés énormes ; quand on veut ouvrir le corps, on coupe ou l'on déchire les parties intérieures, et encore ne parvient-on guère à ouvrir l'animal dans toute sa longueur. C'est seulement avec des quantités considérables d'individus qu'on peut réussir à la fin, à voir ces parties délicates qui se brisent si souvent lorsqu'on vient à les disséquer. Ces difficultés expliquent l'absence de connaissances positives sur les véritables caractères de la plupart des Nématoïdes.

Les observations par transparence ont fourni fort peu de résultats ; en effet, par ce procédé d'investigation, on peut souvent suivre assez bien le canal digestif ; mais il n'en est pas de même des organes génitaux, qui sont en général contournés, repliés ou pelotonnés.

Aussi jusqu'à présent dans les ouvrages d'helminthologie, on a peu tenu compte de la forme de ces parties ; on ne les trouve pas représentées ni même décrites, et, à l'égard des descriptions.

quand elles ne sont pas accompagnées de figures, on ne peut ordinairement y attacher beaucoup d'importance. Il est difficile de représenter un objet mal observé, car alors l'insuffisance de l'observation demeure manifeste ; il n'en est pas de même d'une vague description, qui souvent paraît mériter plus d'attention qu'elle n'en mérite en effet ; aussi certains observateurs comprennent cela parfaitement : ils donnent des descriptions, mais ils se dispensent de donner des figures.

Je suis arrivé à reconnaître les différences entre les divers types de Nématoïdes ; mais c'est en y consacrant un temps déjà très considérable, et néanmoins le nombre des espèces étudiées est-il encore fort limité. La difficulté qu'on éprouve pour beaucoup de ces Helminthes, de se procurer des individus en grande quantité, m'a empêché d'en décrire davantage. Les naturalistes s'adonnant à l'étude des Vers comprendront l'intérêt qu'il y aurait aujourd'hui à faire des monographies anatomiques des différents groupes de Nématoïdes ; ce n'est même que par une suite de travaux de cette nature que les espèces seront vraiment bien connues. Ce sont là des sujets de recherches exigeant beaucoup de patience, mais très accessibles pour tous les observateurs scrupuleux.

Ces diverses remarques suffisent pour montrer l'intérêt qui s'attacherait à l'étude sérieuse des organes génitaux et même du canal digestif dans les espèces de chacun des genres de l'ordre des Nématoïdes. Il y a là de nombreux sujets d'observations que nous signalons à l'attention de ceux qui voudront s'occuper de l'étude des Vers (1).

(1) Outre les ouvrages généraux et les articles du *Dictionnaire des Sciences naturelles*, par M. de Blainville, de l'*Allgemeine Encyclopædie*, par M. Creplin, et les Observations (*Observ. de Entoz.*) de cet auteur ; les art. de la *Cycloped. of Anat. and Phys.*, par M. Owen, et ses *Lectures on the comparat. Anatomy*; le *Zool. Bruchstücke*, de Leuckart, etc., voyez encore, pour les Nématoïdes, les ouvrages suivants :

Nordmann, *Mikrograph. Beitræge zur Naturgeschichte der Wirbellosen Thiere* (1832). Traduct., *in* Rayer, *Archives de médecine comparée*, part. 2.

Owen, *Description of a microscopic Entozoon infesting the muscles of the human body. Trans. of the zoolog. Society*, t. I, p. 315, pl. 41, fig. 1-9 (1835). (TRICHINA SPIRALIS.)

ORDRE DES GORDIACÉS (*GORDIACEI* Siebold).

Il y a ici une véritable lacune dans mes observations sur l'organisation des Vers ; il n'a pas dépendu de moi de la combler. Depuis plusieurs années, j'ai cherché par tous les moyens à me procurer des Gordius vivants. Deux fois seulement j'en ai obtenu quelques individus ; cela ne pouvait suffire pour une étude complète. Mes recherches sur l'organisation de ces Helminthes

O Bryen Bellingham, *Ascaris alata* et *Strongylus trachealis*. *Froriep's neue Notizen*, p. 175 et p. 200 (1839).

Catalogue of Irish Entozoa with observations. *Annals and Magaz., of nat. hist* t. XIV, p. 175 (1844).

Hannover, *Développement de l'*Ascaris nigrovenosa. *Forhandlingar vid de Skandanaviske naturforskarne tredje mote* (Stockholm 1842).

Nathusius, *Ueber einige Eingeweidewurmer des Schwarzen Storchs*. *Filaria labiata*, Creplin, et *Strongylus trachealis* (SYNGAMUS Siebold), in *Wiegmann's Archiv*. 3 jarg Bd. 1, s. 52 (1837).

Siebold, *Zusatz zum Vorhergehenden Aufsatze*. loc. cit, 1, 66.

Siebold, *Ueber geschelechtslose Nematoiden*, in *Wiegmann's Archiv.*, s. 302 (1838).

Owen, *New genus of Entozoa* (GNATHOSTOMA). *Proceedings of the zoolog. Society*, part. 4, p. 123 (1836).

Leuckart, TRICHOSOMA. OXYURIS *in Froriep's neue Notizen*, n° 46, p. 88 (1838).

Curling, *On the* Dactylius aculeatus. *Case of a girl who voided from the urethra a number of entozootic worms not hitherto described*.

Medico-chirurgical Transactions, t. XXII, p. 274 (1839).

Dufour, *Notice sur la* Filaria forficulæ, in *Annales des sciences naturelles*, 1re série, t. XIII, p. 66 (1840).

— *Observations sur une nouvelle espèce du genre* Filaria. *Ann. sc. nat.*, 1re série, t. XIV, p. 222 (1840).

Postans, *Filaria medinensis*. *Froriep's neue Notizen*, p. 304 (1840).

Delle Chiaje, *Descrizione e Notomia degli animali invertebrati del regno di Napoli* (Filaria loliginis *et* aphroditæ Ascaris totari), t. V (1841).

Mayer, *Beitrage zur Anatomie der Entozoen* (1841). (Trichocephalus. Oxyuris.)

Observations on the anatomy of Trichocephalus dispar *et* Trichocephalus affinis *The London and Edinburg monthly Journal of medical sciences*, 1841, p. 33, et 1842, p. 529.

M'Clelland, *Remarks on Dracunculus*. *The Calcutta Journal of nat. history*. t. I, p. 359 (1841).

Hermann et Diesing, *Onchocera reticulata*, in *Osterreichische medizin. Wochenschrift*, n° 7, p. 199 (1841).

Vogt, *Beitrage zur Entwickelungsgeschichte der Filarien in Muller's Archiv.*, s. 189, tab. X, fig. 8-15 (1841).

Rayer, *Archives de médecine comparée*, n° 1 (octobre 1842), p. 1. *Strongylus armatus*.

Gluge, *OEufs de l'*Ascaris nigrovenosa. *Journal l'*Institut, 1842, p. 231, et *Archives gén. de médecine*, t. XIV, p. 364 (1842).

Rayer, *Des vers qu'on a rencontrés dans le sang de certains animaux*. *Archives de médecine comp.*, 1, p. 40 (1842).

ne m'ont pas fourni de résultats assez importants pour que je puisse insister longuement sur ce sujet.

Dans l'état actuel, nous ne saurions préciser les caractères de l'ordre des Gordiacés. L'aspect, les caractères extérieurs de ces Vers sont les mêmes que ceux des Nématoïdes; mais à l'égard des parties internes, il nous est impossible de définir nettement aucun des appareils organiques. Nous remarquons

Rayer, *Note additionnelle sur les vers observés dans l'œil et dans l'orbite des animaux vertébrés*, loc. cit., II, p 113 (1843).
— *Sur les tubercules vermineux de l'œsophage*, loc. cit., p 171 (1843)
— *Sur des Trichosomes observés dans la vessie du Surmulot* (Mus decumanus), *et dans le Renard commun* (Canis vulpes), loc. cit., p 480 (1843).
Dujardin, Trichosoma. *Ann. des sc. nat.*, 2e série, t XX, p. 332, pl. 16 (1843).
Delle Chiaje, *Sul Tricocefalo disparo, ausiliario del cholera asiatico osservato in Napol.*, 1836. *Isis*, p. 557 (1843).
Eschricht, *Strongylus inflexus* (du Dauphin). *Isis*, von Oken, p. 280 (1843).
Valenciennes, *Sur des tumeurs vermineuses de l'estomac du cheval et sur les Entozoaires qu'elles contiennent*. Comptes rendus de l'Académie des sciences, p. 171 (1843).
Koelliker, *Cucullanus elegans*. *Muller's Archiv*, p. 69 (1843).
— *Ascaris dentata* et *Strongylus auricularis*. *Entwickelungsgeschichte*, p. 21, et *Muller's Archiv.*, p. 69 (1843).
Ecker, *Ueber ein Gefæssystem in eingepuppten Filarien*. *Muller's Archiv.* (1845), s. 506, tab. XV, fig. 34.
Reichert, *Beitrage zur Entwickelungsgeschichte der Saamenkorperhen bei den Nematoden*, in *Muller's Arch.* (1847), s. 88, tab. VI.
Chaussat, *Sur une nouvelle espèce de Trichina observé dans la grenouille commune, et sur le Strongle des bronches du porc* (Sus scrofa). Société de biologie. *Gazette médicale*, t. IV, p. 493 (1849).

Pour les diverses publications faites sur les Helminthes, consultez encore les rapports sur l'Helminthologie de M. Siebold, in *Archiv. fur Naturgeschichte*, von Wiegmann und Erichson, (1840), p. 185; (1841), p. 289; (1842), p. 338; (1843), p. 400; (1845), p. 200.

Et une foule de notes sur divers Nématoïdes consignées dans tous les journaux de médecine.

Outre les Nématoïdes qui se rattachent aux groupes que nous avons admis dans ce travail, il en est plusieurs autres que l'on ne peut classer définitivement, faute de connaître leur organisation, et même leurs caractères zoologiques. M. Dujardin les ayant mentionnés dans un chapitre particulier, je m'abstiens de les énumérer ici. Parmi eux se trouvent quelques espèces qui nécessiteraient une attention particulière, mais qu'on n'a pu se procurer depuis longtemps, comme les *Liorynchus* de Rudolphi, comme le *Prionoderma* observé par Goeze, et qui présente des caractères si singuliers, qu'on ne peut savoir, dans l'état actuel, à quel ordre il doit se rattacher.

chez les Gordius, au moins dans les adultes, l'atrophie du canal intestinal. Ceci suffit jusqu'à un certain point pour séparer les Gordiacés des Nématoïdes; et cependant nous ne sommes pas en mesure de décrire nettement le tube digestif d'un seul Gordiacé : car il faudrait l'avoir observé aux divers âges de la vie de l'animal.

Sur les individus où j'ai porté mes investigations, je m'étais attaché particulièrement à l'étude du système nerveux. Déjà M. Berthold (1) a assuré avoir constaté cet appareil organique dans le type qui nous occupe ici. Mais au point de vue de la zoologie et de l'anatomie, une simple constatation de cette nature, fût-elle parfaitement réelle, demeure sans résultat; ce qu'il importe, c'est de reconnaître les noyaux médullaires, et de préciser leur disposition. Chez les Gordius, je n'en suis pas arrivé à ce point; mais je crois que j'y serais parvenu, si j'avais pu me procurer des individus en grand nombre et pendant longtemps : car pour ces observations minutieuses on n'obtient, en général, un résultat sérieux qu'après des recherches multipliées et après avoir revu cent fois les mêmes faits. M. Berthold indiquait un système nerveux dans les Gordius. Dès l'instant que sa disposition n'était point parfaitement reconnue et comparée avec la disposition qui existe chez les types voisins, il n'y avait pas là un fait de plus pour la science. Quelques naturalistes ont révoqué en doute l'existence d'un appareil de sensibilité dans les Gordius; ceci est plus court, mais aussi c'est de peu d'importance. L'existence ne peut être douteuse ici; seulement sa disposition n'est pas connue; il reste à la mettre en évidence : ce qui est plus utile, mais plus difficile que de dire qu'il n'y a rien.

Chez ce type de la classe des Helminthes, on observe des deux côtés du corps un double cordon longitudinal ordinairement très distinct. Examiné sous le microscope, il m'a semblé y reconnaître les fibres des nerfs des autres Helminthes. J'ai voulu suivre ces cordons dans la région céphalique pour voir si je trouverais les centres médullaires, ce qui seul pouvait réellement éclairer

(1) *Ueber den Bau des Wasserkalbes* (Gordius aquaticus), p. 12 (1842).

la question. Mes tentatives plusieurs fois répétées ont échoué, et, comme je l'ai dit, il ne m'a pas été donné de les renouveler.

M. Berthold a décrit aussi un système vasculaire. On a encore nié ici l'exactitude de ses observations ; pour mon compte, je ne veux rien nier sans être parfaitement certain qu'on s'est mépris. Il est toujours facile de ne pas voir. J'ai cherché les vaisseaux des Gordius ; j'ai tenté des injections, elles ne m'ont point fourni de résultat. Néanmoins, d'après cela, je ne saurais en conclure avec certains zoologistes que les Gordius sont dépourvus de système vasculaire. Mes recherches n'ont pu être poursuivies assez longtemps pour que je me considère en mesure de présenter une opinion arrêtée. La question reste donc encore entièrement à étudier.

Les organes de la génération des deux sexes sont séparés chez ces Helminthes comme chez les Nématoïdes ; mais leur configuration ne nous est pas encore connue. Mes études sur ce point sont également trop incomplètes pour que je veuille donner une description de ces parties.

Les téguments des Gordiacés ont une très grande résistance. Chez les espèces du genre Gordius, on observe un épiderme aréolé, au-dessous une couche musculaire composée de fibres longitudinales très serrées, et au-dessous une couche granuleuse encore d'une certaine épaisseur ; toutefois, il paraît y avoir des différences dans la nature des téguments suivant les types.

Ainsi nous savons que les Gordiacés s'éloignent beaucoup des Nématoïdes ; mais nous ne pouvons mettre en regard tous leurs caractères.

Les Gordiacés, au moins à l'état adulte, vivent dans l'eau ou dans les endroits humides. M. Siebold pense néanmoins que tous passent les premiers temps de leur vie dans le corps des insectes. Dernièrement j'ai obtenu aussi un jeune Gordius mâle qui est sorti du corps d'un Grillon.

Le genre Dragonneau (*Gordius* Lin., etc.), souvent confondu avec les Filaires par les anciens naturalistes, est le principal type de l'ordre des Gordiacés. L'espèce la plus répandue en Europe est le *G. aquaticus* (1). M. Charvet en a distingué deux espèces, d'après les localités où il les a recueillies aux environs de Grenoble (2). M. Dujardin, à une époque antérieure à la publication de son *Histoire des Helminthes*, a considéré comme appartenant à une espèce particulière, des Gordius trouvés aux environs de Toulouse (*G. tolosanus*) (3). Cependant plusieurs zoologistes n'apercevant pas de différences bien frappantes entre tous ces Helminthes trouvés sur divers points de la France, et en Suisse, en Belgique, en Allemagne, etc., ont douté qu'il y eût plus d'une espèce de Gordius. Aujourd'hui l'unité ou la diversité spécifique des Gordius européens ne saurait donc être établie définitivement. Je suis porté à croire à la diversité, bien que les différences soient très légères et n'aient pu être précisées nulle part. J'obtins à une époque trois Gordius mâles pris aux environs de Paris. Plus tard j'en reçus un plus grand nombre recueillis aux environs de Grenoble. J'ai eu le regret de ne pas les avoir eus en même temps, pour m'assurer au moins de leurs caractères spécifiques d'une manière certaine. Mais, d'après mes dessins des Gordius de Paris et de Grenoble, je ne doute guère qu'ils soient d'espèces différentes. Celui de Grenoble me paraît plus grêle, proportionnellement à sa longueur, que celui de Paris ; ses stries me semblent plus marquées, et la coloration de la partie céphalique plus obscure.

On a découvert des Gordius dans les eaux douces de toutes les parties du monde, mais ils n'ont pas été décrits. Nous en avons fait connaître une espèce du Chili (4).

Dans l'ordre des Gordiacés, M. Dujardin a établi un nouveau genre sur quelques espèces qui diffèrent peut-être à beaucoup

(1) Linné, *Systema nat.*, édit. 12, p. 1075 (1767).

(2) *Observations* sur deux espèces du genre Dragonneau qui habitent dans quelques eaux courantes aux environs de Grenoble. — *Nouvelles Annales du Muséum*, t. III, p. 37 (1836).

(3) *Mémoire* sur la structure anatomique des Gordius et d'un autre Helminthe (le Mermis) qu'on a confondu avec lui. — *Annales des sc. nat.*, 2e série, t. XVIII, p. 129 et 146 (1842).

(4) *Historia fisica y politica de Chile*, por Claudio Gay. — *Zoologia*, t. III, p. 129.

d'égards des véritables Gordius, mais dont l'organisation n'est pas mieux connue (1).

Nous venons d'indiquer les types de cet ordre des Gordiacés : ce ne sont probablement pas les seuls qui devront y être rangés. Le genre *Vibrio* Muller, *Anguillula* Ehrenberg (*Rhabditis* Dujard.), et la plupart des Énopliens de M. Dujardin, sont probablement beaucoup plus voisins des Gordius que des Nématoïdes, parmi lesquels les rangent certains naturalistes. Aujourd'hui, à la vérité, rien n'est démontré par l'observation directe des faits.

Les Vibrions, les Anguillules et tous les Énopliens en général étant d'une ténuité extrême, ils n'ont été étudiés qu'à l'aide de l'examen microscopique. Actuellement des détails essentiels nous manquent pour pouvoir préciser leurs rapports naturels.

Le canal intestinal des Énopliens ne paraît pas s'atrophier comme celui des Gordius ; mais d'après ce caractère seul on ne saurait en conclure que les Énopliens se rapprochent davantage des Nématoïdes.

Le nom de *Gordiacés* imposé à cet ordre de la classe des Helminthes ne devra pas selon nous être conservé quand on connaîtra complétement l'organisation de ces Vers. Le nom de *Gordiacés* est formé comme sont formés les noms de familles, et à ce titre il devra disparaître ou ne plus figurer que comme désignant une division de cette nature. Seulement avec nos connaissances si imparfaites des caractères organiques des Gordiacés, il eût été déraisonnable de proposer un nouveau nom d'ordre ; car plus tard une disposition propre à ce type, venant à être reconnue, nous conduira mieux dans le choix d'une dénomination devenue nécessaire.

ORDRE DES ACANTHOCÉPHALES (*ACANTHOCEPHALA* Rud.).

Caractères. — Corps long, cylindroïde, terminé antérieurement par une trompe rétractile hérissée de crochets, n'ayant point

(1) *Annales des sc. nat.*, 2e série, t. XVIII, p. 129, pl. VI (1842), et *Histoire des Helminthes*, p. 294 (1845).

d'ouverture buccale. Point de tube digestif. Des vaisseaux sous-cutanés longitudinaux offrant de nombreuses anastomoses transverses. Appareil génital mâle, assez complexe, débouchant à l'extrémité postérieure du corps. Appareil femelle consistant en deux ovaires, et en un oviducte s'ouvrant également à l'extrémité du corps.

Les Acanthocéphales ne sont pas très nombreux en espèces : on en a décrit environ quatre-vingts, recueillis chez des animaux appartenant aux quatre classes de Vertébrés. Tous ces Helminthes se rattachent à un seul groupe et même à un seul genre. L'organisation de différentes espèces ne nous a présenté que de bien légères modifications.

Les Acanthocéphales, nettement séparés de tous les autres types de la grande division des Vers, sont des êtres qui laissent encore le zoologiste dans un véritable embarras, tant il est difficile, impossible même, de préciser leurs affinités naturelles avec toute la rigueur désirable.

Ces Helminthes ressemblent aux Nématoïdes par la forme générale du corps et par la séparation des sexes. Les deux tubes vasculaires qu'on observe chez les Acanthocéphales, situés de la même manière que chez les Nématoïdes, semblent encore indiquer un rapport avec ces derniers.

Ces diverses considérations me portent à regarder les Acanthocéphales comme liés plus étroitement aux Nématoïdes qu'à tout autre type du sous-embranchement des Vers. Cette opinion est partagée par M. Van Beneden (1), auquel nous devons de si intéressantes observations sur les animaux inférieurs.

Néanmoins on ne saurait être fixé définitivement à l'égard des Acanthocéphales ; selon toute probabilité, ces êtres, que jusqu'ici nous ne rencontrons qu'à l'état adulte, passent par des phases de développement qui permettraient de reconnaître avec certitude le degré de ressemblance qu'il y a entre eux et les autres Helminthes.

On est disposé à croire que, dans ces animaux, l'appareil

(1) *Note sur les Tétrarhynques*, Bulletins de l'Académie royale de Belgique, t. XVI ; et *Annales des Sciences naturelles*, 3e série, t. XI, p. 13 (1849).

digestif s'atrophie par les progrès de l'âge, quand les organes de la génération, en se développant, finissent par prendre un accroissement excessif, et occuper ainsi toute la cavité du corps. Cette supposition n'a rien qui paraisse en dehors des choses possibles : car déjà dans les Gordius, et même dans les Némertes, nous avons des exemples frappants d'une semblable atrophie de l'appareil digestif. Une observation incomplète, il est vrai, et sur laquelle je reviendrai, me confirme dans cette présomption.

Plusieurs détails me manquent encore dans la disposition du système nerveux pour apprécier les rapports naturels des Acanthocéphales. J'ai distingué de chaque côté de la trompe, près de l'origine des bandelettes latérales, un ganglion d'une extrême exiguïté; mais je n'ai pu constater clairement l'existence d'une commissure, ni isoler tous les nerfs qui doivent dériver de ces petits noyaux médullaires.

Il reste donc bien des doutes à éclaircir touchant les Acanthocéphales; mais après les recherches si minutieuses que j'ai faites sur leur organisation, la question, je crois pouvoir le présumer, ne saura être résolue que par l'étude du développement.

L'ordre des Acanthocéphales ne comprend qu'un seule tribu : les Échinorhynchiens (*Echinorhynchii*), renfermant le seul genre *Echinorhynchus*.

Genre Échinorhynque (*Echinorhynchus* Müller, Goeze, Rud.).

Caractères. — Corps plus ou moins allongé, un peu en forme de sac. Trompe rétractile, soit globuleuse, soit cylindrique, soit en forme de massue, et toujours munie d'aiguillons recourbés en nombre très variable suivant les espèces; cette trompe, en général, suivie d'un rétrécissement en forme de cou.

Toutes les espèces d'Échinorhynques se ressemblent au plus haut degré. J'en ai étudié plusieurs avec un grand soin : l'espèce des Porcs, la plus grande du groupe (*E. gigas*); l'espèce des Canards (*E. polymorphus*); celle des Chouettes (*E. globocaudatus*); celle des Perches et des Cyprins (*E. proteus*), etc. Je ne donnerai la description anatomique que du premier; les autres espèces ne m'ont présenté de différences que dans les proportions de la trompe, des bandelettes latérales et des organes génitaux : différences qu'il serait intéressant de préciser d'une manière rigoureuse et de représenter, mais à la condition de les faire connaître comparativement chez tous les Échinorhynques, ou au moins chez le plus grand nombre des espèces du groupe. C'est donc un travail monographique qui reste à faire, et que nous signalons à l'attention de ceux qui voudraient faire des recherches helminthologiques.

ÉCHINORHYNQUE GEANT, *Echinorhynchus gigas* (1).

Tænia hirudinacea, Pallas, *Neue nord. Beitrage*, t. I, p. 107 (1781).
Echinorhynchus gigas, Goeze, *Naturgesch. der Eingeweid.*, p. 143-150, tab. x, fig. 1-6 (1782).
Bloch, *Abhandlung. der Erzeugung der Engeweid.*, p. 26, tab. VII, fig. 1-8 (1782).
Schrank, *Verzeichniss. der bekannte Eingeweidewurmer*, p. 21 (1788).
Gmelin, *Systema naturæ*, p. 3044 (1789).
Zeder, *Nachtrag. zur Naturg. der Eingeweid.*, p. 119 (1800), et *Naturgesch. der Eingeweidewürmer*, p. 149 (1803).
Rudolphi, *Entozoor. historia*, t. II, pl. I, p. 251 (1809), et *Entoz. Synopsis*, p. 63 et 510 (1819).
Bojanus, *Enthelminthica. Isis*, von Oken, p. 10 (1821).
Westrumb, *De Helminthibus acanthocephalis*, p. 10, pl. II, fig. 1-10 (1821).
Cloquet, *Anatomie des Vers intestinaux*, p. 63, pl. V-VIII (1824).
Bremser, *Icones Helminthum*, pl. VI, fig. 1-4 (1824).
Dujardin, *Hist. des Helminthes*, p. 503 (1845).

Description. — Cet Helminthe est d'une taille très considérable. La femelle atteint jusqu'à 30 à 32 centimètres de long ; mais le mâle en a rarement plus de 6 à 8. Dans les deux sexes, le corps est allongé, cylindrique, atténué postérieurement, ridé transversalement dans toute sa longueur, et en totalité d'un blanc lacté tirant un tant soit peu sur le bleuâtre ou le verdâtre. La trompe est globuleuse, armée de cinq ou six rangées de crochets disposés assez irrégulièrement. Chez le mâle, le corps est terminé par

(1) Pl. 24.

une sorte d'expansion membraneuse, cupuliforme ; chez la femelle, il est arrondi.

Cette espèce se rencontre dans l'intestin grêle des Sangliers et des Porcs, pendant l'hiver principalement. Elle se fixe à la muqueuse intestinale à l'aide des crochets de sa trompe. Comme cela se voit pour la plupart des Helminthes, les mâles sont très rares comparativement aux femelles. Toujours on trouve dans le canal intestinal des Porcs, l'*Echinorhynchus gigas* entièrement développé. On ignore donc absolument dans quelles circonstances ce Ver passe les premiers temps de sa vie.

L'Échinorhynque géant ayant été, pour M. J. Cloquet, l'objet d'une monographie spéciale et bien exécutée, je ne m'étendrai pas longuement sur la description des organes déjà décrits avec détail dans cette monographie.

De l'organisation. Téguments. Muscles. — La peau chez l'Échinorhynque a une épaisseur plus considérable que dans les autres Helminthes, et une opacité telle qu'on ne peut apercevoir au travers les organes, comme chez les Nématoïdes. Sa surface est plissée transversalement, mais d'une manière assez irrégulière. Il n'existe pas de stries comme dans les Nématoïdes. Ainsi que l'a observé Jules Cloquet, la peau présente une foule de petits pores souvent visibles à la vue simple et dispersés irrégulièrement, mais cependant toujours plus nombreux dans la région antérieure du corps. Dans ces petites cavités, on distingue, à l'aide de la loupe ou sous le microscope, un tissu spongieux. Il paraît se faire au moyen de ces pores une véritable absorption. On sait, en effet, que les Échinorhynques plongés dans un liquide ne tardent pas à se gonfler et à se roidir considérablement. Dans la peau, on distingue une couche épidermique extrêmement mince, dont on peut, avec une certaine précaution, isoler des fragments et une couche épaisse dans laquelle on aperçoit difficilement des fibres, mais qui se présente sous l'aspect d'une sorte de feutrage très serré.

Le système musculaire offre, dans les Échinorhynques, un développement que nous n'avons pas trouvé ailleurs. Au-dessous de la peau on observe la première couche des muscles. Ceux-ci sont transversaux ou plutôt annulaires. Ils ont l'aspect de lanières aplaties ; en général ils laissent un étroit intervalle entre eux. La largeur de ces bandelettes musculaires varie, suivant la portion du corps qu'elles occupent. Celles de la région antérieure sont très étroites, mais elles vont en s'élargissant jusque vers le quart au moins ou le cinquième de la longueur du corps; puis les autres diminuent graduellement jusqu'à l'extrémité postérieure.

Au-dessous des muscles annulaires, on trouve les muscles longitudinaux, les uns prenant des attaches sur les premiers et les autres à la peau dans les intervalles. Quand on ouvre l'animal, ce sont les fibres musculaires longitudinales qui se présentent d'abord. Elles sont infiniment plus grêles, plus serrées les unes contre les autres et plus irrégulières que les fibres transversales (1). En avant, les muscles longitudinaux se terminent en convergeant les uns vers les autres, autour de la trompe; à l'extrémité du corps, ils se terminent de la même manière en convergeant autour de l'orifice génital. Comme l'a observé M. J. Cloquet, ces fibres musculaires ne sont pas continues d'une extrémité du corps à l'autre, et ne peuvent s'isoler dans toute son étendue à la fois. Elles sont divisées à leurs points d'attache, de distance en distance.

Ces muscles transverses et longitudinaux sont les seuls qui déterminent les mouvements généraux de l'animal; mouvements très lents comme ceux de la plupart des Helminthes, et qui consistent simplement en ondulations, en allongement et en raccourcissement de leur corps.

Les autres muscles sont dévolus à la trompe et aux organes génitaux du mâle.

La trompe est un organe musculeux, cylindroïde (2), enchâssé entre les muscles du cou ou de l'extrémité antérieure du corps. La plus grande partie de sa longueur est cachée. La partie saillante, de forme variable, suivant les espèces, est globuleuse dans l'Échinorhynque géant. Cette partie est garnie de crochets disposés en quinconce, c'est-à-dire assez irrégulièrement. Ces crochets sont recourbés inférieurement et terminés en pointe aiguë. Ils sont insérés au moyen d'un tubercule arrondi.

(1) Pl. 24, fig. 5ᴬ.
(2) Pl. 24, fig. 5ᴮ.

La trompe présente un canal intérieur étroit, cylindrique. Au sommet, entre les crochets, on distingue une petite éminence, et au centre une légère dépression, une trace de perforation ; mais il n'existe pas de véritable ouverture en communication directe avec le canal central, au moins chez l'animal adulte.

Les muscles moteurs de la trompe ont une très grande puissance. Les uns sont rétracteurs, et les autres protracteurs.

Il en existe un très large qui se divise à son point d'attache sous les téguments. Il y en a deux sur les côtés moins considérables que celui ci, mais ayant encore une grande puissance : ce sont les rétracteurs (1).

Les protracteurs sont aussi au nombre de deux paires; ceux-ci, très petits comparativement aux rétracteurs, s'insèrent d'un côté à la base de la trompe, et de l'autre au muscle du cou. Quand la trompe rentre dans le cou, très souvent elle se renverse sur elle-même, et les crochets se resserrent contre la trompe. L'extrémité antérieure du corps se trouve alors présenter une profonde concavité. La trompe ressort ensuite par un nouveau mouvement en sens contraire.

M. Cloquet a décrit avec détail ces mouvements de la trompe.

Système nerveux. — J'ai pu reconnaître la disposition du système nerveux dans la plupart des types du sous-embranchement des Vers. Chez les Nématoïdes, malgré l'extrême petitesse des noyaux médullaires, je suis parvenu à les isoler, et à suivre le trajet des nerfs dans plusieurs espèces. Chez les Acanthocéphales je n'ai pas eu le même succès. L'existence de l'appareil de la sensibilité dans ce type n'est pas plus douteux que dans les autres types de la même classe. Mais constater l'existence du système nerveux dans un groupe n'est absolument rien si l'on n'en a constaté la disposition. Une vérité de cette nature ne paraît même pas avoir besoin d'être énoncée, et cependant on y est conduit en voyant les réflexions de quelques naturalistes.

A mon grand regret, je ne suis donc pas en mesure de montrer les rapports et les différences existant entre le système nerveux

(1) Pl. 24, fig. 5.

des Acanthocéphales et celui des Nématoïdes. J'ai pourtant fait bien des efforts pour parvenir à un meilleur résultat ; j'ai repris cent fois mes observations, et néanmoins je n'ai pu suivre l'ensemble du système nerveux pour être à même d'en tracer la disposition.

Plusieurs fois j'ai reconnu la présence d'un ganglion de chaque côté de la trompe, près de l'origine des bandelettes latérales : mais n'ayant pu parvenir à mettre en évidence leur commissure et les différents nerfs qui en partent, je dois considérer mes recherches sur le système nerveux de l'Échinorhynque comme n'ayant pas fourni de résultat concluant (1).

Organes de nutrition. — Chez l'Échinorhynque adulte, il n'existe rien à quoi l'on puisse donner le nom d'appareil digestif.

La trompe, il est vrai, semble être une portion de cet appareil, qui aurait persisté quand le tube intestinal lui-même se serait atrophié. Mais si c'est là un fait très probable, il ne saurait être démontré d'une manière péremptoire. J'ai décrit précédemment la trompe et les muscles qui dirigent ses mouvements. Je n'y reviens pas.

Examinons ici seulement ce qui me paraît justifier mon opinion sur la trompe des Échinorhynques.

Quand on coupe cet organe dans le sens de sa longueur, on voit un canal central de médiocre largeur, et, ainsi que je l'ai déjà dit, on remarque au sommet de la trompe une petite dépression, une trace d'ouverture qui naturellement communiquerait avec le canal central. Cette ouverture, devenue imperceptible, serait donc la bouche ; mais, pour la considérer de cette manière, il faut supposer nécessairement que l'orifice buccal s'est atrophié en même temps que le tube intestinal, s'il y a bien réellement, chez les Acanthocéphales, atrophie de l'appareil digestif avec les progrès de l'âge.

Chez les Échinorhynques adultes, on ne distingue pas d'ouver-

(1) M. Siebold (*Lehrb. der Vergleich. Anat.*, I. S. 125) donne quelques détails sur le système nerveux des Acanthocéphales. M. Henle (in *Müller's Arch.*, S. 318, 1840) parle d'un collier ganglionnaire autour de l'orifice génital. Malgré des recherches minutieuses, il ne m'a pas été possible de me faire une idée bien nette de ce que ces naturalistes ont voulu décrire.

ture à la partie postérieure de la trompe ; on voit seulement les muscles qui y prennent leur attache, et les organes génitaux qui y sont suspendus. Mais ayant rencontré chez des Perches des Échinorhynques (*E. proteus*) contenus dans des kystes, et qui n'étaient pas encore tout à fait adultes, j'ai observé, à la suite de la trompe, indépendamment des organes génitaux, une sorte de tube à parois minces, qui ne disparaissait que vers l'extrémité postérieure du corps.

J'ai pensé avoir sous les yeux un exemple d'un tube digestif d'Échinorhynque en voie d'atrophie. Comme il ne m'a plus été possible de revoir ce fait, ni dans l'Échinorhynque des Perches ni dans aucune autre espèce, il m'est resté quelque doute. D'après cette seule observation, je ne puis être certain que le canal intestinal disparaît peu à peu, comme si j'avais vu successivement et à plusieurs reprises les divers degrés de l'atrophie.

C'est encore là, dans l'histoire des Vers, une question intéressante et que je signale à l'attention des zoologistes. A mon avis, il y a présomption que le canal intestinal existe chez les Échinorhynques pendant les premières phases de leur existence ; qu'il s'atrophie ensuite, et que la trompe en est la seule partie persistante.

Mais, je le répète, s'il y a quelques indices, ce ne sont pas des faits démontrés. Si un canal intestinal existe bien réellement chez les jeunes Échinorhynques, on reconnaîtra peut-être entre ces Helminthes et les Nématoïdes des rapports naturels plus évidents que ceux qui nous sont offerts par l'organisation des adultes.

Toutefois les différences entre les deux types n'en seraient pas moins encore très profondes. Il en résulterait naturellement ce fait, que les deux types ne suivent pas, ne passent pas par des phases de développement semblables, puisque chez les Nématoïdes il n'y a aucun développement *récurrent* comparable à celui que nous supposons chez les Acanthocéphales. Les Gordius, il est vrai, seraient un terme de transition.

Dans les Échinorhynques, il existe des bandelettes latérales fixées par leur extrémité antérieure à l'origine du cou et de chaque côté de la trompe. Ces bandelettes (1) sont flexueuses et libres dans toute leur étendue. Ordinairement elles sont contournées autour de l'origine des organes génitaux (2). Ces organes, qui existent dans toutes les espèces du groupe, varient un peu quant à leurs proportions.

Dans l'*Echinorhynchus gigas*, elles ont une longueur égale environ au cinquième ou au sixième au moins de la longueur totale du corps. Quand l'animal est en vie, elles sont un peu transparentes et d'une teinte légèrement verdâtre; après la mort elles deviennent plus opaques. Leur tissu est d'un aspect pellucide; il est d'une résistance assez grande : on n'y distingue cependant aucune trace de fibres. Sur les côtés, ces bandelettes ont un peu plus d'épaisseur que dans leur partie moyenne. A leur extrémité elles sont amincies et plus ou moins arrondies.

En examinant avec attention les bandelettes latérales de l'Échinorhynque, on aperçoit, par sa transparence plus grande, un vaisseau ou un canal médian qui, sur son trajet, fournit plusieurs très petites branches, et qui ensuite se divise en deux rameaux descendant jusqu'à l'extrémité de la bandelette, où ils se rapprochent pour s'anastomoser. J'ai tenté à diverses reprises d'injecter ces vaisseaux, mais toujours sans succès. Je suis parvenu, dans certains cas, à faire pénétrer un peu de liquide coloré, mais toujours dans une très petite longueur; ce qui me fait penser qu'il ne circule point de liquide dans l'intérieur de ces canaux, qui sont bien certainement resserrés ou même obstrués d'espace en espace. D'ailleurs, malgré la transparence des parties, on ne distingue rien par l'examen microscopique.

M. Jules Cloquet qui a très bien observé et très bien décrit les bandelettes de l'Échinorhynque, a tenté également sans succès d'injecter ces organes.

A leur origine, ils sont très amincis et forment une sorte de pédicule fixé aux parois musculeux du cou au moyen de filaments extrêmement déliés.

(1) Pl. 24, fig. 5'.
(2) Pl. 24, fig. 3''.

A la surface des bandelettes, il existe assez souvent dans leur épaisseur de petites vésicules irrégulières. Quand on les ouvre, on y observe un peu de matière d'apparence albumineuse : ces vésicules semblent au reste tout à fait accidentelles.

On se demande à la fois quelle est la nature et quel est l'usage de ces bandelettes qu'on trouve chez tous les Échinorhynques. Jusqu'à présent nous en sommes réduits, à cet égard, à une ignorance complète. On ne peut même pas dire que nous en sommes réduits à des conjectures, car il n'y a pas sérieusement de conjectures possibles. On ne saurait y voir des organes de sécrétion : ce sont de véritables lamelles sans cavité intérieure; il n'y a d'apparence de liquide sur aucun point. Il n'y a pas de communication extérieure ; il n'y a pas davantage de communication avec les organes intérieurs.

Certains naturalistes ont voulu voir dans ces bandelettes une dépendance des organes de nutrition C'est ce qui nous a déterminé à les décrire après les remarques touchant l'appareil digestif. Mais dans l'état actuel rien ne donne une valeur quelconque à aucune hypothèse.

L'étude du développement donnerait peut-être la solution que nous cherchons en vain, en étudiant les Échinorhynques à l'état adulte. Il serait très possible que ces organes fussent des dépendances d'un appareil organique atrophié, qui persisteraient, tout en demeurant sans usage, chez les adultes.

Dans l'Échinorhynque, au moins à l'état adulte, il n'existe donc pas d'organes spéciaux pour les fonctions digestives. Comme cet animal, plongé dans un liquide, en absorbe rapidement une quantité notable, ce qui est rendu palpable par le gonflement du corps, on a supposé que l'absorption de matières nutritives pouvait avoir lieu de la même manière. L'Échinorhynque absorbant en certaine proportion les sucs puisés dans l'intestin où il demeure fixé, la nutrition s'effectuerait ainsi par le passage direct des matières dans le système vasculaire.

Les pores qu'on observe à la surface de la peau ont été regardés probablement avec raison comme destinés à permettre l'absorption, en fournissant des passages aux liquides dont l'animal est plus ou moins imprégné.

Système vasculaire. — Quand on ouvre un Échinorhynque, on voit aussitôt deux larges canaux latéraux (1) s'étendant d'une extrémité du corps à l'autre. Antérieurement ils se divisent en deux tubes plus grêles, l'un remontant jusqu'à l'origine du cou, l'autre se dirigeant transversalement de manière à se terminer à la hauteur de la base de la trompe. Ces tubes, dans toute leur étendue, adhèrent aux couches musculaires qui, étant plus minces dans les endroits où ils règnent, leur forment une sorte de gouttière.

Ces tubes latéraux, terminés postérieurement en *cœcum*, sont d'un diamètre considérable et égal dans toute leur étendue. D'espace en espace ils sont mamelonnés ou bosselés, et à l'intérieur ils offrent quelques replis. Leur tissu est un peu spongieux, et cependant les parois de ces tubes ont encore une certaine résistance.

Ces canaux latéraux adhèrent aux fibres musculaires par un de leurs côtés, et y adhèrent même si fortement, qu'il est impossible de les détacher sans bientôt les déchirer. Dans leur intérieur, on trouve en petite quantité un liquide transparent, presque incolore. Ces tubes ne présentent aucune diramation sur leur trajet.

Comme déjà l'avait fait M. J. Cloquet, je les ai injectés avec différents liquides colorés. On constate de cette manière qu'on peut les remplir sans difficulté, mais on ne réussit pas à mettre rien de plus en évidence que sans le secours de l'injection.

Quel est l'usage de ces canaux? Telle est la question qui a déjà préoccupé les helminthologistes. A l'égard de ces organes, nous en sommes encore réduits à des suppositions et à des doutes.

Nous ne pouvons les regarder comme des vaisseaux. Leur énorme diamètre, leurs terminaisons en culs-de-sac, l'absence de toutes ramifications ne permettent pas de les considérer comme un appareil vasculaire.

(1) Pl. 24, fig. 5.

Quand on les compare néanmoins aux tubes vasculaires des Nématoïdes, on trouve réellement un certain rapport dans le volume, la position et l'aspect de ces parties. Mais chez les Nématoïdes ces canaux contiennent de véritables vaisseaux, et chez les Acanthocéphales il n'en existe aucune trace. On ne saurait pousser bien loin la comparaison.

Quelques naturalistes ont voulu considérer ces tubes latéraux des Échinorhynques comme servant, en l'absence de canal intestinal, aux fonctions digestives. J. Cloquet a émis cette opinion (1).

Je ne l'adopte ni ne la combats, car le rôle physiologique de ces organes me semble difficile à montrer.

Les Échinorhynques sont pourvus de véritables vaisseaux. Je les ai observés dans plusieurs espèces, et il m'a été facile de les mettre en évidence dans l'*Echinorhynchus gigas*. Ils ont échappé à l'attention de Jules Cloquet, mais ils ont été signalés déjà par Westrumb, etc. (2). Ces vaisseaux règnent exactement sous la peau, entre elle et la première couche musculaire, dans le tissu spongieux interposé dont M. Cloquet parle à diverses reprises. Ces vaisseaux sous-cutanés existent donc tout autour du corps (3). Dans l'*Echinorhynchus gigas*, j'ai compté ordinairement dix-huit à vingt vaisseaux longitudinaux, dont un de chaque côté plus volumineux que les autres. Tous ces vaisseaux s'étendent d'une extrémité du corps à l'autre, en décrivant de légères sinuosités, ou plutôt une ondulation assez régulière. Ils présentent des ramifications transversales qui s'anastomosent entre eux, de manière à former un réseau ou même un *treillis* vasculaire fort régulier. Les vaisseaux transverses fournissent eux-mêmes des rameaux très grêles et dirigés uniformément dans le sens de la longueur du corps (4).

(1) Il existe une thèse de Burow (*Echinorhynchi strumoso anatome, dissertatio zootomica*), où l'on trouve une description des organes digestifs et des vaisseaux d'une espèce d'Échinorhynque (*E. strumosus* du phoque) : mais la confusion est telle dans ce travail, qu'on ne trouve à le citer sous aucun rapport.

(2) *De Helminthibus acanthocephalis*, t. II, fig. 10, tab. III, fig. 10, 12, 21.

(3) Pl. 24, fig. 2.

(4) Pl. 24, fig. 2.

J'ai réussi assez souvent à injecter cet appareil vasculaire sous-cutané de l'Echinorhynque, sinon en totalité, du moins dans des portions considérables. C'est même le seul moyen qui permette d'observer la nature de ces vaisseaux. Quand le liquide coloré les remplit, on suit leur trajet sans peine et l'on réussit très bien alors à les isoler. En détachant la peau avec précaution, ils demeurent intacts.

Comme je l'ai dit précédemment, ces vaisseaux règnent dans l'épaisseur du tissu spongieux interposé entre la peau et les muscles, et en général dans les intervalles des fibres musculaires.

Je devais naturellement m'assurer si j'avais sous les yeux de simples canaux ou de véritables vaisseaux ayant des parois propres. J'ai trouvé de véritables vaisseaux ; je suis parvenu, malgré leur faible résistance, à en isoler dans une certaine longueur : dans tous les cas, les parois de ces vaisseaux m'ont paru d'une délicatesse extrême. Mais si l'on songe qu'elles sont maintenues de toutes parts par le tissu spongieux, d'un côté par la couche musculaire supérieure, et de l'autre par la peau, on s'explique comment des parois aussi minces résistent aux pressions extérieures ou intérieures. En déchirant des vaisseaux sous-cutanés dans des Échinorhynques vivants, on voit s'écouler de leur intérieur une faible quantité de liquide transparent, contenant quelques corpuscules très irréguliers.

Tout est encore dans le doute en ce qui concerne la partie physiologique chez les Échinorhynques, et surtout en ce qui regarde les fonctions de nutrition.

En voyant ce réseau vasculaire sous-cutané si développé, en l'absence d'un appareil digestif, on se demande s'il n'y a pas une absorption extérieure considérable au moyen de ce système de vaisseaux qui s'étend d'une extrémité du corps à l'autre. Les helminthologistes, comme nous l'avons vu, ont remarqué depuis longtemps que la peau des Échinorhynques est percée d'un certain nombre de petites ouvertures ; qu'elle présente des pores dont on a constaté l'existence même à la vue simple. M. Cloquet a observé au fond de ces pores le tissu spongieux, qui est partout interposé entre la peau et les couches musculaires. L'Échinorhynque étant imprégné des matières digérées et plus ou moins liquides contenues dans l'intestin où il vit, absorberait, au moyen des pores de sa peau et du tissu spongieux, les matières fluides propres à sa nutrition. Les vaisseaux régnant au milieu de ce tissu spongieux puiseraient ainsi les matières fluides dont il serait imprégné.

C'est ce qui paraît résulter des observations des naturalistes, tous ayant constaté la facilité avec laquelle les Échinorhynques absorbent l'eau et d'autres liquides, si on les tient immergés pendant quelque temps.

Organes de la génération. — Dans les Échinorhynques, les organes de la génération ont un développement excessif.

Les organes mâles ont une complexité supérieure à celle qu'on leur trouve dans les autres Helminthes. Il existe deux testicules, une vésicule séminale, et une verge dont le volume est considérable.

Les testicules (1) sont deux corps cylindroïdes très légèrement courbés et parfaitement arrondis à leurs extrémités. Ils sont placés à la suite l'un de l'autre, le second avançant toutefois un peu sur le côté du premier, comme on le voit dans notre figure. Ces organes offrent, sur un de leurs côtés, un canal membraneux très mince, qui devient libre en avant du testicule antérieur, et constitue une sorte de ligament suspenseur qui est fixé à l'extrémité postérieure de la trompe (2).

Les testicules, d'une couleur blanche lactée, sont formés par une enveloppe assez épaisse. Ils communiquent inférieurement au moyen du canal que nous avons vu régner sur un de leurs côtés. Ce canal se trouve bientôt en rapport avec une longue vésicule séminale (3) présentant cinq ou six dilatations plus ou moins arrondies ou réniformes Ces dilatations ont même leurs bords si enfoncés qu'au premier aspect on serait porté à voir dans cette grande vésicule spermatique une réunion de plusieurs capsules ; mais par un examen attentif, on ne tarde pas à se con-

(1) Pl. 24, fig. 3[b].
(2) Pl. 24, fig. 3[c].
(3) Pl. 24, fig. 3[d].

vaincre qu'il n'y a entre ces parties dilatées aucune solution de continuité.

A son extrémité, ce réservoir spermatique est maintenu par les muscles rétracteurs du pénis. Il se continue avec un canal déférent d'une assez grande épaisseur et un peu dilaté dans sa portion moyenne et à son extrémité. A sa base, on remarque une petite capsule, à bords épais, inégaux et échancrés, à laquelle nous ne connaissons pas d'usage particulier.

Ce que je nomme ici le canal déférent est considéré par M. Cloquet comme la *tige cylindrique du pénis*. Mais il me semble que le pénis est seulement cette partie qui lui succède (1). C'est un organe de forme presque conique, ayant son sommet comme tronqué et son extrémité très amincie. Il est terminé par une sorte de petite cupule renversée, dont l'orifice se voit facilement à l'extrémité du corps de l'Échinorhynque mâle. Cette portion terminale de l'organe mâle, ainsi que l'a observé M. Cloquet, est formée de deux membranes : l'une externe, rude; l'autre interne, molle et plissée.

J'ai trouvé rarement le pénis de l'Échinorhynque faisant saillie au dehors.

Des muscles puissants servent à en diriger les mouvements : les uns sont rétracteurs et les autres protracteurs. Il existe deux des premiers et deux des seconds fixés à l'origine du canal déférent, ou à la portion cylindrique du pénis, selon la dénomination de M. Cloquet. J'ai observé encore deux muscles *rétracteurs* et deux *protracteurs*, insérés l'un à l'extrémité, l'autre à la base du pénis. Il n'est pas question de ceux-ci dans la monographie de M. Cloquet.

Tous ces muscles s'attachent aux couches musculaires sous-cutanées et se continuent avec elles. Les rétracteurs du tube cylindrique du pénis sont les plus longs et les plus puissants. Les protracteurs, qui s'insèrent presque au même point, et un peu en arrière seulement, sont plus courts et plus grêles (2). Enfin

(1) Pl. 24, fig. 3'.
(2) Pl. 24, fig. 3.

les rétracteurs et les protracteurs de la verge sont très courts comparativement (1).

Les muscles protracteurs, en se contractant, poussent la verge contre la fente qui se voit à l'extrémité du corps des mâles, et l'organe se montre au dehors. Un mouvement semblable des *rétracteurs* le ramène dans la cavité du corps. Suivant M. Cloquet, il y aurait pour la sortie du pénis un renversement de l'organe ; mais je n'ai pu suivre ce mouvement dont je me rends compte imparfaitement.

En ouvrant les testicules ou les réservoirs spermatiques, on trouve ces organes remplis de la sécrétion séminale. J'y ai observé souvent une foule de petits corps sphéroïdaux que je considère comme les spermatozoïdes.

Les organes femelles de l'Échinorhynque ont un développement excessif et en même temps une très grande simplicité. Ce sont deux ovaires et un court oviducte. Les ovaires sont deux larges canaux d'une ampleur extrême, qui s'étendent d'une extrémité du corps à l'autre et en occupent toute la cavité (2). Ils sont accolés l'un à l'autre et séparés par une cloison moyenne ; le supérieur est toujours plus petit que l'inférieur.

Un peu en arrière de la trompe, il y a une communication entre les deux ovaires, et il n'existe plus qu'un seul tube qui remonte en se rétrécissant pour se fixer à l'extrémité postérieure de la trompe (3).

Les ovaires se rétrécissent graduellement vers l'extrémité et se réunissent en formant un oviducte grêle, terminé par un petit tube cupuliforme (4).

Les parois des ovaires sont minces, pellucides, ayant néanmoins une certaine résistance. Dans une très grande partie de la longueur du corps, elles adhèrent aux fibres musculaires longitudinales.

Les œufs contenus dans les ovaires sont vraiment en quan-

(1) Pl. 24, fig. 3'.
(2) Pl. 24, fig. 4.
(3) Pl. 24, fig 4^{a}.
(4) Pl. 24, fig. 4^{b}.

tité prodigieuse ; ils y sont accumulés par myriades. Observés à la vue simple, ils ont l'aspect de grains de poussière ou plutôt de grains de sable d'une extrême finesse. Leur grosseur varie d'une manière notable, et dans les ovaires on en trouve de volumes très différents, tous mélangés ensemble.

Les œufs de l'*Echinorhynchus gigas*, observés sous un fort grossissement, présentent de petites stries très apparentes. Dans les plus avancés, on distingue déjà une forme d'embryon (1), dont l'extrémité antérieure est étroite, avec la partie qui lui succède élargie, et enfin la portion postérieure terminée en pointe arrondie.

Parmi les œufs, on rencontre en certaine quantité des corps d'une grosseur infiniment supérieure, d'une forme allongée, ayant leurs extrémités amincies et arrondies, et leurs bords légèrement onduleux (2).

Ces corps semblent formés d'une multitude de granules ou de corpuscules presque sphéroïdaux. M. Cloquet les a considérés comme des œufs parvenus à maturité, et il remarque cependant qu'ils ont une grosseur de trente à quarante fois plus considérable que les œufs qui se trouvent en masse dans les ovaires.

On peut, en effet, juger de la différence énorme existant entre les œufs et ces corps allongés par nos figures, qui les représentent vus sous le même pouvoir amplifiant (3). Ces corps ne sont pas pourvus non plus d'une coque résistante analogue à celle des œufs, ce qui explique comment leurs bords sont plus ou moins inégaux. Enfin il n'existe jamais dans les ovaires des Échinorhynques aucune sorte d'intermédiaire qui puisse permettre de considérer un seul instant ces corps allongés comme des œufs.

J'ai été porté à regarder ces corps comme des spermatophores introduits dans les organes femelles ; pourtant, à l'égard de cette détermination, il m'est resté des doutes. Ces doutes sont nés de l'absence de corps analogues dans les organes mâles, au moins chez les individus que j'ai examinés, et de l'absence de mouve-

(1) Pl. 24, fig. 7.
(2) Pl. 24, fig. 6.
(3) Pl. 24, fig. 6 et fig. 8, 8'.

ment dans les globules dont sont composés ces corps. De là l'impossibilité par moi de reconnaître avec certitude des spermatozoïdes.

Mais la vie s'éteint si promptement chez les Helminthes, quand ils sont tirés de l'endroit où ils se tiennent habituellement, que je ne saurais me prononcer définitivement sur le résultat de ces dernières observations. Je voudrais avoir surtout examiné le contenu des organes mâles plus souvent que je n'ai pu le faire ; les individus de ce sexe, comme on le sait, étant toujours fort rares.

Observations.

La description anatomique du type du genre *Echinorhynchus*, du type de l'ordre des Acanthocéphales, qui vient d'être tracée, suffit pour montrer l'état de nos connaissances sur l'organisation de cet Helminthe. Tout ce qui est relatif au système musculaire est bien connu. Sous ce rapport, il y a des analogies avec les Nématoïdes et en même temps des différences considérables. Sous le rapport du système nerveux, nous n'avons encore qu'une connaissance extrêmement incomplète. A l'égard des appareils destinés aux fonctions de nutrition, à part quelques faits matériels dont l'évidence ne saurait être contestée, nous en sommes réduits à des hypothèses. En ce qui concerne les organes de la génération, les faits anatomiques sont au contraire bien connus : dans la séparation des sexes, nous trouvons un rapport avec les Nématoïdes ; dans la configuration des organes, nous apercevons encore quelques analogies et nous saisissons surtout des différences.

Tel me paraît être le véritable état de la science en ce qui touche les Acanthocéphales Mes recherches sur ce type, faites avec le plus grand soin, et répétées sur un nombre très considérable d'individus, m'autorisent à croire que si de nouvelles investigations anatomiques amènent un résultat de plus, ce sera un résultat qui n'avancera pas la question d'une manière très marquée.

Aujourd'hui, je pense que c'est dans l'observation des faits embryogéniques qu'on peut espérer en trouver la solution.

CHAPITRE XII.

CLASSE DES NÉMERTIENS (*NEMERTEA* Ehrenb.).

Caractères. — Corps plus ou moins allongé, ordinairement sans annulations. Bouche terminale. Système nerveux consistant principalement en deux ganglions cérébroïdes latéraux unis par une commissure, et en deux masses médullaires intimement accolées aux centres nerveux cérébroïdes, unies l'une à l'autre par une large commissure sous-œsophagienne, et donnant naissance à deux troncs nerveux longitudinaux isolés. Tube digestif simple terminé par un intestin aveugle. Système vasculaire consistant en plusieurs vaisseaux longitudinaux offrant des ramifications et des anastomoses transversales. Organes de la génération séparés : par conséquent, des individus mâles et des individus femelles. Les organes génitaux dans chaque sexe occupant les parties latérales du corps dans presque toute sa longueur.

Dans l'un des premiers chapitres de ce travail, je me suis déjà attaché à faire ressortir les affinités naturelles des Némertiens ou Némertines. Je n'ai pas besoin d'y insister de nouveau. J'ai déjà dit tout ce que la disposition du système nerveux offrait de particulier dans ce type.

Les Némertiens ont été rapprochés des Planariées par la plupart des naturalistes. M. de Quatrefages, dans son beau travail sur ces Vers (1), tout en adoptant en partie les vues de plusieurs de ses prédécesseurs, a mis en évidence les différences profondes qui existent dans l'organisation des Aporocéphales et des Némertiens, en faisant connaître avec soin, chez ces derniers, les organes de la génération, en constatant, chez un grand nombre d'espèces, que l'intestin est toujours simple, etc.

Des observations de M. de Quatrefages et des miennes, il m'a paru en résulter ce fait, que les Némertiens appartiennent à un

(1) *Mémoire sur la famille des Némertiens*, *Ann. des sc. nat.*, 3e série, t. VI, p. 173 (1846), et *Voyage en Sicile.*

type zoologique essentiellement distinct de ceux qui forment la classe désignée dans ce travail sous le nom d'*Anévormes*. Les Némertiens m'ont semblé avoir des affinités presque aussi évidentes avec les Helminthes qu'avec les Planariées.

Dans la forme, dans l'aspect extérieur, on trouve, il est vrai, entre quelques Némertiens et les Planaires, une ressemblance plus évidente. Pourrait-on, d'après cela, penser qu'on rencontrera des espèces dont l'organisation fournira des intermédiaires? Il est difficile de le croire.

En voici les principales raisons.

Chez tous les Aporocéphales connus, les sexes sont réunis sur chaque individu. Chez tous les Némertiens bien étudiés sous ce rapport, les sexes sont séparés. Or, entre la réunion et la séparation des sexes, il n'y a guère d'intermédiaire possible.

Chez les Aporocéphales, les centres neutres cérébroïdes seuls ont un développement considérable; les ganglions sous-intestinaux demeurent rudimentaires; il n'y a jamais de commissure sous-œsophagienne, par conséquent point de collier œsophagien. Chez les Aporocéphales, il existe des centres nerveux unis par une large commissure sous-œsophagienne; il y a ici un véritable collier œsophagien. Or ce sont là de ces différences si considérables qu'il est impossible de ne pas regarder les êtres qui les présentent comme deux types bien distincts.

MM. Frey et Leuckart (1) ont supposé que les Malacobdelles appartenaient au groupe des Némertiens. D'après ce qui précède, il est trop facile de voir l'erreur de ces naturalistes. Ils imaginent encore de ma part une confusion entre le canal digestif et le vaisseau dorsal des Malacobdelles. Or, comme non seulement j'ai isolé ces parties par la dissection, mais comme j'ai injecté chez ces Vers, avec deux liquides diversement colorés, le canal intestinal en poussant l'injection par la bouche, et le vaisseau en y pratiquant une petite ouverture, aucune erreur n'est possible ici, et la supposition imaginaire de ces zoologistes allemands est pleinement gratuite.

(1) *Beiträge zur Kenntniss wirbelloser Thiere*, p. 80 (1847).

Ainsi que je l'ai dit précédemment, M. de Quatrefages s'étant occupé récemment et d'une manière toute spéciale des Némertiens, je n'ai pas songé à poursuivre des recherches sur ce groupe ; je n'avais d'abord nullement l'intention de lui consacrer un chapitre dans ce travail. Une circonstance m'a conduit à reconnaître dans le type des Némertiens quelques détails nouveaux dans le système vasculaire ; quelques remarques sur les rapports naturels m'ont semblé mériter d'être précisées. Mes observations sur les autres groupes fou nissant à côté de nombreux termes de comparaison, j'ai été amené à mentionner ici le type des Némertiens.

Si j'avais eu sur ces animaux une série d'observations, j'aurais placé la classe des Némertiens dans le voisinage de celle des Anévormes.

Ce chapitre, de même que les deux suivants, doit être considéré simplement comme un appendice de mon travail.

J'ajouterai une remarque de nomenclature. Le nom de Némertiens, tiré de la dénomination du genre principal (*Nemertes*), est un nom de tribu ou de famille. Il est nécessaire de prendre une dénomination particulière pour la classe que l'on viendra, sans doute, à diviser en plusieurs tribus et familles, quand le nombre des espèces connues sera plus considérable Déjà M. Œrsted (1), formant pour les Némertiens un sous-ordre du nom de *Cestoidina*, qu'on ne saurait adopter à cause de sa ressemblance avec celui de *Cestoidea*, a distingué deux familles, les *Nemertina* et les *Amphiporina*. Je ne me prononce pas sur la valeur de cette séparation . je l'indique seulement.

Je proposerai de désigner la classe entière sous le nom de : Aplocœles (*Aplocœla*), qui indique un de leurs caractères, la simplicité de leur intestin.

L'espèce de Némertiens, chez laquelle j'ai surtout réussi à mettre en évidence l'appareil vasculaire, appartient au genre Cérébratule. Je ne l'ai trouvée décrite nulle part.

(1) *Entwurf einer systematischen Eintheilung und speciellen Beschreibung der Plattwürmer*, p. 76 (1844).

Genre CÉRÉBRATULE (*Cerebratulus* Renieri) (1).

CÉRÉBRATULE LIGURIEN (*Cerebratulus liguricus* Blanch.).

Cinerascens, capite haud distincto, corpore crasso, plano, postice attenuato; proboscide inermi.

Cette espèce, longue de 10 à 15 centimètres sur 6 ou 7 millimètres de large, est en dessus d'un gris cendré, un peu plombé ou même bleuâtre, uniforme, sans aucune tache, sans aucune ligne; la portion ventrale est plus pâle, et tire même sur le blanchâtre. Le corps est épais et presque plan; en avant il est peu rétréci, mais en arrière il s'atténue très sensiblement. La tête arrondie en avant n'est pas distincte du reste du corps; elle porte des yeux, mais je ne puis en préciser la disposition, car j'ai égaré le dessin qui les représentait. La trompe ne présente aucune armature.

Ce Némertien a été trouvé, sur la côte, sous les pierres, aux environs de Gênes. Il paraît assez voisin du *Cerebratulus crassus* de Quatrefages.

De l'organisation. — Je ne me suis point livré à une étude complète de l'anatomie du *Cerebratulus liguricus*. Je faisais des tentatives d'injection sur différents Némertiens, dans le but de mettre en évidence leur appareil vasculaire; l'opération a réussi d'une manière plus complète sur cette espèce que sur les autres : c'est la seule raison qui a pu me déterminer à la mentionner de préférence à d'autres mieux connues.

Les tissus des Némertiens se décomposent avec une facilité extrême, ou se rompent même complétement si l'on vient à les toucher pour les dissections; de là, la difficulté d'étudier ces Vers par les moyens ordinaires, difficulté dont a parlé M. de Quatrefages, et dont on ne saurait se faire une juste idée, quand on n'a pas porté ses investigations soit sur ces animaux, soit sur les Planariées.

Quand je tentais d'injecter les vaisseaux des Némertiens,

(1) Voy. de Quatrefages, *Memoire sur les Némertiens*, *Ann. des sc. nat.*, 3e série, t. IV, p. 217 (1846).

j'essayais, en perçant les tissus, d'arriver jusque dans un tronc vasculaire dont le trajet m'était connu, car M. de Quatrefages les a figurés avec une grande exactitude chez plusieurs espèces, et moi-même je les avais observés par transparence.

Mais cette opération ne m'a jamais réussi tant que j'ai employé des individus vivants. Les tissus d'un Némertien, étant piqués ou entaillés, se désagrégent avec une rapidité extrême; une sorte de mucus se forme en abondance, et rien ne peut pénétrer. Très souvent l'animal se brise. Il fallait tenter d'opérer sur des individus morts; mais là il y avait encore une foule de difficultés : si l'individu meurt dans l'eau, il diffluc aussitôt; si on le plonge dans l'alcool ou dans d'autres liquides conservateurs, même pour quelques moments, il se contracte à un tel point, que toute investigation anatomique est ordinairement impossible.

J'usai du procédé qui m'avait réussi pour l'étude des Planaires, et qui consistait à mettre dans une certaine quantité d'eau de mer une petite proportion de liquide salin hydrargyré; de cette manière j'ai fait périr des individus sans qu'il y ait de diffluence ou une trop grande contraction de leurs tissus : or, parvenu à ce résultat, je devais facilement parvenir à un autre. Comme M. de Quatrefages l'a vérifié, en faisant une coupe transversale chez un Némertien, on aperçoit la cavité annulaire des vaisseaux encore engagée dans les tissus. Ceci est pleinement exact; or, en mettant à découvert la cavité annulaire de l'un des vaisseaux au moyen d'une entaille dans les tissus, il m'est devenu possible d'introduire une injection dans les vaisseaux eux-mêmes.

Voici quel en a été le résultat.

Chez un *Cerebratulus liguricus*, j'ai introduit un liquide coloré par le vaisseau dorsal ou vaisseau médian; tous les autres vaisseaux se sont aussitôt remplis (1).

Ici le vaisseau dorsal, placé sous les couches musculaires tégumentaires, comme dans tous les Némertiens observés par M. de Quatrefages, ne m'a offert sur son trajet aucune ramification. Il se porte dans la région céphalique, où il vient se réunir aux

(1) Pl. 5, fig. 5.

vaisseaux latéraux par des communications autour de la trompe et des centres nerveux. De chaque côté du vaisseau dorsal, nous trouvons deux autres vaisseaux longitudinaux. Le premier est assez rapproché du vaisseau dorsal, mais beaucoup plus enfoncé que celui-ci dans les couches musculaires ; circonstance qui a empêché de le voir, à l'aide de l'investigation par transparence. Le second, ou le plus latéral, est celui qui est tout à fait rejeté de côté, et dont M. de Quatrefages a représenté le trajet dans diverses espèces.

Chez le *Cerebratulus liguricus*, ces vaisseaux aboutissent dans les lacunes où sont logés la trompe et les centres nerveux (1). Ces organes sont donc baignés directement par le sang. Sous ce rapport, il y a analogie avec ce que nous avons vu chez les Planaires.

M. de Quatrefages a vu, au contraire, le vaisseau dorsal se bifurquer et se recourber autour des noyaux médullaires pour s'anastomoser avec les vaisseaux latéraux. En un mot, ce zoologiste a cru qu'il n'y avait pas de solution de continuité dans les parois.

C'est en isolant les vaisseaux, après les avoir remplis d'une injection bien colorée, que j'ai reconnu le fait signalé ici. Je ne voudrais cependant nullement songer à le présenter comme pouvant infirmer le résultat un peu différent obtenu par M. de Quatrefages. Actuellement nous ne savons pas si, chez certains Némertiens, il y a solution de continuité dans les parois des vaisseaux autour de la trompe et des centres médullaires, tandis qu'il y aurait continuité chez certains autres. Mes observations ne sont pas assez nombreuses pour me permettre de généraliser.

La question importante pour moi était de savoir si réellement les vaisseaux des Némertiens ne présentaient point de ramifications. Déjà, je l'ai dit, le vaisseau dorsal ne m'en a offert aucune trace. Mais les vaisseaux latéraux ont des ramifications transversales allant de l'un à l'autre. Ces vaisseaux transverses (2) sont assez réguliers, et forment ainsi un réseau. Très souvent ils sont

(1) Pl. 5, fig. 5 *a*,*b*.

(2) Pl. 5, fig. 5.

divisés, et s'anastomosent avec les gros troncs sur deux ou trois points. Du reste, ils ne fournissent guère de ramifications sur leur trajet. Dans la plus grande partie de la longueur du corps, j'ai vu se répéter exactement la même disposition ; mais dans la partie antérieure du corps, il n'en est plus ainsi. Le vaisseau interne m'a présenté un grand rameau dirigé en avant et ramifié sur le côté, se continuant ensuite parallèlement au vaisseau dorsal sans offrir de nouvelles diramations.

Le vaisseau latéral interne ne m'a pas offert de ramifications dans la direction du vaisseau dorsal. Le vaisseau latéral externe ne donne que de très petites branches vers le bord du corps, et encore sont-elles peu nombreuses.

L'appareil vasculaire a donc, chez les Némertiens, une complexité plus grande qu'on ne le supposait. On l'a vu : j'ai représenté et j'ai décrit cinq vaisseaux longitudinaux. M. de Quatrefages n'en a jamais distingué que trois dans les diverses espèces soumises à ses investigations. Dans plusieurs individus de différentes espèces que j'ai examinés par transparence sous le microscope, j'en ai aperçu seulement trois. Par ce mode d'observation, les deux latéraux internes, plus enfoncés que les autres sous les couches musculaires, échappent peut-être : je le crois. Cependant, il ne serait pas impossible que le nombre des grands vaisseaux ne fût pas identique chez tous les représentants du groupe. Il est même probable qu'il en est ainsi, si les espèces diffèrent beaucoup entre elles.

Quant à la présence de ramifications transversales, toujours très grêles comparativement au volume des gros troncs, je crois qu'il en existe dans tous les Némertiens. J'ai réussi à les mettre en évidence, d'une manière complète, chez le *Cerebratulus ligu-ricus*. J'en ai vu quelques unes chez la *Polia geniculata* de Delle Chiaje, et chez une *Valencinia* que je n'ai pas déterminée spécifiquement. L'ensemble de l'appareil vasculaire n'ayant pas été mis en évidence chez ces espèces, l'injection n'ayant pénétré que dans une petite partie, j'ai dû renoncer à en décrire la disposition, tout en y trouvant une confirmation des faits observés dans le Cérébratule ligurien.

M. de Quatrefages s'est attaché à montrer que les vaisseaux des Némertiens étaient pourvus de parois ; il l'a montré d'une manière telle, qu'on pourrait se dispenser d'apporter une confirmation. Cependant, si un doute avait encore été possible, on comprend qu'il ne pourrait plus y en avoir à présent ; car, dans mes Némertiens injectés, tous les vaisseaux ont été débarrassés des couches musculaires qui les recouvrent et entièrement isolés par la dissection, par conséquent leurs parois mises à nu.

En résumé, les Némertiens ont un réseau vasculaire comparable à celui des Anévormes, présentant toutefois des différences dans sa disposition anatomique L'appareil circulatoire de ces Vers est peut-être plus parfait, sous un rapport, que celui des Aporocéphales ou celui des Trématodes ; car le vaisseau dorsal semble avoir pour fonction de pousser le sang en avant, et les vaisseaux latéraux de le pousser en arrière, bien que je sache qu'on observe des oscillations très irrégulières, comme M. de Quatrefages l'a constaté. Il y aurait alors dans les Némertiens une division du travail physiologique poussée manifestement plus loin que chez les Anévormes.

Or, si l'on compare le développement du système nerveux dans les deux types que nous mettons ici en présence, on ne sera pas surpris de trouver dans l'appareil circulatoire des Némertiens une perfection plus grande.

Je n'ai rien à signaler d'important pour les autres appareils organiques dans le *Cerebratulus liguricus* ni dans d'autres espèces du même groupe. J'ai examiné le système nerveux, et je l'ai trouvé tel que M. de Quatrefages et moi l'avions vu précédemment dans les Némertiens. Chez des espèces des côtes du nord de l'Allemagne, MM. Frey et Leuckart ont reconnu depuis une disposition semblable des noyaux médullaires et de leurs commissures (1).

(1) *Beitræge zur Kenntniss wirbelloser Thiere zur Kenntniss vom bau der Nemertinen*, p. 71, taf. 1, fig. 14 et 15 (1847).

CHAPITRE XIII.

DU GROUPE DES ACANTHOTHÈQUES (*ACANTHOTHECA* Diesing).

ONCHOCÉPHALÉS de Blainv.

Caractères. — Corps assez allongé, présentant des annulations très distinctes. Tégument résistant ; les couches musculaires très développées. Une bouche située un peu inférieurement et accompagnée de deux paires de crochets. Tube digestif presque droit : un œsophage grêle, bientôt élargi de manière à former un estomac, suivi d'un intestin ouvert à l'extrémité postérieure du corps. Système nerveux très développé, consistant en une ou plusieurs masses médullaires sus-intestinales et en un centre nerveux inférieur très considérable, fournissant deux cordons principaux descendant le long des parties latérales du corps. Organes de la génération séparés, par conséquent des mâles et des femelles.

Ce groupe n'aurait peut-être pas dû figurer dans ce travail. Tous les naturalistes, jusqu'à l'époque actuelle, l'ont placé, il est vrai, dans la division des Vers ; mais aujourd'hui il est devenu évident qu'il doit en être séparé.

Cuvier le rangeait avec ses intestinaux cavitaires ; Rudolphi le plaçait parmi les Trématodes, dont il diffère également d'une manière complète par l'ensemble de l'organisation.

Dès 1828, M. de Blainville en forma un ordre particulier, et, depuis, M. Diesing le plaça également dans un ordre distinct qui a été généralement adopté par les helminthologistes, à l'exception de M. Siebold, toutefois, qui, dans ses derniers écrits, a laissé encore les Linguatules ou Pentastomes parmi les Trématodes (1).

Le nom appliqué par M. de Blainville, ayant une antériorité manifeste sur la dénomination proposée par M. Diesing, aurait dû être préféré ; cependant les helminthologistes ont adopté le second, et c'est, entraîné par leur exemple, que je n'ai pas songé.

(1) *Lehrbuch von vergleichenden Anatomie. Erst. Abtheil.* (1845).

en rédigeant les premiers chapitres de ce travail, à rétablir le nom donné par le naturaliste français.

Les Acanthothèques ont un système nerveux dont ni le développement, ni la disposition n'ont d'analogues parmi les représentants des classes qui nous ont occupé précédemment.

Ces animaux avaient déjà été le sujet d'observations intéressantes de la part de M. Miram (1), de M. Owen (2), de M. Diesing (3), observations publiées presque simultanément.

J'ai eu le regret de ne pouvoir étudier ce type si intéressant sur des animaux vivants, toutes les tentatives pour m'en procurer sont demeurées infructueuses. M. Valenciennes, dont l'obligeance a été grande pour moi toutes les fois qu'il lui a été possible de faciliter mes recherches, avait mis à ma disposition un individu bien conservé. Avec une ressource si limitée je ne pouvais aller bien loin. Toute mon attention s'est portée sur le système nerveux, qui en général souffre une moins grande détérioration par le séjour dans l'alcool que les autres appareils organiques. L'étude du système nerveux m'a fourni plusieurs résultats nouveaux, mais qui n'ont pas été aussi complets que je le désirais et qu'ils l'eussent été certainement, si j'avais eu à ma disposition quelques individus vivants. Il m'a fallu renoncer, à mon bien grand regret, à l'étude de l'ensemble de l'organisation d'un type qu'il eût été si important de bien connaître dans tous ses détails.

Au moment même où s'impriment ces réflexions sur les Acanthothèques, se publie un nouveau travail sur le même sujet dû à M. Van Beneden, travail déjà annoncé dans la science par un prodrome publié au commencement de 1848 (4). L'œuvre du

(1) *Beitræge zu einer Anatomie des Pentastoma tænioides in nova Acta Acad. Leopold.*, t. XVII, p. 2 (1835), et *Ann. des sciences natur.*, 2e série, t. VI, p. 135 (1836).

(2) *On the Anatomy of Linguatula tænioides. — Transact. of the zoological Society*, t. I, p. 1 (1835).

(3) *Versuch einer Monographie der Gattung Pentastoma. — Annalen des Wiener Museums*, t. I, p. 1 (1836).

(4) *Bulletin de l'Académie royale de Belgique*, t. XV, part. I, p. 188, et *Ann. des Sc. nat.*, 3e série, t. IX, p. 89.

savant naturaliste belge contient des observations du plus haut intérêt sur le développement des Linguatules, et des détails d'une véritable importance sur le système nerveux, l'appareil digestif et les organes de la génération de ces animaux. Ce beau travail (1) de M. Van Beneden fait faire un pas immense à nos connaissances sur les Acanthothèques. L'organisation de ces curieux Annelés devra cependant fournir matière encore à de nouvelles recherches.

Pour une raison dont s'affligent souvent ceux qui se livrent à l'étude des animaux inférieurs, il n'a pu observer tout. « Le temps, » dit ce zoologiste, pendant lequel nous avons eu les exemplaires » en vie et frais, a été trop court pour étudier leurs différents » appareils. Nous ne pouvons nous empêcher d'exprimer nos » regrets de n'avoir rien à dire de leur appareil circulatoire. »

Au chapitre sixième de ce travail, je me suis attaché déjà à montrer combien les Acanthothèques s'éloignent de tous les types du sous embranchement des Vers. M. Dujardin avait remarqué précédemment un certain rapport entre les Linguatules et les Crustacés parasites, tels que les Lernéens. La présence des crochets semblait indiquer le rapport sur lequel j'ai insisté également, tout en rappelant que le système nerveux des Acanthothèques paraît différer à beaucoup d'égards de celui de tous les Crustacés.

Les faits observés par M. Van Beneden sur les premiers âges des Linguatules viennent jeter une vive lumière sur cette question si intéressante des rapports naturels, que les détails connus sur l'organisation n'avaient pu élucider suffisamment.

Les embryons des Linguatules au moment de leur éclosion, arrondis en avant, pointus en arrière, offrent antérieurement une gaîne solide, renfermant un stylet qui rentre et sort selon la volonté de l'animal, et qui est accompagné de deux autres pièces mobiles. Ces jeunes Annelés sont alors pourvus, vers le milieu de leur corps, de deux pattes très mobiles dans lesquelles on reconnaît un premier article basilaire, puis un second article mobile sur le précédent, et terminé par un crochet à deux dents.

(1) *Recherches sur l'organisation et le développement des Linguatules* (*Pentastoma* Rud.) — *Mémoires de l'Académie royale de Belgique* (1849).

A cette époque, la Linguatule rappelle exactement la forme des Tardigrades.

Tels sont les faits principaux constatés par M. Van Beneden sur l'embryogénie des Acanthothèques. Les citer, c'est dire toute la valeur des observations dont la science vient d'être enrichie.

Cette découverte des Linguatules sous leur première forme, au sortir de l'œuf, nous montre des rapports manifestes entre ces annelés et certains Acariens parmi les Arachnides, et les Lernéens parmi les Crustacés. M. Van Beneden insiste particulièrement sur les affinités des Acanthothèques, d'une part avec les Tardigrades, et d'autre part avec le genre *Anchorella* du groupe des Lernéens. A cette occasion, M. Van Beneden veut faire ressortir les rapports naturels qui lient les Acariens aux Crustacés suceurs. Je suis heureux de me trouver d'une opinion conforme à celle du savant naturaliste que j'ai déjà eu souvent l'occasion de citer.

Jusqu'à une époque peu éloignée de nous, les zoologistes considéraient les Arachnides comme un type intermédiaire entre les Crustacés et les Insectes, en leur accordant même un degré de parenté beaucoup plus étroit avec les seconds qu'avec les premiers.

Le premier, je crois, je me suis attaché à montrer les rapports d'organisation entre les Crustacés et les Arachnides. Ce fut d'abord en faisant connaître le système nerveux des Galéodes (1); depuis, en faisant connaître l'appareil circulatoire des Aranéides (2).

Selon toute probabilité, dans un avenir maintenant peu éloigné, toutes les transitions, toutes les modifications des types inférieurs du sous-embranchement des Articulés nous seront connues, car l'attention de plusieurs zoologistes est dirigée de ce côté.

M. Van Beneden, en dernière analyse, regarde les Lingua-

(1) *Observations sur l'organisation d'un type de la Classe des Arachnides, le genre* GALÉODE. — *Comptes rendus de l'Académie des sciences*, t. XXI, p. 1383 (1845), et *Ann. des sciences nat.*, 3e série, t. VIII, p. 227 (1847).

(2) *Bulletin de la Société philomathique*, p. 56 (1848), et journal *l'Institut* (1848).

tules comme n'appartenant pas au sous-embranchement des Vers, mais comme étant plutôt des animaux voisins des Lernéides.

Après les faits si bien observés par le professeur de l'Université de Louvain, je ne conserve véritablement plus de doute sur les affinités de ces Annelés. Leurs rapports naturels avaient été soupçonnés ; aujourd'hui ils sont établis et démontrés par les belles recherches de M. Van Beneden.

Ici je suis obligé de repousser une opinion que me prête ce naturaliste. Après avoir rappelé les diverses opinions des helminthologistes touchant les affinités des Linguatules ; après avoir rappelé que, suivant moi, les crochets semblent bien représenter les appendices des Lernéens, mais que la disposition du système nerveux, aussi bien que la configuration des organes de la génération, les en éloigne considérablement, il ajoute qu'en définitive je regarde les Linguatules comme étant encore le mieux placées à côté des Nématoïdes et des Némertines.

J'ai parlé du groupe des Acanthothèques dans le chapitre qui fait suite à celui où j'ai traité des Némertiens; mais, dans tout ce que j'ai écrit au chapitre septième de ce travail, rien ne peut faire supposer que j'aie considéré ces types comme voisins l'un de l'autre. J'ai insisté au contraire sur leurs différences si profondes. Ceci n'ôte absolument rien à la valeur des faits introduits dans la science par M. Van Beneden. Tout en reconnaissant combien les caractères organiques des Linguatules les éloignaient des différents types de la division des Vers, je n'ai pas cru pouvoir me prononcer définitivement sur leurs affinités naturelles. Leur parenté avec les Lernéens avait été seulement soupçonnée ; or il y a loin d'un fait soupçonné, d'un fait regardé comme possible, comme probable même, à un fait démontré. Personne ne pourra donc hésiter à reconnaître que M. Van Beneden est l'auteur de cette démonstration. Il l'a appuyée par des faits concluants et par des comparaisons qui ne laissent plus de place au doute.

Les Linguatules devront donc désormais, dans nos classifications zoologiques, être rangées parmi les animaux articulés et sans doute dans le voisinage des Lernéens.

Je viens de constater les progrès successifs de nos connaissances sur ces questions si intéressantes des affinités zoologiques : maintenant je tiens à préciser l'état actuel de la science en ce qui touche cet ordre des Acanthothèques.

Ces animaux paraissent avoir plus de rapports avec les Lernéens qu'avec tout autre type : ceci est à peu près incontestable aujourd'hui. Mais dans quelle mesure ces êtres se ressemblent-ils? Actuellement nous ne pouvons le dire. Déjà, j'ai montré que la disposition du système nerveux et la configuration des organes génitaux les éloignaient beaucoup Je n'ai rien à changer maintenant à cette opinion. Les Acanthothèques et les Lernéens sont des animaux assez voisins, mais qui cependant sont séparés les uns des autres par des différences profondes : telle me paraît être la réalité.

Ces différences, il nous est encore impossible pour la plupart de les opposer les unes aux autres, les observations sur l'organisation de ces deux types n'ayant pas été jusqu'à présent poussées assez loin.

Il y a donc ici un sujet de recherches de nature à appeler l'attention des zoologistes.

Si le groupe des Acanthothèques est mentionné dans ce travail, c'est uniquement pour les faits relatifs au système nerveux dont j'ai parlé précédemment. M. Van Beneden a étudié de son côté l'appareil de la sensibilité dans les Linguatules ; ses résultats sont conformes à ceux que j'ai annoncés. Néanmoins il diffère avec moi sur la *signification* de certains noyaux médullaires. Dans la partie descriptive, je vais exposer les raisons qui me semblent militer en faveur de mon opinion, tout en reconnaissant cependant que la question est parfaitement discutable.

L'ordre des Acanthothèques ou Onchocéphalés ne comprend qu'un seul genre actuellement ; s'il vient à être divisé, nous aurons une tribu des Linguatuliens (*Linguatulii*).

Genre LINGUATULE (*Linguatula* Lamarck.).

(*Anim. sans vert.*, t. III, 1816. — PENTASTOMA Rudolphi, *Entoz. Synops.*, 1819.)

Caractères. — Corps plus ou moins allongé, pourvu dans le jeune âge de deux paires de pattes, et, à l'état adulte, seulement de deux paires de crochets situés de chaque côté de la bouche. Ces crochets tantôt simples, tantôt doubles, rétractiles, chacun isolément dans de petites cavités.

Chez les Linguatules, les appendices s'atrophient donc par les progrès de l'âge. Il y a ici un développement *récurrent*, comme on l'observe pour les membres des Cirrhipèdes et des Lernéens eux-mêmes.

Les anciens helminthologistes n'avaient connu que très peu de Linguatules, et les avaient placées tantôt avec les Tænias, tantôt avec les Trématodes. M. Diesing, dans sa *Monographie*, n'en compte que quatre espèces connues avant lui, et il en décrit sept nouvelles, toutes observées chez des animaux du Brésil. Le nombre des Linguatules connues était donc porté à onze; M. Van Beneden vient d'en ajouter une douzième observée dans des kystes développés sur le mésentère et l'intestin d'un Mandrill.

Les Acanthothèques n'ont jamais été rencontrés dans l'intestin d'aucun animal, mais seulement dans le larynx, les poumons, les sinus frontaux, la surface du foie, ou dans des kystes.

LINGUATULE A TROMPE, *Linguatula proboscidea* (1).

Pentastoma proboscideum Rudolphi, *Entoz. Synopsis*, p. 124, 434, 687 (1819).

Echinorhynchus crotali Humboldt. *Ansichten der natur mit Wissenschaft*, 1re édit., p. 162. (1808.)

Distoma crotali Humb, *Ansicht. der nat.*, 2e édit., p. 227.

Porocephalus crotali Humb., *Recueil d'Observations de Zoologie*, t. I p. 298, pl. XXVI (1811).

(1) Pl. 25.

Pentastoma proboscideum Bremser, *Icones Helminthum*, pl. x, fig. 22-24 (1824).

Diesing, *Annalen des Wiener Museums*, t. I, p. 21, pl. I et II, fig. 3-13 et 19 : pl. III, fig. 37-41, et pl. IV, fig. 1-10 (1836).

Dujardin, *Hist. des Helminthes*, p. 307 (1845).

Description. — Cette espèce atteint jusqu'à 7 ou 8 centimètres de longueur ; elle est presque cylindrique, ayant son extrémité antérieure un peu tronquée, et sa partie postérieure presque obtuse. Le corps est distinctement annelé. La bouche est arrondie, et les crochets disposées en arc sont simples, épais, et fortement recourbés (1).

Cette Linguatule fut d'abord trouvée par M. de Humboldt dans le poumon d'un Serpent à sonnettes (*Crotalus durissus*) ; depuis, elle a été rencontrée dans divers autres Reptiles, et particulièrement chez des espèces du genre Boa.

De l'organisation. -- Les recherches de M. Van Beneden sur l'organisation des Linguatules ont porté sur deux espèces, la *Linguatula proboscidea* et la *Linguatula Diesingii*, qu'il a découverte chez un Mandrill. Ce zoologiste a donné des détails sur la peau, les muscles, le canal digestif et le système nerveux de la *Linguatula Diesingii*, et sur les organes de la génération des deux sexes dans les deux espèces, et plus particulièrement dans la *L. proboscidea.* Je l'ai déjà dit, de mon côté, je ne peux compter qu'une observation sur le système nerveux.

Système nerveux. — L'appareil de la sensibilité est tout à fait comparable ici, par son développement, à celui des animaux articulés (2). Sur la région stomacale, on trouve une masse médullaire assez considérable que je regarde comme le centre nerveux cérébroïde. Il m'est difficile de préciser la forme de ce noyau médullaire ; car, par suite du séjour de l'animal dans la liqueur, il s'est déprimé. De chacun de ses quatre angles, il en naît un nerf assez volumineux en rapport avec un ganglion d'une forme allongée. Nous comptons par conséquent quatre de ces petits

(1) Pl. 25, fig. 1[d] et 1[e].
(2) Pl. 25, fig. 1[c].

ganglions (1) donnant naissance à des filets nerveux, qui se distribuent autour de l'estomac. Ces parties constituent le système nerveux de la vie organique, le système nerveux viscéral. De chaque côté, entre le ganglion antérieur et le ganglion postérieur, j'ai trouvé un connectif qui présente lui-même dans sa portion moyenne un renflement ganglionnaire. Il y a donc une complication très grande dans cette portion sus-intestinale du système nerveux. Sur l'individu que j'ai disséqué avec toutes les précautions imaginables, j'ai pu reconnaître avec une entière certitude la position des noyaux médullaires et le trajet deleurs filets nerveux ; mais il ne m'a pas été possible de reconnaître jusqu'à quel point était poussée la division du travail physiologique ; car des parties de l'organisme ayant subi une certaine altération ,je n'ai pu voir quels nerfs elles recevaient.

Le système nerveux sus-intestinal est en rapport au moyen de deux grands cordons qui longent les côtés de l'estomac avec une masse médullaire sous-intestinale d'un volume très considérable (2). Cette masse médullaire, située exactement au-dessous de la portion antérieure de l'estomac, est presque en forme de carré allongé, un peu plus élargie toutefois en avant qu'en arrière. De ses angles antérieurs, elle donne naissance par les mêmes racines aux connectifs qui l'unissent au système nerveux sus-intestinal, et à un simple cordon formant un collier autour de l'œsophage (3). Ce collier, qui ne présente aucune trace de renflement ganglionnaire, fournit trois filets nerveux qui se distribuent à l'œsophage, deux sur les côtés, et un médian qui s'étend jusqu'à la bouche.

La masse médullaire sous-intestinale, sans doute formée par la réunion de plusieurs centres nerveux, mais dans laquelle cependant on ne distingue aucune dépression qui les indique, fournit des nerfs puissants de chaque côté. Nous en avons trouvé chez la *Linguatula proboscidea* huit paires, dont les deux dernières beaucoup plus grêles que les autres.

(1) Pl. 25, fig. 1c, *b-c*.
(2) Pl. 25, fig. 1c, *e*.
(3) Pl. 25, fig. 1c, *f*.

Tous ces nerfs se distribuent dans les couches musculaires. Ceux de la seconde et de la troisième paire se rendent directement aux crochets.

Outre ces nerfs latéraux, les angles postérieurs de la grosse masse médullaire se prolongent et forment deux gros cordons nerveux qui descendent de chaque côté parallèlement dans toute la longueur du corps.

Le système nerveux a été constaté depuis longtemps chez les Linguatules. Il est indiqué par Cuvier et quelques autres.

MM. Miram, Owen, Diesing, auteurs déjà cités d'observations sur l'organisation des Acanthothèques, ont vu, ont décrit, ont représenté toute la portion inférieure de l'appareil de la sensibilité et le collier qui entoure l'œsophage. M. Dujardin lui-même dit avoir vu la portion sous-intestinale ; mais quant à l'anneau œsophagéen signalé par ses devanciers, il déclare n'avoir pu le distinguer. La partie sus-intestinale, qui a cependant encore un certain développement, avait échappé à tous les anatomistes.

Depuis que j'ai constaté et représenté la disposition de cette partie du système nerveux des Linguatules, M. Van Beneden l'a observé chez sa nouvelle espèce d'Acanthothèques (la *Linguatula Diesingii*). Il en a figuré la disposition, et en a donné une description détaillée dans son beau travail sur l'organisation et le développement des Linguatules.

Entre le système nerveux de la *Linguatula proboscidea* et celui de la *L. Diesingii*, il y a très peu de différences ; néanmoins il y a quelques différences curieuses. Le collier œsophagéen et la masse médullaire sous-intestinale sont très semblables dans les deux espèces. M. Van Beneden a seulement trouvé les nerfs latéraux moins nombreux chez son espèce que je ne les ai trouvés chez la *L. proboscidea*. Il a vu encore, chez la *L. Diesingii*, le système nerveux sus-intestinal dans la position et avec les relations que j'ai signalées. Mais en même temps ce zoologiste a observé une différence. Dans la *L. proboscidea*, j'ai décrit un ganglion assez volumineux que je regarde comme le centre nerveux cérébroïde. Au lieu d'une seule masse, M. Van Beneden a trouvé quatre noyaux médullaires dans sa *L. Diesingii*.

Il y a, par conséquent, entre ces deux espèces, une de ces différences dans le degré de centralisation des centres nerveux analogue à celles que l'on observe chez les Mollusques et les Articulés, souvent même entre des types très voisins.

M. Van Beneden a constaté l'accord qui existait entre ses observations et les miennes à l'égard de la disposition du système nerveux chez les Linguatules. Je suis heureux d'avoir vu confirmer l'exactitude de mes observations par un savant qui a tant contribué aux progrès de nos connaissances sur les animaux inférieurs.

M. Van Beneden annonce cependant qu'il n'admet pas, pour une partie, la même *signification* que moi. Je reconnais que la question peut paraître discutable. Néanmoins je crois être dans le vrai en ce qui concerne la détermination des parties. Je vais exposer les raisons qui me font persister dans l'opinion que j'ai déjà émise.

Le système nerveux des Linguatules, comme on peut en juger par la description et par les figures qui le représentent, est extrêmement différent de celui de tous les autres animaux annelés.

La présence d'un collier œsophagéen sans ganglion supérieur n'a encore été observée dans aucun autre type.

Selon M. Van Beneden, il n'y aurait pas de centres nerveux cérébroïdes chez les Linguatules. Ceux auxquels j'ai donné ce nom seraient, suivant lui, des ganglions viscéraux, des ganglions de la vie organique.

Les termes de comparaison, les analogies, vont nous permettre de mieux préciser la question.

Si nous examinons le système nerveux de la plupart des Articulés et celui des Annélides, nous trouvons les ganglions cérébroïdes très développés, et dans un rapport connu pour leur volume avec celui des noyaux médullaires sous intestinaux.

Dans les Annelés inférieurs, là où le système nerveux se dégrade si manifestement, quelles sont les parties qui se dégradent le plus ? ce sont les centres nerveux sous-intestinaux et les ganglions viscéraux; celles qui se dégradent le moins, ce sont les noyaux cérébroïdes. Ceci est conforme à ce que nous voyons en toutes circonstances : les parties les plus importantes sont celles qui se dégradent le moins vite.

En effet, les ganglions cérébroïdes ont une prédominance marquée sur les autres centres nerveux. Chez les Articulés, ils fournissent leurs nerfs aux organes des sens, aux organes qui mettent surtout l'animal en relation avec le monde extérieur ; comme les yeux, les antennes.

Lorsque ces organes disparaissent, les centres nerveux cérébroïdes se dégradent; mais dans tous les cas, ils nous ont paru conserver une prédominance manifeste sur les autres noyaux médullaires.

Quant au système nerveux viscéral, il est toujours très peu volumineux comparativement au système nerveux de la vie animale.

Si l'opinion de M. Van Beneden était fondée, les Linguatules nous offriraient la plus étrange exception.

Les portions sous-intestinales du système nerveux ayant un développement très considérable, les ganglions cérébroïdes ne seraient pas seulement dégradés, ils auraient disparu complétement. En outre, les ganglions viscéraux auraient un volume proportionnel bien supérieur à celui qu'on leur trouve chez tous les autres Articulés. Or ceci me paraît inadmissible.

Si l'on rencontrait une Linguatule pourvue d'yeux, ce qui ne semble pas une impossibilité, il est presque certain que nous ne verrions pas apparaître un centre nerveux dont il n'existe pas de trace chez ces espèces ; bien plus probablement nous verrions les nerfs optiques naissant des centres nerveux déterminés comme étant les cérébroïdes, qu'ils soient confondus en une seule masse, comme chez la *Linguatula proboscidea*, ou écartés, comme chez la *Linguatula Diesingii*. Or, si un fait de cette nature venait à être découvert, comme il est établi que partout les yeux reçoivent leurs nerfs des centres médullaires cérébroïdes, la question serait résolue.

J'ai dit en commençant que l'opinion de M. Van Beneden pouvait être soutenue : elle peut être soutenue seulement à cause de la présence d'un collier œsophagéen sans ganglion supérieur ; j'ai exposé les raisons qui ne me semblent pas permettre de l'adopter. Tous les naturalistes, malgré cela, ne seront peut-être pas convaincus. De nouveaux faits pourront seuls alors faire disparaître les doutes. Or, sans attendre la découverte problématique dont je parlais à l'instant, on peut espérer trouver une solution, quand on parviendra, sur des Acanthothèques vivants, à reconnaître d'une manière très positive à quelle partie se rend chacun des nerfs sus-intestinaux.

Appareil digestif. — La bouche, située entre les crochets, est très petite et circonscrite par un rebord corné. Les crochets servent à l'animal pour se fixer comme le font les Lernéens; mais on ne peut, je crois, les considérer comme une dépendance de la bouche.

Le canal intestinal débute par un œsophage fort grêle (1), droit, ayant très peu de longueur. Un estomac lui succède (2); celui ci a une ampleur considérable, et présente de distance en distance quelques boursouflures : il est un peu aminci à sa jonction avec l'œsophage, et en arrière il se rétrécit graduellement avec l'intestin. Ce dernier a encore une assez grande largeur ; il est presque droit, boursouflé dans toute son étendue, ou plissé sur certains points dans le sens de la longueur. Les parois ayant très peu de résistance, ces plis et ces boursouflures doivent naturellement se manifester d'une manière très irrégulière. L'intestin diminue graduellement de largeur jusqu'à l'extrémité du corps, où il aboutit à l'anus (3), qui s'ouvre sur la ligne médiane exactement à l'extrémité du corps.

L'intestin des Linguatules est maintenu par une membrane ou sorte de mésentère. M. Van Beneden fait remarquer ce fait, en le considérant comme unique parmi les animaux invertébrés. Sous ce rapport les Échiures présentent quelque chose d'analogue.

Il existe à la partie antérieure du corps, contre le canal intestinal, une glande assez volumineuse de forme oblongue. Nous n'en connaissons pas la nature.

Appareil circulatoire. — Le système vasculaire est complétement inconnu chez les Linguatules. N'ayant pu obtenir d'indi-

(1) Pl. 25, fig. 1^a *a*, et 1^b *a*.
(2) Pl. 25, fig. 1^a - *b*, et 1_b.
(3) Pl. 25, fig. 1_a *c*.

vidus vivants, l'étude de cet appareil organique m'était complétement impossible. D'après tout ce que nous savons aujourd'hui de l'organisation des Acanthothèques, on doit présumer que leur appareil vasculaire offre un degré de complication assez élevé.

Organes de la génération. — Je n'ai pas d'observations assez complètes sur ces organes pour les décrire ici, après la description si détaillée que M. Van Beneden vient d'en donner pour les *Linguatula proboscidea* et *Diesingii.* Je n'ai pas eu d'individus mâles, et je n'ai pas eu assez d'individus femelles pour les étudier complétement. Seulement j'ai représenté avec la plus scrupuleuse exactitude les replis et les circonvolutions de l'ovaire, tels qu'ils se présentent quand on ouvre l'animal (1).

LINGUATULE TÆNIOÏDE, *Linguatula tænioides* (2).

Tænia lancéolé, Chabert, *Maladies vermineuses*, 2e édit., p. 39.
Tænia rhinaria, Pilger, *Handbuch der Veterin Wissensch.*, t. II, p. 1284 (1802).
Polystoma tænioides, Rudolphi, *Entooz. hist.*, t. II, part. 1re, p. 441, pl. XII, fig. 8-12 (1809).
Prionoderma lanceolata, Cuvier. *Règne animal*, 1re édit., t. IV, p. 35 (1817).
Linguatula tænioides, Lamarck, *Anim. sans vert.*, 1re édit, t. III, p. 174 (1816).
— Cuvier, *Règne animal*, 2e édit., t. III, p. 254 (1830).
Pentastoma tænioides, Rudolphi, *Entoz. Synops.*, p. 123. 432. 577 (1819).
Bremser *Icones Helminth.*, pl. x, fig. 14-16 (1824).
Linguatula tænioides, Owen, *Transactions of the zool. Society*, t. I, p. 325, pl. XLI (1835).
Pentastoma tænioides, Miram, in *Nova acta Academ. cur.*, t. XVII, part. 2. p. 623, pl. XLVI (1835).
— Trad. *Ann. des sc. nat.*, t. VI, p. 135, pl. VIII (1836).
— Diesing, *Annalen des Wiener Museums*, t. I, p. 16, pl. II, fig. 1, 2, 14, 15, 16 et 20, et pl. III, fig. 1-5 (1836).
— Dujardin, *Hist. des Helminthes*, p. 303 (1845).

(1) Pl. 25, fig. 1''.
(2) Pl. 25, fig. 2.

Cette espèce atteint jusqu'à 10 centimètres de longueur ; elle a une forme très différente de celle de l'espèce précédente : son corps est lancéolé, déprimé, rappelant d'une manière un peu grossière l'aspect de certains Tænias. La partie antérieure est obtuse, arrondie ; mais le corps s'élargit ensuite, et un peu avant la partie moyenne, il commence à diminuer graduellement de largeur pour se terminer presque en pointe à l'extrémité postérieure. Excepté dans sa portion antérieure, le corps présente dans toute sa longueur des annulations très prononcées qui font paraître les bords comme crénelés. L'animal est blanchâtre ; mais dans la partie moyenne du corps, chez les femelles au moins, on aperçoit par transparence les organes de la génération, et sur ce point une coloration brunâtre ou rougeâtre.

La bouche est arrondie (1) et les crochets sont situés sur deux lignes : les premiers sont assez rapprochés de la bouche, les autres sont sur un plan inférieur et plus écartés l'un de l'autre que les premiers (2). Je ne puis décrire d'après nature la forme des crochets ; car, sur les deux individus de la collection du Muséum, que j'ai examinés, ces appendices étaient tombés. Ils sont implantés dans de petites fossettes présentant une lamelle cornée, de forme allongée, un peu élargie par le bas et amincie par le haut (3).

On a trouvé plusieurs fois la Linguatule tænioïde dans les sinus frontaux ou le larynx du Chien, du Loup et du Cheval ; mais cet animal, au moins dans notre pays, est d'une extrême rareté : je l'ai cherché en vain dans un nombre considérable de Chiens.

N'ayant pas d'observations anatomiques sur cette espèce, je ne l'ai décrite ici que par la raison seule que j'en avais donné, comme type du genre, une figure dans mon Atlas.

(1) Pl. 25, fig. 2^c.
(2) Pl. 25, fig. 2^e.
(3) Pl. 25, fig. 2^a et 2^b 2^b.

CHAPITRE XIV.

APPENDICE

SUR LE GENRE SIPONCLE, *SIPUNCULUS* Lin.

§ Ier.

Ce type n'entre pas dans le cadre que je m'étais tracé pour ce travail. Cependant quelques observations sur le système nerveux, et quelques réflexions touchant les Siponcles, m'ont paru n'être pas entièrement hors de place, après l'exposé de mes recherches sur les autres types de son embranchement des Vers.

Les Annélides, ainsi qu'on l'admet généralement, forment un ensemble naturel. Cet ensemble a déjà été divisé; de nouvelles divisions pourront être établies : l'ensemble persistera néanmoins. Au chapitre huitième de ce travail, j'ai indiqué d'une manière comparative les principales différences entre les types de la classe des Vers.

J'ai mentionné les Siponcles et quelques autres types d'Annelés considérés par le plus grand nombre des zoologistes, Cuvier, Lamarck, etc., comme appartenant à l'ordre des Échinodermes de l'embranchement des Zoophytes.

M. de Blainville (1), après Pallas et quelques anciens naturalistes, est le premier qui ait saisi les rapports naturels de ces animaux. Seulement, dans l'état d'ignorance où l'on était touchant l'organisation de ces êtres, l'opinion de M. de Blainville s'est trouvée souvent citée, mais jamais adoptée. Dans ces derniers temps, toutefois, on a commencé à croire que le rapprochement proposé par M. de Blainville était bien réellement l'expression de la vérité.

Dans des ouvrages généraux récents, les Siponcles figurent cependant encore parmi les Échinodermes (2). Aujourd'hui, après

(1) *Dict. des sc. nat.*, t. LVII, p. 530, art. *Vers* (1828).

(2) Voy. Siebold, *Lehrbruch der Vergleichenden Anatomie, Erst. Abtheilung*, p. 75 (1845).

les quelques faits recueillis par divers naturalistes, il ne peut plus rester de doute. Les animaux rangés par Cuvier dans sa division des Échinodermes sans pieds appartiennent pour la plupart au sous-embranchement des Vers. Chez les Échinodermes, de même que chez les autres Zoophytes, le système nerveux n'a véritablement pas été observé ; il doit être réduit à des proportions extrêmement minimes, et surtout à un état de diffusion poussé très loin, puisqu'il n'a pu jusqu'ici être mis en évidence (1).

Il n'en est pas de même des Siponcles, des Échiures, etc., qui ont au contraire un système nerveux assez développé. En outre, ces animaux, dans leur organisation, ne présentent rien de radiaire : ils n'ont aucun caractère commun avec les Échinodermes, parmi lesquels on les plaçait. On s'était laissé guider dans ce rapprochement par une ressemblance dans l'aspect extérieur, ressemblance encore assez grossière.

On ne peut pas douter, disons-nous, que les Siponcles, les Échiures, les Bonellies, les Sternaspis, les Thalassèmes, les Priapules, n'appartiennent bien réellement à l'embranchement des Annelés. Le système nerveux des deux premiers de ces types nous est connu, la question est pleinement résolue à leur égard : et comme il est constant que les autres types dont nous ne connaissons pas encore l'appareil de la sensibilité n'appartiennent en aucune façon au groupe des Radiaires, la question n'est guère plus douteuse en ce qui les concerne.

Il est certain que ces animaux font partie du sous-embranchement des Vers. Mais ce qui n'est pas aussi certain, c'est en quelle mesure ces types énumérés ici ressemblent les uns aux autres.

(1) Une remarque doit être faite à cette occasion. On a décrit un système nerveux chez différents Échinodermes, les Astéries, les Échinides, les Holothuries. Dans tous ces Zoophytes on a distingué simplement un cordon circulaire envoyant quelques prolongements. Tiedemann, *Anatom. der Rohrenholoturie*, p. 62, t. IX (1816), l'a signalé le premier ; Krohn, in *Müller's Archiv.*, p. 2 et 9, tab. 1 (1841), l'a représenté chez les Oursins et les Holothuries. J'ai examiné ces parties avec le plus grand soin, et je n'ai pu reconnaître un système nerveux dans ce cordon circulaire que je ne suis pas parvenu à isoler. Je crois que c'est un simple raphé musculaire. Je ne comprends pas l'existence de nerfs sans la présence de ganglions, de foyers d'innervation.

en quelle mesure chacun d'eux s'éloigne ou se rapproche des groupes déjà admis et caractérisés par un ensemble de particularités.

Les Échiures ont été dans ces derniers temps l'objet d'un travail important dû à M. de Quatrefages (1). MM. Forbes et Goodsir (2) avaient déjà décrit le système nerveux dans ce type, comme consistant en un collier œsophagéen et un cordon ventral sans ganglions, offrant sur les côtés des branches asymétriques. M. de Quatrefages a représenté depuis l'appareil de la sensibilité dans les Échiures (3), et il l'a décrit comme très analogue dans sa disposition à celui des Lombrics ou Scoléides (4). Un rapport manifeste est constaté ici ; cependant nous ne saurions placer les Échiures parmi les Scoléides. L'appareil digestif, le système vasculaire, les organes de la génération, ne permettent pas ce rapprochement qui avait été fait par Pallas, auquel on doit la connaissance de la première espèce d'Échiure. Les recherches de M. de Quatrefages ont mis en évidence les différences qui existent entre l'organisation des Échiures et celle des autres types d'Annelés. Ce naturaliste s'est trouvé conduit à former, pour l'animal qu'il venait d'étudier, un groupe particulier de la même valeur que ceux déjà admis dans le sous-embranchement des Annelés. J'adopte en cela l'opinion de M. de Quatrefages. Il appelle son nouveau groupe ou sa nouvelle classe du nom de GÉPHYRIENS (*Gephyrea*) (5). Mais ce groupe, pour lui, ne comprend pas seulement le genre Échiure ; il y rattache dans une première famille désignée sous le nom d'Échiurides les *Sternaspis*, qui, en effet, paraissent assez voisins des Échiures, à en juger par les observations de M. Krohn (6). Peut-être les Thalassèmes devront-ils prendre place encore dans la même division.

(1) *Ann. des sc. nat.*, 3e série, t. VIII, p. 307 (1847).

(2) Froriep's, *Neuen notizen*, n° 392, p. 279 (1841).

(3) *Règne animal*, nouv. édit., *Zooph.*, pl. XXIII, fig. 1b.

(4) *Ann. des sc. nat.*, 3e série, t. VII, p. 332 (1847).

(5) *Sur l'Echiure* de Gærtner *Ann. des sc. nat.*, 3e série, t. VII, p. 340, et *Voyage en Sicile*.

(6) *Ueber den Sternaspis Thalassemoides. Archiv. fur Anat. und Physiol.*, von J. Muller, s. 426 (1842).

M. de Quatrefages établit une seconde famille dans sa classe des Géphyriens, sous le nom de Siponculides, comprenant les genres *Sipunculus* et *Priapulus*.

Dans l'état actuel, je ne voudrais certainement pas proposer de nouvelles classes pour ces Vers, que nous connaissons encore si imparfaitement ; néanmoins je suis très persuadé que les différences qui séparent un Siponcle d'un Échiure ne sont pas moins profondes que celles qui séparent un Échiure d'un Lombric.

Plusieurs caractères tirés du système nerveux, les différences si notables dans l'appareil digestif et d'autres encore, moins bien appréciées jusqu'à présent, me confirment dans cette opinion.

Nous ne pouvons même pas saisir d'une manière nette les affinités réelles des Sternaspis et des Thalassèmes avec les Échiures, par conséquent nous ignorons jusqu'à quel point ce groupe est homogène.

Quant aux rapports des Priapules avec les Siponcles, ils sont plus obscurs encore, et les détails sur le *Priapulus caudatus*, donnés récemment par MM. Frey et Leuckart (1), ne suffisent pas pour nous éclairer.

Le genre Bonellie de Rolando (2) est encore un de ces Vers dont il est impossible, dans l'état actuel, de comprendre le degré d'affinité avec les types que nous venons de citer.

Ainsi, tout en adoptant la classe des Géphyriens proposée par M. de Quatrefages, et en considérant le genre Échiure comme le type principal de cette division, je regarde comme un fait incertain que les Sternaspis, les Thalassèmes, les Priapules, les Bonellies doivent s'y rattacher. Cela est cependant très probable, au moins pour les premiers.

En même temps je considère comme un fait à peu près positif que les Siponcles doivent en être séparés.

Il n'est pas inutile de montrer l'état de la science sur ces types si intéressants, et encore si peu connus à cause des difficultés qu'on éprouve pour se les procurer, surtout à l'état de vie, con-

(1) *Beitraege zur Anatomie der Wiebelloser Thiere*, p. 40 (1847).

(2) *Mem. Academ. Turin*, t. XXVI, p. 551, tab. XIV et XV. Voyez aussi Milne Edwards, dans nouv. édit. du *Règne animal*, *Zooph.*, pl. XXI, fig. 3.

dition indispensable pour les étudier sérieusement. La connaissance parfaite du système nerveux d'abord, de l'appareil vasculaire ensuite, et des organes de la génération, fixerait certainement les idées des naturalistes sur les types que nous venons d'énumérer.

La découverte de certains faits embryogéniques aurait sans doute pour résultat encore de résoudre complétement ces questions obscures. L'exemple le plus frappant vient de nous en être fourni par les observations de M. Van Beneden sur les jeunes Linguatules. Les études sur le développement des animaux sont appelées à jouer un grand rôle, à condition que ces études n'auront pas seulement pour résultat, comme cela se voit quelquefois de signaler l'apparition de la vésicule de Purkinje, de la tache de Wagner, et des fractionnements du vitellus. Car les nombreuses observations de cette nature n'ont pas avancé les questions zoologiques.

§ II.

Les Siponcles sont des animaux d'une forme allongée, presque cylindrique, souvent amincie postérieurement, et ayant la partie antérieure rétrécie, de manière à former une sorte de cou. Leur bouche, exactement terminale, est de forme orbiculaire. Leur orifice buccal livre passage à une trompe rétractile, surmontée d'une couronne de papilles laciniées. Leur anus est situé de côté, et au moins vers le tiers antérieur de la longueur du corps ; caractère unique parmi les animaux annelés.

Chez les Siponcles, le canal intestinal descend jusqu'à l'extrémité du corps en décrivant des sinuosités, puis il revient sur lui-même, s'entortillant en manière de tire-bourre, pour venir s'ouvrir à l'anus, un peu en arrière de la base de la trompe.

De chaque côté de cet organe, on remarque deux longues glandes fixées contre les couches musculaires des parois du corps (1).

La nature de ces glandes ne nous est pas connue. M Delle

(1) *Règne animal*, nouv. édit., *Zooph.*, pl. XXII, fig. 2-*d*.

Chiaje a voulu les considérer comme des organes de respiration ; mais jusqu'ici aucun fait n'est venu à l'appui de cette opinion.

Ces glandes sont situées à peu près de la même manière que les bandelettes des Échinorhynques : c'est sans doute d'après ce caractère commun que M. de Blainville a rapproché les Siponcles et les Échinorhynques dans un même groupe (1) ; mais l'ensemble de l'organisation considéré chez ces deux types ne justifie pas ce rapprochement.

Tous les naturalistes savent que les Siponcles se trouvent au bord de la mer, soit dans la vase, soit au milieu de détritus rejetés sur la côte. Je n'ai étudié avec soin dans ce type que le système nerveux, sur le *Sipunculus nudus* des auteurs, et plus particulièrement sur une espèce encore inédite qui habite la Méditerranée. C'est le

SIPONCLE A FRANGES ROUGES, *Sipunculus rufo-fimbriatus* Blanch. (2).

S. pallide flavo-roseus seu carneus, tentaculis maculaque antica elongata rufis.

Les individus de cette espèce que j'ai rencontrés étaient généralement de petite taille : le plus grand ne dépassait pas 10 à 12 centimètres. Le corps de ce Siponcle est assez grêle par rapport à sa longueur ; la portion antérieure surtout devient très mince, pour peu que l'animal s'étende. Les stries longitudinales et transversales sont très marquées dans toute l'étendue du corps. Celui-ci est entièrement d'une teinte jaunâtre rosée avec des reflets irisés que donne la transparence des téguments. Les franges qui bordent l'orifice buccal sont d'un roux vif, et une tache allongée de cette couleur se remarque de chaque côté de la région céphalique. L'anus, situé vers le tiers de la longueur du corps, présente un rebord très saillant.

J'ai rencontré cette espèce sur les côtes de Nice.

Du système nerveux. — Le système nerveux des Siponcles a été observé depuis longtemps M. Delle Chiaje (3) l'a décrit et l'a

(1) *Dict. des sc. nat.*, t. LVII, p. 530 (Tableau), art. *Vers* (1828).

(2) *Règne animal*, nouv. édit, *Zoophytes*, pl. XXII, fig. 1.

(3) *Memorie sulla storia e notomia degli animali senza vertebre del regno di Napoli*, vol. I, p. 15, tav. I, fig. 6, i. (1823).

représenté dans son ouvrage sur les animaux sans vertèbres du royaume de Naples. Le naturaliste napolitain a vu le cordon ventral qui règne dans toute la longueur du corps. Il a représenté aussi des ganglions cérébroïdes; mais on ne trouve, dans ses figures, aucune exactitude ni pour la forme, ni pour les rapports de ces centres nerveux avec la chaîne ventrale. M Grube (1) n'a pas non plus suivi exactement l'ensemble du système nerveux chez les Siponcles. M. Krohn (2), auquel on doit aussi des observations sur l'appareil de la sensibilité chez ces Annelés, n'a distingué aucun centre médullaire; et, en dernière analyse, M Siebold décrit le système nerveux des Siponcles comme consistant en un simple cordon et en un collier œsophagéen sans ganglion (3).

Par des dissections minutieuses, je suis parvenu à suivre et à isoler, je crois, d'une manière assez complète le système nerveux de ce type d'Annelés. Mes observations ont porté principalement sur le *Sipunculus rufo-fimbriatus;* mais j'ai retrouvé exactement la même disposition dans le *Sipunculus nudus* de Lamarck, qui est commun sur une grande partie du littoral de la Méditerranée.

Le cerveau ou la masse médullaire cérébroïde, comparativement à ce que nous avons observé dans plusieurs groupes de la division des Vers, est loin d'être petit chez les Siponcles. Seulement ce centre nerveux est engagé sous des muscles de la trompe, et ce n'est qu'après les avoir coupés, en suivant avec beaucoup de soin les cordons œsophagéens, qu'on le met en évidence Les ganglions cérébroïdes forment une seule masse un peu cordiforme sensiblement bilobée, par conséquent où l'on peut reconnaître deux noyaux réunis (4).

Des deux côtés de la masse médullaire cérébroïde naissent les cordons qui forment le collier œsophagéen, en entourant les côtés de cette partie du tube alimentaire et se rapprochant en

(1) *Versuch einer Anatomie des Sipunculus nudus — Müller's Archiv.*, S. 237-246, taf. x et xi, fig 4 (1837).

(2) *In Müller's Archiv.*, s. 348 (1839).

(3) *Lehrbuch der Vergleichenden Anatomie Erst. Abtheilung*, s. 86 (1845).

(4) *Règne anim.*, nouv. édit. *Zoophytes*, pl. xxii, fig. 1ª-a.

dessous. Les deux connectifs œsophagéens réunis se continuent en une chaîne sinueuse jusqu'à l'extrémité postérieure du corps. Cette chaîne (1), revêtue d'une gaîne épaisse, se recourbe d'abord un peu vers le haut du corps, puis elle redescend jusqu'à son extrémité postérieure en décrivant toujours des sinuosités assez prononcées.

Son épaisseur est surtout considérable dans la portion antérieure, elle diminue ensuite graduellement. Cette chaîne ventrale fournit des nerfs puissants qui se ramifient dans les muscles de la trompe, et ensuite, sur tout son trajet, elle donne des filets nerveux assez grêles, qui se distribuent dans les couches musculaires des téguments : ces nerfs, étant fort nombreux, se trouvent extrêmement rapprochés les uns des autres.

On a considéré la chaîne ventrale des Siponcles comme dépourvue de ganglions. En effet, elle ne présente pas de renflements bien marqués; néanmoins, à l'origine des nerfs transversaux, on remarque des épaississements sensibles. L'examen microscopique nous montre sur ces divers points, une certaine quantité de granules semblables à ceux dont sont formés les noyaux médullaires des intervertébrés. Je ne doute donc pas que ces renflements presque imperceptibles ne soient des ganglions réduits à un état tout à fait rudimentaire.

Cette dégradation des centres nerveux de la chaîne ventrale est déjà manifeste dans les Lombrics; elle l'est davantage dans les Échiures, comme on peut en juger d'après les observations de M. de Quatrefages. Elle le devient plus encore dans les Siponcles. Nous avons là presque tous les degrés.

Dans les *Sipunculus rufo-fimbriatus* et *nudus*, j'ai trouvé un système nerveux viscéral très distinct. En arrière de la masse médullaire cérébroïde, on suit un filet nerveux extrêmement grêle qui descend sur l'intestin, et revient sur lui-même comme le tube digestif, et sur le rectum on observe un ganglion dont le volume n'est pas assez petit pour échapper à la vue simple (2). Ce noyau

(1) *Règn. anim.*, nouv. édit., *Zoophytes*, pl. XXII, fig 1ᵃ-*b* et fig 2-*e*.

(2) *Règn. anim.*, nouv. édit., *Zoophytes*, pl. XXII, fig. 1ᵃ-*c*.

médullaire envoie un filet nerveux qui remonte encore sur le rectum, et qui, enfin, présentant un dernier renflement ganglionnaire, vient se perdre dans les muscles sous-cutanés (1). C'est le seul exemple d'une disposition semblable que je connaisse encore parmi les Vers.

CHAPITRE XV.

RÉSUMÉ.

En commençant ce travail, j'ai exposé l'état de la science sur les êtres qui ont été ici l'objet de mes recherches. Je me suis attaché à mentionner l'opinion des zoologistes relativement à l'organisation des animaux qui forment les dernières classes dans l'embranchement des Annelés. D'une manière rapide, j'ai rappelé leurs diverses classifications ; ce qui est, autant que possible, l'expression des affinités naturelles telles qu'on les a comprises.

En un mot, je me suis attaché à montrer mon point de départ. Il convient, en terminant, de montrer le point où je me suis arrêté, le point où la science en reste actuellement. Déjà, en traitant de chaque classe, de chaque ordre, de chaque tribu ou de chaque famille, je me suis efforcé d'indiquer ce qui restait douteux, ce qui restait ignoré.

Souvent les auteurs, traitant un sujet, présentent tous les faits de la même manière, et ceux qu'ils connaissent le mieux, et ceux qu'ils connaissent le moins. Au premier abord, tout semble avoir été dit sur la question. Il y a là l'apparence d'un travail complet, l'apparence, et bien rarement la réalité. Quand je dis la réalité, je n'en parle pas dans son sens le plus absolu : cela est inutile à dire. Il n'est donné à personne de voir un ensemble de faits d'une manière si complète, qu'il ne reste plus rien à ajouter. On semble craindre de déclarer qu'on n'a pas tout vu : c'est là une précaution inutile, inutile surtout pour ceux qui n'ont pas travaillé en vain.

(1) Fig. 1_a-d.

Pénétré de cette vérité, en apportant les résultats de mes recherches, j'ai tenu pour chaque division, pour chaque type, à indiquer les lacunes et à signaler les faits qui me semblaient mériter d'être étudiés.

Quand on aborde un sujet, si l'on n'est pas encore familiarisé avec la plupart des questions scientifiques, si l'on n'a pas une connaissance parfaite de l'état de la science et de ses besoins, on ne sait où il conviendrait le plus de porter son attention. Autant qu'il était en mon pouvoir de le faire, j'ai cherché à aplanir cette difficulté pour ceux qui viendront à s'occuper de l'étude des Vers.

Maintenant, après les faits exposés dans ce travail, un vaste champ de recherches est encore offert aux observateurs : il semble même s'être agrandi.

Il y a peu d'années, on était loin de soupçonner qu'il y eût tant de choses à découvrir dans l'organisation de ces Annelés inférieurs. Aujourd'hui, on voit clairement tout ce qu'il reste à rechercher. Toujours cette vérité : plus on étudie, plus on est frappé à la pensée de ce qu'il reste à étudier.

Le système nerveux des Anévormes se trouve maintenant connu dans sa disposition chez un assez grand nombre de représentants de cette classe. De nouvelles observations amèneront peut-être la connaissance de quelques autres particularités dans certains groupes secondaires. Du reste, dans l'état actuel, nous ne pouvons prévoir rien de très important. La recherche du système nerveux des Rhabdocèles serait cependant d'un haut intérêt.

J'ai décrit avec beaucoup de soin le système nerveux de quelques espèces de Cestoïdes, je l'ai examiné dans un assez grand nombre d'autres espèces, de manière à pouvoir généraliser les faits avec toute certitude A présent, si l'on venait à décrire le système nerveux dans les divers types de Bothriocéphaliens et de Rhynchobothriens, comme je l'ai fait pour les Tæniens, on produirait un travail d'une utilité incontestable.

Pour les Helminthes, la question se divise naturellement. S'il s'agit des Nématoïdes, je ne prévois pas de résultats importants dans de nouvelles études sur leur système nerveux. Mes investigations, poussées à la fois chez un grand nombre de représentants de cet ordre, m'ont conduit à reconnaître partout une ressemblance des plus grandes. S'il s'agit des Acanthocéphales, un autre observateur plus heureux ou plus habile que moi arrivera peut-être au résultat qui m'a échappé. S'il s'agit des Gordius, je ne doute guère que des efforts persévérants ne conduisent à bien reconnaître dans ce type la disposition de l'appareil de la sensibilité.

A l'égard des Némertiens, nous ne devons pas nous attendre à de nouvelles découvertes bien importantes, si l'on étudie le système nerveux des espèces déjà observées sous ce rapport, ou des espèces voisines. Mais si l'on rencontrait des espèces plus ou moins *aberrantes*, alors la question changerait de face. Il ne faut pas oublier cependant que rien n'a été signalé jusqu'ici à l'égard de leur système nerveux viscéral.

Pour les Géphyriens et tous les types qui paraissent s'en rapprocher plus ou moins, des observations minutieuses sur leur système nerveux auraient les plus heureux résultats. Elles nous éclaireraient considérablement sur les rapports naturels de tous ces Vers.

Les Acanthothèques ne devront plus figurer ici, mais bien parmi les Articulés. C'est ce qui est démontré par les observations de M. Van Beneden. Comme je l'ai fait remarquer, quelques détails nous manquent encore pour bien connaître leur système nerveux.

J'ai mis en évidence l'appareil vasculaire des Anévormes ; je l'ai décrit et représenté chez plusieurs espèces. Dans les ordres des Aporocéphales et des Trématodes, je pense le connaître d'une manière assez complète; mais entre les divers types de ces deux grandes divisions, on observera sans doute encore des particularités dans la disposition et le trajet des vaisseaux. On trouvera alors de nouveaux caractères propres à de petits groupes.

Les Bdellomorphes, et surtout les Rhabdocèles, restent à étudier entièrement sous le rapport de leur appareil circulatoire.

Il en est de même des Malacopodes (1).

Ce que je viens de dire des Aporocéphales et des Trématodes me paraît pouvoir s'appliquer aux Némertiens.

Aujourd'hui l'appareil vasculaire des Cestoïdes est connu, je l'ai étudié et je l'ai représenté avec tout le soin possible chez diverses espèces de Tæniens; maintenant le naturaliste qui le mettra complétement en évidence dans les Bothriocéphaliens aura résolu une question intéressante. Je suis certain, par mes propres observations, que les vaisseaux d'un Bothriocéphalien ont une disposition très semblable à celle que j'ai décrite et représentée chez les Tæniens. Mais, sans doute, il y a quelques différences soit dans le nombre, soit dans le trajet des vaisseaux, et la constatation précise de ces légères différences est loin d'être ici sans intérêt au point de vue de la zoologie.

Le système circulatoire dans les Helminthes n'a pas été étudié avec moins de soin que dans les types précédents. A l'égard des Nématoïdes et des Acanthocéphales, je ne peux prévoir pour l'avenir que des observations de détail. Pour les Gordiacés, la question reste à étudier en entier.

Les Géphyriens, Siponculiens, etc., méritent une attention toute particulière. Jusqu'ici je ne vois, à cet égard, d'acquis à la science que les faits observés par M. de Quatrefages.

Les Acanthothèques, sous le rapport de leur appareil circulatoire, demeurent encore complétement inconnus.

L'appareil digestif, aujourd'hui observé avec le plus grand soin chez un grand nombre de représentants de la division des Vers, paraît devoir fournir peu de faits nouveaux; mais tous les caractères les plus secondaires présentés par le système digestif sont d'une utilité réelle pour la connaissance de chaque genre et de chaque petit groupe.

(1) Dans la partie de mon travail où je me suis occupé de ce type, j'ai omis de citer les deux notes suivantes :

— *Einige Bemerkungen über Guilding's Peripatus*. — Wiegmann, *Archiv. für Naturgeschichte*, s. 195 (1837).

— Et Moritz, *Einige worte über Peripatus*, Guilding. — Wiegmann, *Archiv.*, s. 175 (1839).

Les organes de la génération, ainsi que je l'ai déjà dit en plusieurs circonstances, me semblent toujours indispensables à connaître dans leurs moindres détails, pour grouper d'une manière naturelle les espèces dans chaque genre et les genres dans chaque famille. La disposition des organes génitaux demeure, je crois, bien connue à présent dans la plupart des types; elle reste néanmoins inconnue complétement dans plusieurs ordres.

Il en est ainsi pour les Malacopodes. Pour les Anévormes, s'il s'agit des Trématodes, je crois avoir bien étudié dans leur ensemble les appareils de reproduction; je les considère donc comme étant connus dans ce type. S'il s'agit des Aporocéphales ou Planariées, je crois, au contraire, que la disposition de l'ensemble n'est pas décrite avec toute la précision possible.

S'il s'agit des Rhabdocèles et des Bdellomorphes, tout est à étudier.

En ce qui concerne les Cestoïdes, je crois avoir mis complétement en évidence la disposition des organes de la reproduction et la forme de chaque partie dans le type principal de l'ordre; mais les autres représentants de l'ordre appellent encore un grand nombre d'observations de détail.

A l'égard des Helminthes, la disposition et la forme générale de ces organes étaient, avant mes recherches, bien constatées dans quelques espèces. Mes observations n'ont ajouté que des faits de détail, quelques caractères de genres ou de familles. L'utilité d'observations de la même sorte reste encore manifeste pour beaucoup de types de différents groupes.

Dans les Géphyriens tout est à étudier; nous sommes encore dans une ignorance complète relativement à la forme de leurs organes de reproduction.

C'est une réunion de genres, dont l'étude sérieuse amènerait sans doute les résultats les plus importants qu'on puisse attendre maintenant des investigations anatomiques parmi les Vers.

Si l'on compare l'état de la science, touchant la connaissance de l'organisation de tous ces Vers et l'appréciation des affinités naturelles, tel qu'il était il y a peu d'années, tel qu'il est aujourd'hui, la différence, je crois, paraîtra sensible. L'ensem-

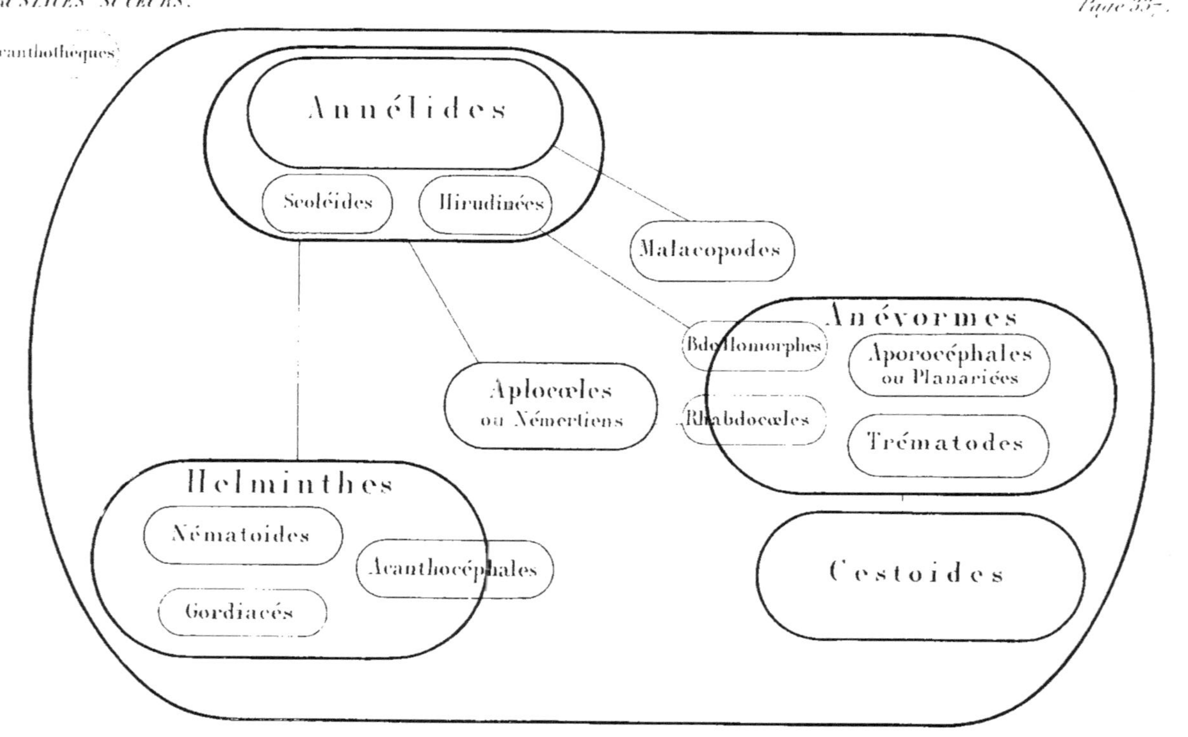

CLASSIFICATION DES VERS.

ble de l'organisation n'était connu dans aucun type, maintenant il reste à connaître seulement dans un petit nombre d'entre eux.

Une dernière question doit m'occuper encore un instant. Au point de vue zoologique, au point de vue des rapports naturels, comment vont se traduire en dernière analyse les résultats de nos observations anatomiques ?

Les affinités, ici comme partout ailleurs dans le règne animal, sont souvent multiples, et surtout de valeurs différentes. C'est là un de ces faits désormais acquis à la science, et qu'il ne sera plus, je crois, utile de répéter.

Un tableau seul peut donner une idée assez nette des groupes naturels et de leurs relations entre eux.

Le tableau ci-joint présente l'ensemble des divisions du sous-embranchement des Vers.

En première ligne, nous comptons la classe des Annélides : je ne m'occupe pas des divisions qu'elle doit présenter, cette classe ne figurant pas dans ce travail. Il est admis que c'est un ensemble naturel. Les Hirudinées et les Scoléides, que M. Milne Edwards a séparés, je crois, avec raison des Annélides, viennent néanmoins se grouper dans le même cercle. Le système nerveux et l'appareil vasculaire fournissent des caractères communs à tous ces êtres. Les organes de la génération et les phases embryogéniques fournissent les différences les plus frappantes.

Un type, que les naturalistes confondaient autrefois avec les Annélides, est considéré aujourd'hui comme devant figurer en dehors de cette classe. Ce sont les Malacopodes qui, par la disposition de leur système nerveux, se rapprochent des Anévormes, et représentent près de cette division les Annélides Errants. On a cru que les Hermelliens, de la même manière, devaient représenter les Annélides tubicoles ; des observations récentes de M. de Quatrefages sur les Hermelliens (1) ayant montré quelques faits très remarquables dans l'organisation de ces Vers.

(1) *Mémoires sur la famille des Hermelliens. Annales des sciences naturelles*, 3e série, t. X, p. 5 (1848).

Déjà, en comparant le système nerveux des Anévormes à celui des Hirudinées, j'indiquai combien une disposition intermédiaire entre celles que nous offrent ces deux types serait dans l'ordre des choses possibles, probables même. Depuis, cette prévision est devenue un fait scientifique par suite des observations de M. de Quatrefages sur le système nerveux des Hermelles.

Chez ces animaux, il y a une double chaîne ventrale, dont les noyaux médullaires sont unis par des commissures. La découverte de ce fait isolé avait dû faire regarder les Hermelliens comme un type particulier très distinct des autres Annélides tubicoles. Mais je viens de rencontrer la même disposition chez les Sabelles, et de m'assurer qu'elle est commune aux Annélides tubicoles en général. Nous avons donc là un caractère important pour séparer ces Tubicoles des Annélides errants. De suite, il devient facile de comprendre la portée de cette observation. Il existe des types qui semblent établir des passages de l'un à l'autre de ces deux ordres. L'examen de leur système nerveux permettra aujourd'hui de bien mieux reconnaître leurs rapports naturels.

Dans une situation assez rapprochée des Scoléides, nous plaçons les Géphyriens; les Échiures étant considérés comme type de cette division. Les Siponculiens occupent une position un peu en dehors, et offrent peut-être avec les Acanthocéphales certaines analogies éloignées Les autres types rapprochés des Géphyriens paraissent liés entre eux par de véritables affinités ; mais ce sont là les genres qui, par la suite, formeront des divisions d'un rang plus élevé, quand on connaîtra mieux leur organisation.

Les Anévormes constituent, comme les Annélides avec les Hirudinées et les Scoléides, un grand ensemble naturel. Les Aporocéphales et les Trématodes en demeurent les types principaux. Mais dans cette grande division, les Bdellomorphes représentent les Hirudinées ; et comme je l'ai montré précédemment, certains Trématodes nous fournissent aussi des analogies et des rapports manifestes avec les Hirudinées. Les Rhabdocèles, qui semblent établir un lien entre les Aporocéphales et les Bdellomorphes, ne nous sont pas suffisamment connus pour nous permettre de préciser aussi nettement leurs affinités naturelles.

Ces Vers, selon toute apparence, sont ceux parmi les Anévormes qui présentent les rapports les plus étroits avec les Némertiens.

Ces derniers ont des affinités et des analogies évidentes avec plusieurs types. On ne saurait méconnaître leurs rapports avec les Anévormes; la présence de réseaux vasculaires, la disposition latérale des grands cordons nerveux indiquent cette parenté. En même temps, les Némertiens se lient aux Annélides à quelques égards. Comme l'a fait remarquer M. de Quatrefages, il y a des analogies réelles dans l'appareil circulatoire.

A d'autres égards, ainsi que je l'ai exposé dans les généralités, les Némertiens ont avec les Helminthes des rapports qu'on ne peut laisser inaperçus. La disposition des noyaux médullaires et du collier œsophagéen témoigne surtout de la ressemblance sur laquelle j'ai déjà insisté.

Les Helminthes constituent un ensemble très naturel, un ensemble qui n'offre d'affinités très étroites avec aucun autre groupe. Il y a des rapports manifestes entre les Helminthes et les Némertiens; ce sont des rapports fort éloignés. Il y a quelques rapports aussi entre les Helminthes et les Scoléides; mais ce sont des rapports plus éloignés encore.

Les Nématoïdes et les Gordiacés sont les types principaux de la classe. Les Acanthocéphales s'en éloignent d'une manière très sensible. On peut prévoir le cas où les études embryogéniques conduiraient à une séparation totale.

Les Cestoïdes se lient aux Anévormes, aux Trématodes peut-être plus encore qu'aux autres représentants de la classe. Mais nous ne leur saisissons pas d'affinités particulières avec d'autres types de la division des Vers. Les Cestoïdes constituent un ensemble homogène; les Caryophyllés, ou notre ordre des Aplogonés, peut seul être compté ici au nombre des groupes aberrants.

Les naturalistes, y compris M. Owen (1), qui ont séparé tous les Vers intestinaux en deux divisions, l'une comprenant à la fois les Cestoïdes et la plus grande partie de nos Anévormes, et l'autre

(1) *Cyclopedia of anatomy and physiology*, by Todd., art. *Entozoa*, et *Lectures on the comparative anatomy*.

les Helminthes, ont donc déjà bien saisi quelques affinités parmi ces animaux; mais c'était là un simple aperçu.

Les Acanthothèques ne figurent plus dans ce tableau; les observations de M. Van Beneden ne laissent plus de place à aucune incertitude. Les Acanthothèques viennent se ranger près des Lernéens de la classe des Crustacés.

* *
*

Je ferme les pages de ce travail, mais je ne les ferme pas sans quelques regrets.

Alors que je commençais ces recherches, alors surtout que les premiers résultats venaient donner un encouragement à mes efforts, je voulais faire l'anatomie détaillée d'un grand nombre d'espèces; je voulais présenter une série d'observations assez considérable pour que tous les genres de ces classes d'Annelés inférieurs pussent être nettement déterminés. Des années se sont écoulées depuis le jour où je résolus de porter des investigations approfondies sur l'organisation de ces animaux annelés. Pendant cette longue période, un travail de chaque jour a été consacré à l'étude de ces êtres. Bientôt le moment est venu où il m'a été possible de savoir combien de temps était nécessaire pour l'étude d'une seule espèce. Limiter mes recherches à un certain nombre de types, examiner les autres seulement comme termes de comparaison, c'est à cela que j'ai dû me borner

Ceux qui poursuivront des recherches sur l'organisation des Annelés inférieurs comprendront ce qu'il a fallu d'efforts pour suivre, pour étudier en détails tous les appareils organiques, même dans un seul type. Ils comprendront qu'il n'est pas donné à un seul de faire un semblable travail sur toutes les espèces. Des difficultés matérielles s'y opposent d'ailleurs continuellement. Il faut un nombre énorme d'individus pour étudier avec le soin convenable un organe chez une Planaire, chez un Trématode, plus encore chez un Cestoïde. Quand on a conservé des individus pendant quelques heures, ils s'altèrent bientôt au point de ne plus pouvoir être utilisés, et pour beaucoup d'espèces on a des peines infinies pour se les procurer. Il y en a même un grand nombre qu'on ne se procure que dans des circonstances tout à fait fortuites.

Lorsqu'on s'attache à un travail d'ensemble portant à la fois sur beaucoup d'animaux ; si l'on obtient quelques uns de ces grands résultats généraux, dont souvent même on ne saurait avoir l'idée par des études dirigées seulement sur un type ou sur un groupe très limité ; d'un autre côté les difficultés s'amoncellent dans une proportion énorme

Peut-être me sera-t-il donné un jour de combler quelques unes des lacunes que j'ai signalées.

EXPLICATION DES PLANCHES.

PLANCHE 1.

Fig. 1. Polyclade de Gay, *Polycladus Gayi*, Blanch. De grandeur naturelle, vu en dessus.

Fig. 1^a. Le même, vu en dessous.

Fig. 1^b. L'appareil digestif complétement isolé.

Fig. 1^c. La trompe très grossie, vue en dessus.

Fig. 1^d. La même, vue de profil.

Fig. 1^e. Le système nerveux.

On voit en avant les ganglions cérébroïdes, et, de chaque côté du tube intestinal, les chaînes ganglionnaires.

Fig. 2. Péripate de Blainville, *Peripatus Blainvillæi*. Gay et Blanch. Vu en dessus et de grandeur naturelle.

Fig. 2^a. Le même, vu de profil.

Fig. 2^b. Le même, vu en dessous.

Fig. 2^d. Le système nerveux isolé.

Fig. 2^e. La tête et les antennes.

Fig. 2^f. L'extrémité postérieure.

PLANCHE 2.

Fig. 1. Malacobdella Valenciennæi, Blanch. De grandeur naturelle

Fig. 2. Le même, grossi pour montrer la disposition du système nerveux. — *a* Ganglions cérébroïdes : — *b*. chaîne ganglionnaire ; — *c*. canal intestinal ; — *d*. vaisseau dorsal ; — *e*. orifice buccal ; — *f*. orifice anal.

Fig. 3. Portion antérieure du corps, vue en dessous, montrant les ganglions cérébroïdes, dont la commissure est masquée par le canal intestinal

Fig. 5. La ventouse, très grossie, vue en dessous, pour montrer les ganglions et les nerfs qui se distribuent dans ses muscles.

Fig. 6. Le premier ganglion de la ventouse, plus grossi, pour montrer sa forme.

Fig. 7. Cloisons ovifères

Fig. 8. Portion de l'orifice buccal, très grossie, montrant ses papilles.

Fig. 9. Système nerveux du *Clepsine complanata*, très grossi, pour mettre en opposition le système nerveux d'un type d'Hirudinées avec celui des Malacobdelles.

Fig. 10. Un des ganglions du *Clepsine complanata*, plus grossi, pour montrer la disposition des fibres.

PLANCHE 3.

Fig. 1. Système vasculaire du Proceros velutinus, les vaisseaux principaux ayant leur origine dans la lacune où se trouvent logés les ganglions cérébroïdes.

Fig. 2. Appareil digestif et système vasculaire du Brachylæmus erinacei, observés par la face dorsale.

Fig. 3. Appareil digestif et système vasculaire du Monostoma verrucosum, observés par la face dorsale.

Fig. 4. Appareil digestif et système vasculaire du Polystoma integerrimum, observés par la face dorsale.

Fig. 5. Appareil vasculaire des Némertiens (*Cerebratulus liguricus*).

a, lacune entourant la trompe. — *b*, les centres nerveux logés dans une lacune recevant les principaux troncs vasculaires.

PLANCHE 4.

Fig. 1. Douve du foie, *Fasciola hepatica*, Lin. Individu très développé, vu en dessus.

Fig. 1^a. Le même, vu en dessous.

Fig. 1^b. Figure grossie, montrant toutes les branches rameuses de l'appareil alimentaire et tout le réseau vasculaire, dont la portion centrale, ou le vaisseau médian, se trouve entre les deux principales branches intestinales. — *a*. Bouche et bulbe œsophagéen.

Fig. 1^c. L'animal vu en dessous, pour mettre en évidence les organes génitaux et les vaisseaux inférieurs. — *a*. Bouche et bulbe œsophagéen.

Fig. 1^d. Système nerveux. — *a*. Bulbe œsophagéen ; — *b*. œsophage ; — *c*. ganglions cérébroïdes ; — *d*. ganglions latéraux.

PLANCHE 5.

Fig. 1. Appareil générateur mâle de la Douve du foie (*Fasciola hepatica*), disséqué par la face ventrale.

a, le pénis. — *b*, la gaîne formant le réceptacle du pénis et contenant le canal éjaculateur. — *c*, les organes testiculaires (la vésicule séminale et les tubes séminaux).

Fig. 2. Appareil générateur femelle de la Douve, disséqué par la face ventrale.

a, la bouche. — *b*, le pénis. — *c*, la gaîne contenant le canal éjaculateur. — *g*, la vésicule séminale. — Ces portions des organes mâles ont été représentées sur cette figure pour montrer leurs connexités avec les organes femelles — *d*, les ovaires. — *e*, la vésicule oviductale. — *f*, l'oviducte.

Fig. 3. Fragment de la peau vu sous un grossissement de 200 diamètres

PLANCHE 7.

Fig. 1. Appareil digestif et système vasculaire de l'Holostome du Renard (*Holostomum alatum*), observés par la face dorsale.

Fig. 1*a*. Appareil digestif et système vasculaire du même, observés par la face ventrale.

Fig. 2. Système vasculaire du Tristome rouge (*Tristoma coccineum* Cuv.), observé par la face ventrale.

Fig. 3. Système vasculaire du Caryophyllée changeant (*Caryophyllœus mutabilis*), observé par la face dorsale. — La partie postérieure du corps a été retranchée.

Fig. 3*a*. Le système vasculaire du même, observé par la face ventrale.

PLANCHE 8.

Fig. 1. Distome lancéolé (*Distoma lanceolatum*) disséqué par sa face ventrale

a, la bouche. — *b*, l'œsophage. — *c*, les branches intestinales. — *d.d*, les testicules — *e*, les ovaires. — *f*, la vésicule oviductale. — *g*, l'utérus.

Fig. 1*a*. Portion antérieure très grossie.

a, le bulbe œsophagéen. — *b*, l'œsophage. — *c*, les ganglions cérébroïdes

Fig. 1*b*. L'appareil mâle.

a.a, les deux testicules. — *b*, les conduits déférents. — *c*, le conduit éjaculateur suivi du pénis.

Fig. 2. Brachylème cylindracé (*Brachylœmus cylindraceus*) disséqué par la face dorsale. Les organes mâles ont été enlevés, à l'exception du pénis.

a, le bulbe œsophagéen. — *b*, les ganglions cérébroïdes. — *c*, les ovaires — *d*, la vésicule oviductale. — *e*, l'utérus. — *f*, l'utérus se repliant sur lui-même à l'extrémité du corps. — *g*, l'oviducte. — *h*, le pénis laissé en place pour montrer sa connexité avec l'oviducte.

Fig. 2^a. Le même, disséqué par la face ventrale.

a, la bouche. — *b*, l'œsophage. — *c*, les branches intestinales. — *d.d*, les testicules. — *e*, les conduits déférents. — *f*, le conduit éjaculateur suivi du pénis.

Fig. 3^a. Apoblème appendiculé (*Apoblema appendiculatum*), portion antérieure très grossie.

a le bulbe œsophagéen. — *b*, les branches intestinales. — *c*, les ganglions cérébroïdes.

PLANCHE 9.

Fig. 1. Brachylème varié (*Brachylæmus variegatus* Rud.) observé en dessus, tous les organes étant laissés dans leur position naturelle.

a, le bulbe œsophagéen. — *b*, les branches intestinales. — *c*. les ovaires. — *d*, l'utérus.

Fig. 1^a. Le même, observé par la face ventrale, tous les organes étant laissés dans leur position naturelle.

a, la bouche. — *b*, la ventouse ventrale. — *c*, les testicules vus par transparence. — *d*, l'utérus. — *e*, l'oviducte et l'orifice des organes génitaux.

Fig. 1^b. Le même ouvert par la face ventrale, pour montrer les organes mâles.

a,a, les testicules. — *b*, les conduits déférents. — *c*, le conduit éjaculateur *d*, le pénis. — *e*, la vésicule oviductale, indiquée dans sa position naturelle. — *f*, l'origine de l'utérus.

Fig. 1^d. Portion isolée de l'appareil femelle vue en dessus.

a, la vésicule oviductale. — *b*, les tiges ovariennes. — *c*, l'origine de l'utérus.

Fig. 1^c Portion antérieure très grossie.

a, le bulbe œsophagéen. — *b*, l'œsophage. — *c*, les ganglions cérébroïdes,

Fig. 2. Monostome du Canard (*Monostoma verrucosum*) disséqué par la face dorsale.

a, la bouche et le bulbe œsophagéen. — *b*, les branches intestinales. — *c*, les testicules. — *d*, le conduit éjaculateur. — *e*, les ovaires. — *f*, l'extrémité de l'utérus et de l'oviducte.

PLANCHE 10.

Fig. 1. Holostome du Renard, *Holostoma alatum*, Gœze. Grossi de quatre à cinq fois ; vu en dessus.

Fig. 1^a. Le même, vu en dessous.

Fig. 2. Amphistome du Bœuf, *Amphistoma conicum*, Zeder. Grossi ; vu en dessus.

Fig. 2$_a$. Le même, vu en dessous.

Fig. 2^b. Individu grossi de onze à douze fois en diamètre. Tout le système vasculaire a été injecté. On voit en *a* l'orifice buccal, suivi du bulbe œsophagéen et de l'œsophage lui-même : en *c*, les deux grosses branches de l'intestin terminées en cæcum : en *b*, on distingue les ganglions cérébroïdes placés de chaque côté de l'œsophage et unis l'un à l'autre par une commissure. Entre les deux branches intestinales on suit le trajet de l'utérus, qui est rempli d'œufs, et l'on reconnaît la position des organes génitaux en général.

Fig. 2. Individu semblable au précédent, vu de profil, pour montrer les sinuosités de l'intestin et les ramifications vasculaires latérales. — *a*. L'orifice buccal suivi du bulbe œsophagéen : — *b*. l'une des branches intestinales : *c*. la poche, centre de la circulation ou vestige du cœur.

Fig. 2^a. Individu représenté au même grossissement que les précédents, chez lequel on a isolé le système nerveux et les organes de la génération. Il est vu du côté de la face ventrale. — *a*. La bouche : — *b*. les ganglions cérébroïdes et les nerfs auxquels ils donnent naissance ; — *c*. le point ou les chaînes nerveuses présentent des renflements ganglionnaires : — *d*, *d*. les deux testicules, que l'on a rejetés sur le côté gauche pour laisser à découvert les organes femelles. Les conduits déférents et le canal éjaculateurse terminent par le pénis siuté en arrière de la bifurcation de l'intestin : — *f*. l'ovaire, en forme de grappe ; celui du côté opposé a été coupé : — *g*. les faisceaux musculaires qui maintiennent la ventouse et servent à ses mouvements.

Fig. 2^b. Corpuscules observés dans les testicules.

Fig. 2^c. Zoospermes tirés des testicules et du conduit éjaculateur.

Fig. 2^d. Portion très grossie de l'ovaire.

Fig. 2^e. Portion de la peau et des muscles sous-cutanés. — *a*. Épiderme ; — la couche granuleuse sous-épidermique.

PLANCHE 11.

Fig. 1. Tristome rouge, *Tristoma coccineum*, Cuv. Individu de grandeur naturelle, vu en dessus.

Fig. 1^a. Le même, vu en dessous.

Fig. 1^b. Tristome rouge très grossi, montrant l'appareil digestif dont toutes les ramifications ont été mises en évidence au moyen d'une injection colorée, et le système nerveux isolé par la dissection. On remarque les deux ganglions cérébroïdes en avant de l'orifice buccal.

Fig. 2. Tristome de la Mole, *Tristoma Molæ*, Blanch. De grandeur naturelle (*Tristoma coccineum*. Rud., Diesing, Dujard., etc.)

Fig. 2^a. Le même, vu en dessous.

Fig. 3. Tristome du Squale, *Tristoma Squali*, Valenc. De grandeur naturelle.

Fig. 3^a. Le même, vu en dessous.

Fig. 4. Tristome de l'Esturgeon, *Tristoma Sturionis*, Abildg. (*Tristoma elongatum*, Nitzsch.). De grandeur naturelle.

Fig. 4^a. Le même, vu en dessous

Fig. 5. Caryophyllé changeant. *Caryophyllæus mutabilis*, Rudolphi. De grandeur naturelle.

Fig. 5ª. Œuf de *Caryophyllæus mutabilis* grossi 180 diametres.

PLANCHE 12.

Fig. 1. Portion antérieure de l'Amphistome des Grenouilles (*Amphistoma subclavatum*).

a, le bulbe œsophagéen. — *b*, l'œsophage. — *c*, les ganglions cérébroïdes.

Fig. 2. Tristome rouge (*Tristoma coccineum*) disséqué par la face ventrale, pour mettre en évidence les organes de la génération.

a, la bouche — *b*, les ventouses antérieures. — *c*, la ventouse postérieure — *d*, le pénis. — *e*, les organes testiculaires — *f*, l'oviducte — *g*, les ovaires.

Fig. 2ª. Muscles de la partie postérieure du corps autour de la grande ventouse

Fig. 2ᵇ. Fragment de la peau (partie postérieure du corps) grossi 20 diamètres.

Fig. 2ᶜ. Fragment de la peau (partie antérieure du corps) grossi 20 diamètres.

Fig. 3. Polystome des Grenouilles (*Polystoma integerrimum*) disséqué par la face ventrale, pour mettre en évidence les organes de la génération.

a, la bouche. — *b*, les ventouses. — *c*, le pénis. — *d*, les organes testiculaires. — *e*, les ovaires. — *f*, l'oviducte.

PLANCHE 13.

Fig. 1. Tænia de l'Homme, *Tænia solium*, Linn. Portion antérieure, de grandeur naturelle.

Fig. 1ª. Portion du même animal, plus postérieure, montrant les anneaux parvenus à un degré de développement plus avancé, et montrant les orifices des organes de la génération.

Fig. 2. Tænia du Cheval, *Tænia perfoliata*, Gœze. Individu jeune, de grandeur naturelle.

Fig. 2ª. Tête grossie, vue dans la position où l'animal est étendu.

Fig. 2ᵇ. Tête détachée du corps et vue par devant, pour montrer les quatre ventouses.

Fig. 2ᶜ. Partie du système nerveux, vue dans la position de la tête fig. 2ª.

Fig. 2ᵈ. Système nerveux disséqué, la tête étant dans la position de la fig. 2ᵇ.

Fig. 3. Tricuspidaire noueuse, *Tricuspidaria nodulosa*, Pallas. De grandeur naturelle.

Fig. 3ª. Partie antérieure très grossie, pour montrer les deux crochets existant en dessus comme en dessous.

Fig. 3ᵇ. La même partie vue par transparence, de manière à montrer en même temps les quatre crochets.

PLANCHE 14.

Fig. 1. Quelques anneaux du Tænia de l'Homme (*Tænia solium*, Lin.) très grossis, pour montrer le rapport des appareils organiques entre eux, et particulièrement le système vasculaire.

a, les canaux gastriques ou tubes intestinaux auxquels on a donné une coloration grisâtre, qui les montre remplis d'un liquide coloré. — *b*, tout le réseau vasculaire injecté et coloré en rouge. — *c*, l'ovaire occupant toute la portion centrale de chaque anneau. — *d*, l'orifice des organes génitaux.

Fig. 2. Quelques anneaux isolés et très grossis du Tænia en scie (*Tænia serrata*, Lin.), pour montrer l'ensemble de l'organisation, et particulièrement le système vasculaire. Il a paru inutile d'indiquer par des lettres les parties déjà indiquées de la sorte pour la figure 1. Les appareils organiques sont exactement dans les mêmes rapports et représentés de la même manière.

Fig. 3. Tænia du Chien (*Tænia canina*, Lin., *Tænia cucumerina*, Bloch), de grandeur naturelle. On a indiqué par une teinte plus foncée les canaux gastriques qui règnent dans toute la longueur de l'animal.

Fig. 4. Quelques anneaux du même Tænia, grossis, pour montrer plus distinctement les canaux gastriques auxquels on a donné une coloration grisâtre, et le réseau vasculaire coloré en rouge.

Fig. 5. Portion antérieure du corps du Tænia de la Fouine (*Tænia Foinæ* Blanch.), grossie, 22 diamètres.

Fig. 6. Jeune individu de l'Anoplocéphale du Lapin (*Anoplocephala pectinata*, Goeze), très grossi.

PLANCHE 15.

Fig. 1. Caryophyllé changeant (*Caryophyllæus mutabilis*) très grossi, vu en dessus, pour montrer la disposition des organes génitaux, les ovaires régnant dans presque toute la longueur du corps.

a, le testicule. — *b*, capsule spermatique. — *c*, origine de l'utérus.

a, l'orifice buccal. — *b*, l'orifice des organes génitaux mâles. — *c*, l'orifice des organes femelles.

Fig. 2'. L'appareil digestif grossi, vu en dessus.

a, les ganglions cérébroïdes. — *b*, les organes génitaux mâles.

Fig. 2. La partie antérieure du même, vue en dessous.

a, la capsule spermatique. — *b*, le pénis. — *c*, l'utérus. — *d*, l'orifice de l'oviducte.

Fig. 3. Tête grossie du Tænia de l'Homme (*Tænia solium*).

Fig. 4. Un anneau isolé et très grossi du Tænia de l'Homme.

a, les tubes gastriques ou canaux digestifs. — *b*, les capsules testiculaires. — *c*, le conduit spermatique. — *d*, l'ovaire. — *e*, l'oviducte.

Fig. 5. Tête du Tænia en scie (*Tœnia serrata*), montrant le système nerveux isolé.
a, les ganglions du centre de la tête. — *b*, les ganglions des ventouses.

Fig. 6. Portion isolée des organes génitaux du *Tœnia serrata*.
a, l'organe mâle. — *b*, le pénis — l'oviducte. — *d*, le vestibule commun des organes des deux sexes.

Fig. 7. Un anneau isolé et très grossi du Tænia du Chien (*Tœnia canina*).
a, les tubes intestinaux. — *b,b*, les organes mâles à droite et à gauche. — *c*, l'ovaire. — *d* les oviductes.

Fig. 8. Tête grossie du Bothriocéphale du Saumon (*Bothriocephalus proboscideus*).

Fig. 9. Acanthobothrie couronné (*Acanthobothrium coronatum*), pour montrer la forme de la tête, la forme générale du corps, et le trajet des tubes intestinaux.
a, les tubes intestinaux.

Fig. 10. Tête très grossie du Bothridie du Python (*Bothridium megalocephalum*)

Fig. 11. Portion d'un anneau du Bothridie, pour montrer la forme et la position de l'ovaire.

Fig. 12. Rhynchobothrie en fleur (*Rhynchobothrius corollatus*).
a, les tubes intestinaux.

Fig. 13. Une portion d'une des trompes rétractiles du *Rhynchobothrius corollatus* très grossie, pour montrer la forme et la disposition des crochets.

PLANCHE 16.

Fig. 1. Un groupe de Cysticerques du Lapin sur un fragment du péritoine.

Fig. 1ª. Cysticerque du Lapin, *Cysticercus pisiformis*, Gœze. Grossi.

Fig. 2. Cysticerque du Rat, *Cysticercus fasciolaris*, Rud. De grandeur naturelle. Le corps ouvert antérieurement, pour montrer les canaux intestinaux.

Fig. 2ª. Tête du même Cysticerque très grossie et disséquée pour mettre en évidence le système nerveux.
a, les ventouses. — *b*, proéminence supportant les crochets.

Fig. 3. Ligule très simple, *Ligula simplicissima*, Rud. De grandeur naturelle.

Fig. 3ª. Sa partie antérieure ouverte, pour montrer le système nerveux. — *a*. Masse médullaire centrale ; — *b*. ganglions des ventouses.

Fig. 4. Échinocoque des vétérinaires, *Echinococcus veterinorum*, Rud. L'animal grossi 110 diamètres.

Fig. 4ª. Quatre de ses crochets grossis 190 diamètres.

Fig. 5. Échinocoque du Mouton, *Echinococcus Arietis*, Blanch. Grossi 190 diamètres.

Fig. 5ª. Ses crochets isolés.

PLANCHE 17.

Fig. 1. Bothriocéphale très large, *Bothriocephalus latus*. Portion antérieure, de grandeur naturelle.

Fig. 1ª. Une portion des anneaux postérieurs, de grandeur naturelle.

Fig. 1^b. Tête très grossie, vue en dessus. — *a*. Centres nerveux ; — *b*. fossettes latérales de la tête.

Fig. 1^c. Extrémité antérieure de la tête vue de profil, pour montrer la fossette latérale.

Fig. 1^d. Un anneau isolé ouvert en dessus, pour montrer les organes génitaux. — Cette figure a été placée dans une position renversée. — *a*. Organe testiculaire ; — *b*. ovaire.

Fig. 2. Floriceps a sac, *Floriceps saccatus*, Cuvier. De grandeur naturelle.

Fig. 2^a. L'animal tiré de son enveloppe.

Fig. 3 et 3^a. Tétrarhynque mégacéphale, *Tetrarhynchus megacephalus*, Rud.

Fig. 3^b. Une de ses trompes détachée. — *a*. Portion épineuse, faisant ordinairement saillie au dehors ; — *b*. sa tige.

Fig. 4. Cœnure cérébral, *Cœnurus cerebralis*, Batsch. Vésicule de grandeur naturelle.

Fig. 4^a. Animal détaché et très grossi.

PLANCHE 18.

Fig. 1. Ascaride du Cheval, *Ascaris megalocephala*, Cloquet. Femelle de grandeur naturelle.

Fig. 1^a. Individu mâle ouvert, pour montrer en place le canal intestinal et les organes de la génération. — *a*. Œsophage ; — *b*. l'intestin ; — *c*. pénis ; — *e*,*e*. testicule ; — *d*. tube séminal.

Fig. 1^b. Individu femelle, également ouvert par le dos. — *a*. Œsophage ; — *b*. intestin ; — c. oviducte ; — *d*. ovaires ; — *e*, *e*. portions grêles des ovaires.

Fig. 1^c. Portion antérieure du corps très grossie, pour montrer la disposition vasculaire. — *a*. Tête ; — *b*. vestige de cœur et vaisseau artériel ; — *c*. vaisseau veineux ; — *d*. vésicules tégumentaires.

Fig. 1^d. La même portion du corps ouverte par une autre face pour montrer le système nerveux. — *a*. Tête ; — *b*. ganglions latéraux.

Fig. 1e. Portion terminale du corps d'un individu mâle, grossie pour montrer le spicule.

Fig. 2. Tête de l'Ascaride de l'Homme, *Ascaris lumbricoides*, Linn. Grossie.

PLANCHE 19.

Fig. 1. Appareil digestif et organes générateurs mâles de l'Ascaride de l'Ours (*Ascaris transfuga*). — *a*, bouche. — *b*, l'œsophage. — c, l'intestin. — *d*, testicule. — *e*, tube séminal.

Fig. 2. Appareil digestif et organes générateurs mâles de l'Ascaride des Poissons. — *a*, œsophage. — *b*, intestin. — c, ovaires. — *d*, utérus. — *e*, utérus commun. — *g*, vulve.

Fig. 3. Filaire du Cheval (*Filaria Equi*). Femelle de grandeur naturelle.

Fig. 3^a. Système nerveux. — *a*, collier œsophagéen. — *b*, cordons latéraux. — *c*. vulve.

Fig. 3ᵃ. Collier nerveux plus grossi.

Fig. 3ᵇ. Appareil génital femelle. — *a*, œsophage. — *b*, intestin. — *c*, portion grêle des ovaires. — *d*, la portion élargie. — *e*, utérus commun. — *e*, oviducte. — *f*, vulve.

Fig. 4. Appareil digestif et organes générateurs femelles de la FILAIRE ATTÉNUÉE (*Filaria attenuata*). — *a*, œsophage. — *b*, intestin. — *c*, ovaire. — *d*, utérus. — *e*, vulve.

PLANCHE 20.

Fig. 1. SPIROPTÈRE DU CHIEN (*Spiroptera sanguinolenta*). Un peu grossi.

Fig. 1ᵃ. Extrémité antérieure très grossie. — *a*, bouche. — *b*, œsophage. — *c*, intestin. — *d*, vaisseaux longitudinaux et leurs ramifications.

Fig. 1ᵇ. Appareil digestif et appareil générateur femelle. — *a*, œsophage. — *b*, intestin. — *c*, ovaires. — *d*, leur portion large ou les utérus. — *e*, l'oviducte. — *f*, la vulve.

Fig. 2. Appareil générateur mâle du SPIRURE DE LA TAUPE (*Spirura Talpæ*). — *a*, testicule. — *b*, tube séminal. — *c*, le spicule principal ou pénis. — *d*, spicule accessoire. — *e*, aile membraneuse striée.

Fig. 2ᵃ. Appareil digestif et appareil générateur femelle du même. — *a*, œsophage. — *b*, intestin. — *c*, ovaire. — *d*, leur portion élargie, ou les utérus. — *e*, l'oviducte.

Fig. 3. Appareil digestif et appareil générateur femelle de l'OXYURE DE L'HOMME (*Oxyuris vermicularis*). — *a*, les stries du tégument. — *b*, la bouche. — *c*, l'œsophage. — *d*, le ventricule ou l'estomac. — *e*, l'intestin. — *f*, le rectum. — *g*, l'anus. — *h*, les ovaires. — *i*, leur portion élargie, ou les utérus. — *k*, l'oviducte.

Fig. 4. Appareil générateur mâle du CUCULLAN DE LA PERCHE (*Cucullanus Percæ*) — *a*, le testicule. — *b*, sa portion grêle. — *c*, tube séminal. — *d*, le spicule.

Fig. 4ᵃ. Spicule très grossi.

Fig. 4ᵃ. Appareil digestif et appareil générateur femelle du même. — *a*, bouche et capsule pharyngienne. — *b*, œsophage. — *c*, intestin. — *d*, anus. — *e*, ovaires. *f*, leur portion élargie ou les utérus. — *g*, l'oviducte commun.

Fig. 5. Ovaires du CYATHOSTOME DE LA MOUETTE (*Cyathostoma Lari*). — *a*, ovaires. — *b*, oviducte commun.

PLANCHE 21.

Fig. 1. STRONGLE GÉANT, *Strongylus gigas*. Rudolphi. Femelle de grandeur naturelle.

Fig. 2. SCLÉROSTOME DU CHEVAL, *Sclerostoma equinum*, Müller. Femelle de grandeur naturelle.

Fig. 2ᵃ. Individu femelle grossi et ouvert pour montrer les viscères. — *a*. Portion céphalique : — *b*. œsophage : — *c*. intestin ; — *d*. glandes : — *e*. ovaires

Fig. 2ᵇ. Individu mâle ouvert également, très grossi. — *a*. Tête : — *b*. centres nerveux ; — *c*. œsophage ; — *d*. intestin ; — *e*. vaisseau ; — *i*. testicules. *k*. leur partie grêle. *h*. vésicules spermatiques ; — *f* conduit déférent. — *g*. muscles rétracteurs.

PLANCHE 22.

Fig. 1. Appareil digestif et appareil générateur mâle du STRONGLE GÉANT (*Strongylus gigas*). — *a*, la bouche. — *b*, l'œsophage. — *c*, l'intestin. — *d*. anus. *e*, l'ovaire. — *f*, l'utérus. — *g*, l'oviducte. — *h*, la vulve.

Fig. 2. Les diverses couches musculaires isolées. — *a*, la peau. — *b*, la couche sous-cutanée. — *c*, les fibres transversales

Fig. 3. Une portion de l'un des cordons nerveux

PLANCHE 23.

Fig. 1. TRICHOCÉPHALE DE L'HOMME, *Trichocephalus Hominis*, Gœze. *Trichocephalus dispar*, Rud. Femelle de grandeur naturelle.

Fig. 1^a. Femelle très grossie, pour montrer la position de l'intestin et de l'ovaire

Fig. 1^b Portion antérieure grossie, pour montrer la forme du bulbe œsophagéen.

Fig. 2. TRICHOSOME DU RENARD, *Trichosoma œrophilum*, Creplin Femelle de grandeur naturelle.

Fig. 2^a. Portion antérieure, montrant la forme du bulbe œsophagéen.

Fig 3 OXYURE VERMICULAIRE, *Oxyuris vermicularis*. Linn. Femelle grossie.

Fig. 3^a. La même, de grandeur naturelle.

Fig. 4. CUCULLAN DE LA PERCHE, *Cucullanus elegans*, Müller. Femelle de grandeur naturelle.

Fig. 4^a. Portion antérieure très grossie, pour montrer le bulbe œsophagéen, l'œsophage et l'origine de l'intestin.

Fig. 5. Portion antérieure très grossie de l'ANGIOSTOME DE L'ORVET, *Angiostoma entomelas*, Dujard. Pour montrer le bulbe œsophagéen et l'œsophage.

Fig. 6. CYATHOSTOME DE LA MOUETTE, *Cyathostoma Lari*, Blanch. Femelle grossie environ douze fois.

Fig. 6^a. Partie antérieure très grossie, montrant le bulbe œsophagéen, l'œsophage et la partie antérieure de l'intestin.

Fig. 6^b La vulve.

PLANCHE 24.

Fig. 1 ÉCHINORHYNQUE GÉANT, *Echinorhynchus gigas*, Gœze. Individu femelle de moyenne taille, de grandeur naturelle.

Fig. 2. Une portion antérieure, pour montrer les vaisseaux sous-cutanés.

Fig 3. Individu mâle, de grandeur naturelle, pour montrer surtout les organes génitaux — *a*. Les bandelettes latérales ; — *b* les testicules. — *c*. le liga ment suspenseur fixé à la trompe : — *d*. vésicules séminales ; — *e*. conduit déférent : — *f*. verge.

Fig. 4. Individu femelle ouvert, pour montrer les organes génitaux. — *a*. les ovaires ; — *b*. l'oviducte.

Fig. 5. Portion antérieure du corps, très grossie et ouverte, pour montrer l'appareil musculaire. — *a*. La trompe portant ses crochets ; — *b*. muscles sous-cutanés entourant le col de la trompe ; — *c*. muscles rétracteurs de la trompe. — *d*. bandelette latérale : celle du côté droit a été coupée ; — *e*. tubes vasculaires.

Fig. 6. Corps allongés comme on en rencontre en quantité dans les ovaires.

Fig. 7. Un œuf beaucoup plus grossi.

Fig. 8, 8'. Des œufs vus au même grossissement que la figure 6.

PLANCHE 25.

Fig. 1. Linguatule a trompe, *Linguatula proboscidea*, Rudolphi. Femelle de grandeur naturelle.

Fig. 1ª. L'animal ouvert par le dos dans toute sa longueur, et grossi. — *a*. Œsophage : — *b*. estomac ; — *c*. anus et extrémité de l'intestin ; — *d*. ovaires.

Fig. 1ᵇ. Portion antérieure beaucoup plus grossie, pour montrer en place la partie sus-intestinale du système nerveux. — *a*. Œsophage ; — *b*. estomac ; — *c*. ovaires.

Fig. 1ᶜ. Système nerveux isolé. — *a*. Centre médullaire cérébroïde : — *b* et *c*. petits ganglions des appareils organiques, distribuant leurs principaux nerfs à l'appareil digestif ; — *d*. nerfs sus-intestinaux ; — *e*. masse médullaire sous-intestinale ; — *f*. collier nerveux entourant l'œsophage formé par la séparation des connectifs qui unissent le centre nerveux sous-intestinal au centre nerveux cérébroïde.

Fig. 1ᵈ. Portion antérieure du corps grossie et vue en dessous, pour montrer la position des crochets.

Fig. 1ᵉ, 1ᵉ'. Crochets isolés plus grossis.

Fig. 2. Linguatule ténioïde, *Linguatula tœnioides*, Rud. Femelle de grandeur naturelle.

Fig. 2ª. Portion antérieure du corps grossie et vue en dessous, pour montrer la position de la bouche et des crochets.

Fig. 2ᵇ, 2ᵇ'. Espaces cornés sur lesquels s'implantent les crochets.

ERRATUM.

Page 342, planche 3, *lisez* : pl. 6.

L'explication de la planche 3 a été omise. Nous la donnons ici.

PLANCHE 3.

Fig. 1. POLYCELIS TIGRINUS, de grandeur naturelle, vu en dessus.

Fig. 1^a, les yeux grossis, environ 20 diamètres.

Fig. 1^b, l'animal entier vu en dessous.

a, l'orifice buccal. — *b*, l'orifice des organes génitaux mâles. — *c*, l'orifice des organes femelles.

Fig. 1^c, le système nerveux : — *a*, les nerfs optiques.

Fig. 2. PROCEROS VELUTINUS, de grandeur naturelle.

Fig. 2^a, les yeux grossis, environ 20 diamètres.

Fig. 2^b, l'animal entier vu en dessous.

a, l'orifice buccal, — *b*, l'orifice des organes génitaux mâles. — *c*, l'orifice des organes femelles.

Fig. 2^c, l'appareil digestif grossi vu en dessus.

a, les ganglions cérébroïdes. — *b*, les organes génitaux mâles.

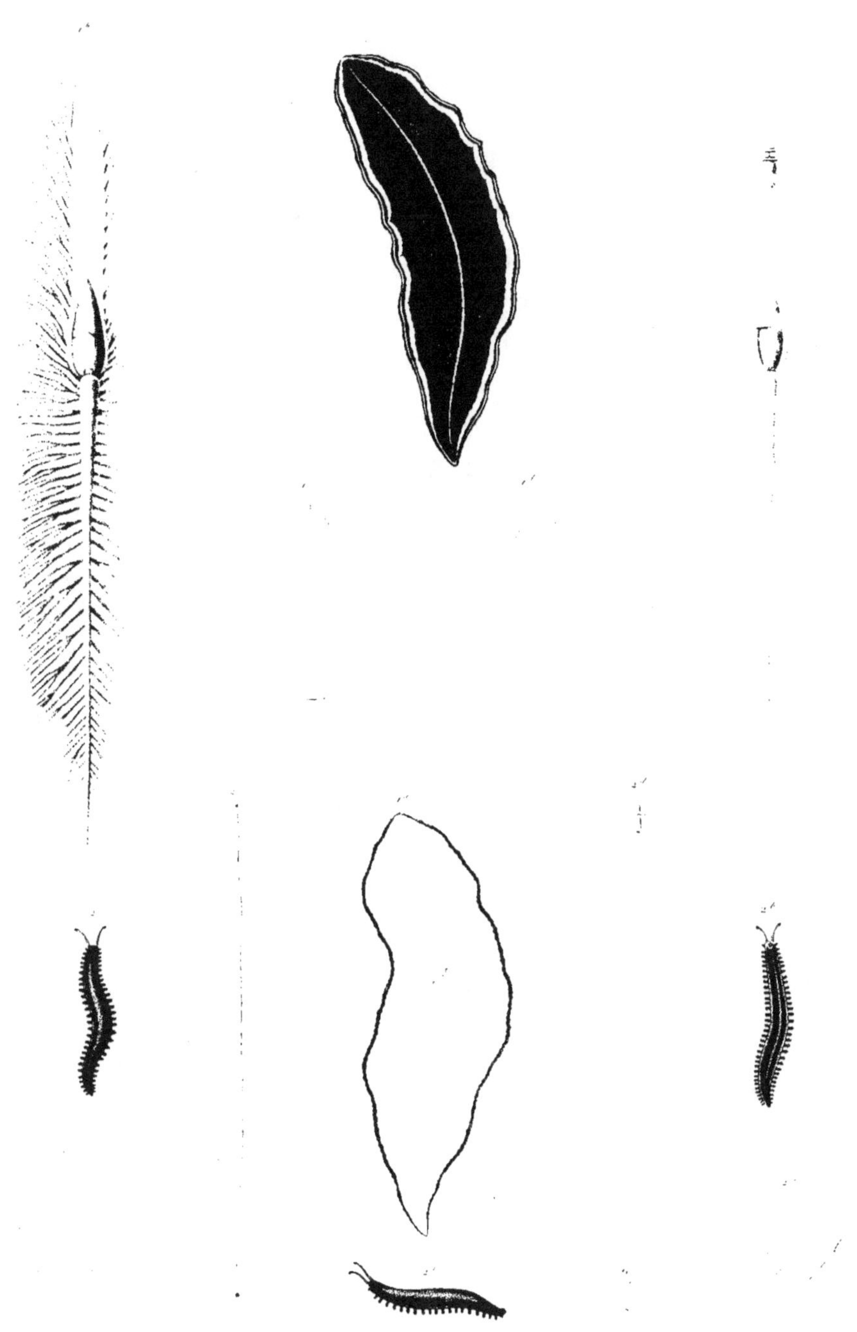

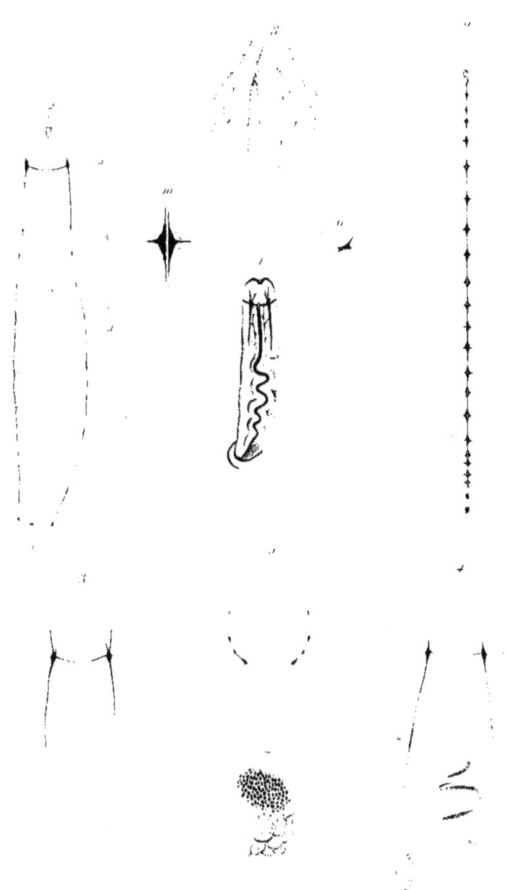

Organisation de la Malacobdella Valenciennaei

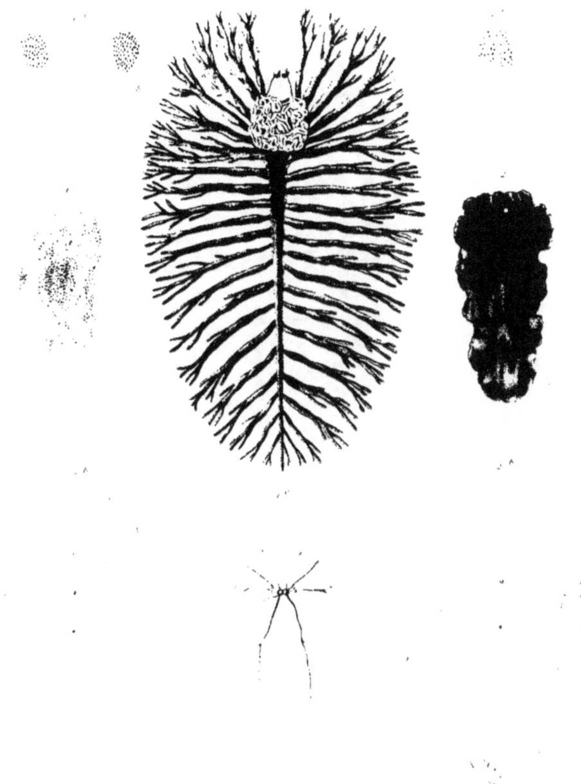

Organisation des Planaires.

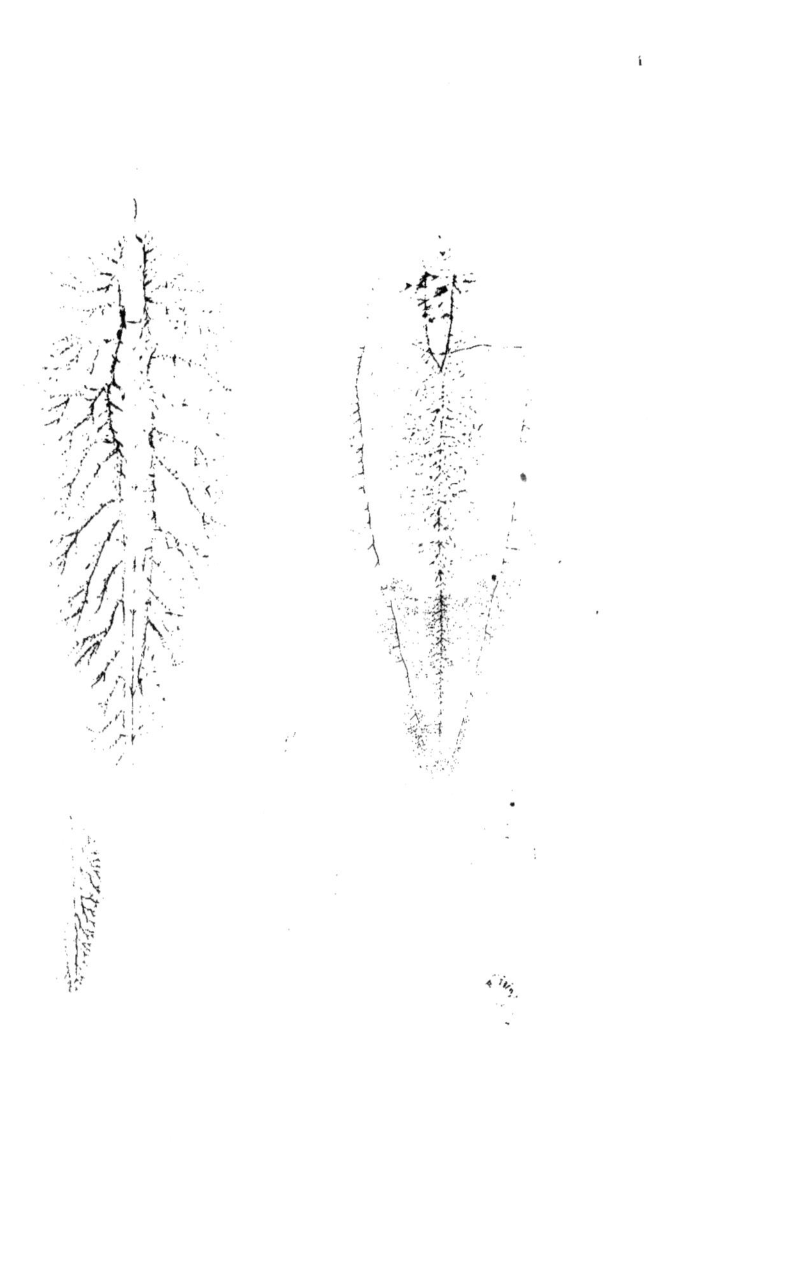

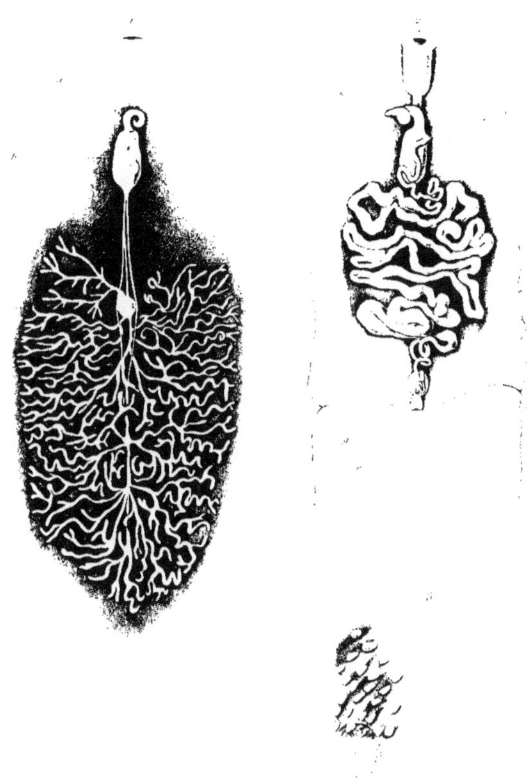

Organisation de la Fasciola hepatica.

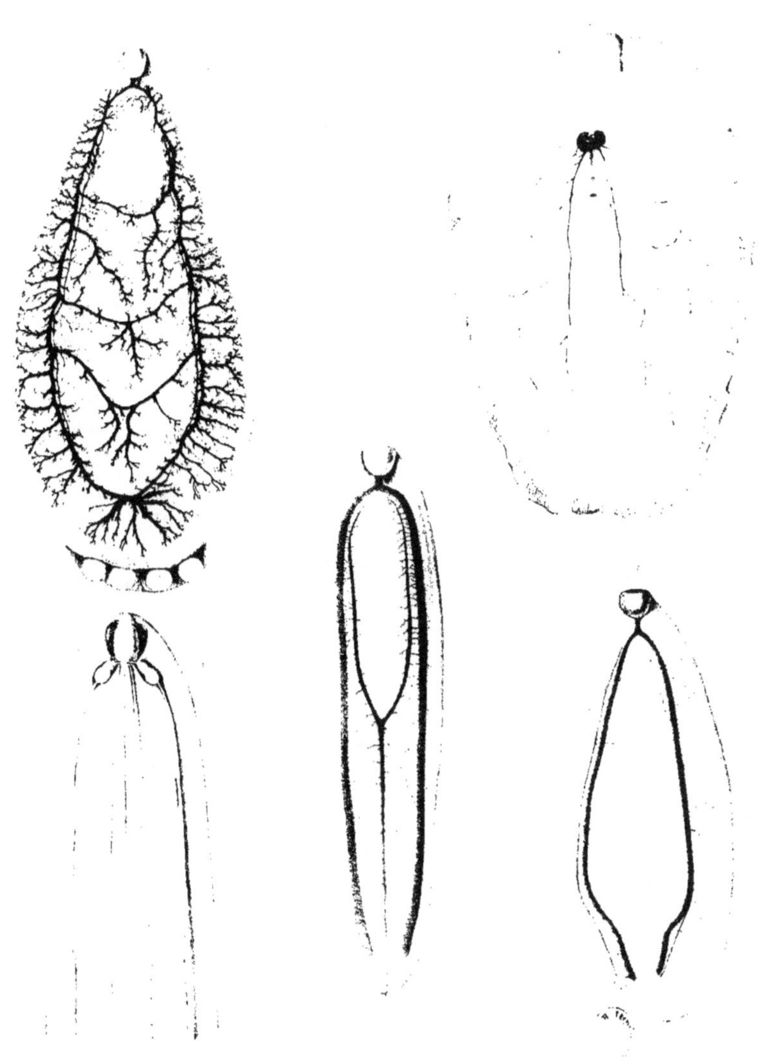

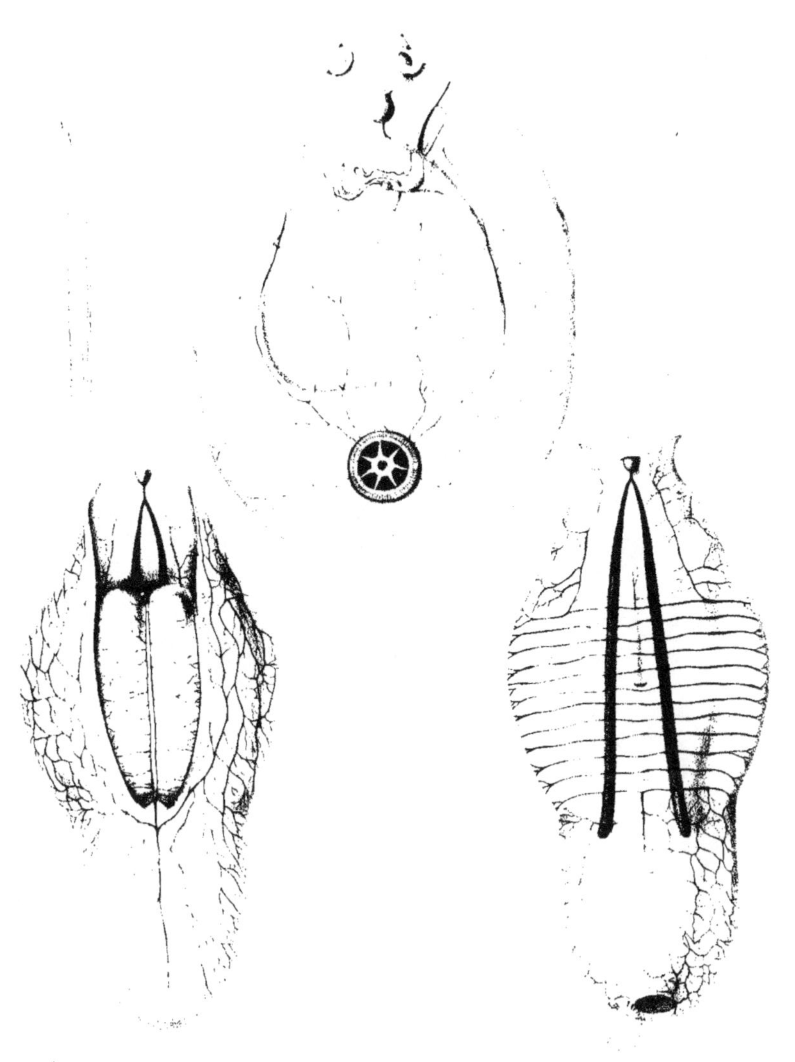

Système circulatoire des [illegible]

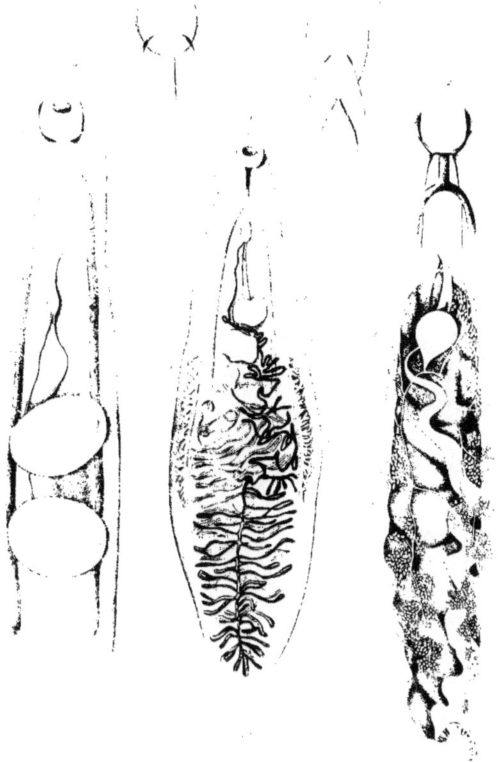

Organisation des Trématodes

9

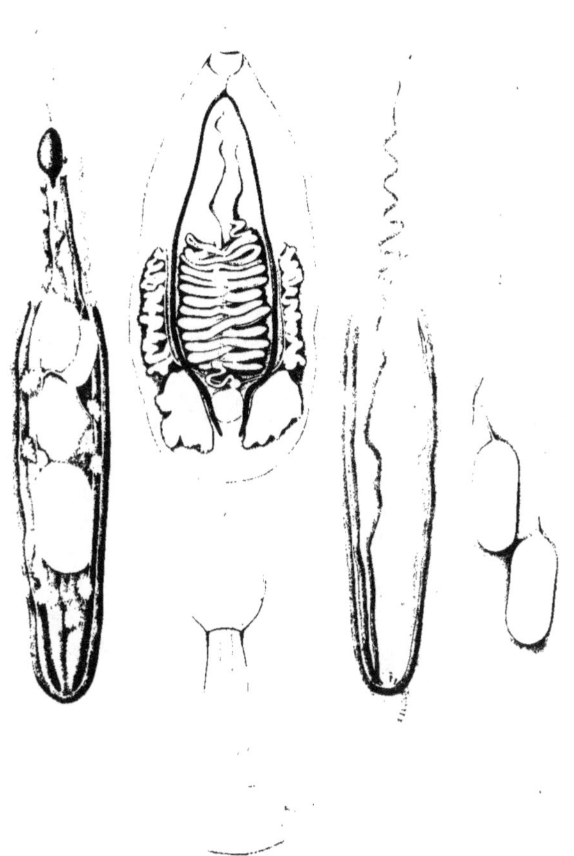

Organisation des Trématodes

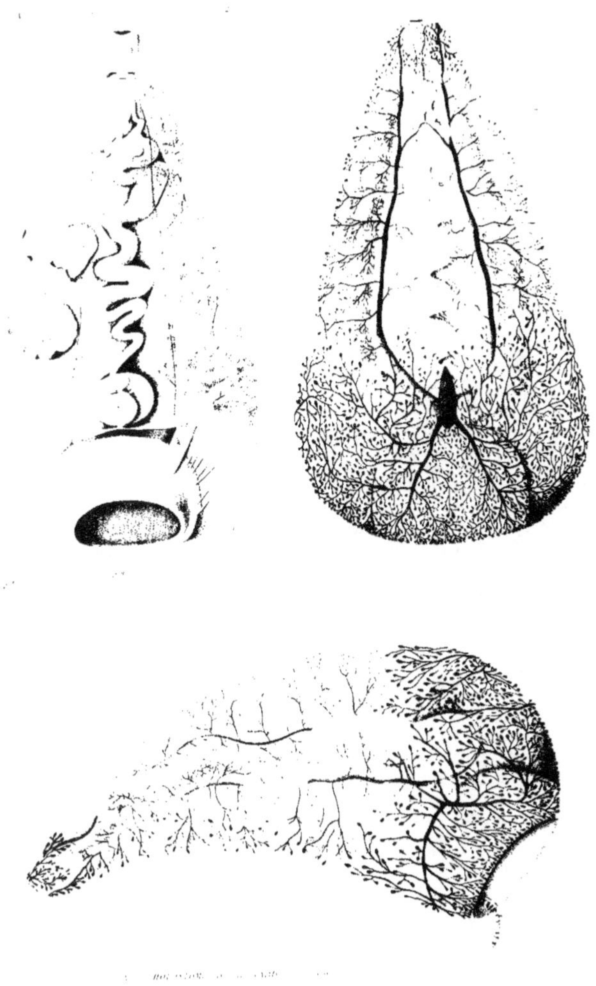

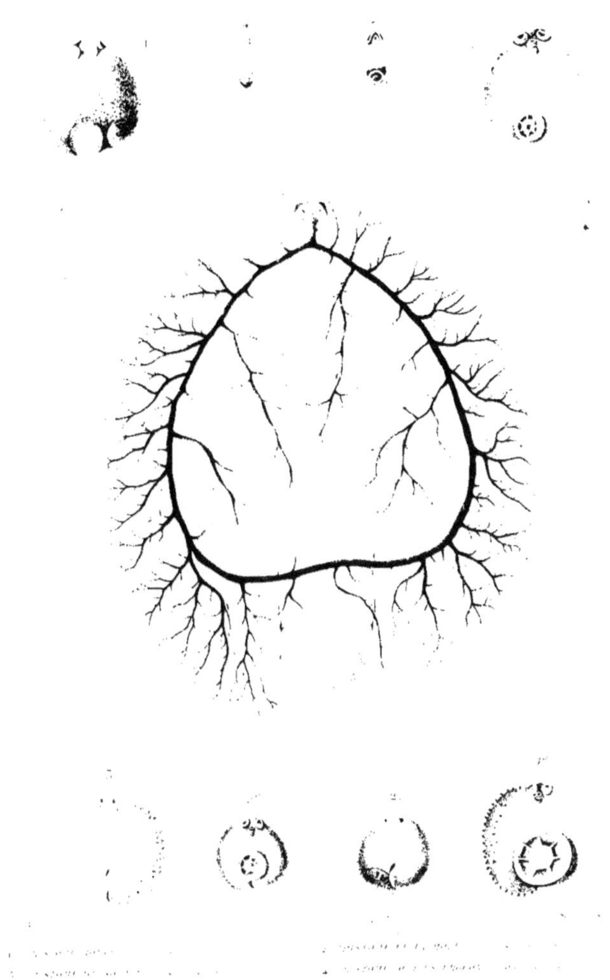

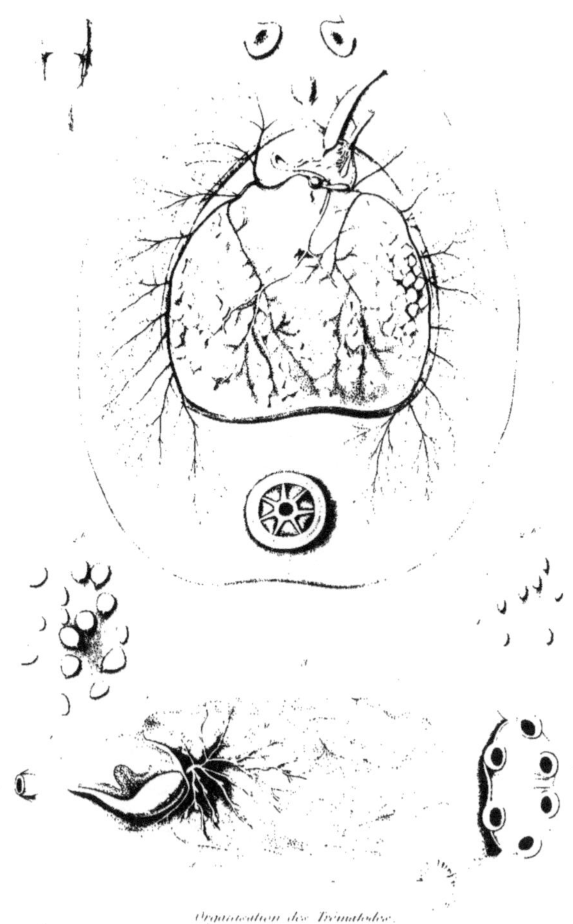

Organisation des Trématodes.

13

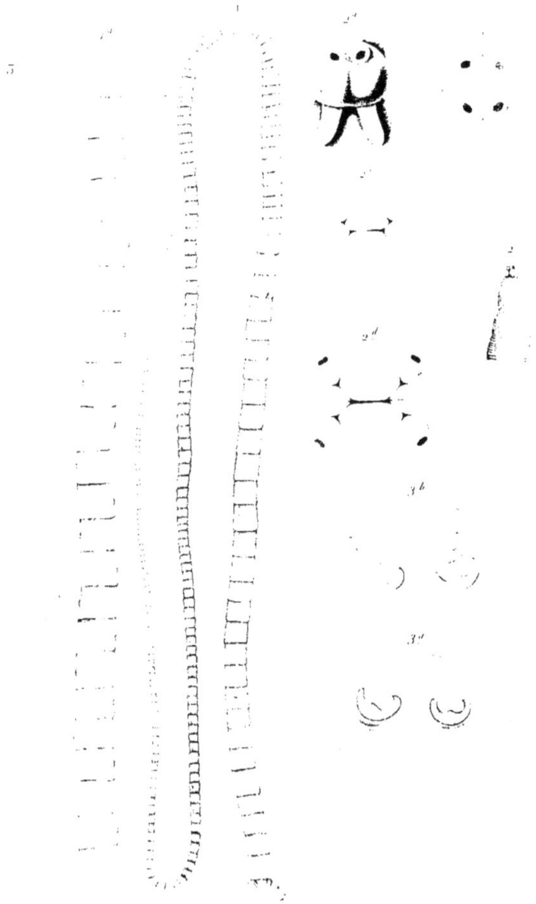

11

[illegible]

16

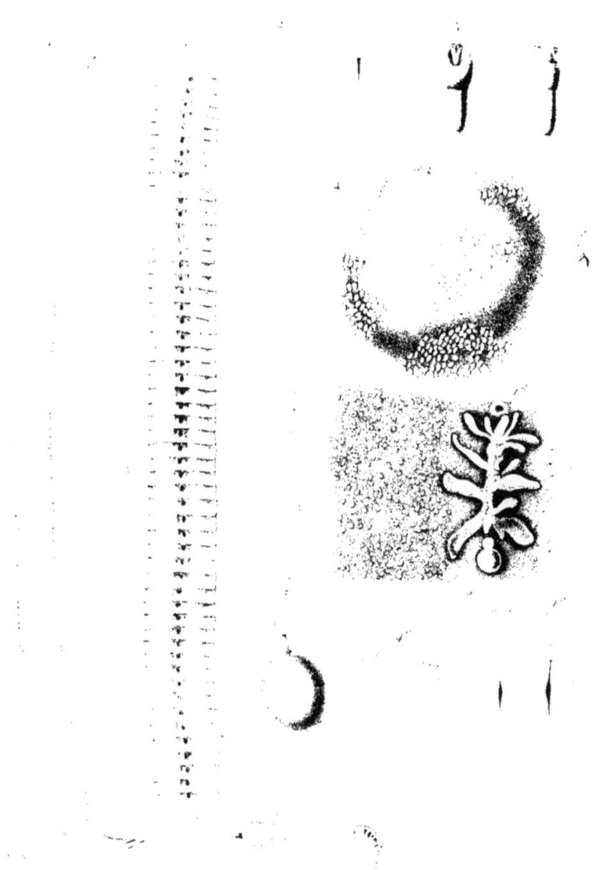

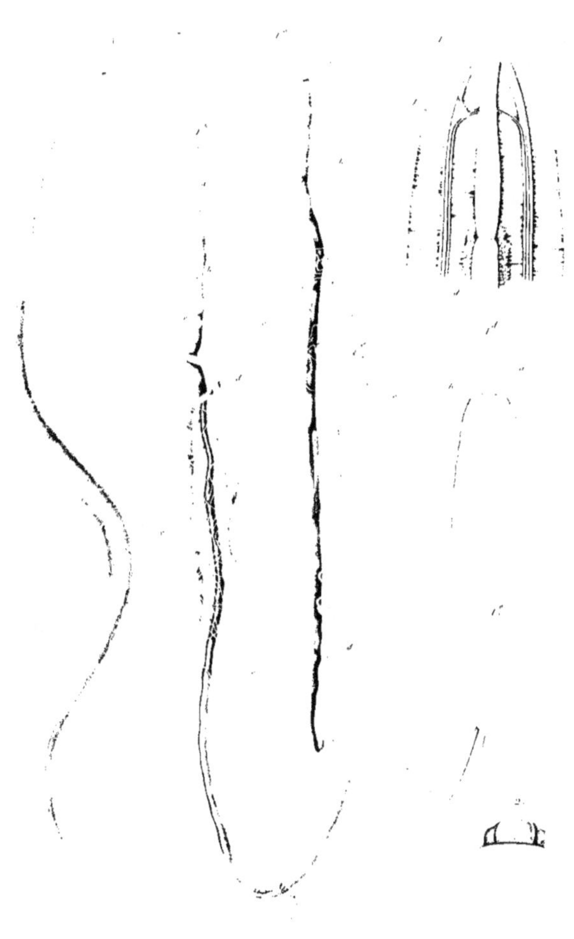

10

Organisation des Nématoïdes

Organisation des Nématodes

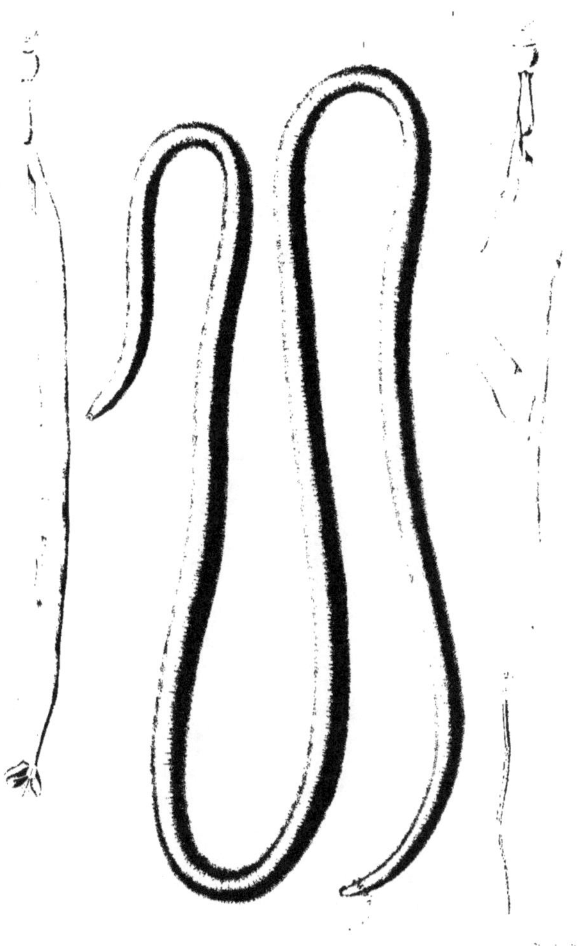

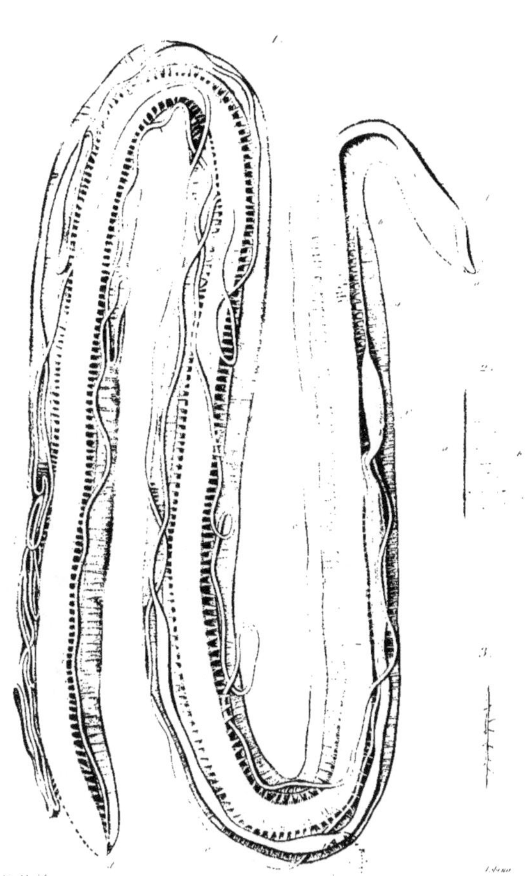

Organisation des Nématoïdes.

N. Rémond imp.

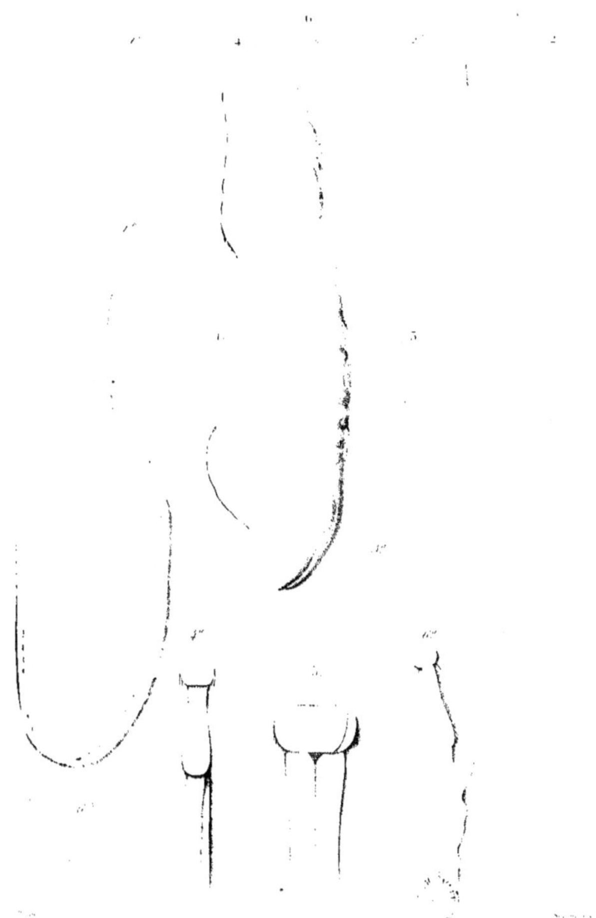

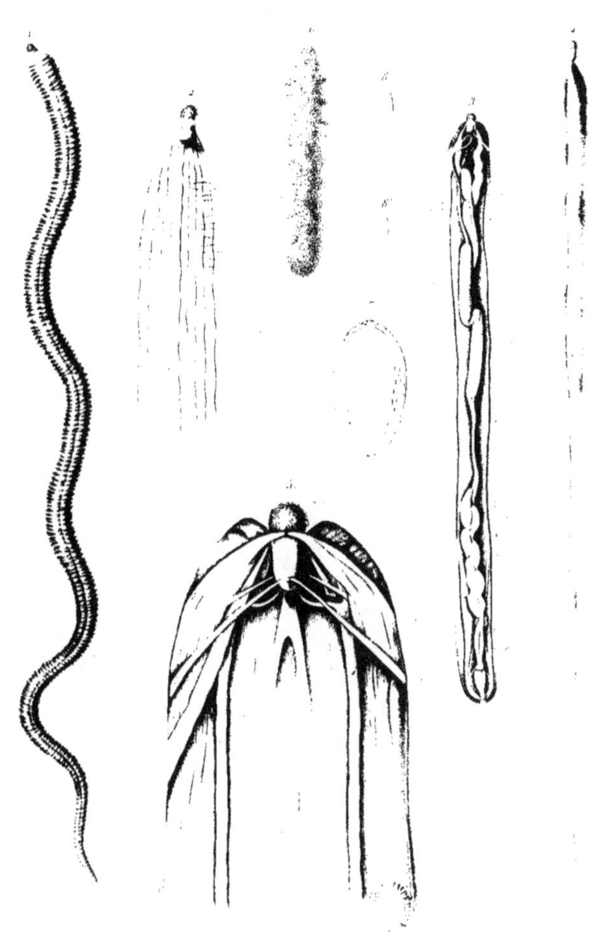

L'ÉCHINORHYNQUE GÉANT (*Echinorhynchus gigas*, Goeze)

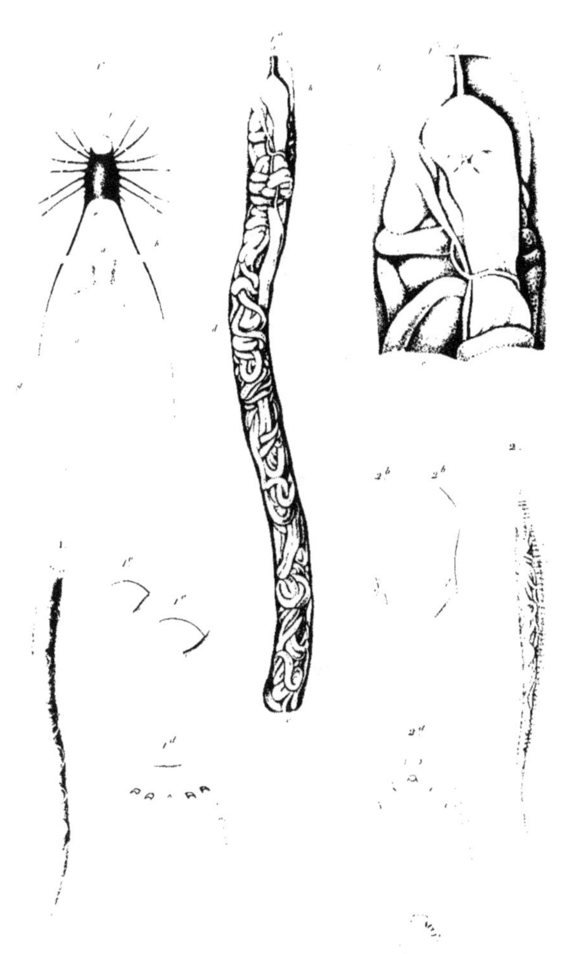

1. LINGUATULE À TROMPE. Linguatula proboscidea. Rud.
2. —— TÆNIOÏDE. —— tænioides. Rud.

ON TROUVE A LA MÊME LIBRAIRIE

Paris. — Imprimerie de L. MARTINET, rue Mignon, 2.

www.ingramcontent.com/pod-product-compliance
Lightning Source LLC
LaVergne TN
LVHW020936230826
846092LV00001BA/51

9782329452944